普通高等教育土建学科专业"十二五"规划教材
高校城乡规划专业指导委员会规划推荐教材

现代城市功能与结构

陶松龄　张尚武　著

中国建筑工业出版社

审图号：GS 京（2022）0648 号

图书在版编目（CIP）数据

现代城市功能与结构 / 陶松龄，张尚武著 .—北京：中国建筑工业出版社，2014.9
普通高等教育土建学科专业"十二五"规划教材
高校城乡规划专业指导委员会规划推荐教材
ISBN 978-7-112-17113-2

Ⅰ.①现…　Ⅱ.①陶…②张…　Ⅲ.①城市规划—研究生—教材
Ⅳ.① TU984

中国版本图书馆 CIP 数据核字（2014）第 159292 号

责任编辑：杨　虹
责任校对：张　颖　刘梦然

普通高等教育土建学科专业"十二五"规划教材
高校城乡规划专业指导委员会规划推荐教材

现代城市功能与结构

陶松龄　张尚武　著

*

中国建筑工业出版社出版、发行（北京西郊百万庄）
各地新华书店、建筑书店经销
北京嘉泰利德公司制版
北京云浩印刷有限责任公司印刷

*

开本：787×1092毫米　1/16　印张：24¹/₂　字数：600千字
2014 年 10 月第一版，2014 年 10 月第一次印刷
定价：**49.00元**
ISBN 978-7-112-17113-2
（25896）

P序
reface

收到这本《现代城市功能与结构》书稿时，我有无限的期待。

陶松龄先生，几十年的坚持，一届届地讲解城市空间结构。几十年的讲稿汇集，实乃一部集思想大成之巨作，学术生命之精髓。

我至今都清楚地记得，刚刚回国时的 1997 年秋天，在学院门厅里，碰见一批研究生从课堂出来，兴奋地对我说："陶先生，今天拿着一张昨天的剪报，就讲了两堂精彩绝伦的城市规划空间结构的思想课……"，他们激动的样子，我想一定是只有听到了思想智慧的课后的青年学子，才会有的一种特别神采。思想光芒的代际相传与共振，造就了大学精神的本质。

应诸多学界和学生之诉求，先生与我几次长谈他写作的构思。有幸拜访先生那间学院图书馆边上的书房，看到他那摞厚厚的讲稿，静静地，站在桌上，有种内心的崇敬；听着先生娓娓道来的讲解，斯斯地，两手相演，有种纯净的享受。长谈完，留在桌上的，是从书稿中拿出的一两页剪报，和讲解时留下的十来页手稿，还有那一缕透过窗外爬山虎叶间，洒落在桌上的夕阳。书桌、书稿、笔、夕阳和一份宁静，造就了大学校园的无限美丽。

陶先生善于从大众媒体中敏锐地捕捉城市发展的现象。一摞报纸，一把剪刀，伴随他的学术人生。报纸成了捕猎城市万象无穷变幻的猎场，剪刀下处处精确地指向富于价值的标的，之间则是他那双平日笑眯着的眼，这双眼在捕猎城市最新现象时，则变成了一双有几十年经验丰富猎龄的尖锐的眼。

陶先生长于使用抽象的思维剖析城市形态的万象。一个个圈，一条条线，演绎了他的城市思想。圈可以是组团，可以是中心，可以是单元；线或是道路，或是关系，或是边缘……，皆成了陶先生解构城市的元素，圈与线在先生笔下舞动、组合、重构、推演……，足见陶先生的思想灵动，撒弃万象的定力，解构空间的底蕴。

陶先生关注时政，课上锐利的点评，非系统性的架构，留下的是中国这几十年城市的路和影。先生的课，常听常新，堂堂直指时弊，年年有耕有耘，数十年厚积薄发。翻阅章节，可以查阅中国大气的红尘滞流，大地的青衣涩苦，城市的音符色彩，乡村的旋律荡回。可以回眸中国城市规划的思想演进，建设的阶段起伏，建筑的风格交替，管理的制度变迁。

常有学生感叹，与陶先生订同一份报，陶先生读进去了，听着陶先生丝丝入扣的事件剖析，才想起那篇报道，大家才知道，同一篇报道，可以读出这么多的专业门道。也常有学生感叹，与陶先生一同去踏勘城乡，回来时陶先生点点滴滴说到了路经的现象，大家才想起，同一段路程，熟视无睹的平常，却能说出鲜活事实后面的原因，可以牵出这么深厚的专业学问。

尚武教授福气，能帮助陶先生整理这几十年的手稿，成为第一个完整的读者、学者和合作者，志强特为尚武教授欣喜。对长者，有师敬；对后者，有教德；对学界，有学贡。

跟陶先生读书，他以史诗般巨著、宏大的叙事、观点的群落、思想的布局，给您学术以生命的锐气。跟陶先生读书，他以毕身的规划思想和智慧，给你专业精神的永恒。

是为，后辈受命作序。

癸巳白露
于天安

S 摘 要
Summary

    本书根据同济大学城市规划专业硕士研究生课程《现代城市功能与结构》的教学框架整理而成。内容分为城市的功能与结构、城市的形态与形象、城市的增长与控制三大篇章，全书贯穿着一条探索城市发展动力和城市空间布局优化的主线。特点在于紧密结合中国改革开放 30 多年来城市的发展实践，着眼于中国城市化问题和未来城市化发展环境，探讨城市功能的调整与提升、城市空间的整合与完善以及城市增长的转型与控制等方面的问题。本书作为城市规划专业硕士研究生的教学参考书，也可供相关专业人员参考。

理论和实践结合是城市规划学科创新发展的根本

为同济大学硕士研究生开设"现代城市功能与结构"课程已有二十多个春秋，关注中国的城市空间发展问题是这门课程的核心——以当下中国城市化进程为基本背景，关注中国的、现代的城市发展命题。

这二十多年来也是中国城市化环境不断变化和城市规划学科随之发展的过程，课程内容不断调整、充实。课程框架由城市的功能与结构，拓展到城市的形态与形象和城市的增长与控制。着重讨论城市功能的完善与提升，探索城市结构与形态调整的策略，关注城市增长方式转型的方向和路径。三大部分贯穿着一条城市发展动力和城市空间布局优化的主线。

在教学实践中深切地体会到：理论与实践结合是中国城市规划学科创新发展的根本，响应时代召唤，不断推陈出新，实践为本、学以致用是城市规划教育走向成熟的必然道路。

1 时代召唤，推陈出新

随着经济高速增长和城市化快速推进，中国城市经历了蓬勃的发展，城市建设和城乡格局发生了深刻而广泛的变革。城市化水平已经超过50%，这不仅仅是一个"量"的积累过程，更是一个"质"的转变过程，社会经济发展的矛盾和焦点正在发生根本性的转移，城市发展已进入一个大建设与大转型并重的时代。

城市规划是一门政策性和实践性很强的学科，学科内涵需要对城市发展作出积极回应。城市规划学科的重点已经发生了多重转变，由偏重单一的工程技术学科转向多学科的复合，由注重物质建设转向经济、社会、环境和文化的多视角整合，由关注个体城市拓展到群体化、区域化的探索，由追求完美的蓝图转向寻求城市发展动态、协调的过程。

2011年中国城市规划学科正式更名为城乡规划学，并确立为国家一级学科，这对学科未来发展产生重大影响。"既是时代的使命，也是新的挑战。不仅从学科视角需要加强对'乡村'问题的理解，全面认识乡村发展对于城市化的重要性和复杂性，同时需要架构更加系统化的学科知识体系。学科发展核心应聚焦国家背景，聚焦区域环境下城镇、乡村整体的空间问题。学科发展的重点必须应对城乡转型发展的挑战，注重与城乡发展实践结合，研究、实践、教学的结合，扩展学科的国际化视野，并链接宏观背景，从理论方法、实践评价、规划技术等方面构筑新的学科体系。"（吴志强，2011）

2 转型发展，任重道远

国际、国内环境正面临一系列重大事件的影响和转型发展的挑战。全球性金融危机爆发并持续蔓延，西方发达经济体遭受前所未有的财政和债务危机。世界范围内的能源革命已经到来，生态城市理念、低碳发展模式正付诸全球性行动。与此同时，以物联网技术、智能通信技术、网络媒体技术为代表的信息化技术进入加速发展时期。这些政治、经济、技术、理念等变革都会对城市发展和社会生活产生深远影响。

中国经济发展取得了举世瞩目的成效，2010 年跃居全球第二大经济体，按照人均经济水平正逐步跨入中等发达国家行列。但高增长、低质量的增长模式难以持续和引发的结构性矛盾也日益凸显；建设小康社会进程过半，但区域差距、城乡差距、分配差距始终难以缩小；面对巨大的农村人口转移压力，高增长、低质量的城市化模式已面临发展的瓶颈，扩大城市就业、缩小社会差距、促进城乡基本公共服务均等化的要求越来越迫切。

中国的城市发展迫切需要从关注发展速度向关注发展质量转变。面对种种结构性矛盾，简单的路径依赖已经难以为继，转变经济发展方式迫在眉睫。城市规划的作用在于引领城市健康发展，但作为一项制度安排又不可能脱离城市规划运行的环境。面对更加复杂和矛盾重重的城市转型发展环境，学科的成长与发展任重而道远。这需要密切联系社会发展的实际需求，积极参与社会实践和创新的过程，不断开创新思维、新方法，以规划的率先转型适应城市转型的要求。

3 实践为本，学以致用

城市规划作为一项社会实践活动，其诞生的最初动力在于追求美好城市的理想，理性探索和寻求城市科学发展的道路。而源于社会需求的实践则是不断修正学科发展方向、推动规划理论发展、完善学科体系的动力所在。城市规划的工作重心必然随着城市发展阶段的转移而发生变化。

中国的城市规划发展需要建立在对自身城市问题的认识和规划实践的基础上。全球化也是一个多样化的时代，规划文化的多元化是世界城市规划理论发展的重要趋势。相比西方国家城市规划已经走过的 100 多年历史，中国城市规划脱离计划经济，逐步成为一门新兴的学科只有几十年。内容、方法和技术需要不断拓展和完善，既需要把握城市发展的本质，总结发展的规律，积极借鉴别人的经验，也需要引入相关学科的知识和信息。更加重要的是，全球知识背景下中国城市规划理论体系的本土化是中国城市规划学科发展的关键（Friedmann，2007）。这种本土化的过程，需要以实践为根基，从实践中不断积累智慧。

4　本书主旨与内容构成

正是出于对中国城市发展实践重要性的认识，希望以更加宏观的视角，建立分析、认识城市和规划发展问题的框架，立足于中国城市化进程的发展特点和趋势，帮助硕士研究生在本科专业知识基础上，扩展对中国城市发展与规划问题的整体认识和理解：

(1) 扩展认识城市空间发展的宏观视角。理解城市功能和空间结构与形式之间的内在联系，建立起认识影响城市空间发展的整体视野，以及从社会、政治、经济、环境和文化等角度综合分析城市空间结构的思维方法。

(2) 加深对中国城市发展问题的认识和理解。理解规划理论、城市研究和规划实践之间的相互关系，通过对重点问题的分析，加深对影响中国城市空间发展和规划的背景思考。

全书沿用了同济大学城市规划专业硕士研究生课程"现代城市功能与结构"的教学框架，围绕一条主线和三大论题。一条主线，即"城市发展动力与城市空间布局优化"；三大论题，即"城市功能与结构"、"城市形态与形象"、"城市增长与控制"。

"城市功能与结构"讨论的核心是城市发展的动力，"城市形态与形象"讨论的核心是城市发展的活力，"城市增长与控制"讨论的核心是城市发展的本质。三大篇章分别阐述一些基本的学术理念，同时又紧紧结合中国城市发展实际。各大篇章的卷首都有简单的概要，概述讨论的重点。

未来总是充满着期待，而发展也带有多种不确定性。将教学积累进一步编写成教学参考书，希望建立起一个具有开放性和富有生命力的学术框架，为城市规划学科新的发展做出一些努力。

C目 录
ONTENTS

第 1 篇 城市的功能与结构
Urban Function and Structure

第 2 篇　城市的形态与形象
Urban Forms and Images

第 3 篇　城市的增长与控制
Urban Growth and Control

总论：城市化与城市发展
Urbanization and Urban Development

第1节　中国城市发展的主题——应对城市化的转型与挑战

1　两个 30 年的积累与发展

1.1　两个世纪与两个 30 年

现代意义上的城市相对于传统农业社会的城市，其意义、功能与结构都发生了根本性的改变。从世界范围来看，工业革命引发的城市化是人类文明史上一次最重要的变革。工业化使现代城市成为必要和可能，经济功能被大大强化，并不断孵化出一系列相互加强的影响，这些影响重新勾画出人类物质世界的轮廓。真正意义上的现代城市发展，即以工业化引发的城市化，主要发生在过去的两个世纪。

19 世纪是工业化的世纪。大量的科技发明运用于经济社会的发展，经济发展的效率大大提高，人类文明的轨迹发生了巨大的变化。虽然最初的工业革命只发生在少数西方国家，但带来的辉煌的科技成果和大量发明奠定了人类工业化的基础。例如，1856 年发明的转炉炼钢法，使建设大跨度钢结构和摩天楼成为可能；1869 年发明的发电机，电力开始作为主要能源；1885 年发明的内燃机，逐步用来驱动船只、汽车、飞机等。这些发明不仅使机器高速运转起来，也如同是给城市装上了引擎，开始加速启动世界范围的城市化进程。

20 世纪是城市化的世纪。人类社会借助工业化和城市化的力量逐步实现了由农业社会向工业社会、农村社会向城市社会的转变。20 世纪初，全世界只有 10% 的人口生活在城市，仅有为数不多的国家进入了城市化的社会，2000 年世界城市化水平达到 47.2%，无论是发达国家还是发展中国家，城市已成为人类住区的主体。

21 世纪则是城市的世纪。城市化进程仍在继续，2008 年世界城市化人口首次超过了全球人口的 50%。联合国预测 2030 年世界人口将达到 81 亿人，其中 50 亿人居住在城市，占 61%。90% 的城市人口增长将来自于包括中国在内的发展中国家。

相比世界工业化与城市化历程的两个世纪，中国的工业化与城市化只走过了两个 30 年。

1949~1978 年，前一个 30 年，是以实现国家工业化为主线、国家主导的工业化和城市化模式，通过计划经济方式推动传统农业国家向工业化国家的转变，在国际环境相对封闭的环境下，初步奠定了工业化的基础。

1978 年以后的 30 年，则是以市场化改革推动的工业化和城市化为主线，积极融入全球化进程，也使中国社会进入了一个大变革的时代。

前一个 30 年，城市化进程缓慢而曲折。1949 年城市化水平为 10.6%，1978 年为 17.9%，1949~1978 年的 30 年里仅增长了 7.3 个百分点，期间因自

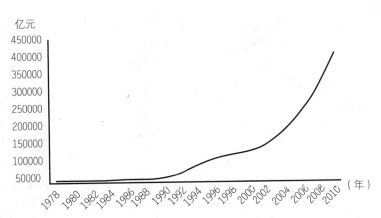

图 1-1　1978 年以来中国 GDP 的增长
资料来源：历年城市统计年鉴

然灾害、"文革"等因素曾带来城市化水平的波动和停滞。

后一个 30 年，中国创造了世界"经济奇迹"，也同时创造了世界"城市化奇迹"，引领中国作为一个人口占世界近 1/4 的国家，逐步步入中等收入国家行列。经济总量以每年接近 10% 的速度增长，人均 GDP 增长近 42 倍，进出口总额增长了 85 倍，综合国力大幅提升（图 1-1）。2010 年国内生产总值达到 39.8 万亿元，经济规模跃居世界第二位。在世界银行发表的减贫统计中[①]，1990~2002 年世界减贫人数的 90% 是中国实现的（吴敬琏，2008）。1978 年以来累计超过 2 亿人脱贫，在如此短的时间，数以亿计的民众脱离贫困，是人类历史上前所未有的。

城市化水平平均每年提高近一个百分点，每年约有 1000~1500 万人，共有超过 4.5 亿人参与到国家的城市化进程中，其规模远远超过了世界上任何一个发达国家的人口规模，甚至也超过了目前任何一个发达经济体的总人口规模。

1.2　全球大变革的时代

同期世界范围的城市化与工业化环境同样也发生了巨大的转变。前一个 30 年，西方经历了战后重建、社会转型、经济危机，由繁荣逐步走向停滞。1960 年代以后出现了传统工业化地区向新经济增长地区转移的趋势，同时以亚洲为代表的一批新兴国家开始崛起，是全球大变革的前奏。

后一个 30 年则是全球性变革的时代。1980 年代以后的经济全球化和信息化浪潮，不仅推动了西方经济复苏，资本、贸易、生产的全球化和信息经济的快速发展，也推动了世界经济国际分工体系的形成。世界城市的地位日益突出并带来全球城市体系重组，这些变革不断加速改造了工业化以来形成的世界经济地理格局，其影响广泛而深刻，产生的后果不亚于 200 年前的工业革命。

在全球人口已达 70 亿人，国家之间、地区之间、城市之间联系日益增强

① 以人均每天 1 美元作为划定贫困线的标准。

的同时，全球化带来的城市竞争和地区冲突加剧，全球城市化和城市全球化带来的矛盾和危机不断加深，经济危机、文化危机、生态危机、社会危机正在挑战和重塑着人类的社会价值观。

1.3 中国城市化的独特路径

回顾改革开放走过的历程，中国社会发展经历了一个逐步由解决温饱、持续积累到全面发展的过程。城市化过程不仅具有大规模、高速度和持续变化的特点，同时表现为市场化进程中的动态性，形成特有的制度环境和发展路径。大致经历了三个发展时期：

第一个时期以 1978 年对农村地区的经济改革为标志。通过恢复以家庭为基础的农业生产，迅速解决了中国的粮食问题，激发了农村地区的发展活力，同时通过改善中央计划经济体制，调整中央与地方政府间的关系和计划经济的内部关系，确立了一批沿海开放试点城市和地区。这一时期推动了小城镇和小城市的发展及沿海开放地区的快速发展，珠三角和一批沿海开放城市获得了先期发展效应。

第二个时期以 1990 年浦东开发开放为标志，加快了由传统计划经济体制向社会主义市场经济体制的转轨，在对外开放、企业制度、财政制度、住房制度等诸多社会经济领域开展日益深入的市场化改革，城市经济全面加速，一批大城市和特大城市的快速成长成为这一时期的重要特征。

第三个时期以 2001 年加入世界贸易组织（WTO）为标志，国际产业分工和不断扩大的全球贸易为中国的城市化注入新的动力，发展动力日趋多元化。全球化与区域化浪潮对城市化格局产生了广泛影响，城市区域化与区域城市化现象越来越显著，沿海地区快速极化，带来区域中心城市地位不断提升和城镇密集地区快速发展。

中国的城市化进程，既反映了城市化的一般规律和趋势，也具有其独特性（图 1-2）。

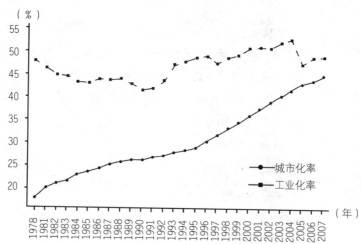

图 1-2 1978~2007 年中国工业化和城市化水平
资料来源：中国科学院可持续发展战略研究组 中国可持续发展报告 [R]，（2009）.

中国城市化所处的特定时间，叠加了不同阶段的工业化与城市化环境，全球化、信息化、工业化、城市化同时发生，既有共同性，也有差异性。更重要的是，所有这些变化是在中国社会的市场化改革中进行的，独特的社会转型进程使中国的城市化烙印了渐进改革的轨迹。

中国作为人口最多的发展中国家，经济发展水平跨越了温饱型阶段，但城市化和经济发展水平在地区间存在巨大差异和不平衡，不仅表现在地区之间、城市之间，也表现在城乡之间。

中国避免了许多发展中国家的过度城市化现象，但转型发展的压力和要求不断增加。随着城市化的规模和影响不断增加，带来超过2亿农村劳动力的持续转移和产业结构、就业结构、社会结构的整体变化，为中国经济发展开辟了更广阔的增长空间。同时，城市化带来的中国城乡社会转型的实质性影响正在日益深入，社会经济发展中的深层次矛盾将成为影响未来可持续发展的关键因素。

充分认识中国特色的城市化道路具有重要意义。城市既要承载人口和经济增长需求，也要实现未来可持续、协调发展的要求，需要从发展理念到增长方式的转变，推动城市发展的整体结构性变革。

专栏 1-1　城市化——全球性的挑战

霍尔（Peter Hall）在分析中国城市与欧洲城市时，认为面临的共同挑战在于"全球化、可持续发展、不断的企承"三个方面，共同特征表现在"全球化的城市（Globalized Cities）"、"大都市地区（Mega-City Region）"、"大型城市开发项目（Mega Projects）"的影响。

同时霍尔也归纳了三种不同的城市化发展类型。2005年世界银行在巴西召开的第三世界城市研讨上，霍尔将世界分为"应付非常规超限发展的城市"、"应付动态成长的城市"和"应付老龄化的成熟城市"三种类型，他认为中国城市至少包括了前两种，并且有的城市正在向第三种发展。

资料来源：P.Hall. Mutual Learning：Chinese and European in the 21 Centuty [Z]，2006.

2　中国城市化发展转型的迫切性

中国作为发展中国家，工业化、城市化、现代化的进程仍在持续发展，城市化进程及其在经济、社会环境等各领域所暴露的矛盾日益突出，发展转型的要求日益迫切。

从经济发展的可持续性看，经济快速增长始终没有摆脱粗放型增长模式。以投资、出口为动力的城市经济付出了巨大的资源和环境代价，我国人均资源与世界平均水平相比，人均耕地和水资源都只有全球的1/4，煤炭只有55%，石油是11%，天然气是4%（表1-1）。中国已没有先污染再治理、先粗放再集约、先排放再减排的资本，必须高度关注经济增长方式的根本性转变，加快推动城

中国水土资源与世界其他大国比较　　　　　　　　　　　　表 1-1

	中国	美国	加拿大	俄罗斯	巴西
人口密度（人/km²）	131.1	27.5	3.2	8.6	19.1
人均耕地面积（km²）	0.21	1.64	2.5	1.39	1.47
人均水资源（m²/人）（1995 年）	2292	9413	98462	30599	42975
森林总面积（万 km²）	13.38	20.96	24.72	75.49	56.6

资料来源：仇保兴 实现我国有序城镇化的难点与对策选择 [J]. 城市规划学刊，2007（5）.

市化走集约化、生态化发展的道路。

从社会发展的可持续性看，在改革开放以来以经济为中心、效率优先的指导思想背景下，城市化战略作为国家发展战略的重要组成部分，突出了经济增长和效率优先。在经济增长取得巨大成效的同时，也导致城乡和区域差异扩大、贫富严重分化、资源环境问题恶化、社会摩擦和利益冲突加剧等一系列问题的产生，忽视了城市化作为一个社会的综合发展过程，影响了城市化进程的稳定和和谐发展（王凯，2010）。

进入 21 世纪以来，国家对"农村、农业、农民"构成的"三农"问题空前重视。城与乡是城市化的两方面，共同构成了城乡社会转型的整体，因此城市化的健康发展取决于城乡关系的协调。城乡二元结构虽然一般都被认为是发展中国家城市发展中普遍存在的现象，但中国存在的城乡二元化制度面临的发展矛盾与其他国家面临的城乡转型问题具有差异性，城乡分割的制度性障碍及影响并不会随着经济增长而自动消除，城乡发展关系的协调已经成为中国城市化的关键问题。

据统计，2009 年农村外出打工的劳动力有 1.49 亿人，作为中国产业工人的主力军其比重已经达到 43%，其中建筑业中超过 80%，制造业和服务业超过50%。但随着人口出生率的持续下降，非农化中"人口红利"缩小，将对未来的就业结构产生冲击。虽然大量的农民工进入城市，对城市化和城市经济增长作出了重要贡献，但始终被排除在"市民"之外，因而许多学者称之为"非市民化"或"半城市化"现象。进城的农民工普遍处于家庭分离的现实状况，对于家庭单元和社会结构的稳定极为不利。

从城市和地区发展的可持续性看，城市群作为经济增长单元参与国际竞争的地位越来越重要，区域协调的矛盾也日益显现。我国东部沿海地区，特别是以长三角、珠三角、京津冀为代表的三大城市群，充分发挥了参与国际分工的作用，成为国家参与全球竞争、推动国家经济增长的主要基地。但地区之间和城乡之间的发展差距不断扩大，东中西部发展差距难以缩小。

在区域内部，城市竞争始终大于合作。政府主导的以经济增长为主要目标的地方经济模式，各自为政，加剧了城市间的过度竞争和内耗，各城市之间展开了从基础设施到产业发展全方位的竞争，一方面造成区域性公共基础设施建设、环境保护的滞后和缺乏协调，另一方面也造成盲目发展、资源浪费、重复建设、产业同构等矛盾始终未得到有效解决。

中国社会结构发生了深刻的变革，就业结构、消费结构、城乡结构和阶层结构等显著地反映了历史性的变化。同时，随着市场化改革的深入，市场经济在资源配置中的作用越来越重要，生产效率的提高极大地促进了物质环境的发展，但近年来住房、教育、卫生、社会保障等公共领域的矛盾日益凸现。

城市化是经济增长带来的，但经济增长不是城市化的唯一目标。健康的城市化是"人"的城市化，而不是"物"的城市化。当前城市化的突出矛盾在于社会城市化严重滞后于经济城市化。从"物"的发展到"人"的全面发展将必然是中国城市化转型的方向——发展的主题归位民生。

3 面对未来 30 年的挑战

在大发展的 30 年之后，未来 30 年则进入增长与转型并重的时代。

2010 年中国的城市化水平达到 49.7%。如果按照世界城市化的一般规律，即达到 70%~80% 左右后趋于稳定，意味着中国的城市化仍有将近一半的路要走。但高城市化率、低发展质量难以继续承载增长的压力，人口大国的城市化道路将面对人类发展史上从未经历的挑战，甚至被称为"世纪挑战"。美国经济学家，诺贝尔奖获得者，斯蒂格利茨（Stiglis, 2001）提出影响 21 世纪人类社会进程最深刻的两大事件：第一是以美国为首的新科技革命，第二就是中国的城市化，认为中国的城市化不仅决定中国的未来，也将影响世界的发展进程（表 1-2）。

中国人口、城市化、能源及排放的情景　　　　　　　表 1-2

		2005 年	2010 年	2020 年	2030 年	2040 年	2050 年
人口（亿人）		13.08	13.60	14.40	14.70	14.70	14.60
城市化率（%）		43	49	63	70	74	79
城市人口（亿人）		5.62	6.66	9.07	10.29	10.88	11.38
农村人口（亿人）		7.45	6.94	5.33	4.41	3.82	3.02
GDP（万亿元）		18.31	29.05	64.99	129.10	209.97	299.18
汽车总量（亿辆）	低碳情景	0.32	0.62	1.86	3.63	5.17	5.58
	基准情景	0.32	0.68	1.95	3.97	5.64	6.05
一次能源需求量（百万吨标准煤）	强化低碳情景	2118.6	2971.3	3921.1	4274.6	4660.1	5013.7
	低碳情景	2118.6	3086.7	3995.8	4473.9	4833.3	5250.0
	基准情景	2118.6	3437.9	4817.2	5657.6	6202.1	6657.4
化石燃料 CO_2 排放量（百万吨碳）	强化低碳情景	1409	1943	2194	2228	2014	1395
	低碳情景	1409	1943	2262	2345	2398	2406
	基准情景	1409	2134	2779	3179	3525	3465

资料来源：中国科学院可持续发展战略研究组. 中国可持续发展报告 2009[M]. 北京：科学出版社，2010.

我国人均GDP已超过4000美元。从国际经验来看，这个阶段既拥有继续发展的有利条件，也处于发展转型的关键时期。面对经济发展方式转型的国家战略要求，不可持续的发展因素已被推到风口浪尖，未来城市化进程的可持续性正面临前所未有的挑战：

——粗放的城市增长模式不根本变革，城乡分割的关系不根本转变，区域发展不协调的格局不根本转变，见"物"不见"人"的城市化形态不根本转变，发展将难以持续。

——面对全球化竞争和国际分工，国家中心城市及其所在巨型城市地区（Mega-City Region）的表现将决定一个国家的经济命运，面对世界级城市发展愿景，经济发展的结构不转变，发展将难以持续。

——城市空间仍然面临经济高速成长、城市化快速推进带来的增长需求，大规模的新开发与再开发不仅带来城市建成环境继续发生快速变化，也将使城市空间逐渐固化，重规模轻结构、重建设轻管理的局面不转变，发展将难以持续。

中国城市空间结构面临规模增长和结构重塑的双重压力，提升城市功能和城市化质量是时代赋予的新的历史使命。转型期中国城市规划的发展任重而道远。

第2节　城市问题与城市规划

1　城市问题与城市化相伴而生

城市化一般定义为人类生产和生活方式由乡村型向城市型转化的历史过程，表现为乡村人口向城市人口转化以及城市不断发展和完善的过程。[1] 包含农业劳动力向城市非农产业转移、农村人口向城镇地域空间集聚、城镇物质环境改善及城镇景观地域拓展和更新、城市物质文明和生活方式的传播与扩散等多方面因素和影响。

城市化是一个复杂的经济发展和社会转型过程，对此人口学、社会学、地理学和历史学等从不同的学科角度作出了诠释，得到普遍认同的看法是：城市化是一个动态、多维度的社会—空间过程（Friedmann, 2006），是人类社会重要的经济、社会和文化变迁过程（吴良镛，吴唯佳，2008）。

1.1　城市化与城市问题的联系

城市问题与工业化和城市化相伴而生，相对农业社会而言，工业化和城市化打破了千百年来形成的、原有的稳定和均衡关系，快速增长的失衡逐步成为

---

[1] 城市规划标准术语 [S].GB/T 50280—1998.

人类社会面对的常态。早在 1937 年美国国家资源委员会提交的一份名为《我们的城市：在国家经济中的角色》的报告，列举了城市问题的种种方面，认为"城市化是造成众多城市问题的根源"。① 这一结论被社会科学家和政策制定者作为城市研究的理论基础。工业化与城市化都具有一种非均衡的发展特征，城市问题正是由经济增长和城市集聚过程中出现的各种不平衡和失控所导致的。

城市问题源于城市功能的失调、发展的失序和增长的失控。城市化本质上是市场经济环境下工业化引发的人口集聚现象，市场的缺陷和管理的不善造成城市问题出现是难以避免的。

城市问题是长期的和动态的。在城市成长、发展的运行过程中，城市问题都会不同程度地凸现出来，表现在一个城市的方方面面，存在于城市的不同建设时期。在全球化、信息化影响和生态环境压力下，城市问题变得更加复杂而广泛。

城市问题是有地域性和差异性的。每个城市面临的问题既有一些共同性，但也会表现出很大的发展差异。不同国家、不同地区面临的城市问题具有差异性，不同的发展阶段面对的问题也是不同的。

城市问题具有普遍性和复杂性，不能孤立地、单一地认识。城市问题是城市化过程中社会经济矛盾相互交织而成，也是不可避免的，必须与其所处的宏观环境相联系，综合认识城市问题是寻求解决途径的基础。

1.2 城市问题与城市空间的可持续发展

城市发展是工业化和城市化引发的社会经济活动在空间上集聚的结果，因此城市问题与空间问题如影随形。工业化和城市化的发生、发展都离不开土地的使用和对空间关系的重组，城市问题是城市发展矛盾的表象，也是城市形象问题，而实质是城市结构问题。② 城市问题的研究及其解决都离不开城市结构，包括其探索的过程，其结果都会落实到布局结构上来，都会在城市布局结构中体现出来。

城市形态与可持续性之间的关系是当前国际环境研究领域最热点的议题之一。未来城市的发展模式及其对资源、社会及经济的可持续发展所产生的影响成为这一议题中的核心内容。城市有时表现出空间外延增长的特点，有时则以空间的内部关系调整为主，发展的节奏有时快、有时慢。正是由于城市形态的生成具有复杂性，因此也形成了认识城市发展与空间问题的不同视角和观点。

由联合国人居署设立的"世界城市论坛"关注的议题范围涉及城市的各个方面，如能源、环境、土地、住房、基础设施、卫生、教育、健康、安全、贫民窟改造等，均为当今世界面临的最紧迫的问题。已举办的世界城市论坛的主题中，城市的可持续发展一直是热点话题（表 1-3）。

① 布赖恩·贝利，比较城市化——20 世纪的不同道路 [M]. 顾朝林等译. 北京：商务印书馆，2008.
② 陶松龄. 同济大学城市规划专业研究生课程"现代城市功能与结构"讲义 [Z].

世界城市论坛主题一览表　　　　　　　　表 1-3

	时间	地点	论坛主题
2002 年 4 月	第一届世界城市论坛	内罗毕	可持续的城市化
2004 年 9 月	第二届世界城市论坛	巴塞罗那	城市与文化十字路口
2006 年 6 月	第三届世界城市论坛	温哥华	我们的未来：可持续的城市——将想法转变为行动
2008 年 11 月	第四届世界城市论坛	南京	和谐的城镇化
2010 年 3 月	第五届世界城市论坛	里约热内卢	城市的权利：为分化的城市架起桥梁
2012 年 9 月	第六届世界城市论坛	那不勒斯	城市的繁荣：生态、经济和公正的平衡

专栏 1-2　城市问题与城市结构

城市问题具有很鲜明的层次性和复杂性，必须基于一个较大的系统从各个方面分阶段逐步加以解决，是一项牵涉甚广的系统工程。诚如日本著名建筑师丹下健三所说："我们相信，不引入结构这个概念，就不可能理解一座建筑，一组建筑群，尤其不能理解城市空间。"

（1）城市问题必须与其所处的区域环境相联系，不能孤立地、单一地解决。

（2）城市问题的解决依赖于城市本身以及区域发展的力量，它依赖于城市经济发展水平和实力，以及科技水平的高低程度。

（3）城市问题是城市形象问题，是城市的表象，而实质是城市结构问题。城市问题的研究及其解决都离不开城市结构，城市空间结构是城市发展的物质基础，是城市功能组合优化的内涵。

（4）世纪之交城市发展的主题是推动城市结构的整体变革。

资料来源：陶松龄．同济大学城市规划专业研究生课程"现代城市功能与结构"讲义 [Z].

2　城市规划的发展和演进

城市作为人居形态之一，是经济、政治、空间构成的社会系统。规划是为实现一定目标而预先安排行动步骤并不断付诸实践的过程（孙施文，2007）。城市规划学科的发展源于对城市空间问题的认识，对城市问题的不断认识及其对策的探索是学科发展的根源，对城市问题的响应与反馈构成了支撑城市规划学科发展的脉络。规划理论的热点不断漂移，正是源于城市问题不断发展和变化。

城市结构系统组织体现了城市作为一个复杂的巨系统运行的特征，经济、政治、技术、意识形态及资源环境等，这些因素之间复杂的组织关系，影响了城市发展运行的"规律"。这种复杂性不仅成为规划内部发展（技术、方法、价值观）的变量，也构成规划外部环境（如何决策、实施，如何发挥作用）的变量。

城市发展理论的演进是对城市问题理性认识和思想拓展的结果。反映了不同学科视角、不同发展阶段、不同空间尺度，对城市结构问题的理解。

　　土地利用和空间资源的合理配置是城市规划学科的核心所在。现代规划理论和规划方法演化中，"空间"的视角日益多元化，简单地认为"空间"边缘化是一种误解。泰勒（Nigel Taylor，2006）认为城市规划从设计到科学作为二战以来规划理论演变的范式之一，在规划内容与方法领域反映了"空间"内涵发生转变过程中城市研究重心的变化，即从空间系统向功能系统的转变；从地理空间向社会空间的转变；从静态空间向流动空间的转变；从技术手段向科学手段的转变。

　　城市规划在不同时期方法上发生了变化，即不能简单讨论规划理论和方法问题，而必须与城市发展环境、规划的目标、侧重的方面、组织方式等结合起来（Lacaze，1996）（表1-4）。

规划方法的类型与演进　　　　　　　　　　　　　　表1-4

方法类型	首要目标	侧重方面	城市要素	参考标准	专业范围	决策方式
城市布局规划	建设新街区	建设现场	空间	美学文化标准	建筑师、城市设计师	集权式
战略规划（20世纪60年代）	城市空间结构改造	经济中心	时间	生产效率	工程师、经济学家	专家政治
可参与的城市规划（20世纪60年代）	日常生活的改善	社会关系的空间	人	空间占有习惯标准	社会学家、社会活动家	民主参与
管理的城市规划（20世纪70年代）	提高现有服务质量	服务业网状系统集中	服务	适合成本/效率比要求	管理人员	开放式管理
通信的城市规划（20世纪80年代）	吸引企业	整体概貌	象征性外貌	知名度	建筑师、通信专家	个人化

资料来源：拉卡兹.城市规划方法[M].高熠译.北京：商务印书馆，1996.

　　与西方城市规划起源于市场经济环境不同，中国现代城市规划起源于计划经济，曾长期被认为是国民经济计划工作的继续，至今仍没有真正完成"计划"向"规划"的转变，按照传统的规划思维和方法已经无法适应日益加深的市场化进程中城市空间发展趋势及新发展环境带来的各种各样的挑战。

　　对比发达国家城市规划走过的历程，中国城市规划所面对的城市发展环境更加复杂。一方面，中国的城市发展仍然处在空间规模快速扩张的阶段，着重探讨城市空间问题和城市形态问题具有特殊的意义。另一方面，中国城市发展具有多重发展阶段叠加的特征和发展转型的要求，社会、经济、环境问题与空间发展的协调显得越来越重要。西方城市和规划理论以及中国自己的历史实践，都无法成为新时期城市发展和规划的指导。这种城市发展特点决定了中国城市规划需要不断走向综合发展的环境，也决定了以空间为核心的多学科交叉是中国城市规划理论和学科发展的主要方向。

第3节　探索中国城市空间发展策略

1　对中国城市化道路的理性思考

城市化的质量将决定中国未来发展，城市规划自身固有前瞻性、综合性的学科属性，其发展需要对现实城市面临和应对的问题进行探究，对城市化趋势具有理性的认识，思考中国城市化的发展方向，探索并谋求未来中国城市化与城市空间对策。

1.1　城市发展动力靠什么？

（1）人民生活质量提高的需求

关注和满足人的需要是城市规划的出发点，"对于从事于城市规划的工作者，人的需要和以人为出发点的价值衡量是一切建设工作成功的关键"（《雅典宪章》）。

过去30年中国GDP年均增长10%左右，城乡居民收入年均增速6%~8%。财政增长高于GDP增长，城市居民收入增长低于经济增长，农民纯收入增长低于城镇居民收入的增长，民富与国强的差距在拉大。城市政府始终难以摆脱对"土地财政"的依赖。

追求社会发展是城市发展的根本动力，也是城市发展的本质所在。切实提高生活质量，既是每个普通居民的愿望，更是城市发展的长远目标。

（2）转型时期新的发展态势

转变经济发展方式成为转型时期新的命题。从经济发展上看，中国的GDP增长以政府为主导，虽然经济增长很快，但是投资效率低下，经济繁荣并未使普通民众获益。经济发展方式不转变，城市发展就没有出路。

区域化是当前城市发展的重要趋势，城市需要在区域中谋划发展动力。继珠三角、长三角、京津冀之后，成渝、长株潭以及山东、江苏、辽宁等都有区域联手发展联盟之约。

生态化成为城市发展的重要方向。全球自然资源和环境负担的极限迫使人类寻求可持续发展的新模式，这是全球范围的转型，也要求中国的城市发展作出积极的应对。

城市个性源于城市文化，城市文化越来越被认同为城市价值的重要目标。

（3）经济与城市发展动力的探究

GDP的快速增长是中国30年来城市发展的重要推动器，外贸、投资、消费是拉动中国经济增长的三驾马车。一直以来，投资和出口拉动远远高于消费的增长。从经济增长的阶段来看，1980年代依靠投资和消费，1990年代转向以投资为主，进入21世纪以来则进一步转向投资和出口为主。消费的作用不断弱化，其对经济增长的贡献率1980年代为64%，1990年代为56%，到21世纪初仅为41%。国民收入和财政增加，新增国民收入加大，但投资率偏高、消费率偏低，作为一个大国，主要依靠投资和出口拉动的经济增长方式，会加大经济发展的不确定性。

需要通过结构的调整适应经济发展方式转型的要求，寻求内生的、不断创新的、可持续的动力和机制。

1.2 城市建设质量看什么？

（1）"软速度"与"硬约束"

城市发展的内涵远远大于经济增长，实现城市的健康发展离不开合理的控制与引导。国家自"十一五"开始，首次将"计划"转变为"规划"，并将发展的指标分为指导性和约束性两类。将经济目标作为引导性指标，将环境控制、社会发展目标刚性化。特别是"十二五"规划中将经济增长速度指标由"十一五"的9%调整为7%。传递出一个信号：发展性指标"柔化"，约束性指标"硬化"。

在国家和地方政府的发展规划目标和实施总结中，将约束性指标列为绩效考核的刚性内容，以落实监督和强化政府责任，约束政府行为，促使政府转型，从单纯追求经济增长转向促进科学发展。

（2）速度服从于发展的质量与效益

作为发展中的大国，多年来经济快速增长付出了资源环境方面沉重的代价，由此"十一五"规划提出了GDP能耗降低20%左右、主要污染排放物总量减少10%这两个节能减排的"硬指标"。努力迈向资源节约、环境友好型城市发展。

（3）发展服务于社会的进步与民生

民生是国家之本，民富是国强真正意义的体现。"民富国强，众安道泰"（赵烨，《吴越春秋》）。"民富"在"国强"之前，中国古人早在千年前就提出了"以民为本"的思想。

国际经验表明：公平问题是引发社会不稳定的根源。社会危机产生往往会发生在意想不到之时，发生在国家变得富裕之时。步入中等收入国家的发展阶段，往往也是社会转型的重要时期。

"十二五"规划提出"以促进和谐社会建设为目标，把社会发展放在现代化建设更加突出的位置，坚持民生优先，推进公共服务均等化，缩小收入差距，保障社会公平正义"，这无疑将是今后一段时期内中国进一步调整发展的主要思路。

1.3 城市空间拓展规律是什么？

（1）回首有机疏散思想

1934年沙里宁（Eero Saarinen）出版了《城市——它的成长、衰败与未来》一书，针对20世纪初大城市不断扩张的弊病，从生物成长的现象中受到启示，认为城市是一个不断成长和变化的机体，提出要以有机疏散的思想逐渐把城市紊乱的状态转变为有序状态。城市由许多"细胞"组成,细胞间有一定的空隙,有机体通过不断地细胞繁殖而逐步生长,它的每一个细胞都向邻近的空间扩展,这种空间是预先留出来供细胞繁殖之用,这种空间使有机体的生长具有灵活性,同时又能保护有机体。

有机疏散的思想,并不是一个具体的或技术性的指导方案,而是对城市的发展带有哲理性的思考。认为要把无秩序的集中转变为有秩序的分散。有机疏散的两个基本原则是:把个人日常的生活和工作集中布置;不经常的"偶然活动"的场所,不必拘泥于一定的位置,则作分散的布置。认为个人的日常生活应以步行为主,并应充分发挥现代交通手段的作用。这种理论还认为并不是现代交通工具使城市陷于瘫痪,而是城市的机能组织不善,迫使在城市工作的人每天耗费大量时间、精力,造成城市交通拥挤堵塞。有机疏散思想对 20 世纪许多城市的发展产生了深远影响。芬兰的赫尔辛基、丹麦的哥本哈根,城市形态都有清晰的年轮可循。

（2）小城大事：瑞士达沃斯的启示

达沃斯（Davos）仅是瑞士的一个小镇,每年举办的达沃斯论坛在国际上具有重要影响,世界政要云集,成为一个著名的国际会议中心。值得思考的是,21 世纪"世界是平的",信息技术深刻植入世界经济一体化进程的今天,任何城市都存在巨大的想象空间和可能性,城市的特质从未像今天这样凸显。城市发展是多元化的,城市的地位并不取决于城市的规模,中小城市同样可以获得巨大的发展机会。"世界也是倾斜的",在全球竞争日益激烈的时代,城市的地位取决于一个城市在全球网络中的贡献,功能对于其地位意义远大于追求规模。这正是达沃斯的启示所在。

中国也有同样的案例,博鳌,南中国的一个小渔村,世纪之初凭借国际级论坛——博鳌论坛的召开,转身成为世界瞩目的焦点,不仅成为带动海南新一轮发展的重要力量,也成为海南建设国际旅游岛的重要品牌。

城市的发展能力在于功能的追求,在于把握成为"机会城市"的能力,从而在日益激烈的竞争环境中获得独特的核心优势和发展空间。

（3）关注大城市集聚与拓展中的新趋势

重大事件、重大项目、重大决策对城市发展具有实质性影响。奥运、世博、高铁建设以及国家战略性新兴产业规划等,都会在不同程度上对城市发展进程产生深远影响。

中国正在积极通过调整结构转变经济发展方式,与此相适应,中国的城市化布局在城市圈、城市群崛起的背景之下开始了新一轮的部署。近年来是区域规划出台最密集的时期,发挥沿海地区优势,加强有利于融入全球化和区域经济一体化的薄弱地带,而中部和西部地区作为内需的潜在增长市场,重新得到开发和重视,一个全面的、新的城市化格局正在展开。

《全国主体功能区规划》对全国不同区域的资源环境承载能力、开发密度和发展潜力重新认识,对统筹谋划未来人口分布、经济布局、国土利用和城市化格局进行了战略探索。

城市发展需要审时度势，及时根据当地条件，针对自己的特有问题，利用技术进步，创造性地加以解决。"每个城市如果真正深入地研究自己的历史文化，总结其历史经验，捕捉当前发展的有利条件，创造性地制定发展战略，不失时机地调动多方面的条件包括文化优势等，城市发展必将大有可为"（吴良镛，2003）。

2　感悟中国城市规划学科发展的基石

2.1　城市发展的时代背景

日益加快的城市化进程和不断变化的城市发展环境构成了当今城市发展的基本态势和背景。

过去 30 年是一个大建设的时代，城市格局发生了翻天覆地的变化。上海在 1982 年制定城市总体规划时，城市建成区面积只有 149km² 左右，到 1997 年再次修编总体规划时，建成区面积已经达到 446.23km²，近几年每年新增建设用地达到 30~40km² 左右，相当于每 5 年就新增一个 1980 年代初的上海中心城区。目前，上海市域建设用地已经超过 2800km²，根据第六次人口普查数据，2010 年上海全市常住人口突破 2300 万人。相比第五次人口普查数据，流动人口增加了近 700 万人，10 年来平均每年增加约 62 万人。从全国来看，2001~2008 年城镇建设用地扩张速度达到每年 7.40%，8 年累计建设用地扩张超过 1.9 倍，近年每年建设用地新增加约 2000km²。同期城镇人口增长速度只有 3.5%，用地扩张超过人口增长速度的一倍多。

这 30 年也是一个建设环境不断变化的时代，社会经济发生了深刻的变革。城市化水平达到 50%，城市化进程中的主要矛盾将发生根本转变，长期积累的矛盾日益凸现，经济发展方式转型已经成为国家可持续发展的迫切要求和战略重点。

未来 30 年仍然是一个城市化持续、快速发展的时期，在巨大的发展需求下，大规模的城市建设仍将持续。但中国社会正进入一个新的发展阶段，处在大转折的关键时期，市场化、全球化、信息化进一步深入影响新的发展环境，经济增长方式转变和市场化改革进程交织，构成了当前发展转型的背景。

2.2　理想、理性、理念

规划是针对城市未来发展的谋划和行动，追求城市发展理想是城市规划学科不断发展的动力。是根植于过去的知识和实践经验对当代城市走向未来发展的一种责任。把理想说成是不可能实现的思想，这是一种误解，理想是你不断去追求的，虽然你不能达到，可是你前进一步就接近理想一步（李德华，2001）。[①]

---

① 李德华. 理想、浪漫、人本——李德华先生访谈，城市与区域规划研究 [Z]// 同济建筑规划设计思想库.

应对城市化的矛盾是城市规划产生的原动力，强调理性的价值观和科学的方法是城市规划学科的特点。在大建设与大转型的时代背景下，城市规划学科的重要性和地位也将不断提高，既面临有利的发展机遇，也必须担当前所未有的挑战，理想与理性应当成为规划工作者不变的追求。

理念创新是在社会环境不断变革和发展的背景下，城市规划不断完善和升华的基础。规划滞后于社会发展也就失去了存在的意义。积极寻求理念的创新，才可能有方法的创新，在切合实际和前瞻性两方面取得平衡。

因此，不断改革和创新永远是规划学科走向完善的一部分。需要前瞻性地、综合地把握城市发展的主要矛盾和发展方向，积极探索适合自身发展环境的规划理论，通过方法和内容的不断完善，不仅是规划付诸实践的基础，也是规划真正发挥更大作用的前提。

2.3 理论和实践双向创新是中国城市规划学科发展的必由之路

规划学科发展的基础源于对城市空间问题认识的深入。中国的城市发展既面对世界性的共同趋势，更面临着自身城市化发展环境的挑战，包括：人口大国高速、持续城市化的挑战；高密度人居环境对物质建设合理性的挑战；计划经济向市场化环境转轨的挑战；多重社会经济发展阶段叠加和转型的挑战。

国际经验表明：规划文化多元化是世界性潮流和趋势。弗里德曼（2007）认为对规划理论最好的理解和诠释来自于实践，全球知识背景下中国城市规划理论体系的本土化是中国城市规划学科发展的关键。

吴志强（2007）提出中国城市规划的脚跟一定要在中国，眼界也要在中国，但是拿出来一定是可以奉献给全世界的，人们应该有信心探索中国城市的发展问题，讨论中国的城市规划的原理，思考中国本身的问题对于世界的意义。

张庭伟（2007）认为只有了解城市问题的全部，才能构筑一个坚固的理论基础，才能全面指导规划实践；为了中国的城市发展具有中国特色的城市规划理论，应该，而且只能依靠中国规划师来建立。城市研究与城市规划的关系密不可分。城市研究偏重于基础理论，而城市规划偏重于行动和政策，前者犹如"病理学"，后者犹如"治疗学"。

中国规划理论必须建立在对中国城市问题的认识和城市社会经济特征及制度环境认识之上，需要方法论上的探索。必须基于中国的城市发展和规划实践，理论和实践双向创新是城市规划学科发展的必由之路。

3 探索城市空间发展的主线与三大论题

3.1 主线："城市发展动力与城市布局优化的研究"

认识城市发展动力是城市发展研究的核心内容，是把握城市规划编制的重要基石。对城市发展动力的探索，是理论认知与实践感悟的交互过程。对城市发展动力的理论认知可以从广度和深度两个方面认识（陶松龄，2004）。

从广度上来看，城市发展动力的研究涉及城市的功能与结构、形态与形象、增长与控制这三大论题，需关注城市的经济增长、空间品质、经营管理等多个方面，并运用经济学、社会学、地理学、生态学、管理学乃至哲学范畴的理论和观点加以分析和理解。简言之，城市是融多要素、多学科为一体的系统，是个综合、动态的集成体。

从深度上来看，城市发展动力的内生性和外增性两方面的因素值得关注。前者是城市内部结构调整的需求，涉及部门结构、投资结构、产业结构、社会结构、土地结构等问题。后者则是由于外部环境变化引起的。伴随着全球化进程的加快，境内外游资的引进与集聚、重大的区域政策调整和大型基础设施兴建等，不断对城市发展带来新的影响。城市发展动力的内生性与外增性不断交替，共同作用于城市发展过程之中。

城市发展动力是由经济、社会、文化、科技、政策等诸多因素构成的。但是从空间运行来分析，可以把城市发展动力归纳为产业推动力、空间支撑力和管理调控力。城市发展动力源自于以上三个方面，而城市发展的速度与质量则取决于三者之间的协同程度。

从对城市"功能与结构"的研究，结合"形态与形象"的思考，再联系"增长与控制"的探索，旨在拓宽城市发展动力研究的视野，明确城市发展动力的运行主体——功能、产业、空间、管理，进而把纷繁复杂的城市发展影响因素有机地归结到以土地利用和空间管理为核心的构架中来，形成具有规划学科特色的城市发展动力研究体系。

3.2 城市的功能与结构

功能与结构论题，讨论的核心是城市发展的动力何在。侧重于多视角阐述城市发展作为社会—空间过程运行的特点和趋势，从社会经济视角来探索城市发展的动力，分析城市发展的主要原理，理清学科发展的脉络。

对城市结构的认识要突破单一纬度和静态纬度的桎梏，广义的城市结构是产业结构、社会结构与空间结构在地域范畴上的整合。城市功能与结构的相互作用和适应过程，既构成了城市发展与演进的基本规律，也是认识城市空间发展问题的核心。城市功能是城市存在的本质，是城市社会经济活动特征的高度提炼。城市结构既是城市活动的载体，也反映了城市活动的内在关系，反映了城市各组成部分在空间和组织上的关联（图1-3）。

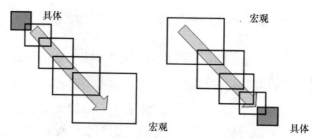

图 1-3　培养融贯的思维：以大见小和以小见大

　　规划师需要融贯的思维，即从宏观到具体和从具体到宏观的认识、分析和判断问题的能力。运用系统分析、演绎和归纳等多种方法，用理性和逻辑思维建立起复杂问题和简单问题的桥梁。

3.3　城市的形态与形象

　　形态与形象论题，讨论的核心是城市发展的活力何在。侧重于从不同空间层面分析中国城市空间的重组与优化的重点，从空间质量视角来分析培育城市合理发展的支撑力。

　　城市形态是城市结构和形体轮廓的总和，是城市活动在空间上的投影。城市形象是城市中人工与自然、历史与现代、物质与文化、经济与社会等活动的高度概括。城市形态是城市结构调整的重要依据，也是塑造城市形象的主要内容，城市形象是城市空间品质的综合反映。城市活动在空间上高度集聚、互为条件，空间品质直接影响社会经济运行的方式和效率。从城市形态结合城市形象的研究，可使我们更加全面、客观认识到空间质量在城市发展中的作用。

3.4　城市的增长与控制

　　增长与控制论题，讨论的核心是城市发展的根本何在。结合当前中国城市发展的新环境，探讨城市发展模式的转型与增长控制的要求，着重于从公共管理视角来谋划城市发展的合理路径。

　　制度建设重于技术，城市的有序发展有赖于制度创新。城市规划的发展需要适应新的社会需求，在社会经济转型的复杂背景下，城市规划作为制度安排和宏观调控的重要手段，其有效性的发挥需要外部运行环境的完善和内部组织的变革，从而保障城市运行沿着科学的轨道健康成长。

第 1 篇
城市的功能与结构
Urban Function and Structure

引言

城市功能与结构论题侧重于从社会经济的综合视角来探讨城市化进程中城市发展的动力和空间演进的特点。

■ 城市是综合的、有机的生命体。城市发展的动因既包含外部环境变化引起的他组织因素，也包含内部结构变化的自组织因素，共同构成了城市的复杂综合体的特征，并像生命体一样新陈代谢，不断跨越生命周期的门槛，循环累进，推动城市功能、结构与形态的演化和提升，呈现出丰富的动态性和多样性。

■ 城市发展的成功取决于发展动力的协调。城市发展过程是城市功能与结构相互作用和不断适应的过程。每个地区各不相同的区域基础和动因决定了城市发展模式的差异，外部动力与内部资源整合成内生的动力，才是适合的，并可支撑自身长远发展。

■ 城市的不断发展源自所蕴含的文化和创新的功能。发展的环境不断变化，现代城市的经济作用日益突出，功能日趋多元和综合化，经济扩张的需求和经济理性的冲击不应模糊城市存在的本质。而城市文化是城市生命，是城市创新的根本，是培育可持续发展的源泉。

第2章

现代城市的功能、结构与形态
Urban Functions, Structure and Form of the Modern Cities

第1节 功能、结构与形态

1 概念

城市功能、结构、形态是理解和认识城市空间发展特点的三个方面。城市功能是城市发展作用和影响的综合性体现，通过城市功能可以认识和理解城市空间发展的动力。城市结构反映不同功能活动和要素的相互组织关系，是城市空间的系统性特征，通过城市结构可以建立理解城市功能和认识城市空间特征相互关系的桥梁。城市形态反映城市空间的物质性表征，作为更加具体的空间形式，是研究城市空间生成关系的重要切入点。三者之间各有侧重，也存在相互关联和紧密联系，城市功能、结构与形态，从不同角度建立起分析、认识城市空间发展问题的层次和方法。

1.1 城市功能

城市的功能（urban function）反映了城市整体活动的特点和类型，体现了城市系统内部秩序与外部环境的相互影响，综合表现为城市在一定的历史时期及特定的区域中，在经济社会发展方面所具有的地位和发挥的作用。城市内部各种活动及其相互作用构成了城市功能的基础，城市与外部（区域或其他城市）的联系和影响是城市功能的集中体现。

城市功能是城市存在的本质特征，是推动城市发展的根本动力，功能变化是城市空间发展和系统变革的先导性和决定性因素。因此，城市功能从更加本质的角度体现了城市空间特征和演化规律。

1.2 城市结构

城市结构（urban structure）是城市各种功能活动和要素内在的联系，反映城市各组成部分的组织关系。

结构强调事物之间的联系，是种种转换规律组成的体系。分析结构问题是认识复杂问题的一种有效方法。城市结构作为一个整体，既包括空间层面的物质性结构，也包括活动层面的非物质性结构，两者既相对独立又紧密相关。物质性结构是显性的、表象性的和直观的，如城市的各类设施、土地使用、城市交通等空间要素的组织关系。非物质性结构包括社会结构、经济结构、政治结构以及文化和环境等方面的组织关系，是隐性的、抽象的、内涵的，然而对城市空间的影响却是根本性的。

城市内部和外部总是在不断地进行着物质、能量、人员、信息等要素的交换和联系，这种相互作用使城市的各组成部分结合为具有一定空间结构和功能的有机整体。城市的空间发展不仅反映了物质层面的结构特征，也反映了非物质层面的影响，两者之间相互作用，相互调节和适应。

城市空间发展体现了复杂的巨系统的运行特征。因此，研究城市结构即研究城市系统运行的特征、线索或框架，发掘城市空间形态表层现象背后隐藏着的深层结构，由表及里，从而发现并把握城市内在的具有相对稳定性而又包含变化的规律。并通过对形态性和空间性的因素分析，从差异和变化中发现一个城市作为地域社会形态所具有的空间特质、经济动因、文化精神以及社会取向等。

1.3　城市形态

城市形态（urban form）是城市功能与结构在空间上表象的总和，是城市发展轨迹的空间缩影。城市形态是城市自身及其整个城市区域所呈现的地理空间结构状态，是城市政治、社会、经济、文化传统、自然环境的综合表征，反映城市空间格局以及城市功能变化的动态过程，对研究城市的形成与发展，以及编制城市规划具有十分重要的作用（陶松龄，2005）。

对城市空间而言，城市形态是城市发展的客观结果。城市形态反映城市作为综合有机体的物化特征，是探索城市发展的规律的一个重要方面。"城市形态是内含的、可变的，是构成城市所表现的发展变化着的空间形式的特征"（齐康，1982）。"城市形态是一种复杂的经济文化现象和过程，它是在特定的地理环境和一定的社会经济发展阶段中，人类的各种活动与自然环境因素相互作用的综合结果，城市形态是城市社会、经济、文化的综合特征"（宋家泰，1985）。

相对空间规划，良好的城市形态一直是规划追求的目标。"城市形态的探求不仅是模式的追求，而是一种发展战略研究，它来自更高的目标的追求"（吴良镛，2003）。

2　关联

功能、结构与形态三者之间有着内在的联系。城市功能对应城市的各种活动，体现城市地位和作用的变化。城市空间结构包含了城市功能系统的内在关系，映射了城市社会经济活动发生的变化。分析城市结构是认识活动与形式之间关系的方法，也是把握城市运行规律的关键。城市形态对应了物质空间的具体形式，是非物质空间具体的、现实的反映。城市形态有其生成、发展、转变和完善的规律性，反映着城市的社会、经济、体制和文化等方面的面貌，对认识城市有重要作用（图2-1）。

社会经济活动带来的城市功能变化是空间结构变化的先导，而城市空间往往具有一定的适应性甚至是惰性，或快或慢地逐步适应或影响整体

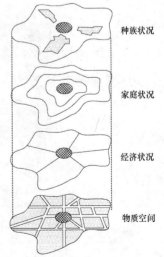

种族状况

家庭状况

经济状况

物质空间

图2-1　城市形态是社会形态的投影

关系的重组和结构性的变革。当城市逐步发展，城市的功能和规模逐步扩大，超出原有空间的承载能力，空间结构必然做出相应的调整，以适应变化了的城市功能。因此，城市因功能变化而导致结构变化和重组，而整体结构系统的变化和重组又必然影响城市功能调整和作用的发挥。两者相互促进，推动城市不断发展。

城市空间既是具体的也是抽象的，一个城市在规模、形态上发生的变化必定有其功能与结构上的意义。城市空间问题是复杂的，影响城市空间的因素也是多元的，城市空间的变化和异质性是发现和认知城市特征的基础。城市形态的变化更加直观、易于察觉，如空间形式的差异、分布的差异、规模的差异、土地构成、密度的差异、扩张方式的差异、扩张速度的差异等外在特征，反映了内在因素的变化。城市空间研究往往应从易于察觉的形态问题入手，敏锐地发现这些差异和特征，进而从结构角度认识城市发展的规律，认识城市功能、结构与具体形式之间的因果关系。

右图为伦敦 1800 年到 2000 年城市空间的扩张与城市形态的演变。城市在集聚与扩散过程中城市形态呈现墨汁状蔓延趋势，即使经济发展已进入相对稳定阶段，城市形态的变化也并未停止。左图相同比例下为上海 1940 年代至今城市形态的演变。由最初的集中在浦西一侧，逐步跨越浦东，沿江向海拓展，城市规模和形态正处在快速变化过程中（图 2-2）。

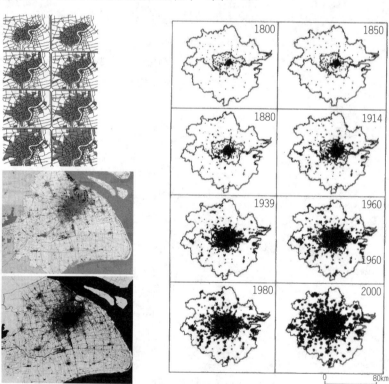

图 2-2 城市空间的扩张与城市形态的演变

右图为伦敦 1800~2000 年城市空间的扩张与城市形态的演变。城市在集聚与扩散过程中城市形态呈现墨汁状蔓延趋势，尤其是最近 20~30 年来经济发展已进入相对稳定阶段，但城市形态的变化并未停止。左图（相同比例下）为上海 1940 年代至今城市形态的演变。由最初的集中在浦西一侧，逐步跨越浦东，沿江向海拓展，城市规模和形态正处在快速变化过程中。

城市形象是人们对空间表象感知的结果，生动而客观地反映了城市发展的动态性。城市形象犹如一本打开的书，从中可以感知一个城市变动、演化的脉络和过程。一个城市留给人们最初和最深的印象就是这个城市特有的个性和内含的特质。塑造富有活力和吸引力的城市形象是奠定城市可持续发展的重要基石。

对中国城市而言，随着市场经济的深入和区域关系的不断演化，需要从相对静态的、单一的城市形态研究走向动态的、复合的城市形态研究。不断透过错综复杂的现象，捕捉城市运行过程中的实质性问题，从分析问题入手，把握综合功能的提升与强化的关键，进而开展对结构优化策略的探索（表2-1）。

城市功能、结构和形态的相关性   表2-1

	功能	结构	形态
表征	城市发展的动力	城市增长的活力	城市形象的魅力
涵义	· 城市存在的本质特征 · 系统对外部作用秩序和能力 · 功能缔造结构	· 城市问题的本质性根源 · 城市功能活动的内在联系 · 结构的影响更为深远	· 城市功能与结构的高度概括 · 映射城市发展的持续与继承 · 鲜明的城市个性与景观特色
相关的影响因素	· 社会和科技的进步和发展 · 城市经济的增长 · 政府的决策	· 功能变异的推动 · 城市自身的成长与更新土地利用的经济规律	· 政府的决策 · 功能的体现 · 市民价值观的变化
基本构成内容	· 城市发展的目标进取 · 发展预测 · 战略目标	· 城市增长方法与手段的制定 · 空间、土地、产业、社会结构的整合	· 人与自然的和谐 · 传统与现代并存 · 物质与精神文明并进 · 城市规划设计的成果
总体要求	强化城市综合功能 ⇌ 完善城市空间结构 ⇌ 创建完美的空间形态 作为变革的动力　　作为目标的导向 这是我们从事城市规划应有的认识论和思想方法，可以使我们在观察分析城市问题时不至于迷惑于一事，或失误于一时，在处理和解决城市问题过程中避免脱离实际		

资料来源：引自李德华主编.城市规划原理[M].第三版.北京：中国建筑工业出版社，2001：199.

第2节　从进化论看城市功能的演化

1　城市发展是城市功能不断进化的过程

1.1　城市功能

城市发展具有复杂性、动态性的特征，是不断发展演化的结果。关于城市的最早起源有不同的解释，如农业剩余产品、水文学因素、人口压力、贸易需求、防卫需要、宗教原因以及更综合的因素等[①]，这些方面是从城市形成和存在条件的角度，对城市特质有别于城市之前的人类聚居地的认识。正是因为聚居，逐步改变了人类生活与生产的方式，也使生产力的提高成为需要和可能，并成为城市不断发展的力量。

城市的物质结构，以及它古老的文化脉络，不是一种突然发展的产物，城市是在不断地发展演化的（Mumford，2005）。

从城市功能的历史演进看，是从政治统治和军事中心、商业中心、工业中心到多元经济文化中心的不断发展的过程。虽然城市的发展先于工业化，但工业化成为现代城市与之前城市的分野。

工业化之前诞生了早期的城市，由于农业革命使农业生产出现了剩余产品。农业经济发展水平提高和政治组织的形成构成了城市发展的重要条件。这一时期城市的消费功能大于生产功能，城市多作为政治中心或军事中心而存在，同时也是生活中心和文化中心。

工业革命之后出现了工业化早期的城市，或称为近代城市，其区别于更早期城市的特点在于大规模的工厂化生产彻底改变了城市的作用、组织形式和结构形态，规模经济效应带来工厂规模不断扩大，也带来城乡关系的改变和资本主义制度的建立，城市的经济功能大大增强，导致工业城市、大城市的不断发展。

随着工业化的发展，经济全球化和经济信息化引发的后工业革命，出现了所谓后工业化时代的城市，并构成了当代城市发展的环境和特征：即产业结构以制造业为主转为以服务业为主，生产性服务业发展迅速，空间经济结构由水平型分工向垂直型分工转变等，导致世界城市或全球城市的主导作用日益明显，大都市连绵区成为更加普遍的空间集聚现象。

1.2 城市功能的日趋多元化和综合性

工业化之后的城市发展与工业化之前的城市有着本质性的区别。这种区别不仅表现在规模方面，更反映在城市功能的差异。贝利（Brain J.L.Bellry）从城市-工业社会角度归纳了现代城市区别于前工业社会的特点。工业化及其影响的城市化进程，使城乡社会关系走向分化，也使城市的本质、功能和作用发生了根本变化。

从规模上，比照 1000 年来世界 10 大城市的分布，可以发现增长和文明兴衰的轨迹以及空间集聚形式的变化。在 1000 年的时间里世界 10 大城市的规模扩大了 75 倍，100 年的时间里世界十大城市的人口达到 1.6 亿，仅东京一个城市就超过 1900 年世界 10 个大城市人口的总和。根据联合国预测，到 2050 年，世界城市人口将占总人口的 2/3，10 大城市人口将达 5 亿人，会出现与现在完

---

① 保罗·诺克斯，琳达·迈克卡西.城市化[M].顾朝林、汤培源等译.北京：科学出版社，2009.

全不同的"超级大城市"，占到城市人口总量的 1/10[1]（表 2-2）。

公元 1000 年、1900 年、2000 年世界十大城市的人口（百万）　　　　表 2-2

1000 年		1900 年		2000 年	
城市	人口	城市	人口	城市	人口
科尔多瓦	0.45	伦敦	6.5	东京	26.4
开封	0.40	纽约	4.2	墨西哥城	18.1
康斯坦丁堡	0.30	巴黎	3.3	孟买	18.1
吴哥	0.20	柏林	2.7	圣保罗	17.8
京都	0.18	芝加哥	1.7	纽约	16.6
开罗	0.14	维也纳	1.7	拉各斯	13.4
巴格达	0.13	东京	1.5	洛杉矶	13.1
泥沙普尔	0.13	圣彼得堡	1.4	加尔各答	12.9
哈沙	0.11	曼彻斯特	1.4	上海	12.9
安尼华达	0.10	费城	1.4	布宜诺斯艾利斯	12.6
	2.14		25.8		161.9

资料来源：莱斯特·布朗.生态经济 [M]// 牛文元.中国新型城市化发展报告 2009[M].北京：科学出版社，2009.

更根本的变化表现在功能上，城市功能随城市发展不断演变，人的需求、技术的变革以及所推动的经济增长，不断推动现代城市功能日趋多元化和综合化、高层次化。表现在城市的综合服务功能、社会再生产功能、组织管理和协调经济社会发展功能，通过物资流、资金流、人才流、信息流不断提高集聚与辐射能力。城市的信息交流、教育的职能、智力的形成与积累、金融、贸易、人际的交往和社会活动等功能，越来越成为一个健康城市的重要组成方面和城市发展的基础。传统的城市功能正在发生着深刻的转型，一些功能要素由集聚向分散转化，而一些功能要素由分散向集聚转化，功能联系日益网络化，功能的实现方式多样化，甚至虚拟化。但功能的变迁仍然需要以空间为载体，通过城市土地使用方式发生作用，最终引起城市结构的转型（表 2-3）。

前工业社会和城市－工业社会和城市的区别　　　　表 2-3

	前工业社会与城市	工业社会与城市
人口	高死亡率，高出生率	低死亡率、低出生率
行为	特殊化，规定，个人扮演多元化角色	普遍性，工具化，个人具有专业化作用
社会	家族联盟，扩展性家庭，种族凝聚力，在民族间存在分野	分化，亲情关系第二，专业特征影响社会群体
经济	非货币或单一货币经济，地方交易，基础设施不足，手工业为主，专业化程度低	以货币为基础，国家范围内交易，相互依赖性强。工业生产，资本密集

[1] 引自牛文元.中国新型城市化发展报告 2009[M].北京：科学出版社，2009.

续表

	前工业社会与城市	工业社会与城市
政治	非长期权威，规定性习俗，个人之间交流，注重传统	稳定的政体，民选政府，大众媒体参与，具有理性的政府机构
空间（地理）	地方范围内关系，近域特征，社会空间群体在网络空间中复制	区域与国家相互依赖，在城市空间系统中，分工基于主要资源与相对区位

资料来源：布赖恩·贝利.比较城市化——20世纪的不同道路 [M].顾朝林等译.北京：商务印书馆，2008.

1.3　城市的健康发展取决于城市功能的协调

1933年国际现代建筑协会（CIAM）在雅典制定的《城市规划大纲》，即《雅典宪章》，认识到城市与区域规划是解决城市问题的关键，提出了解决城市居住、工作、游憩和交通四大活动的原则，推进了对城市功能和城市问题的认识，其功能主义的设计思想影响了20世纪的城市发展。

一方面，城市的功能是一个有机的整体。1978年《马丘比丘宪章》指出"今天的建筑规划和设计，不应当把城市当做一系列的组成部分拼在一起来考虑，而必须努力去创造一个综合的、多功能的环境"。冯纪忠在1980年代也曾指出"单纯化不能成为城市，规划得好的城市应当既有规律又富有变化，应有被明确限定而形成的空间，而不是模模糊糊的空间。空间之间的关系不是无序的，而是有延续关系的"。

另一方面，城市的健康发展取决于功能的协调。霍尔（P.Hall）认为市场化使经济理性成为工业化过程的基本原则，财富和效率成为城市追求的目标，城市化的形式和规模越来越威胁到城市生活的文化基础，这不仅会制约城市的发展，也将损害城市的基本功能。人和自然因素对城市建设的重要性，决定了城市健康发展取决于合理的城市政策，既要考虑人类在土地上的行为，又要考虑社会需要以及城市化对自然循环的影响。

早在2000多年前，亚里士多德在《政治学》中指出，人因生活的需要集中到城市，人因生活得更好而留在城市。2010年上海世博会，首次以城市为主题，提出"城市，让生活更美好"，是2000年后对城市社会价值的回归。城市存在的本质是人类的生活空间，是积极的生活场所，尽管城市中交织着许多功能，是各种活动高度集中和复杂事物组织成的特定地域，但这种复杂性不能成为模糊了城市存在本质的理由。

2　芒福德的功能观是城市发展的金钥匙[①]

芒福德所著的《城市发展史——起源、变化和前景》一书揭示了城市发展

---

① 陶松龄，陈有川，芒福德的功能观是城市发展的金钥匙 [J].城市发展研究，1995，6.

与文明进步、文化更新的规律，给解决西方工业文明的危机指明了出路。他的学术观点具有强大的生命力，深深影响着各国规划师。所提出的城市功能观是其学术思想精华的一部分，对于我国城市建设有重要的指导意义和启迪作用。

2.1 城市的隐性功能值得重视

城市的隐性功能反映了城市作为一个有机体，不断培育、凝聚的生命的力量，它源于城市文化，是城市的灵魂，是城市创新发展更加根本的动力。"在综合城市的各种活动时，我们必须将以下两个方面加以区别： 是 般的人类功能，它是普遍存在的，只是有时被城市的构造所强化和丰富了；另一个是城市的特有功能，它只存在于城市之中，是城市的历史渊源及其独特的复合结构的产物。先古城市只是在坚强、统一、自为的领导之下的一种人力集中，它是一种工具，主要用以统治人和控制自然，使城市社区本身服务于神明。"

除了动员、融合和扩大等城市特有的功能，"这些功能和过程还产生出更高级的合作能力，并且扩大着信息流通和情感交流的范围；在城市发展的大部分历史阶段中，它作为容器的功能都较其作为磁体的功能更重要；因为城市主要还是一种贮藏库，一个保管者和积攒者。城市是首先掌握了这些功能以后才能完成其最高功能的，即作为一个传播者和流传者的功能。"

"城市不仅较其他任何形式的社区都更多地聚集了人口和机构、制度，它保存和留传文化的数量还超过了任何一个个人靠脑记口传所能担负的数量。这种为着在时间和空间上扩大社区边界的浓缩作用和贮存作用，便是城市所发挥的独特功能之一；一个城市的级别和价值在很大程度上就取决于这种功能发挥的程度；因为城市的其他功能，不论有多重要，都只是预备性的，或附属性的。"

"城市主要功能是化力为形，化能量为文化，化死物为活灵灵的艺术形象，化生物繁衍为社会创新"，这对于我们在城市化加速发展的今天，加深理解城市的本质，促进城市的发展，大有裨益。

2.2 "化力为形"

城市具有"将各个人的选择和设计化为城市建筑，将各种思想转化为共同习俗和惯例"的功能，即将各种活动融合、转变为城市形象。

城市比之其他形式的任何社区更能集聚人口、结构制度、保存和流传文化，因此其活动具有多样性和兼容性，这些活动的综合作用在地域空间上反映为城市形象。功能的需求，政策的导向，人的价值观是形成和创造城市形象的主要力量，体现在经济功能是城市发展的推动力，对城市形象具有主导性。不同种类的经济活动有不同的区位要求，不同强度的经济活动相应有不同的空间使用形式和规模要求，各种区位的组合、形式的排列造就了相应的城市形态结构和城市规模。政策制度对城市形象具有"引导性"。经济活动对城市形象创造有时会有负作用，仅靠市场调节，往往导致急功近利，破坏性开发。通过管理机制调节城市的开发序列、开发速度、开发质量。控制建设阶段目标，引导城市高效、合理地利用土地，淡水、矿产等自然资源，保护城市可持续性发展，才能建设宜人的聚居环境。文化对城市形象具有"修整性"。文化在某种程度上指导、支配和影响人的行为方式、价值观念和行为心理，影响到城市空间的利用方式和效率，并对建筑形式、建筑风格加以约束。

城市将各种力量汇集一身，经过融合、调整为合力，推动城市发展。各种力量的作用随着城市的不同发展阶段而变化。在城市形成的初始阶段，通常经济活动对城市形象的作用是主要的；在城市快速增长发展期，政策制度将引导城市形象与形态的演化；在城市持续稳定期，则应偏重于文化层面的企求和着力提高城市质量。

2.3 "化能量为文化"

人际交往和共同活动是城市生命力的源泉，文化是城市最深厚的基础。它比经久性建筑物和制度化的结构更能将城市的过去、当今和未来联系起来。芒福德指出：文化功能是"以各种象征形式及人类形式传播一种文化的代表性内容的能力。它是充分发挥人类能力和潜力"的条件。并且指出城市其他功能都只是预备性和附属性，"一个城市的级别和价值很大程度上取决于文化功能的发挥"。

城市的发展过程中，各类活动高度聚集，强化了各子系统之间的相互作用、相互影响，这给城市聚合、选择、发展以及各类文化间的渗透性提供了十分有利的客观环境。各种文化在城市活动中相互碰撞、冲突、选择、融合，最后形成了千姿百态的城市文化。城市文化在场所和行为之间建立了内在联系纽带，演化生动的城市生活文化，如美食文化、娱乐文化、服饰文化等。城市政府、城市的机构设置、各种规章制度、管理功能及人际关系状况等转化为城市管理文化。指导居民行为方式的规范、准则、价值观和行为心理形成城市行为文化。城市中各种活动高度聚集，产生了大量能量。这些能量一经成为文化，将在城市发展的长河中沉积下来牢牢扎根，以其正面或负面效用流传给后代。目前，我国城市化正处于加速发展时期，城市建设数量多、速度快，城市建设中出现速度失控和功能失调等现象，影响城市发展的动力，也有损城市形象的和谐与统一。特别是在一些经济迅速发展地区，城市建设风格雷同、缺乏特色和文化内涵。多元化的经济需要多样化和多层次的文化来支撑。文化贫瘠的城市，显得没有生气、缺乏活力，不能吸引和聚集大规模人口、物质、信息，有的将沦为"空城"、"死城"。

2.4 "城市创造功能"

"城市绝不是由工厂、仓库、兵营、法庭、监狱、控制中心等构成的一个纯粹的功能性组织，而是创造力的源泉"。对环境的创造、人的改造、制度的创新是城市的重要职能。

城市中快节奏、高密度的活动,在场所和人之间建立了"对话"。人的活动改变着场所,场所也影响着人的活动。建筑物、广场、街道等城市构件,通过人的感受,具有某种象征意义,将主体与客体联系在一起。城市的发展不是机械地创造物质空间来满足城市经济活动的需求,也不是主观地强调城市秩序,体现领导阶层的意志和权威,而是以人为中心,创造一种尊重人的行为、心理、个性的环境,为人提供多种选择和机会。

城市中的人比之处于狭窄、封闭环境中的人,更容易接受新事物,更能转化旧的价值观创造新的价值观,更能作出新的决定与选择。经常性的社会交往,以及文化艺术生活的陶冶,使人的情感得到训练和提高。城市是改造人的场所,人格在这里得以充分地展示与发挥。

城市中潜藏着巨大能量。科技文化发达,经济实力雄厚,信息交流便捷,人口构成复杂,对外界感应灵敏。在社会制度、管理体制、文化类型方面易于创新,敢于尝试。改革开放的成功经验证明了城市这种功能的力量。

2.5 芒福德功能观的启迪

我国城市面临着结构性重整。经济增长方式由粗放型向集约型转变,从主要追求生产规模向提高生产效率转变,从依靠资金投入增加能源、原材料和劳动力的消耗向依靠科技进步转变。城市结构由封闭型向开放型转变,城市活动由受制于行政区划向更大范围的区域市场转变。这些转变必将对城市功能提出更高的要求。城市功能的重塑将导致城市结构的调整和完善。城市结构是城市活动的内在联系,它虽然是"由城市功能缔造,但比之功能更为经久"。同时,又指出"最优化的城市经济模式是关心人、陶冶人"。

21世纪以来,我国进入发展的关键时期,把握机遇,建设充满活力的建成环境,是经济持续发展的基础。面对经济多元化、贸易一体化、文化多样化的发展势态,城市必须整体协调发展,使城市生态优化、人与自然共存,成为人类宜居环境的场所、文化创造的基地、城乡协同的载体,把城市化进程推向一个新的高度。

任何事物都是以系统的形式存在于环境之中。城市作为一种人文、经济和生态的综合环境,构成这些环境的基本特征是人类的各种活动和影响。物质的流动带来经济发展,能量的转换促进社会进步,信息的传递催化科学技术,资金的周转增强建设活力,历史的沉淀形成文化结晶。这些活动既有自身运行的规律,也相互影响、相互作用,从而构成了城市系统的复杂性。

城市空间结构是一个在地域上由城市内部及其周围地区组成的复杂的巨系统。城市系统的运行特征,需要从经济系统、社会系统、生态系统和空间系统几个方面整体认识。

第3节　从系统论看城市空间结构的特征

1　城市作为经济—空间系统

城市作为经济—空间系统反映了经济系统本身运行规律和特点对空间的影响。

空间既是经济活动的资源也是成本构成之一。经济活动本身是一个选择的过程，萨缪尔森（P. A. Samuelson）把经济学定义为"是研究人和社会如何进行选择，来使用可以有其他用途的稀缺的资源以便生产各种商品，并在现在或将来把商品分配给社会的各个成员或集团以供消费之用"。这种选择包括空间选择以及生产、消费、流通的方式和过程的选择，并直接或间接地对空间形态的发展产生影响。传统区位研究是建立在新古典经济学抽象假设基础上，强调资本积累、劳动力及其他要素投入基础上降低运输成本与销售成本的空间选择。结构主义及1970年代以来西方所谓的"新马克思主义"等社会理论为基础，对资本主义生产方式，包括企业组织、劳动力、市场机制及社会制度对区域与城市体系的影响成为一个新方向。产业结构与部门分类是另一种影响因素，产业结构的调整过程引起区域上新的分配格局的形成，未来主导产业方向已成为城市与区域发展方向的主要动因之一。

1.1　聚集经济与城市成长

（1）聚集经济是现代城市成长的基础

聚集经济的特点和形式是解释现代城市增长的主要因素。工业革命引发的经济活动的集中效应，使经济系统在现代城市发展和空间组织中发挥了主导性的作用。强化了经济活动作为城市存在的基础，成为城市空间发展更加根本的影响因素。聚集经济具有的开放性，影响了城市与区域的空间组织模式。

微观经济理论认为，当企业全部投入中有一种比例的改变能够在产出中引起一种更大的按比例的改变时，这个企业的生产函数就表现为规模经济。而规模经济往往受到空间集中的影响极大，没有空间集中，生产只能以极其有限的规模进行，通过靠近产品消费地以节省运输费用。规模经济和运输成本共同导致经济活动的空间集中，形成了城市聚集经济，也即城市化经济。表现为当一个城市地区总产出不断增加时，不同类型的生产厂家的生产成本呈下降趋势。

英国经济学家巴顿（K. J. Button，1970）认为现代城市发展是工业追求聚集经济的结果。聚集经济的重要性在于接触的利益，规模的集中可以使比较成本利益下降，机器化大生产提供了生产规模不断扩大的可能，形成一种自我推动的力量，不断吸引企业、人口的集中，从而形成了乘数效应和循环效应。缪尔达尔（Myrdal，1957）称之为城市发展的循环因果机制，即工业的发展和城市规模的扩大是一个密切相关的过程，每一个发展阶段有赖于前一阶段的积累。聚集经济还带来信息传播和交流的资源，成为有利于城市增长的财富。

聚集经济也会带来聚集的不经济。聚集不经济表现为更多的人口和资本在高密度核心地区集聚的边际效益下降，造成城市发展的成本不断上升，包括污染、犯罪、交通问题、住房问题以及地价上升等现象，使私人生产和公共生产的成本增加，反作用于城市，将制约经济在核心区域的进一步聚集，从而也限制城市增长。

聚集经济同样也被用来解释1960年以来发达的工业化国家出现的中心城市衰退和产业转移的现象。现代生产过程产生水平运动，因此需要大量土地，为了继续维持生产的效率，必须在合理的土地成本和运输效率之间取得平衡，从而造成工业分散化和企业总部迁出中心城市的现象，最终核心和边缘地区达到区位利润的平衡。

（2）土地经济与城市空间的分配和使用

土地是财富的第一源泉，任何社会的生产和生活都要依托于土地。城市活动的集聚性，导致了城市地价的差异和土地使用的竞争。

市场经济中竞租理论是分析和解释城市土地使用和空间结构的基本理论。供需关系形成的土地价格决定了空间资源的分配，决定了土地资源的基本配置关系，由此不但造成了城市空间结构的特点，也是引导其未来发展方向的重要杠杆。

阿隆索（Alonso）通过分析土地成本（地价）和区位成本（因区位引发的其他费用，如交通费用）对形成居住区分布状态的影响，指出不同地价导致不同的土地使用，是形成城市空间结构最基本的因素（图2-3）。但影响地价的并不完全是纯粹的市场因素，如以哈维（Harvey）等以新马克思主义的观点出发，城市空间结构的变化是出于资本主义生产关系中新的生产形式对资本流动及再生产的需要。

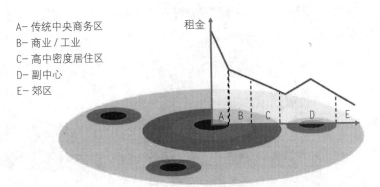

A- 传统中央商务区
B- 商业／工业
C- 高中密度居住区
D- 副中心
E- 郊区

租金

图2-3 土地经济对城市土地使用和空间结构的影响

城市空间的扩展和重组作为一种大规模的经济活动，极其敏感地受到经济基础的制约。从经济学角度分析城市结构是经典的解释城市结构的理论。对于规划师来说不仅应关注经济活动、生产效率问题，更应关心作为经济活动空间载体的城市土地利用问题和城市资源分配问题，包括城市的空间布局、城市土地的利用、城市资源的公平分配等应该是关注的重点。

1.2 经济发展阶段与城市空间演化

（1）技术创新周期的影响

技术进步是城市经济发展的根本动因，是使社会生活的各层面发生深刻变革的动力基础。技术对空间形态的最直接影响主要表现为交通技术、通信技术及其他基础设施的作用。而生产领域和社会生活领域的技术变革则通过潜移默化地影响人们的生产方式与生活方式而产生间接作用。

技术的影响是内在而渐进的过程。J•D•贝尔纳（J.D. Bernal）阐述为："技术一直必须在一个同当时全部生活范型一样广大的阵线上进展。在大部分时间里，这样的进展总是比较慢，而只是当一种新物质或新装置开辟了一种所不能达到的境地时，才往前迈进一步"。

诞生于 1920 年代，广泛地应用于解释经济增长周期波动的长波理论，是西方经济学认识资本主义长期经济发展规律的一个重要理论。长波理论专注于一个国家或地区的长期经济增长战略，运用周期发生和发展理论来解释波动成因，预测未来发展的长期波动趋势，并运用政策措施手段，高速波峰、波谷的到来和推迟，最大限度地限制经济带来的负效应（图 2-4）。

技术革命主导的生产组织方式和聚集经济原则，强化了城市的经济作用，不断推动城市规模的扩张、结构重组和功能的演化。用长波理论可以解释城市发展的周期性上升过程，城市的功能随城市发展也在不断演变，这在西方工业化国家城市发展中得到证实（表 2-4）。

技术发展能够对城镇空间形态带来怎样的具体影响，M. 泰勒等（M. Taylon and P. Newton, 1984）通过总结和调查分析，提出技术、经济、能源、交通、社会、人口等九个方面的可能发展趋势，并从空间需求和土地利用的区位需求、城市内部结构和居民点分布等主要内容上提出发展趋势的观点（表 2-5）。

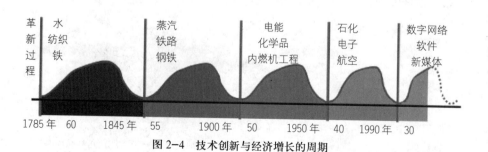

图 2-4　技术创新与经济增长的周期

技术创新与现代城市演变与发展　　　　　　　　　表 2-4

	第一次长波	第二次长波	第三次长波	第四次长波	第五次长波
时间	1785~1845 年	1845~1900 年	1900~1950 年	1950~1990 年	1990 年~？
	60 年	55 年	50 年	40 年	30 年
技术创新	水力、炼铁、纺织技术	蒸汽、铁路、炼钢技术	电力、化学、内燃机技术	多分子化学、电子、航空技术	数字网络、软件、新媒体技术、生物技术、新能源
城市产业结构	农业部门占主体，制造业比重上升，服务部门比重较小	制造业比重上升，服务部门增加，农业比重下降	制造业占主要地位，服务业比重加大，农业比重减少	第三产业为主，第二产业小于 30%，第一产业小于 5%	信息产业、文化产业、现代服务业
世界城市化水平	城市化水平小于 10%	城市化水平 10% 左右	城市化水平 25% 左右	城市化水平 40% 左右	城市化水平超过 50%
城市功能	生产功能	生产、服务功能	生产、服务、集散和管理功能	文化、创新功能	文化、创新、消费功能
世界经济增长重心	伦敦到利物浦城市群雏形	大巴黎地区，莱茵—鲁尔地区城市群	纽约至波士顿地区形成大片城市群	东京、名古屋至大阪城市群、亚洲新兴经济体	大批新兴经济体和国际化城市崛起
城市发展特征	早期工业城市人口向城市集中，城市围绕旧城扩大	大城市发展人口向大城市集中，大城市扩张	郊区化开始产业向郊区迁移，城市分散化开始	郊区化主导城市中心区呈现衰退，城市分散化普遍	城市复兴城市区域化广泛的城市竞争
区域城市系统	分散中心	以大城市为主的弱联系	城市空间迅速扩张	整体联系加强空间彼此接近	全球城市体系和巨型城市现象

资料来源：根据"探索城市发展与经济长波的关系"（徐巨洲，《城市规划》，1997.5）、《国际经济中心城市的崛起》（蔡来兴，上海人民出版社，1995 年）等相关资料整理。

技术对城市和区域空间发展的影响　　　　　　　　　表 2-5

主要发展变化趋势		发展变化程度
空间需求和土地使用的区位要求	居住密度增加趋势	☆☆☆
	平均个人居住空间减少	☆
	居住空间分隔趋势加强	☆
	办公建筑面积需求减少	☆
	工业建筑面积减少	☆☆
	个人交通设施空间需求增加	☆
	公共交通空间需求增加	☆☆☆
	休闲与娱乐空间需求增加	☆☆☆
	零售业向小居住单位和大区域范围两极发展	☆☆
城市内部结构	内城的复兴和经济活动的集中	☆☆
	现有城市核心集中趋势增强	☆☆☆
	城市就业分散化趋势	☆☆
	清洁工业基础上土地混合利用趋势增加	☆☆
	自足的社区	☆
居民点分布	集中城市化转向分散的网络社会	☆
	人口和工业从旧工业基地向外转移	☆☆
	办公向国际总部和地方办公分化趋势	☆☆
	大都市居民点享有大城市的设施	☆
	更多的非工作时间和分散化的高质量居民点	☆☆☆

注：☆符号的数量表示发展趋势的强度.

资料来源：J. Brotchie, P.Newton, P. Hall, P. Nijkamp. The Future of Urban Form-The Impact of New Technology[M]. Routledge，1985：325.

（2）产业结构演替与城市的功能和空间演化

弗里德曼根据一个国家工业产值在国民生产总值中所占比重的不同，归纳出国土范围内空间经济增长的四个阶段。其中的每个阶段都反映了城市和其地域之间关系的变化。①前工业阶段，工业产值比重小于10%。此时，经济发展水平的区域不平衡现象不显著，城市的发生和发展缓慢，城镇体系由规模很小的彼此独立的中心构成，每个中心服务的腹地范围非常有限；②过渡阶段，工业产值比重在10%~25%之间，此时，国内具有区位优势的地区表现出很高的增长速度，从而使"城市—区域"之间的对比开始出现。形成单一的特大城市区域，这一区域集中了国内重要的工业经济活动和大部分的城市人口；③工业阶段，工业产值比重25%~50%。此时，在原先相对落后的区域范围内的相对比较优越的地区出现了高速度的经济增长，形成了次一级核心区域，从而使综合工业体系相对完善，城市体系也趋于完善；④后工业阶段，工业产值比重开始下降，工业活动逐步由城市向外扩散，特大城市区域内的边缘区域逐渐被特大城市的经济所同化，形成大规模城市化区域（图2-5、表2-6）。

现代城市化的过程同时也是第三产业集聚的过程。在后工业时期工业比重持续下降，这其中的主要原因在于第三产业的发展。城市中的第三产业提供了两个部分的服务，一是企业所要求的生产性服务，二是城市居民所要求的生活

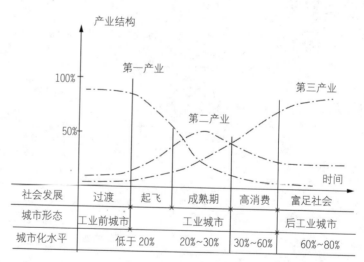

图2-5 产业结构变化与城市发展阶段示意

资料来源：段进.城市空间发展论 [M]. 南京：江苏科学技术出版社，1999.

城市产业结构与空间分布　　　　　　　　　　　　　　　　　　表2-6

	前工业化时期	工业化早期	工业化中后期	后工业化时期
生产方式	资源密集型	劳动密集型	资本密集型	技术密集型
产业体系	农业源泉产业体系	制造业源泉产业体系	服务业源泉产业体系	信息源泉产业体系
城市体系	分散城市	工业中心	向心城市体系、都市圈	城市连绵带

资料来源：苗建军著.城市发展路径 [M]. 南京：东南大学出版社，2004.

性服务。生产性服务的快速增长是后工业社会的重要特点，与现代工业的发展和生产组织方式的变革紧密相关。

产业结构高级化是一个动态化的概念，是指随着经济不断增长，产业结构相应地发生规律性变化的过程。产业结构高级化程度与经济发展水平呈现正向相关关系。产业结构高级化反映在产业层次上，也反映在产业内部，三次产业之间的层次高低取决于其结构演变规律，对于现代经济而言，三次产业所占比重由高到低的排序一般是第三产业、第二产业、第一产业。

中心城市地位提高与产业结构的高级化密切相关。服务业尤其是现代服务业逐步成为发展重点，形成以服务经济为主体的产业结构。

产业和人口的集聚不断强化了城市集聚功能面，就当代城市的发展而言，城市整体的集聚功能主要表现在以下几个方面（尹继佐，2001）：第一，城市成为重要的资源转换中心。通过城市中庞大的生产体系加工自然资源和原材料，转换成各种产品和货物。第二，城市成为价值增值中心。在资源要素的转换过程中，城市经济创造出新价值，成为利润中心。第三，城市成为物资集散和流转中心。资源要素的转换促进着城市必须运作资源要素、材料的输入和产品货物的输出，成为实物分配的枢纽。第四，城市成为资金配置中心。一方面，城市中的生产体系对资金产生强大需求，另一方面，随着实物流转和分配，同时进行着资金流转和分配。第五，城市成为信息交换处理中心。由于重要的经济活动基本上在城市中进行，因此，各种信息主要在城市产生、处理、交换，然后进行扩散。第六，城市成为人才集聚中心。城市的生产体系运作需要大量人才，同时，大量人才也被城市的活力和施展才华的环境所吸引。第七，城市成为经济增长中心。综合以上各种活动，城市成为主要的经济活动中心和经济增长中心。

1.3　产业集聚形式与空间体系的结构

产业集聚现象及其变化与区域空间形态的演变存在着不容忽视的联系，产业集聚影响着城市与城市化的发展和空间特征。

多种产业的集中和城市的集中发展之间有着明显的相关性，行业内的集聚常常会形成和促进专业化城镇的发展，随着人口规模的扩大、产业层次和结构的复杂而加速大城市空间结构的演变，促进都市圈或者城市群的形成与发展。

美国哈佛大学商学院迈克尔·波特（Michael Porter, 1990）最早提出"产业集群"的概念："产业集群"是指"一国之内的优势产业以组群的方式，借助各式各样的环节而联系在一起，并在地域上集中"。[①]企业集群（Cluster）是企业按行业或相关产业在地域空间集聚的现象，是产业组织在地理空间的表

---

① 迈克尔·波特. 李明轩，国家竞争优势 [M]. 邱如美等译. 北京：中信出版社，2007.

达形式。中小企业的集群发展是世界范围的一种重要经济现象。围绕某一特定产业的中小企业和机构大量聚集于一定的地域范围内而形成的稳定的、具有持续竞争优势的集合体。随着市场竞争的全球化，经济发展也凸现出区域集中化趋势，特别是参与全球产业链分工的地方企业集群化，具有创新快、成本低，能够快速适应市场变化，成为地区竞争力的关键。美国硅谷的繁荣、意大利经济的振兴以及我国东部沿海城镇的迅猛发展在很大程度上归结于当地企业集群的发展。

亨德森（Henderson）1997年的研究发现，"普通制造业集聚对规模要求较高，而对差异性要求并不高；高科技行业的集聚对差异性要求较高，而对规模要求不高。因此，普通制造业倾向于在专业城市集聚，而高科技行业、知识密集型行业倾向于在大城市集聚"。他在1999年的研究中明确指出：专业化城市产业更依赖于区域化经济，因为这种专业化城市可能就以生产某种标准化工业产品为主，更依赖于行业内的集聚。而大都市的产业集聚更依赖于城市化经济。因为大都市中的产业，如高新技术产业、处于产品生命中期的成长阶段的、未标准化的产业需要的是差异化的市场环境、丰富的人力资本、巨大的市场容量等。

因此，从理论上来看，行业内集聚将有助于促进小城镇特别是专业镇的发展；而行业间集聚则通过城市化经济不断引发的集聚和扩散而加强城市之间的联系与作用，促进城市群的形成和发展。

2 城市作为社会—空间系统

2.1 城市空间的社会特征

（1）城市化作为社会变迁过程

自城市出现开始，城市即作为一种有别于农村的社会文化系统而存在，包括人们的社会行为、价值观念、不同层次和类型的人际交往以及历史文化等方面差异。

城市化是一种社会空间变迁过程，也是一种生活、生存方式变迁的过程。城市化带来人口增长和分布的变化，也带来城市社会组织结构的分异。人群是构成社会的最基本单元，包括最典型首属群体家庭，以及因各种利益而结合在一起的不同次属群体，如各种类型的组织。在社会上，不同的人群以财富、权力和声望的获取机会不同形成社会地位的差异，导致形成社会阶层。

城市生成并影响着社会关系。城市化及其主要成分——规模、密度和异质性——是决定城市性的独立变量，线性相关，城市越大，密度就越高，异质性也越强。城市的社会性特质进一步表现在形成了广泛而复杂的劳动力分工，行为变得更加理性、功利，亲属关系的结合减弱，文化同质性（homogenerity）衰退，价值观多样化（Louis Wirth，1938）。

（2）城市空间的社会属性

社会结构的分异影响了城市社会空间的特征。在空间上，不同人群组合形成社会空间分布的差异，空间被分离成在收入、地位、人种、民族、宗教等方面分异的地区。

人口迁移、分布与隔离是城市社会空间的重要现象。伯吉斯（Burgess）通过对芝加哥不同族裔居民迁移的研究，提出种族的集聚是移民迁移的动力。认为居民迁移对形成美国大城市的空间结构，尤其是居住空间结构起着决定性的作用，是城市空间结构变化的基本原因之一，并总结出具有广泛影响的城市同心圆式土地使用模型。其后衍生出扇形模式和多中心模式，揭示日益复杂的城市空间结构基本特征。新马克思主义理论进一步从阶级对立的角度解释不断加剧的空间分化，认为城市空间变化的实质是城市中各利益集团关系变动的物质表现。

构建一个公平、公开，具竞争力的城市治理和协调系统，对保障城市可持续发展具有特别重要的意义。理想城市治理结果应为"一个多样化的城市、一个生态可持续的城市、一个适于居住的城市、一个安全的城市、一个主动包容差别的城市、一个关爱的城市"（John Friedmann, 2002）。

（3）城市空间生产的社会性因素

城市的发展作为社会—空间过程造就了多元化的人居环境。城市空间作为社会过程不仅具有多元性，也具有复杂性。城市空间不仅由社会关系支撑，也由社会关系生产，同时生产着社会关系。

地方文化、价值观与政治制度因素的差异对不同的城市发展过程与发展道路具有决定性作用。政治经济学分析方法认为经济活动的地域性质和经济活动的空间行为是由社会过程决定的。复杂的社会因素构成了制度环境，引导和约束人们的行为。

在许多社会学者看来，城市发展有三种形式的资本，除了物质资本（physical capital）、人力资本（human capital），还包括社会资本（social capital）。社会资本对城市发展具有重要的意义。社会资本指的是社会结构的某些特点，主要包括社会网络、社会信任及共享的理念。世界银行对社会资本的定义是："从质量和数量上影响社会中互相交往的组织机构、相互关系及信念"。"社会资本不是社会机构相加的总和，而是把各种社会机构聚结在一起的胶水"。

社会资本隐含着促进知识传播与技术创新的力量，是建立在诚信和互助协作基础上的社会关系网络，是可以提高社会效率的共享资源或者生态环境。密集而广泛的社会资本所形成的开放性社会网络，被视为解释新产业地区增长动力的关键要素。

2.2 人口流动与城市空间演化

城市中人的活动形式与特征的空间分布表现为城市中各类用地的比例、结构以及它们在空间分布上的模式。研究城市中的人口迁移状况也是反映城市空间发展模式的一个重要方面。

（1）区域性人口的流动

人口的区域性集中首先表现为由农业地区向城市地区的集中，城乡人口流动是城市发展的动力机制之一。人口向城市的集中进一步表现为向大城市和较为发达地区的大城市集中。

在国家城市化早期成为吸引城乡人口流动和地区性人口迁移的主要地区，这种区域性的人口集中是城镇密集地区形成的基础条件之一，虽然这种绝对的优势在后期逐渐有趋于平衡的趋势，但这种优势的惯性依然存在。

伴随早期工业化的发展，城市化进程加快，在当时高出生率和高死亡率的条件下，城市人口的增长是靠人口高度流动得以迅速完成的（表2-7）。

美国三大城镇密集地区人口变化（百万）　　　　　　　表2-7

	1920~21年	1950~51年	1975~76年	2000~01年	增长率（1）	增长率（2）
东北沿海区	23.3	32.6	44.4	48.0	1.65%	0.3%
五大湖区	24.6	36.1	50.1	54.0	1.88%	0.3%
加利福尼亚	3.8	9.8	19.7	28.0	7.6%	1.68%
全国城市地区	65.5	101.7	152.9	183.0	2.4%	0.7%

注：增长率（1）指1920~1975年均增长率，增长率（2）指1975~2000年年均增长率。
资料来源：M.Yeates，1990.

（2）地区性人口分布变化

人口向都市区聚集是20世纪前半期人口分布的主要特点，但随着时间的推移，这些人口在大都市地区的分布模式变得越来越重要，表现为人口的地区性集聚与分散的特征。

20世纪初发达国家人口向郊区的转移仍是以城市为中心的扩散，而二战后从全国范围的区域性集中趋于减缓和分流，已不成为人口流动的主导，而在区域内部从城市向郊区的转移形成了人口流动的强大趋势，即人口的地区性分散过程。

以上两个过程的相继作用，使人口在大城市地区的流动形成几个阶段性特征，这一过程亦即形成城市的集中与扩散的相对过程，在城市中心区和边缘区人口增减动态变化过程中，从大城市地区或更大的地域范围而言，则保持着相对的稳定性，霍尔大城市地区发展阶段模型显示了这一动态过程。

霍尔从人口地区性分布变化角度总结了大城市地区发展阶段模型（表2-8、图2-6）。

大城市发展阶段模型 表2-8

类型	阶段	人口变化特征		
		核心区	边缘区	大城市地区
1	集中	+	−	+
2	绝对集中	++	+	++
3	相对集中	+	++	+
4	相对扩散	−	+	+
5	绝对扩散	−	+	−
6	扩散	−	−	−
7	再城市化	+	−	−+

资料来源：P.Hall, D.Hay 引自 D.N.Rothblatt. JAPA[Z], 1994:515.

3　城市作为生态—空间系统

3.1　自然环境因素对城市形成和发展的影响

自然环境是决定城市空间特征的基本条件。自然环境包括地理、气象、生态因素等，是影响城市形成和未来发展的重要因素。

城市形成的基础需要满足人类定居的条件，因此必须选择具有自然优势的地区：耕地肥沃、交通便利、能得到淡水供应等，保证定居安全，满足生活和开展生产的基本要求。自然优势影响城市发展表现在两个方面。一方面，自然优势既是初始条件，也是长期条件，如城市早期的出现和分布与自然条件存在的对应关系，地球纬度30~40°之间不仅集中了人类早期的城市文明，直至目前也是城市和人口分布最密集的地带。另一方面，自然优势也是相对的，会随着人类活动而发生改变。历史上有许多城市就是因为生态资源环境的恶化，最终使城市走向衰亡。

城市形态的基本特征往往与自然条件密切相关，自然与地理条件的差异性，往往会造就独特的城市形态。长三角地区的城镇分布与历史上的水网格局及发展起来的水运交通密切相关。荷兰兰斯塔德（Randstad）地区的环形城镇分布形态也是因自然地理因素作用的结果。

专栏2-1　荷兰兰斯塔德（Randstad）地区的形成与发展

荷兰的兰斯塔德地区,也被称为环形城市或绿心（Green Heart）城市地区，周长约180km，有600万人口。由阿姆斯特丹、鹿特丹、海牙和乌特勒支等组成。四个主要城市之间相距在60km范围以内，这些城市共同组成了职能分工明确，专业化特点显著，相互关系密切的多中心的城镇群体。位于莱茵河口的鹿特丹，是重要的商业和重工业中心，其货物吞吐量曾长期位居世界第一。阿姆斯特丹是荷兰的首都和经济、文化、金融中心，海牙是国际事务和外交活动中心，乌特勒支是重要的交通运输枢纽城市。这一环形的城市地区围绕着一个以自然和农业为主的地带，是荷兰精细农业和畜牧业最为发达的地区，形成富有特色的绿心结构。绿心的形成与自然地理条件密切相关，也与长期的规划控制分不开。兰斯塔德地区历史上是一个沼泽地区，同时这一地区地处欧洲大陆的入海口和国际航线的交点，它优越的地理条件使其联系着欧洲大陆的大部分地区，被誉为"欧洲的大门"。

专栏2-2　北川老县城选址的教训

北川羌族自治县位于四川盆地北端，绵阳境内，老县城周边山势险峻，龙门山断裂带穿城而过。原县城位于禹里，由于交通不便，1950年代迁至目前位置。2008年5月12日，"5·12"汶川特大地震发生后，北川老县城遭受到毁灭性破坏，地震及引发的次生灾害造成的死亡人数近两万人，是此次大地震中伤亡人数最集中的区域，也是我国第一个因地震破坏需要整体搬迁的县城。9月24日再次爆发了特大泥石流灾害，局部地区被埋5~6m。北川老县城地震遗址今后将永久保留，不仅为了纪念地震中涌现的可歌可泣的事迹，生命的伟大，也为了警示后人，人与自然和谐的意义（图2-6）。

3.2　城市自然生态系统的脆弱性与生态承载力

自然生态系统是在一定的空间和时间范围内，在各种生物之间以及生物群落与其无机环境之间，通过能量流动和物质循环而相互作用的统一整体。生态系统是生物与环境之间进行能量转换和物质循环的基本功能单位。

城市系统既是生态系统的组成部分，同时生态系统也构成了城市存在的基本环境。一方面，城市存在于自然环境中，与自然界相互作用，人类利用空气、水、土壤、食物等同周围环境进行物质交换，构成了新陈代谢的生态循环系统。另一方面，生态系统是脆弱的，生态资源条件和承载力构成了对城市发展的约束。

生态学的基本原理是强调生物的多样性，生态系统具有开放性和整休性、竞争与协同进化、反馈与调控机制的特征。

1970年代，人类才真正开始认识到工业化以来全球城市发展面临的生存危机，保护生态系统对人类的重要性。城市发展是人类对资源的大规模消耗和利用的主要原因。由于世界城市化进程持续加速，人们在空间上越来越集中。这种集中所导致的可达性优势为商业和全社会带来许多益处。然而，高密度环境中的生活也存在着多种内在风险。在能源利用与气候变化的背景下，城市既是各种问题的主要肇事者，也是其负面后果的主要潜在受害者（White.R.R.）。

城市发展开始关注环境容量问题。城市环境容量是环境对于城市规模及人的活动提出的限度，即：城市所在地域的环境，在一定的时间、空间范围内，在一定的经济水平和安全卫生条件下，在满足城市生产、生活等各种活动正常进行的前提下，通过城市的自然条件、经济条件、社会文化历史等的共同作用，

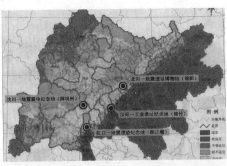

震前北川县城

"5·12"震后北川县城

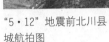

"5·12"地震前北川县　　"5·12"地震后北川县
城航拍图　　　　　　　城航拍图

"9·24"泥石流后北川县城

图2-6　2008年"5·12"地震前、地震后及"9·24"泥石流后北川老县城

资料来源：同济大学．北川地震博物馆概念策划与整体方案设计 [Z]，2009.

对城市建设发展规模及人们在城市中各项活动的状况提出的容许限度。

从中国的自然地理结构与特征来看，[1] 由于受到人口众多、自然条件和地理特点先天脆弱的影响，中国也是世界上人类活动最强烈的地区，其成本普遍地高出全球平均水平，关注生态资源承载力也成为中国城市发展更加重要前提。

4　城市作为交通—空间系统

交通条件是影响区域空间形态发展的众多因素之一，虽然不是一个独立的变量，但其本身是构成空间形态的要素，不仅是区域结构的联系方式，也是构成城市空间分布形态和密度变化的最直接的影响因素。交通技术进步和运输结构变化促成了区域形态的形成和空间组织方式的进化，在城市与区域结构的变化中起着直接的推动作用。

交通技术进化的阶段性与城市空间的年轮

（1）交通技术进化的阶段性

从交通技术的发展来看，交通运输方式进化具有明显的阶段性特征，大约以50~80年为一个周期。早期工业化国家经历了每一次交通技术的变革带来的空间形态的显著变化，大致经历了四个明显的发展阶段。以美国为例，自

---

① 中国城市发展报告 2001~2002[M]．北京：中国建筑工业出版社，2002.

1750~1830 年以运河为主，1830~1920 年以铁路为主，1920 年以后公路迅速占据主导地位，1970 年以来则进入航空运输快速发展时期。这一明显的阶段在北美和西欧表现较为相似，只是时间上稍有差别。欧美汽车交通大规模发展在时间上的差异表现在北美从 1920~1930 年代开始，欧洲则从 1950~1960 年代开始。

交通方式的进化过程是综合交通逐步形成的过程，某种交通运输方式的过度单一发展都会走向衰落，某些运输方式的过剩和衰落虽然与交通技术发展的时序有关，但激烈的市场竞争也是原因之一（图 2-7）。

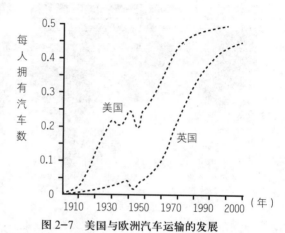

图 2-7　美国与欧洲汽车运输的发展

资料来源：霍尔.城市与区域规划 [M].邹德慈，金经元译.北京：中国建筑工业出版社，1985.

（2）交通技术进化与区域开发

交通技术进化促进了区域开发进程和重心的变化，也使城市间的联系不断超越时空的限制。早期工业化国家经历了沿运河、沿铁路，再走向沿海，而后来发展中国家的工业化则往往从沿海地区开始。

交通运输条件进化加强了港口城市地位和内陆地区的联系，促进了区域开发和中心城市的发展。美国的主要城镇密集地区的形成也与铁路的兴建相关，横贯东北和西部的大铁路建成后，芝加哥开始成为一个重要的交通枢纽，中西部地区进而形成以芝加哥为核心的工业带，即五大湖城市密集地区的雏形。西部地区的城市在铁路网建成后开始起步，洛杉矶在 1860 年也只是一个 5000 人的小镇，大陆铁路建成后成为一个铁路终点站，至 1900 年人口增至 10 万人，之后逐步成长为特大城市地区。而美国南方地区的城市发展较晚，直至 20 世纪以后才成长起来（图 2-8）。

（3）交通技术进化中城市形态的年轮

交通运输的发展过程是时间或运输成本下降的过程，同时又加速了城市自身规模的扩张和城市间联系的程度。从北美城市形态上看，城市扩张对应于城市内交通工具发展的四个阶段，即 1800~1890 年以步行和马车为主，1890~1920 年电车为主，1920~1945 年汽车交通开始发展，1945 年后高速公路使汽车交通产生新的飞跃，航空运输正处于迅速发展时期。一小时内所能到达的里程从步行和运河时代的几公里、马车时代的十几公里、汽车和火车时代的

图 2-8　1860~1890 年美国铁路系统建设情况

资料来源：保罗·诺克斯，琳达·迈克卡西著. 城市化 [M]. 顾朝林，汤培源等译. 北京：科学出版社，2009.

几十公里至高速汽车、火车时代的几百公里和航空运输带来的上千公里，所对应的城市规模与形态发生了很大变化（图 2-9、图 2-10）。

交通方式的进化也带来城市密度分布的变化。伦敦、巴黎的人口密度变化反映了与交通运输方式变化的关系。有轨电车和火车作为公共交通的主要方式时，人口密度最高；随着交通运输方式的增加，人口密度降低。

城市密度也同样与交通出行方式相互影响。Newman 和 Kenworthy 分析了1960、1970、1980 年北美、澳大利亚、欧洲和亚洲 32 个大城市土地利用指标数据和交通出行指标数据。研究发现，城市的密度越高，出行的距离就越短，而公共服务程度也越高，步行和自行车的使用比例就越高。城市密度增加会从整体上降低城市对小汽车的需求。

（4）交通发展与新的空间现象

交通的发展产生新的空间集聚，并形成新的城市空间现象。如果说运河与铁路时代促进了早期开发地区的进一步繁荣，形成人口与经济活动的早期集聚，是城镇密集地区的雏形或基础的话，那么汽车、高速公路、航空港、高速铁路等的兴起则是促成城市与区域关系全新变化的主要物质基础。不仅表现在原有

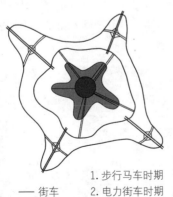

街车　　1. 步行马车时期
公路　　2. 电力街车时期
高速公路　3. 汽车时期
　　　　4. 高速公路时期

图 2-9　交通与城市规模、形态扩展

资料来源：A.de.Souza, 1990.

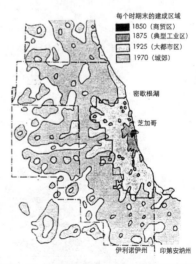

每个时期末的建成区域

- 1850（商贸区）
- 1875（典型工业区）
- 1925（大都市区）
- 1970（城郊）

密歇根湖

芝加哥

伊利诺伊州　印第安纳州

图 2-10　郊区化过程中芝加哥城市空间的扩展

资料来源：M.Yeates, 1990.

城市规模的扩张，而且出现新的城市化空间现象。

随着综合交通方式的发展和区域间社会经济联系的不断增强，综合交通地位不仅是影响城市区域功能和作用的重要因素，也使枢纽及周边地区成为新的城市结构变化的焦点，如当前一些国际性城市的航空港、航空城建设受到广泛关注。

相比发达国家经历的过程，处在快速增长阶段的中国城市面临交通发展背景的不同，发达国家城市空间形态发展的过程，很大程度上是由交通技术的进化决定的，明显的阶段性特征在城市空间发展过程中留下了历史的痕迹。中国城市正面临交通运输全面高速发展的内在需求，面对交通基础设施普遍不足的压力，交通方式的可选择性大大增加，相对应的城市的集中和分散仍然存在多种可能，空间形态生成和发展的动态变化会增加。

5 城市空间结构的整体性与复杂性

5.1 城市空间结构的整体性

城市空间发展作为社会过程，其因素的构成、相互关系、作用机制十分复杂，片面强调某些作用的单一因素决定论，如生态决定论、技术决定论、政治决定论、空间决定论等是对这一过程的曲解，但若平等对待，认为没有哪一个因素比其他更为基本，则是另一种静止观点。库利（Cooley）等美国主流社会学的"社会生活有机观"把这一复合体的变化过程称为"庞大的互动组织"。根据马克思主义的辩证唯物主义观点，在历史过程的角度考察，可以认识到在一定的历史时段，在特定的区域存在一种或几种主导因素，主导因素的变化对整体结构产生影响并促成其他因素的变革，主导因素也是交替演化的，在平衡结构的破坏与重构中，使社会或空间过程达到分化与整合的统一。

博恩（Larry S. Bourne）认为由于城市空间形态的成因及其后果涉及这样多方面的因素，需要充分把握城市空间结构演变的规律。因此，在对城市空间结构演变进行判断时，应当充分认识和注意到这种不同周期的要素变化，尤其是在城市空间规划时。他将城市空间结构变化的周期分为了三种类型，即常规的、演进的和革命性的（表2-9）。

城市结构变化的周期性   表2-9

事件的类型	出现的频率	影响	城市结构的例子
规则的或常规的	高（可预见）	系统维持	工作、购物的出行；服务、基础设施的供应
演进性的（evolutionary）	中等（部分可预见）	系统修正	人口变化；新的运输线；社区运动；土地使用的接替（succession）
革命性的（system-transforming）	低（不可预见）	系统转变	技术变化（如钢结构建筑、汽车的普遍使用）、社会动乱、自然灾害、能源价格

资料来源：Larry S. Bourne.Urban Spatial Structure：An Introductory Essay on Concepts and Criteria, 1982. 见：I.S. Bourne. Internal Structure of the City 2nd Edition.Oxford University Press, 1982:34. 引自孙施文. 现代城市规划理论［M］. 北京：中国建筑工业出版社，2007.

剖析空间现象背后的社会经济根源是中国传统城市与区域规划研究中十分匮乏和亟待增强的领域。西方已经历了工业化带来的城市大规模发展阶段，对当今城市化发展的研究重点在政治经济领域的分析，更多地关注繁荣与衰退带来的一系列问题，已建成的城市与区域实体环境具有较强的延续性与不可逆性，对其干预和影响是有限的。中国当今的发展是全方位的，既面临着大投入、大建设带来的城市与区域实体环境的巨大变化，也面临着社会经济转型的机遇和挑战。通过两者的结合和比较，有助于认识和把握发展的规律和方向。

5.2 城市空间的多重属性

城市空间既是城市活动发生的载体，同时又是城市活动的结果，是城市社会中的各类相互作用的物化及其在城市土地使用上的投影。城市空间系统不是被动的，新的发展要求及时调整城市规划和城市布局。因此，城市空间在城市系统中既是一个自变量，也是一个因变量，它既有自身演化的特征，同时又受到非空间要素的作用，两者相互影响、交织，使城市空间具有功能、地点、时间、文化等多重属性。

功能属性：特定的城市空间承载了不同的活动功能，城市的空间系统如用地系统、交通系统、基础设施系统等，存在着相互依赖、相互支撑、相互影响的关系。

地点属性：在城市中是区位，在宏观区域中则是地方。特别是那些倾向于在某些地点、地区或区域，不断发生的活动。它们与地点的关系有的密切、有的疏远，其间可排列成疏密有致的连续梯度。起连接作用的是交通、信息、资金、人才等产生的流动，使得各种社会、经济、环境活动能够相互作用和影响。

时间属性：卡斯特尔（Manuel Castells）认为空间是时间的断面。

文化属性：空间具有象征的功能并隐含着城市的价值取向。空间与所象征的社会价值结合成一体，不仅成为当地文化体系的重要组成部分，也成为一种独立在经济因素之外的城市发展变量。而一个社会特定的发展观和价值理念，也会直接从城市空间上反映出来。追随利润必然会导致城市经济功能超越生活功能成为影响城市发展的主导。

城市空间的多重属性造就了城市形态的丰富性和多样性（图2-11）。

专栏2-3 城市空间生成的规律性与偶然性

城市形态是在历史发展过程中形成的，或为自然发展的结果，或为"规划"的建设的结果，这两者往往是交替着起作用的，具有多样性、复杂性和偶然性。

16世纪西班牙人在美洲新建许多殖民地城市采用棋盘式结构是欧洲三等营造者的"杰作"，是为了保持欧洲人的优势（贝纳沃罗，1986）。但这种结构却适应了这些城市以后的发展需要和土地占有者对经济利益追求。我们看到19世纪以后欧洲许多城市大规模改造规划中采取的几何布局，也许正是从那

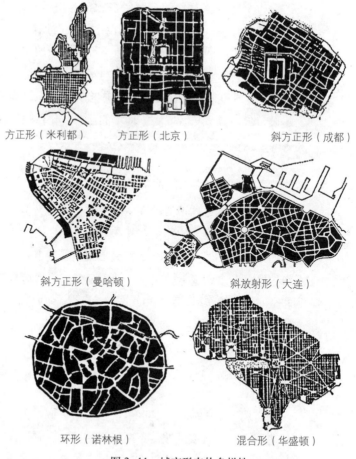

方正形（米利都）　　方正形（北京）　　　　斜方正形（成都）

斜方正形（曼哈顿）　　　　斜放射形（大连）

环形（诺林根）　　　　　混合形（华盛顿）

图 2-11　城市形态的多样性
资料来源：段进．城市空间发展论 [M]．南京：江苏科学技术出版社，1999．

图 2-12　纽约 1811 年形成的路网结构，以后一些街坊被摩天大楼和高层建筑所替代
资料来源：L·贝纳沃罗．世界城市史 [M]．薛钟灵等译．北京：科学出版社，2000．

些早期的规划实践中得到的"启示"（图 2-12）。

专栏 2-4　城市空间的象征意义

同样的方格网道路可以具有不同价值和象征意义：集权、平等、经济意义。

象征集权专制：中国传统城市；象征平等主义：古代希腊城市；追求经济利益：近代西方城市（图 2-13）。

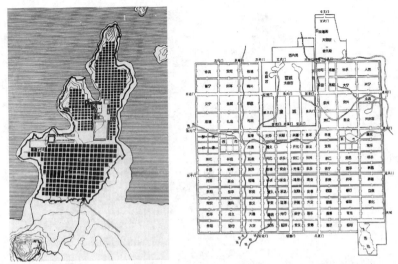

（*a*）古代希腊城市（左）和中国传统城市（右）

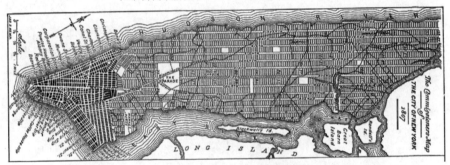

（*b*）美国纽约（1811年规划）

图2-13　中国传统城市、古代希腊城市、近代西方城市都采取了方格网道路形式
资料来源：L·贝纳沃罗.世界城市史 [M].薛钟灵等译.北京：科学出版社，2000.

5.3　空间系统运行的特点

（1）连续性和开放性

城市空间是多尺度和多层次的系统，是具有开放性的连续的空间系统。

1950~1960年代，希腊学者道萨迪亚斯（C. A. Doxiadis）对现行的建设方式和学科成果提出质疑，认为当今的研究一般在认识上缺乏综合性，未能认识到我们生活的城市是一个由许多互相连接的聚落构成的城市系统，总是试图把某些部分孤立起来考虑，提出了从村镇、城市、区域、国土、洲域以至全球的城市模式形态发展学说。认为从一个人到50亿人的全球，人类聚居形式的发展分为15个阶段。人类不断地结成更大的聚居单元。这种规模的扩大并不是向一点的集聚，而是形成多个聚居点，并以网络的形式形成整体。人口及其活动在某一区域空间的集中表现为城镇密集而不是一个更巨大的单一城市，因为这种结构更有机，富有生命力（J. G. Papaioannou，1996）。

芒福德则反复重申城与乡是天然一体的，指出，"城市和乡村是一体的，不是两回事，如果说一个比另一个更重要，那就是自然环境，而不是人工环

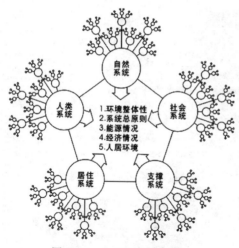

1. 环境整体性
2. 系统总原则
3. 能源情况
4. 经济情况
5. 人居环境

图 2-14　人居环境系统模型
资料来源：吴良镛. 人居环境科学导论 [M]. 北京：中国建筑工业出版社，2001.

境在它之上的堆砌，因此，有关规划的两个方面——城市及其依赖的区域应重新联系在一起。"

吴良镛（2001）提出人居环境科学理论，把人类聚居作为一个整体，从社会、经济、工程技术等多个方面，较为全面、系统、综合地加以研究。人居环境科学理论提出了五大原则（生态观、经济观、技术观、社会观、文化观）、五大要素（自然、人、社区、居住、支撑网络）、五大层次（全球、区域、城乡、社区、建筑）的整体的系统分析和决策过程（图 2-14）。

（2）关联性与有机性

空间与非空间过程是建立在互动机制上的，人类活动的空间组织是社会运行的许多非空间因素的反映，而空间模式的不同对非空间要素如经济、社会、政府行为产生影响。人类社会的活动过程中，空间的形式与内容也随之而生，社会也同样是建构空间的要素。空间与社会具有相互建构、相互融合的关系，决定了认识城市空间系统的变化过程，就是认识社会对城市空间构造的过程。这里的"社会"可以理解为非空间过程的总和，空间并不能只理解为社会、经济、政治、文化等城市活动的载体，而自身更是其中的一部分。

许多原本属于城市内部的联系内容日益扩大到区域范围，使区域内城镇、农村居民点及自然景观具有了整体性。卢德耐里（Rondinelli）把能引起空间结构这种变化的联系分为 7 种类型：①物质联系（公路铁路网、水网、生态联系）；②经济联系（市场型式、行业结构及资金、原料、产品、消费和收入流动）；③人口移动联系（移民、通勤）；④技术联系（技术依赖、通信、灌溉系统）；⑤社会作用联系（访问、仪式、宗教、社会团体作用）；⑥服务联系（能量、信息、金融、教育、医疗、商业、交通等服务型式）；⑦政治行政组织关系（权力、管理体制、行政区间交易与非正式政治决策联系）。区域实际存在的丰富的规律性联系，使区域各要素内容形成生动的整体。如果把区域视为整体的结构，它应是富含变化的、连续的过程。

（3）相对稳定性和适应性

城市的发展总是以原有的城市结构为基础，现存的城市结构形态是在经历了历史性变迁，在不断的更新改造中逐渐形成的，具有特定的功能结构和空间形态特征。功能结构和空间结构有着内在的必然联系，功能的变化是结构变化的先导，当城市逐步发展，城市的功能和规模也逐步扩大，超出原有结构的承载能力，原有的空间结构必然做出相应的调整，以适应变化了的城市功能。因此，城市因功能的变化而导致结构的变化和重组，而城市整体结构系统的变化和重组又必然影响城市各个分区的次级功能和结构的重组。两者相互促进，推动城市持续发展。

要素变化趋势并不对应城市形态发展较为具体的形式，如果把城镇网络结构、土地利用关系归于城镇形态的外在表现形式，人口的居住、就业、交通等活动归于内在活动内容，其间并非一定的活动内容对应于一定的形态形式。

（4）动态性与非平衡性

城市系统具有时间跨度累积的渐进性。一定的非空间要素形成了一定的空间形态，但当外部的非空间要素变化了的时候，城镇形态是在稳定的结构中渐变的。对于一个城市来说，"作为一种历史现象，各个时代的人为影响和物质印痕都在这一历史现象中积聚、交织并且互相更替。城市永远面临着新生与消亡，保留与淘汰的双重抉择，新生与衰微的社会之间和不同的建设概念之间的冲突和互补，构成了城市发展的原动力。"这是城市不同于具体建筑的一点。区域与城市的结构无不刻有历史的痕迹，因此，历史过程的分析也是认识城市内容的重要组成部分。

物质要素的集中与分散。结节性和均质性是城市空间和土地使用演化过程中两个普遍的现象，对应于城市物质空间要素集中与分散的趋势，城市内部和城市外部的许多空间和土地使用的变化现象都可以用结节性和均质性原理来做出解释。就城市整体而言，均质性刻画了城市的容量，结节性刻画了城市的活力。只有容量和活力的结合，才能构成具有一定规模、具备一定能量的城市。

功能作用的聚集与扩散。弗里德曼最早在其代表性著作《区域发展政策》（1966）中提出了核心—外围理论（Core-Periphery Theory），并在代表性论文"极化发展的一般理论"（1972）中对其做了进一步的发展。该理论试图解释一个区域如何由互不关联、孤立发展演变成彼此联系、发展不平衡，又由极不平衡发展为相互关联的平衡发展的区域系统。因为以核心—外围为基本结构单元的区域空间结构是不断发展变化的，一般随发展水平的不断提高，显示出明显的阶段性特征，以动态的方式描述了经济增长中心空间结构和演变过程，划分为四个阶段（图2-15、图2-16）。

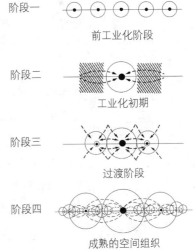

阶段一　前工业化阶段

阶段二　工业化初期

阶段三　过渡阶段

阶段四　成熟的空间组织

图2-15　弗里德曼的空间进化阶段

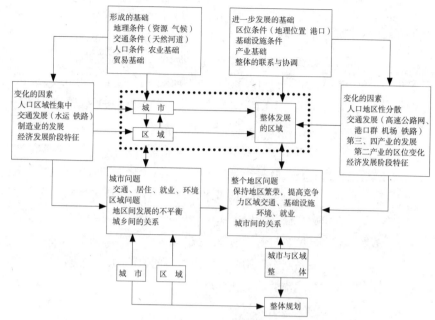

图 2-16　城市与区域关系的整体演化

资料来源：张尚武，长江三角洲城镇密集地区城镇空间形态发展的整体研究 [D]. 博士学位论文，1998.

第4节　从历史观看城市化的发展

1　城市化及其不断演化的空间特征

城乡转型与空间的变迁过程

城市化是一个城乡转型的综合过程，表现为依附于农村土地的农业劳动力越来越多地向城镇非农产业转移；分散的农村人口逐步向各种类型的城镇地域空间集聚；建设促进城镇物质环境改善和城镇景观地域拓展或更新；城市文明和城市生活方式的传播和扩散（胡序威，2008）。

城市化的发展具有阶段性。1975 年美国地理学家诺瑟姆（Ray M. Northam）通过研究世界各国城市化发展轨迹，把城市化进程概括为一条 "S" 形曲线，并将城市化进程分为三大阶段：城市化起步发展阶段、城市化加速发展阶段和城市化成熟稳定发展阶段（图 2-17）。

城市化具有地域差异性。由于不同国家工业化起始发展环境的差异，包括资源禀赋、技术条件、国际环境、人口环境等，导致经济发展阶段的特征不同，工业化的发展过程也长短不一，与之对应的城市化存在多种发展形态。世界各国的城市化进程也很不一致，快慢不一，在世界城市化进程中，"超前城市化"与 "滞后城市化"、集中的城市化和分散的城市化现象并存。

全球范围内城市化的推进与世界经济重心的转移密切关联。城市空间现象的生成与经济活动、人口流动在区域的不平衡发展密切相关，带来城市功能、

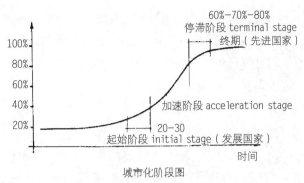

城市化阶段图

图 2-17　城市化阶段及与经济发展水平的关系

资料来源：引自吴良镛.吴良镛城市研究论文集——迎接新世纪的来临（1986~1995）[M].北京：中国建筑工业出版社，1996.

规模、形态、分布上的变化。工业化使全世界的城市规模、数量和结构都发生了飞跃，这一过程首先发生在欧洲和北美，并随着世界经济体系的扩张和转移逐步演化为世界范围内的普遍现象。世界上一些主要的城市地区的形成大多与一个国家或地区经济的振兴相联系。

城市化的发展是区域影响不断加深的过程。从空间尺度上和时间尺度上，区域城市空间的演化都是一个连续的过程。从区域城镇关系的演化来看，大致经历了相对独立无专业化分工的城镇系统，到按等级分工协作形成的城镇系统，向按部门分工协作形成的区域城镇网络系统演化发展的过程。反映了城镇功能和空间共同进化的过程（图 2-18）。

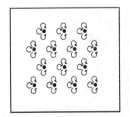

相对独立无专业化分工的城镇系统

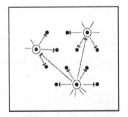

按等级分工协作形成的城镇系统

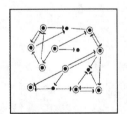

按部门分工协作形成的区域城镇网络系统

图 2-18　区域城镇网络系统演化发展的过程

资料来源：张尚武.长江三角洲城镇密集地区城镇空间形态发展的整体研究[D].博士学位论文，1998.

区域城市系统的空间发展过程分为四个阶段：①城市作为商品与市场的中介点，依存于资源产地和腹地地区，城市依贸易作用而形成等级，依贸易关系而形成横向联系。②制造业占据主导地位，大城市已形成制造业和商业的中心，城市间正形成较复杂的网状联系，城市间形成等级规律。③大城市发展时期，大城市对周围地区强大的作用力和主导作用，外围形成新的生长点。④大城市及周围地区已形成稳定的整体关系，共同形成更大区域的核心，而在外围新的生长中心开始逐渐成熟。

大城市及周围城镇共同组成的更大区域的核心体系，一般表现为以一个或几个大都市为节点的城市连绵区。在普遍的城市郊区化和分散发展的过程中，这些地区仍然在资本、技术、创新方面具有支配和控制作用，区域整体出现小分散和大集中的趋势。

专栏2-5　城市系统的空间演化的阶段

M·耶兹（M.Yeates）根据美国大城市发展的特点划分了五个阶段：①重商主义时期的城市（mercantile city）；②传统工业城市（classic industrial city）；③大城市时期（metropolita era）；④郊区成长期（suburban growth）；⑤银河状大城市（galactic city）（图2-19）。

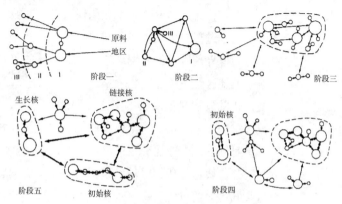

图2-19　城市系统的空间演化过程模型

资料来源：M.Yeates，1990.

在中国东部地区城镇在空间形态上出现类似的态势，即整体的空间集聚作用和区域优势增强，在空间表象上类似于处于从第二阶段向第三阶段过渡的时期。

2　城市化发展的不同模式

纵观世界各国的城市化发展历程，尽管城市化存在一些共性，但由于各国政治体制、经济环境、文化背景的差异，不同国家、不同地区的城市化发展模式和道路各不相同[①]。

2.1　欧洲的城市化发展模式

18世纪中叶开始进入以蒸汽机为动力的工业化时代以后，西欧城市化也进入快速发展期，英国、德国、法国等西方主要国家相继完成了工业化，有力

①　注：参考任致远著．解析城市与城市科学．

地带动了这些国家城市的发展。继 1851 年英国城市化率先超过 50% 后，德国、法国也在不到 100 年的时间内使城市化水平上升到 50% 以上。

欧洲的城市化总体上来说是近代工业化的产物。英国北部由于丰富的煤矿资源成为工业发展的中心，曼彻斯特、利物浦等城市成为工业革命的发源地，伦敦集中了管理、金融、保险、工程、服务业，成为英国政治、经济中枢。德国鲁尔区新城镇的出现也是源于工业化过程中煤和铁矿石开发的需要。随着铁路的发展，城市沿铁路向外蔓延。城市的人口聚集又为工业化提供了丰富的劳动力资源，同时规模经济和规模效益进一步强化了城市的集聚作用。

政府在城市化过程中发挥了积极的作用。各国在城市化快速发展过程中都不同程度地遇到了土地、住房、交通、环境和历史文化保护等方面的问题，政府公共政策涉及的范围越来越广，促进了城市建设的法律规范得以建立和完善。第一次世界大战后，伦敦向外迅速扩展，对农业地区产生了巨大的压力。1935 年，伦敦郡通过了《绿带开发限制法案》，由伦敦郡政府收购土地作为"绿化隔离带"，引导城市建设开发，减少对乡村环境和利益的损害。中央政府成立城乡规划部，规划成为地方政府的法定义务。

德国从解决城市化早期出现的住宅供应不足、居住环境恶化等问题入手，颁布了一系列的法规，规范交通等市政基础设施和公共设施的建设，突出空间规划与基础设施的整体协调，以及城市建设中自然生态、历史环境和旧时代建筑的保护。同时，德国还很注重区域城镇的协调发展，1975 年颁布的《地区发展中心建设大纲》将全国划分为 38 个规划区，1993 年德国统一后又提出"区域规划指导原则"，促进城镇发挥对区域经济社会的辐射带动作用，使民主联邦德国的差距逐渐缩小。

2.2 日本的城市化发展模式

日本的城市化进程比一些西方国家晚百余年。二战后随着经济的空前高速增长，城市发展也进入了快速发展阶段，城市化水平从 1945 年的 27.8% 上升到 1970 年的 72%，增加的城市人口中 1/3 流向了东京、阪神、名古屋三大都市圈。

日本在城市化与工业化同步发展的前提下，选择适合本国土地资源条件的整体城市化发展和区域布局模式，走集中型城市化道路。伴随着城市扩展及城乡人口流动和转移，及时进行町（镇）村合并，提高土地的集约化水平，减少村镇居民对土地的占用，取得了良好的效果。在 1935~1970 年日本工业化和城市化快速发展的 35 年中，耕地只减少了 35%。日本从 1962 年开始还先后制定了 5 次全国综合开发计划，不断调整国家产业布局和基础设施建设安排，对防止人口过度聚集、缩小区域差距等方面都发挥了积极的作用。为了改善交通拥挤问题，日本采取了实施电气化、地铁化等一系列措施，增加轨道交通的输送能力和开设新线路，大力发展公共交通。

2.3 美国的城市化发展模式

美国在 19 世纪末以前的农业经济时代，城市人口的来源主要是移民，城市作为商业活动的中心和与欧洲国家进行贸易的场所。伴随着工业化的迅猛发展和对西部地区的开发，美国城市化全面迅速发展，城市化水平在 1920 年突破 50%，1970 年达到 73.5%。第一次世界大战后，郊区化初见端倪，小汽车的逐步普及使城市沿公路开始蔓延。由于城市的不断扩展和美国式"新镇"的建设，大都市区成为美国城市化发展的主要模式。1940 年起，一半以上的人口居住在大都市区。形成了纽约—波士顿—华盛顿、芝加哥—匹兹堡、旧金山—洛杉矶—圣迭戈三大城市带。

1970 年代以后，美国已进入高度城市化社会。城市经济结构和地域空间发生转换，人口、就业和新的投资开始从美国北部和东北部的制造业城市向南部和西南部的城市和乡村转移。大都市增速减缓。

由于 20 世纪上半叶美国城市的快速发展，城市中心交通拥挤、环境恶化、住房紧缺、犯罪率高等问题日益突出，富有家庭选择离开城市中心的高楼大厦到郊区居住，建造属于自己的独立院落式低层住宅。随着经济的发展和汽车的普及，广大中产阶级和普通居民也追随其后移居到郊区，富有家庭则迁往空气、环境更好的远郊。空间格局上就表现为城市沿公路线不断向外低密度蔓延。美国郊区化现象在第二次世界大战后进入大规模的扩展阶段，在 1950 年代以住宅的郊区化为主，到 1960~1970 年代，产业、办公也开始向郊区转移。1970 年美国郊区人口超过了中心城市的人口，也超过了非都市区的人口。据林肯土地政策学院所提供的资料，纽约大都市区自 1960~1985 年间人口仅增加了 8%，而城市化的区域增长了 65%；在 1970~1990 年的 20 年间，芝加哥都市区人口增加了 4%，但城市化区域扩大了 45%；更为典型的是克利夫兰市同期城市人口减少了 12%，但城市化区域反而扩大了 33%。其他发达国家在进入城市加速发展的后期，大都市地区也都呈现不同程度的郊区化现象，但都没有美国普遍，呈现过度的郊区化。

2.4 发展中国家的城市化模式

拉美、非洲的许多国家的城市和城市体系是在殖民统治时期建立的，当时建设城市的主要目标是加强宗主国与殖民地的关系，并对农业和政治进行有力的控制。

19 世纪后期，拉美国家主要以初级产品的出口为主，欧洲移民涌入，各国首都得到了显著的发展。20 世纪拉美城市化进展显著，大量农村人口向城市集中，一些大城市的人口十年就翻一番。1990 年拉美和加勒比海地区 23 个国家的平均城市化率高达 71.4%，与西方最发达的国家相当。非洲由于政治动荡和战乱等原因，其城市化过程有所起伏，比拉美国家的城市化率要低。但总体上看，拉美和非洲国家的城市化发展不是以工业化和经济发展、技术进步为前提，城市扩展的主要原因是人口膨胀，出现了所谓的"过度城市化"现象，并表现出一些相似的特点。

首都城市首位度高，大城市发展快。1900年整个拉美地区没有一个大城市，而到了1990年，超百万人口的大城市有36个，约有1/3的人口居住在百万人口以上的大城市里，并拥有3个超过千万人口的超级大城市。而且这些国家的首都"首位度"都很高，首位城市人口比例高达25%以上，同期，在经济发达的欧盟国家，首位城市人口比例 般只有15%。

殖民式的城市治理模式影响深远。由于殖民统治的历史许多国家和城市直接套用了欧洲发达国家的法律制度和城市规划技术手段，包括所采用的城市规划法规、程序、机构设置和技术地图等，殖民城市规划的一个最突出的方面是将城市分为"欧洲的"和"本地的"城市分区。在乡村居民持续流向城市的过程中，其农村经济却正在日趋衰落或停滞不前。

2.5 城市化发展模式的差异与经验

发达国家城市化发展的过程与工业化和产业发展的背景显示出一致性。城市地区的急剧增长是制造业就业机会增加引起的，服务业又使城市化有了适当分散的可能。

在西欧、日本的城市化发展过程中，与城市化相关的人口、土地、资本等经济要素能够自由流动和配置，市场机制发挥了主导作用。同时，各国政府强调对市场竞争和社会保障进行必要的国家干预，通过健全法制、制定和实施国家城市化战略及公共政策，开发建设区域基础设施，改善城市环境，提供公共服务设施，引导城市化与市场化、工业化互动发展，积极推进区域结构调整，应对快速发展的城市化进程。在此过程中，通过体制机制的不断完善，针对各个特定阶段出现的问题及时调整政府政策，用行政、财税、规划等手段来弥补市场机制的不足。

发展中国家的城市化模式表现出巨大的差异，贫困问题、过度城市化问题、资源环境等，以及所谓的消极城市化始终困扰着这些国家。一些发展中国家城市人口出现过度集中，城市化超过了工业化的速度，即所谓"过度城市化"现象。过量的乡村人口向城市、特别是大城市迁移，超过了国家经济发展所能承受的能力。拉美、非洲国家的城市发展是典型的过度城市化，城市化水平上与西方国家接近，但经济发展水平是西方国家的1/20~1/10，城市发展质量低。

过度郊区发展失控和过度城市化现象都是我国城市化不能承受和需要避免的。

1990年代以来美国对过度郊区化采取了政策措施，提出"精明增长"理念。其主要内容包括强调土地利用的紧凑模式，鼓励以公共交通和步行交通为主的开发模式，混合功能利用土地，保护开放空间和创造舒适的环境，鼓励公共参与，通过限制、保护和协调实现经济、环境和社会的公平等。这是针对美国长期以来完全市场经济条件下城市向郊区低密度无序蔓延所带来的社会和环境问题的反馈，同时，州政府更为强调城市规划的作用。有 45 个州成立了州规划和政策发展办公室，有的州还将这一机构作为内阁层次的部门。政府划定"城市增长边界"，采取行政和经济手段，抑制郊区化的发展速度。在操作层面则采用通过公共投资来引导土地开发和直接对土地使用开发进行控制两种方式。

发展中国家过度城市化造成的城市问题包括城市必要的基础设施严重短缺，城市环境恶化，贫民窟增多。造成这种结果的主要原因一般被认为其一是城市发展与经济发展阶段脱节，早期的工业化发展源于宗主国的工业资本输出，没有本国的工业支撑，仅靠第三产业的发展；其二是忽视传统农业的改造与广大农村地区的发展，加剧了城乡差距，导致大量农村人口涌向城市，使城市就业、居住、环境和教育设施不足的问题进一步恶化。所以，政府需要对城市化和城市发展进行有效的计划和引导，解决社会经济发展的根本性问题。

第 5 节　城市规划的作用与发展

1　应对城市发展问题的社会实践

城市规划是一定时期内对城市空间布局和各项建设的综合部署，是建设城市和管理城市的基本依据，也是实现城市经济和社会发展的重要手段。

城市规划作为一项社会实践，既针对城市现实问题也具有未来指向，是以空间使用为核心对城市发展作出的安排。作为一门内容广博、实践性、政策性很强的学科，现代城市规划是一种连续的工作程序，而不是单纯为了制定某种城市终极理想状态的蓝图。

城市规划的发展具有动态性，反映在对不同时期城市发展问题的发现、认识、理解和采取方法等方面的差异。现代城市规划的产生、发展与演变主要是针对工业革命以来城市发展产生的种种问题，期望寻求合理的解决途径。在认识城市的问题的同时，提出相应的解决方法，并由此构筑了现代城市规划理论与实践发展的基本框架。

现代城市规划有四个重要的里程碑。

（1）1898 年霍华德（Ebenezer Howard），提出理想主义和现实主义结合的田园城市的构想，着眼于城市环境的改善，成为规划城市的起点，表达了人们对未来的期望，开始了现代意义上的城市规划。

（2）1933 年（国际现代建筑协会）CIAM 在雅典制定《城市规划大纲》，即《雅典宪章》，认识到城市与区域规划是解决城市与建筑问题的关键，提出解决城市居住、工作、游憩和交通四大活动的功能主义设计原则，进一步推进了对城市功能和城市问题的认识，其功能主义的原则影响了 20 世纪的城市发展。

（3）1978年国际建协（UIA）大会通过了《马丘比丘宪章》，指出《雅典宪章》"为了追求分区清楚却牺牲了城市有机构成，使城市生活患了贫血症。在那些城市里建筑物成了孤立的单元，否认了人类活动要求流动的、连续的空间这一事实"，"今天的建筑规划和设计，不应当把城市当做一系列的组成部分拼在一起来考虑，而必须努力去创造一个综合的、多功能的环境"。

（4）1992年世界环境与发展大会通过《环境与发展宣言》和《21世纪议程》，确立了可持续发展（sustainable development）的概念，并将其作为人类社会发展的战略。可持续发展的理念源于对因经济发展而造成的环境破坏的关切，强调把环境问题和发展问题结合起来，完整地平衡社会、经济和环境的因素，使发展"既满足当代人的需要，又不损害子孙后代满足其需求能力"。随着可持续发展战略在各个国家和城市得到普遍的认同，城市规划领域中相关的研究和实践也在不断地推进，并构成了新的城市发展核心议题，从城市产业结构调整到城市生态环境保护，从城市土地使用合理化到社区空间和环境组织，从城市公共领域架构到社会公正，从交通、能源政策改进到基础设施完善等方面，都在可持续发展框架下进行了重新整合。

2 促进城市和谐发展是目标

2.1 城市规划包含了人类文化理性的价值导向

现代城市化与工业化都是市场经济环境中社会与经济运行产生的结果，是以经济理性为原则的。在自由经济或资本主义机制下，城市发展的过程必须得到有效的控制和引导，如果缺少了有效干预，城市的发展必然走向衰亡（孙施文，2007）。

芒福德从社会发展的角度，从城市发展历史分析出发，将城市的兴衰过程划为六个阶段，并得出了比较消极与悲观的结论：城市总是从农村地区的聚落逐步发展起来，并最终走向衰亡。这六个阶段依次为：① Epolis，指的是最早期的小社区（community）、聚落（settlement）或村庄（village），以及环绕在其四周的有系统的农业发展；② Polis，是一群邻近的村庄或血缘团体结合在一起，以防御外来的侵袭，世界上许多城市便是由各个村庄集合而成的；③ Metropolis，是当这一地区的某一城市在众多分工程度较低的村庄或乡镇中脱颖而出，成为该地区的母城（mother city）时，便形成了这样的都市地区；④ Megalopolis，在资本主义制度下的城市变得越来越大，权力也越集中，这时便出现了大城市，而这正是城市衰败的开始；⑤ Tyrannopolis，是指城市已经发展到了充满商业主义的气息，夸大虚伪及不负责任等弊病丛生，且犯罪到处横行的阶段；⑥ Nekropolis，这是城市发展的最后一个阶段，也就是城市的有形建筑只剩下一个空壳，这就宣告了城市的死亡，成了一个墓园。由此而完成了一个历史的循环。

霍尔分析欧洲未来城市发展时，认为城市化进程作为利用环境的一种方式，和三种因素有关：空间、制造物（建筑物、机构、基础结构）和人。但在工业化和技术发展的进程中，这三种因素变成了经济生产的因素——土地、资本和劳动，按照经济理性的原则，以保证私人获取最大限度的利润。资本不仅是城市化进程的中心，而且也成为决定城市化方向的主要因素。

未来城市化问题的答案不在于否定城市化，而在于学会把人为的、建造的环境看做是可以灵活从事的领域，使之适应人类行为的要求和社会需要，适应地球生态互相依存的关系以及微生态条件；人为的、建造的环境应该照顾到各种社会集团，并考虑到对环境的各种不同看法（人类行为）；还应该保护自然世界，作为后代生存的基础，并使人和自然之间有更紧密的联系。

应对未来城市化问题的办法，关键在于空间、制造物和人三种城市开发环境的要素之间取得平衡，重新找到中心。而要达到平衡，则要遵循一个天然的原则，即城市化进程中的文化理性。

2.2 对理想城市的追求

工业革命以来城市规划学科从未停止对理想城市的探索，可以将城市规划思想演变大致归纳为经历了四次拓展。

（1）从工业城市到田园城市

工业化早期，城市所面临的主要问题是城市人的密集空间生存问题。城市规划关注的对象是基础设施、环境卫生、居住等方面，城市规划的重点是城市中人的生存底线问题，关注城与乡，及地域空间的扩展。关键词是田园城市、功能分区（吴志强，2008）。

霍华德于1898年提出了田园城市（Garden City）的思想，试图形成一种理想的居住形态，把城市中的工业疏散出去，并围绕这些疏散的工厂建设新的城镇，兼有城市功能提供的设施服务和职业机遇条件以及乡村的自然环境条件。在兼有两者之利的同时，避免两者的不利。从社会、经济、环境等多方面作了深层次的思考，提出从区域角度对整个城市进行结构性改造，以形成环境舒适、社会经济运行良好的理想居住形态。

在城市尤其是大城市不断向外扩张的情况下，人们逐渐认识到良好的居住环境不仅需要从城市设计和社区的角度组织交通系统、改善社会环境和自然环境，而且需要从更大的区域范围考虑城市扩展对农业用地的影响等多方面问题。

在大城市周围建设新城标志着对生活居住环境的规划从安排和改善各种物质条件到考虑自然环境的约束作用，从发展战略的高度审视人类自身的行为。

（2）从经济城市到社会城市

1960年代以后，城市中的主要问题是人的异质相处生存问题。城市规划开始关注城市中人与社会的问题，开始关注历史遗产保护的问题，人与经济及社会空间的扩展问题。关键词是公众参与、遗产保护（吴志强，2008）。

1950年代以后，随着战后重建，城市经济得到全面的发展，大规模物质建设引发了人们对城市空间的重新认识。认为城市的形态必须从生活本身的结构中发展起来，城市和建筑空间是人们行为方式的体现。进入1960年代以后，西方各国的城市进入了相对稳定的发展阶段，社会运动的风起云涌，学术领域多元化思潮的蓬勃兴起，城市研究的多学科介入和对城市中人的主体地位的重新认识，以及社会经济和科学技术的迅速发展，对城市规划的发展起了推动作用。

与多元论思想相配合，城市规划所寻求的是在各类群体中进行沟通、对话，对各种不同的价值观、生活方式和文化传统在空间层面上寻求解释，或者将这些内容转化为不同的空间形态，然后通过协商和谈判，建构起一个协同的纲领。

城市规划与规划师开始从与国家权力紧密结合的统一体中分离出来，他们在政府与社会之间、公共部门与私人部门之间寻求对话，寻求解决问题的相互作用。城市规划在许多层面上已表现出作为一种社会规划的特征。

（3）从蔓延城市到生态城市

1990年代以后，一方面公平和空间的话题仍在继续，另一方面城市与人的生存问题越来越受到关注。城市规划关注城市与自然的关系，关注生态空间的扩展。关键词是"协同规划"、"可持续发展"（吴志强，2008）。

生态文明是人类对传统文明特别是工业文明进行深刻反思的重要成果。在全球面临五大危机（人口膨胀、粮食不足、能源短缺、资源枯竭、环境污染）的大背景下，城市环境质量也日益下降。由于空气污染，航空港和高速公路的噪声以及沿海和河流污染的严重影响，各种社会团体曾经发起运动，限制有损于环境的城市发展。于是生物学家和生态学家也都介入城市规划专业，研究保护城市自然环境，促使城市发展与生态环境之间形成平衡和协调状态。城市规划学者也在研究克服城市问题的同时，反思如何完善和充实城市规划理论的体系和框架，以适应新形势下的城市及人居环境发展的需要与趋势。

迄今为止，人类城市规划指导思想经历了"朴素的自然中心观"—"人类中心观"的转变过程，随着人类征服和改造自然能力的增强，人类的自我中心意识开始盲目地膨胀，导致了以人类为中心的城市规划观的出现。要把握城市规划学科发展的脉络，必须要重新认识学科研究对象—城市。城市不是机器，也不仅是生活的舞台或容器，而是一个生命体。

1992年联合国环境发展大会后，在以《21世纪议程》为标志的环境热潮的推动下，生态城市的概念得到了世界各国的普遍关注和接受。而生态城市的建立，首先必然运用生态学和城市科学原理，对城市进行综合规划，利用生态工程、环境工程和社会工程等手段，合理开发，保护土地等自然资源，提高人类对城市生态系统的自我调控能力，促进城市经济和环境的协调发展。因此，用全面系统的生态学观点指导城市规划，是解决城市问题、促进城市持续发展的重要途径之一。实际上人类进入21世纪以后将会发生一场新的工业革命，即能源革命和环境革命。

（4）走向和谐城市化：从理想到过程

在经历了不同时期发展焦点的转移之后，人们对理想城市的理解也更加综合。和谐城市化不仅是目标，更是一个过程。2008年11月，由联合国人居署和中国住房和城乡建设部共同主办了"第四届世界城市论坛"，这次论坛以"和谐的城市化"为主题展开，提出了"和谐的城镇化"的六个议题，从中可以看到城市和谐发展应有的内涵：①社会和谐的城市，涉及公正、包容、收入、减贫、土地和社会住房等方面；②经济和谐的城市，涉及基础设施的建设与维护、城市发展融资、国外直接投资、城市非正式经济等方面；③环境和谐的城市，涉及气候变化、能源与资源节约、生物多样性、水与卫生、交通、绿色建筑与城市等方面；④空间和谐的城市，涉及城市规划、城乡协调发展、区域协调发展、土地的综合利用等方面；⑤历史和谐的城市，涉及遗产保护、城市文化、历史建筑有序利用等方面；⑥城市的代际和谐，涉及青年、老龄化人口、网络与信息交流技术、教育与保健、运动与音乐等方面。

现代西方规划理论的代际变化 表2-10

理论重点	第一代理论（理性模型，《雅典宪章》）	第二代理论（倡导性规划，后现代主义设计思潮）	第三代理论（协作性规划，新城市主义，精明增长等）
人—城市关系	90%	30%	35%
人—人关系	5%	60%	25%
人—自然关系	5%	10%	40%

资料来源：张庭伟.20世纪规划理论指导下的21世纪城市建设？关于"第三代规划理论"的讨论[J].城市规划学刊，2011.3.

和谐的概念已构成当今城市发展的理论基础，使我们不断加深对城市社会、经济、政治和环境问题的理解，从而建立一个更为平衡的社会（表2-10）。

3 关注空间问题

城市规划是"对一定时期内城市的经济和社会发展、土地利用、空间布局以及各项建设的综合部署、具体安排和实施管理"。城市规划学科领域可以概括为是对城市土地使用的综合研究及在土地使用组合基础上的城市空间使用的规划。通过对城市土地使用的调节，改善城市的物质空间结构和在土地使用中反映出来的社会经济关系，进而改变城市各组成要素在城市发展过程中的相互关系，以达到指导城市发展的目的。[①]

回顾工业革命以来城市规划对城市空间形态和结构模式的探索，有两个最重要的时期：

第一个时期是在19世纪末到20世纪初，工业化引发了大城市的集中发展，

① 城市规划资料集（第一册）[M]. 北京：中国建筑工业出版社，2003.

对城市形态的研究集中在城市及乡村生活的质量和城市发展模式的探索，奠定了 20 世纪空间规划的理论基础。

第二个时期是在 20 世纪末至今，能源危机、世界性的全球化浪潮及信息技术的发展引发了新一轮城市空间发展的革命。各种变革带来的快速变化并不亚于工业化初始时期的情形，对生存环境与发展前景进行审视和考察，难以与空间问题完全割裂开来，当再一次需要把各种目标与空间发展结合起来时，也需要再一次以宏观的角度考虑问题，来针对城市扩张的过程的不可持续性，以及城市空间发展的人文化和生态化。

规划的作用离不开城市运行的环境，规划的方法取决于城市发展的阶段。城市规划的发展、关注重点、规划形式及理论发展是城市化需求所推动的结果。

西方城市规划发展的历程显示，城市规划形式的重点与城市化程度相对应。在初始期，城市发展速度缓慢，开发活动少、强度低，城市规划主要以开发控制为主。在城市化快速发展期，大量的城市开发项目需要在空间和时间的维度上得到协调。这时，城市规划的主要任务是提出规划方案。西方在那一时期涌现了许多城市规划方案方面的经典理论，如：新协和村、线性城市、阳光城市、广亩城市、田园城市、邻里单位、新城运动等。在这一时期，城市规划也逐渐制度化，编制概念规划和总体规划成为城市政府的一个主要职责。规划编制的方法论应运而生，如：综合规划、理性规划、滚动规划等。

当城市化进入稳定饱和期，城乡人口分布趋于稳定，城市开发强度日益减弱，对规划方案的需求下降。城市社会日益多元化，社会各阶层的利益的体现成为规划中的重要议题，规划方案如何产生比方案本身更易引起市民的关注，因而规划过程成为规划师关心的重点，如：公众参与、交流规划（communicative planning）和合作规划（collaborative planning）。

4 综合性和文化多元化

从现代主义运动开始，城市政策与规划的发展，可以看成是连续不断的危机与回应的相互作用过程。

现代工业革命以来，传统的社会形态出现了城市和农村的分离，从试图创造新型社会形态的"乌托邦"开始，对影响城市发展的社会、政治、经济因素的探求成为城市研究和规划研究的重要领域。对影响规划实施的未知因素的求知，推动了西方城市规划专业从建筑工程向社会经济、公共政策方向发展，从单一建筑学科向多学科发展（陈秉钊，2004）。

城市规划领域也发生了趋向综合性的转变，即使传统的偏向物质性的规划也发生了类似的转变。张庭伟总结了二战以来美国规划理论在不同时期的发展，认为在西方国家的发展过程中，也存在着不同的规划文化（表 2-11）。

人居环境的多元化也造就了规划文化的多元化。需要从文化观点、比较观点、综合观点看待规划文化的多元化。作为新兴规划文化的原则，应当关注规划作为创新性实践、规划范围的扩大与多重性、内生型发展规划、针对城市多元化的规划、公民社会的作用、规划的战略重点、城市规划管制等方面。

城市规划不是一般的纯粹的科学，而是应用科学，规划文化的多元化也使一些理论应用的普适性降低。规划理论发展和创新，必须基于应用时的外部条件（时间、空间……例如"中国特色"），同时建立在已有的规划理论基础上，例如借鉴西方理论中具有普世价值的规范性理论部分（张庭伟，2010）。规划的意义在于社会实践，规划工作的根本核心在于改善城市的生活质量。一切规划理论都是为了指引规划师的实践。规划师也在理论指导下改进自己的工作（例如联系性规划）。但是改进规划师工作的根本目的仍然是为了更好地规划实践，不能本末倒置。规划理论不能脱离实践而陷入抽象论证的境地。

1945~2010 年美国社会的演化及规划理论的变迁　　　　　　表 2-11

时代	1945~60（~1970）	1960~80	1980~2000	2000~2010
国际事件、美国国内事件	美国成为超级大国 美国战后经济高速发展 冷战及越南战争 美国城市化成熟	越南战争及反战运动 1960 年代民权运动高峰 1970 年代保守主义出现 美国城市开始进入工业化后期	全球化初期~中期 1980 年美英建立保守政府 技术（IT）革命 苏联解体 中国经济改革 美国进入后工业化时期	全球化向广深进展，9·11 事件—伊拉克战争 美国经济危机转为全球经济危机 金砖四国登上国际舞台 全球气候变化，环境危机
哲学思潮	现代主义 理性主义 实证主义 法兰克福学派（Mannheim 的理性社会改良理论）	Foucault 对现代主义的批评 后现代主义出现 Kuhn 的科学哲学（范式） 政治上的自由主义思潮上升（公平，民主，福利国家） 新马克思主义出现（Harvey，Castells，Lefebvre 对现代资本主义的批判）	新自由主义盛行（Hayek 的影响，M. Friedmann） 后现代主义高峰（承认多元化，解构主义……） 反对全球化的左派运动（Chomsky，Harvey） 后实证主义—Habermas 的理性交流	后实证主义进一步发展 后现代主义的变体（相对主义，多元主义，生态主义……） 现实批判主义上升 对新自由主义经济理论的批评
美国国内社会情绪	乐观，自信 对未来高期望	动荡，对抗政府，青年的反叛，不同种族的冲突	谨慎的乐观 不确定性，疑虑 不同经济地位的冲突	愤怒，悲观，怀疑 普遍的不确定性 不同文明的冲突
规划理论	理性规划模型高峰（Tugwell……） 同时开始出现对理性主义的质疑（Lindblom……） 规划师"为人民做规划"（planning for people）	对理性模型的批评："规划理论大辩论" Davidoff 的倡导性规划 Krumholz 的公平规划 Lindblom 的渐进主义规划，Etzioni 的综合审视规划…… 人民参与的规划（planning of people）	Forester，Healey，Innes 的联络性—沟通性规划 （多元化社会中规划师角色的调整和后退） Huxley，Yiftachel 等对联络性规划的质疑（结果和过程的关系） 人民做规划（Planning by people）	Fainstein 等对联络性规划的批评（忽视外部制约，忽视规划结果），提倡现实批判主义理论 混合式规划（政府—市场—社会的协作），Hoch 的"实用主义沟通性行动规划"（按需决定理论导向） 规划师的作用

资料来源：Yvonne Rydin. Urban and Environmental Planning in the UK[Z], 1998. 引自：孙施文. 现代城市规划理论 [M]. 北京：中国建筑工业出版社，2007.

第3章

现代中国城市空间的发展与变迁
Urban Development and Changes in China

第1节　中国城市化的进程与轨迹

1　两个30年的历史性转变

回顾中国城市发展，经历了两个30年的历史性转变，不仅反映在中国的城市化经历了由慢向快的转变，更重要的是无论城市发展的动力、发展的环境及产生的影响都发生了根本性的变革。1978年之前的30年，城市化经历了"曲折"过程，改革开放后的30年，城市在社会经济变迁中呈现空间急速重构的特征。

城市化是一个连续的发展过程，当今中国的城市经济是从计划经济发展而来，计划经济时期的发展环境构成了1978年改革开放以后中国现代城市蓬勃发展的起点。了解现代中国城市化发展历程和背景的变迁，尤其是最近30年来城市化发展的轨迹，是理解和认识中国城市化特点及未来发展趋势必不可少的基础和"知识"。

1.1　改革开放之前的城市化进程：没有城市化的工业化

（1）城市化的曲折历程

自1949年新中国成立到改革开放的30年里，城市化进展是相对缓慢的，并且表现出极不平稳的特点。1949~1978年，城市化水平由10.6%到17.9%，近30年里增长了7.3个百分点。每年平均增长仅为0.24个百分点，城市化进程大致经历了以下几个阶段[1]：

城市化起步阶段（1949~1957年）。1949年新中国成立，国民经济进入恢复发展时期。1953年实施了第一个五年计划，开始确立了以国家为主导的大规模推进工业化和城市化建设的模式。当时围绕156个重点项目的建设，大大强化了城市工业经济的地位。这一时期扩建了武汉、成都、太原、西安、洛阳、兰州等工业基础具有优势的城市，发展了一批制造业基地如鞍山、本溪、齐齐哈尔等，出现了一批新兴工矿城市，如纺织机械工业城市榆次、煤炭新城鸡西、双鸭山、焦作、平顶山、鹤壁等，钢铁新城马鞍山，石油新城玉门等。这段时间是我国工业化和城市化起步的阶段，城市化与工业化基本是同步发展的。1949年我国城市化率为10.6%，1957年提高到15.4%，年均增长0.53个百分点。

城市化波动阶段（1958~1965年）。从第二个五年计划开始，国民经济出现了巨大振动，呈现由扩大到紧缩的变化。1958~1960年三年"大跃进"期间，导致工业化和城市化在脱离农业的基础上超速发展。工业产值占社会总产值的比重由不到40%猛增到超过60%，城市化率由15.4%提升至19.75%。但由于农

---

[1]　中国城市统计年鉴2009[M].

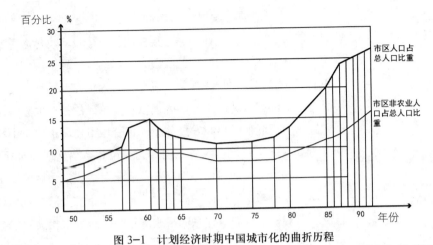

图 3-1　计划经济时期中国城市化的曲折历程

资料来源:引自吴良镛.吴良镛城市研究论文集——迎接新世纪的来临(1986~1995) 中国建筑工业出版社,
1996.

业生产产量连年下降,难以支撑城市化与工业化的快速发展,导致后来出现城市化波动,加上三年自然灾害,国家实行了压缩城市人口、充实农业的政策,致使 1961~1963 年由城市遣返农村的职工人数达 2000 万人,全国城镇人口净减少了 1427 万人,城市化水平由 1960 年的 19.75% 下降到 1963 年的 16.84%。这一时期,国家还提高了建制镇的标准,由原来的常住人口标准 2000 人提高到 3000 人,同时全国城市数也减少了 37 座。之后国民经济有所稳定,城市化水平逐步回升,至 1965 年恢复到 17.98%。

城市化停滞发展阶段（1966~1977 年）。1966 年开始国民经济在之后的十多年里徘徊不前,相应的城市发展也十分缓慢。1966~1978 年间,全国大约有 3000 多万城镇青年学生、干部和知识分子到农村去劳动和安家落户,而且以备战为目的的"三线"建设①使得基建投资在很大程度上与原有城镇脱节,城镇建设大大滞后,许多小城镇日益衰败。至 1978 年,城市化率仍然只有 17.92%（图 3-1）。除了城市化水平出现起伏波动以外,这一时期的城市化相比工业化进程还呈现出明显滞后的特点。1949 年我国的工业产值比重为 12% 左右,1978 年达到 42% 左右,而城市化水平不到 20%。

（2）计划经济时期城市化的特征

影响这一时期城市化发展的因素是多方面的,既受到当时国内、国际政治环境的影响,也与当时采取的计划经济体制和工业化方针密切相关,其影响表现在:

---

① "一线"地区是指地处战略前沿的地区,包括东南沿海地区和东北地区;"三线"地区为全国战略大后方,指"京广线以西、甘肃乌鞘岭以东、山西雁门关以南的地区",包括西南地区的四川、贵州和云南 3 省,西北地区的陕西、甘肃、宁夏和青海 4 省区,中南地区的河南西部、湖南西部和湖北西部以及广东北部、广西西北部,华北地区的山西西部和河北西部地区。二线地区是指处于"一线"和"三线"地带之间的过渡地带。

这一时期的城市发展表现出鲜明的计划经济色彩。"一五"计划的实施，标志着新中国开始了有计划、大规模的经济建设，也标志着新中国开始了以实现工业化为目标的计划经济的实践。即以国家主导资源配置，推进工业化进程。中央垂直领导的计划经济强化了以行政区为单元、等级化的发展模式，城市发展具有明显的行政等级指向，强调以省为单元的相对独立性，强化不同层次之间通过纵向关联形成自我发展体系，每个城市在城市体系中的地位与其行政级别具有高度的一致性。各省市层面的城镇体系都呈现相对独立的金字塔结构。省会城市的地位得到强化，大城市发展相对较快，大城市比重不断提高。不同行政单元水平差距缩小而不同层次的垂直差距扩大，这不仅反映在经济实力上，也反映在规模上。城镇体系的规模与行政等级紧密相关，省会城市往往是省内最大的城市，具有政治中心与经济中心叠加发展的特点。

在工业化政策方面，提出"以工业化为基础，首先建立重工业"的经济方针，逐步确立了跨越工业化阶段、优先发展重工业的工业化方向。由于工业化政策和投资的倾斜，推动了一批资源型城市、重工业城市的发展。城市功能集中于工业生产功能。除中心城市外，多为工矿或工业型城市，而中心城市的工业生产功能也不断强化，一些专业服务职能，如商业、金融、旅游、科技、教育等功能难以得到充分发育。

从区域发展关系来看，工业化重心由沿海转向内地。虽然在1949年以前，全国的工业化基础十分薄弱，但在沿海地区形成了一批近代新兴工业化城市。自第一个"五年计划"开始，生产力布局注重地区间的均衡发展。特别是1960年代从国家安全角度考虑，实施了"三线"工程，减少甚至停止了在沿海地区的投资，并将许多沿海地区的工业项目向内陆、甚至向偏远山区转移。

城乡二元化发展格局的形成造成了城乡发展关系的脱节。从新中国成立初期开始，国家发动了以生产资料优先增长为主的工业化运动，要求社会集中生产剩余以优先发展城市工业，因而农业剩余成为工业投资来源之一。"在城市形成了国营与集体工业，在农村则逐步建立了人民公社经济，这种经济与社会结构，使工业和农业从此分解为城市与乡村两个体系"（陈吉元，1993），城市与乡村各具有鲜明的特征。城乡有别的户籍制度则是维护这种二元结构的关键，切断了乡村剩余劳动力向城市的流动和转移，导致了在较长时间里人口城市化水平与经济发展的脱节。严格的人口政策通过实行户籍登记制度控制城市人口增长，阻碍农村人口流入城市及城市间的迁移，形成了极强的人地依附关系，居民生活和工作在一个城市或社区。消费、就业渠道、人口迁移和流动等，都严格受到计划控制，特别是许多国家投资在中心城市的资源开采、重化工业以及军工产业等，与乡村地区的非农产业缺乏内在关联。

计划经济下以国家为主体的工业化、城市化模式对城市的功能和城市形态也产生了极大的影响。在"重生产、轻消费"的观念下，形成"先生产、后生活"的城市建设思想。长期采取了控制城市发展，特别是控制大城市发展的方针。

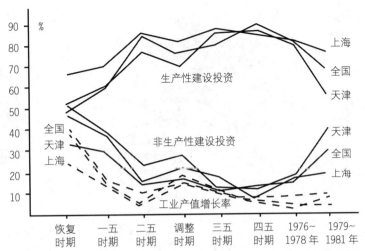

图 3-2　1950~1980 年代初生产性与非生产性建设投资变化及工业产值增长率的关系
资料来源：叶维钧，张秉忱等．中国城市化道路初探 [M]．北京：中国展望出版社，1988.

将城市建设划分为生产型和非生产型领域，强调城市的生产功能，建设资金向生产型领域倾斜（图 3-2），认为城市建设是"非生产性"的、"消费性"的（最多也是从属于工业生产"辅助性"的）经济活动，是一种只有投入没有产出的经济行为。致使基础设施、生活服务设施建设相对滞后，城市用地紧张，居住拥挤，人口密度高，城市旧城改造基本停滞。由于城市土地的行政划拨，大量的工业设施散布于建成区和近郊区。土地使用是无偿的，所以许多城市工业单位占用的土地数量巨大。由于没有土地市场，在城市土地利用模式中不存在级差地租的空间效应。

专栏 3-1　计划经济时期工业城市的形态与功能特点

鞍山是我国"一五"计划时期开始建设的重要钢铁工业城市。其布局和功能特点反映了计划经济时期工业城市的典型特点（图 3-3）。

"大城市、小区域"：鞍山早在 1750 年代人口就达到 50 万人，是我国当时为数不多的大城市之一。上缴工业利税在 1980 年代曾相当于一个省。但却是典型的"城市工业、农村农业"的二元结构模式，作为大城市对周边地区带动较弱，并不具备区域中心城市的功能，区域经济高度集中在城市，集中在工业部门。

"大企业、小社会"：鞍钢及当时的 40 万职工构成了城市的主体，在企业办社会的体制下，城市即鞍钢，鞍钢即城市，鞍钢以外的城市公共服务功能比重小，十分薄弱，形成围绕以企业生产组织为核心的空间关系。

"大生产、小生活"：城市布局以工业为中心，矿区、厂区、生活区的布局关系体现了"有利生产、方便生活"的建设方针。工业用地占据了城市极高的比重。生活设施只是起到配套作用，居住用地比重低，到 1990 年代人均居住用地也只有 15m² 左右。

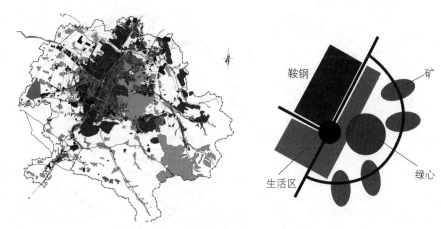

图 3-3 鞍山城市布局反映了典型的工业城市特征

这些影响构成了改革开放之初城市发展的基本环境，特别是用地紧张、城市密度高、生活设施短缺等矛盾一直持续到改革开放以后相当长的时间（表3-1）。这一矛盾在一些大城市和特大城市尤为明显。例如，按照 1990 年第四次人口普查数据，上海当时的人口密度平均为 2104 人/km²，是北京的 3.3 倍，天津的 2.7 倍。在中心城区人口密度最高的是静安区，达到 64283 人/km²，原南市区露香园路街道是中心城区人口密度最高的街道，人口密度达到 13.64 万人/km²，相当于人均仅 7.3m²/人，可想而知当时上海的拥挤状况。上海这种过度拥挤的情况直到 1990 年代以后才开始逐步得到缓解。

1949~1978 年以前影响城市发展的政策因素　　　　　　　　　表 3-1

	主要内容	对城市发展的影响
城乡制度与城市化政策	城乡关系的认识（缩小城乡差别） 户籍管理制度（1954 年） 商品粮供应 控制大城市发展	控制城市发展规模和限制城乡流动的城市化政策，推行城乡二元化制度，形成国家主导的城市化模式
工业化与区域发展政策	重工业化政策倾向 分散工业布局 工农结合，城乡结合，上山下乡 三线工程	由侧重沿海，改为侧重内地的建设为主，1965 年以后，这个战略更因为当时国家安全的考虑而将建设集中在"三线"地区。 国家控制着投资流向，并制定了重工业优先发展和全国范围内平衡生产力布局的战略
城市建设制度	降低非生产性建设标准（1955 年） 单位制 土地使用制度	城市基础设施建设滞后，生活功能薄弱，人口密度高，居住条件拥挤。城市中分布着大量的工业用地和单位大院

1.2 改革开放以来的城市化：世界城市化的奇迹

1978 年以来中国的城市化进入了一个快速稳定的发展时期。十一届三中全会以后，随着对内改革、对外开放的一系列政策措施的实施，我国城市的建设同国民经济发展一样进入了快速发展时期。

1990 年城市化水平达到 26.36%，1978~1990 年年均增长 0.7 个百分点。2000 年城市化水平达到 36.22%，1990~2000 年年均增长约 1 个百分点，1996 年达到 30% 左右，进入到一个加速期的重要转折点。

按照 2010 年第六次人口普查的数据，居住在城镇的人口为 66557 万人，占总人口的 49.68%，居住在乡村的人口为 67415 万人，占总人口 50.32%。同 2000 年人口普查相比，城市化水平上升了 13.46 个百分点（图 3-4）。经济社会的快速发展极大地促进了城市化水平的提高。

中国创造了超常规模与速度的城市化奇迹。1978~2010 年的 32 年里城市化水平增长了 31.8 个百分点。比较不同国家的城市化由 20% 达到 40% 经历的时间，中国只用了 22 年，这一增长过程，英国经历了 120 年，法国经历了 100 年，德国经历了 80 年，美国经历了 40 年，苏联和日本分别经历了 30 年（图 3-5）。

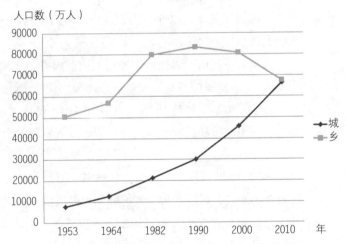

图 3-4 国家第六次人口普查数据中城乡人口数对比
资料来源：2008 年城市统计年鉴，第六次人口普查数据.

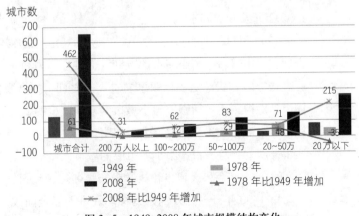

图 3-5 1949~2008 年城市规模结构变化
注：人口规模的划分以城市市区总人口为标准。
资料来源：中国城市统计年鉴 . 2009.

30 多年来，我国城镇人口的增量超过 4.5 亿人，参与到城市化进程中的人口规模相当于目前全世界发达国家城市人口总和的 1/2。最近十年城市人口的增长超过 2 亿人，规模相当于目前整个美国人口的 2/3，每年的增长超过 2000 万人，相当于澳大利亚整个国家的人口。

2 发展焦点的转移与渐进改革的轨迹

2.1 发展焦点的阶段性转移

改革开放以来，快速城市化进程及其带来的区域与城乡格局的演化体现出明显的渐进改革轨迹和阶段性的变化特点，大致可以划分为三个阶段。

（1）1980 年代中小城镇和沿海先导地区的发展

1978 年开始以土地联产承包为起点的农村经济改革引发了一系列重大的社会经济变革。首先激发了农村经济的活力，农业生产效率迅速提高，推动乡镇企业的快速发展，农业劳动力向非农业产业转移速度加快，促进了 1980 年代一大批小城镇快速崛起。

国家政策层面明确提出"控制大城市规模，合理发展中等城市，积极发展小城市，作为我国城市发展的基本方针"。小城镇数量大量增加，在全国范围内，目前的建制镇 90% 都是 1978 年以后增设的，形成了以小城镇为主的增长时期。并将发展小城镇和鼓励乡镇企业发展，安置农村剩余劳动力作为城市化发展的方向。

1980~1982 年相继设立深圳、珠海、厦门、汕头四个经济特区，依托香港贸易中心地位，以广东省为发展外向型经济的重点，开启了引进外资，融入全球经济的新模式，沿海地区的发展速度逐步超越内地。从 1984 年开始，国家进一步设立 14 个沿海开放城市，扩大对外开放，以促进沿海地区城市的快速发展，1985 年长三角、珠三角、闽南三角洲划为经济区，之后又将对外开放区扩大到山东半岛和辽东半岛。1988 年，海南建省，成为全国最大的经济特区。1990 年开发开放浦东。

1990 年《城市规划法》正式颁布，明确规定"国家实行严格控制大城市规模，合理发展中等城市和小城市的方针，促进生产力和人口的合理布局"。

这一时期仍然是小城镇蓬勃发展的时期，大城市仍然处在结构调整阶段，城市功能得到逐步增强，但小城市的发展速度明显加快，由于国家调整了设市标准，小城市的数量迅速增加。在长三角，小城市数量增加到 19 个，小城市逐步发展为中等城市，中小城市成为城市人口增长主体。

（2）1990 年代大城市快速扩张和东部地区的崛起

以 1990 年开发开放浦东为标志，进入以全面改革开放加速推动城市化和东部地区加快发展时期。特别是 1992 年邓小平发表南巡讲话后，加快了由传统计划经济体制向社会主义市场经济体制转轨的步伐。这一阶段改革重点由政策调整转向制度创新。对外开放地区逐步扩大到内陆省份，从而形成全方位改革开放的新格局。

通过建立市场经济综合改革来推动城市和区域经济发展，是这一时期的重要特征，提出的一系列措施包括：实行分税制，调动地方积极性和中央的宏观调控能力；推进与国际经济接轨，全面推进国有企业改造，使之适应市场化要求；通过建立不同层次的各种开发区，培育区域经济的增长点；修正计划经济时期普遍采用的"切块设市模式"，代之以"整县设市"和"以市带县"的设市模式，以加强中心城市对周边地区的功能辐射，设市城市数量大量增加，逐步改革户籍制度，允许地方根据实际情况调整户口政策；加快了重大基础设施建设；开始实行严格的土地保护政策，提出城市走空间集约化发展道路等。

城市化快速发展，城市数量增长逐步以大城市增长为主，东部沿海地区表现出空前的发展活力，以及明显的城市区域化过程，城镇密集地区和大城市地区越来越重要，强化了长三角、珠三角和环渤海湾地区在我国参与国际经济循环中的地位。

（3）2000年以来，加快推动区域协调和城乡统筹发展

随着对外开放扩大和改革进程深入，发展转型、区域协调和城乡统筹发展的迫切性日益凸现。但经济增长与可持续发展的矛盾成为的焦点，表现在对环境、人口与经济增长的矛盾、城乡之间的矛盾、经济增长与社会发展的矛盾认识越来越深入。21世纪以来，经济、社会、资源、环境的和谐发展逐渐具有统领地位。

2000年"十五"计划中首次把"积极稳妥地推进城镇化"作为国家的重点发展战略，提出西部大开发、振兴东北老工业基地、促进中部地区崛起等一系列战略措施，在"十一五"规划中，进一步提出要"促进城镇化健康发展，坚持大中小城市和小城镇协调发展，提高城镇综合承载力，按照循序渐进、节约土地、集约发展、合理布局的原则，积极稳妥地推进城镇化，逐步改变城乡二元结构"。并以多元城市化为指导，提出城市化分类指导的战略思想。2008年，《中华人民共和国城乡规划法》正式颁布，标志着城乡统一管理进入新的阶段。

以特大城市的发展为代表、以区域城市化经济为主体的发展格局更加突出。长三角、珠三角开始了一轮全新的资源整合过程，有效提高了区域竞争力，京津冀地区随后加速发展。此外，还出现了一批正在形成的不同地域、不同规模、不同发展水平的城镇密集地区，如西部的成渝城市群、武汉城市群、中原城市群、长株潭城市群、海峡西岸城市群，还有基础较好的辽中南城市群、山东半岛城市群等十多个城镇密集地区。

2.2　渐进改革的轨迹

市场化、工业化、全球化、城市化构成了改革开放的四大主旋律，与之相对应的市场化改革、城市化政策、工业化政策、开发开放政策等一系列国家层

面的战略推进措施对城市化进程产生了重大影响（表3-2）。区域格局的演进和发展与1978年以来影响城市发展的政策因素的转变具有一致性，呈现出渐进改革的轨迹。

1978年以来影响城市发展的政策因素转变和重要事件 表3-2

	改革进程和重要事件（年）	带来的影响
农村经济改革	农村土地承包（1978） 鼓励集体经济、乡镇企业（1980年代初） 农村税费改革（2006） 新农村建设（2006） 城乡协调发展2010	极大地调动了农民的生产积极性，减免农业税收、增加农村基本建设，富余劳动力广泛地流动，参加大城市不同分工的劳动，繁荣了农村经济联系，提高了广大农民的生活水平
市场化的制度改革	对外开放/经济体制改革（1980年代开始） 户籍改革（1984） 企业制度改革（1980年代开始） 城市土地批租（1987） 住房商品化改革（1998） 加入WTO（2001）	城市经济结构趋于多元化，城市经济走向综合化。 要素流动性增加，供给与需求的矛盾逐步缓解。 市场因素成为调节城市空间和土地使用的杠杆，带来城市产业布局的调整。 调动了地方政府主导地区经济发展的积极性。 加快融入世界经济体系
区域政策与宏观调控	经济特区（1980）/沿海开放城市（1984） 开发开放浦东（1990） 开发区（1990年代初） 中央地方分税制改革（1993） 西部大开发（2000） 振兴东北（2003） 主体功能区（2005）	采取非均衡的区域发展政策，体现了经济增长效率 推动了沿海地区的快速发展，加快了改革开放进程，极大地提升了综合国力 地方经济活力得到加强，土地资源短缺的矛盾凸显 国土开发的梯度格局逐步形成，促进区域间均衡发展和多极化发展正成为趋势
发展观的转变	效率优先（1980年代） 效率兼顾公平（1990年代） 和谐社会（2004）、科学发展观（2003）、 五个统筹（2003） 创新型国家（2006）	增长与公平的矛盾逐步受到重视 转变经济增长方式，促进社会、经济、环境的可持续发展，促进城乡统筹成为主要的政策导向

从试点改革开始，逐步过渡到全面推广。从有限的改革开放，逐步过渡到融入全球经济贸易体系。从沿海开发开放，逐步过渡到国土开发的全面推进。从农村经济改革开始，逐步过渡到在城市中推行全面的市场化改革。从小城镇的大规模发展逐步过渡到中等城市、大城市的发展。从局部地域的先行发展逐步过渡到广泛的区域化进程。

这种渐进的改革的轨迹也反映在城市与区域格局演进过程中发展焦点的阶段性转移。分析新中国成立后我国城市按规模分组增长情况，通过表中数据可以发现，在规模、数量加速增长中，大中小城市规模组的变化具有明显的阶段性特征，烙印了独特的渐进改革的轨迹。1980年代增长最快的是小城市，进入1990年代逐步过渡到小城市和中等城市增长较快，而2000年以来，大城市、特大城市成为发展的主体（图3-6）。2008年全国城市人口中，百万人口

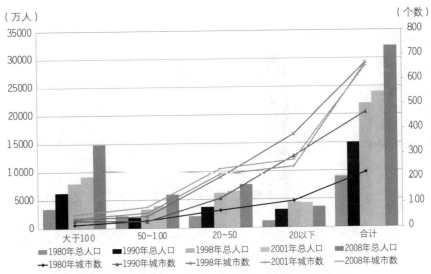

图 3-6　新中国成立后我国城市按规模分组增长情况
资料来源：历年城市统计年鉴.

以上的大城市人口已占有一半之多，而 1980 年时，该项数值仅为 1/3 左右。

第 2 节　区域与城乡格局的演化

1　区域极化与城市群的成长

1.1　人口和产业向东部沿海地区的集聚

（1）人口向沿海地区流动与集聚

从历次人口普查数据来看，一个明显的特征是流动人口大幅度增加。第六次全国人口普查数据显示全国流动人口数量达到 2.2 亿人，已经接近全国人口的 1/5，人口流入的主要地区集中在东部，珠三角、长三角和京津冀地区（图 3-7）。

东部地区人口比重不断提高。2010 年第六次人口普查数据显示，东部地区人口占 31 个省（区、市）常住人口的 37.98%，中部地区占 26.76%，西部地区占 27.04%，东北地区占 8.22%。与 2000 年第五次人口普查相比，东部地区的人口比重上升 2.41 个百分点，中部、西部、东北地区的比重都在下降，分别下降 1.08、1.11 和 0.22 个百分点。

沿海经济发达省份人口比重不断提高。1982 年的"三普"数据显示，广东省总人口为 5363 万人，到 1990 年"四普"时已为 6381 万人，8 年增长 1018 万人。2000 年"五普"时广东省总人口达 8642 万人，比"四普"增长 2261 万人。2005 年 1% 人口抽样调查显示，广东省总人口已经达到 9185 万人，比"五普"人口增加了 543 万人，占全国人口比重的 7.03%，成为全国人口第三大省区。2010 年广东省已成为全国人口第一大省区。

东部沿海的三大城市群占全国总人口的比例也不断提高，2010 年的比例

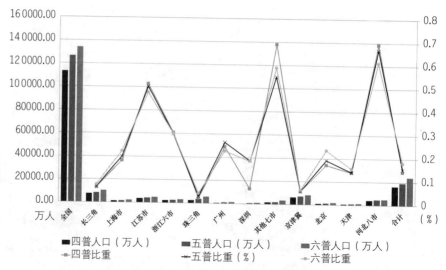

图 3-7　三大城市群地区人口增长情况

注:长三角地区包括上海、江苏八市（南京、苏州、无锡、常州、镇江、扬州、泰州、南通）、浙江六市（杭州、湖州、嘉兴、绍兴、宁波、舟山）;珠三角地区包括广州、深圳和广东其他七市（珠海、佛山、江门、东莞、中山、惠州、肇庆）;京津冀地区包括北京、天津和河北八市（石家庄、保定、唐山、秦皇岛、廊坊、沧州、张家口、承德）。

资料来源 : 1990、2000、2010 人口普查资料.

为 18.11%，相比"五普"提高了 2.86 个百分点，相比"四普"，提高了 3.77 百分点，近十年人口加速向三大城市群转移的趋势明显。在三个城市群中，珠三角占全国总人口的比例增长幅度最大，近 20 年间提高了 1.93 百分点。京津冀城市群增长幅度相对较小，为 0.66 个百分点。近十年长三角和京津冀相比前十年人口集聚速度明显加快。

（2）沿海地区的产业极化

1978~2000 年，东部地区经济增速比其他地区至少快 2 个百分点以上，差距最大的时期是 1990 年代初，进入 21 世纪以来，随着"西部大开发"、"全面振兴东北老工业基地"、"大力促进中部地区崛起"等战略相继实施，中西部地区经济增长明显提速，经济增速超过东部地区，但就经济规模而言，沿海与内陆经济发展速度的绝对差距持续扩大，并快于人口集聚的速度。

长三角、珠三角、京津冀三个地区约占全国国土面积的 3.5%，而人口约占全国的 1/5，经济总量占到近 38%（图 3-8、图 3-9，表 3-3）。

各地区在全国主要产业总产值中所占比重的增减（1988 ~ 2007 年）(%)　表 3-3

	制造业	纺织 / 服装	化学	钢铁	普通机械	机电	电子	运输机械
东部沿海地区	+11	+17	+7	+10	+14	+14	+20	+12
京津冀	-2	-6	-6	+9	-3	-3	-1	-4
长三角	+7	+10	+3	+2	+5	+5	+1	+7
珠三角	+7	+5	+3	+2	+3	+11	+25	+7

续表

	制造业	纺织/服装	化学	钢铁	普通机械	机电	电子	运输机械
中部地区	−7	−10	−7	−6	−8	−9	−9	−9
西部地区	−4	−6	0	−4	−6	−5	−12	−3

注：① GDP 按当年价格计算。②东部沿海地区指北京市、天津市、上海市、河北省、山东省、辽宁省、江苏省、浙江省、广东省、福建省、广西壮族自治区、海南省。③中部地区指山西省、内蒙古自治区、吉林省、黑龙江省、安徽省、江西省。④西部地区指四川省、贵州省、云南省、陕西省、甘肃省、青海省、宁夏回族自治区、新疆维吾尔自治区、西藏自治区。⑤表中不包含台湾省数据。

资料来源：根据国家统计局编《中国统计年鉴》数据制表。引自：周牧之. 金融危机下的中国大城市群发展策略 [J]. 城市与区域规划研究，2009，4.

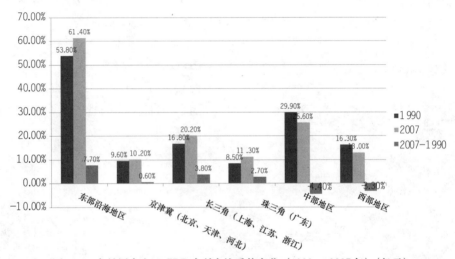

图 3-8　各地区在全国 GDP 中所占比重的变化（1990～2007 年）（亿元）

资料来源：根据国家统计局编《中国统计年鉴》数据制表。引自：周牧之. 金融危机下的中国大城市群发展策略 [J]. 城市与区域规划研究，2009，4.

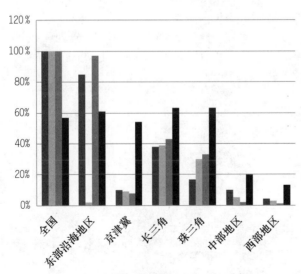

图 3-9　各地区在全国出口总额中所占的比重（2007 年）（%）

资料来源：根据国家统计局编《中国统计年鉴》数据制表。引自：周牧之. 金融危机下的中国大城市群发展策略 [J]. 城市与区域规划研究，2009，4.

1.2 城市群的成长

以大城市，特别是特大城市为主体的新区域格局日益显现。一些区域具有区位、资源和产业优势，已经达到了较高的城市化水平，形成了城市发展相对集中的城市群或都市圈。1990年代，在已经初步形成的东部沿海特大城市地区中，三个最令人瞩目的地区，即以北京为中心，面向渤海湾的京津冀城市群；以上海为中心，长江黄金水道为主干的长三角城市群；以广州为中心，向深圳、珠海方面轴向发展的珠三角城市群（图3-10~图3-12）。此外，厦泉漳闽南三角、山东半岛城市群、辽中南城市群、中原城市群、长江中游城市群、海峡西岸城市群、川渝城市群和关中城市群也显露端倪。

在区域经济持续增长中，城市群地区在空间上集聚与扩散过程加快。从长三角地区的成长过程来看，表现出以下特点：

（1）超常的工业化速度持续推动区域经济高速增长

长三角城镇密集地区的形成有其长久的历史积累，早在1960年代戈特曼即认

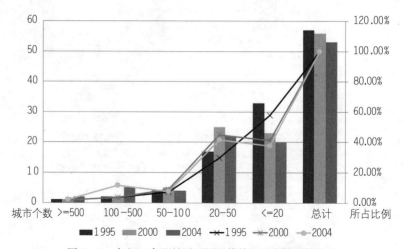

图3-10 长江三角洲地区不同规模等级城市数量的变化

资料来源：《中国城市统计年鉴》（1991、1996、2001、2005年），其中城市规模以市区非农人口计，以县级及以上市为单位.

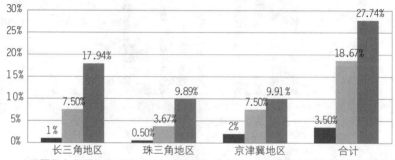

图3-11 2008年长三角、珠三角、京津冀三个地区占全国的比重

资料来源：樊纲，余晖著. 长江和珠江三角洲城市化质量研究 [M]. 北京：中国经济出版社，2010.

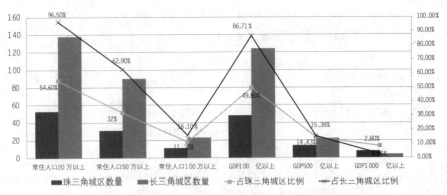

图 3-12 2007 年长三角、珠三角城区人口规模和经济规模

资料来源：根据国家统计局编《中国统计年鉴》数据制表。引自：周牧之．金融危机下的中国大城市群
发展策略 [J]. 城市与区域规划研究，2009，4.

为是世界上最重要的六个城市带之一。最近 30 年来这一地区经历了极为广泛的
工业化浪潮，不仅确立了制造业在经济结构中的强势地位，也使整个地区成为中
国最重要的制造业带，以超常规的速度快速扩张，工业增加值比重普遍超过 50%。

制造业带的兴起改变了传统工业地理结构，区域内部和边缘不断出现大量
新的发展机会，数量众多的中小城市正在成为制造业的聚集地。1980 年代长
三角地区城市的等级体系还呈现出明显的等级结构，1990 年以后这种等级规
模体系逐渐被打破。以县级行政区为主、数量众多的中小城市在地区制造业成
长中的地位引人关注，一些靠近上海的中小城市在吸引外资以获得自身经济增
长上表现特别突出，如苏州的昆山、张家港、常熟、吴江，无锡的江阴等。外
资的大规模流入进一步改变了长江三角洲地区的分工体系，以价值链为特征的
城市网络正在形成。吸引跨国工业资本与当地资源结合，加速该地区融入全球
制造业的生产体系。

（2）产业集群与空间发展的梯度特征

外来投资和国际贸易在促进地区经济外向型转化的同时，区域内部的贸易
不断扩大，产业分工趋于细化，专业化程度不断提高。各城市在更大程度上分
享其他城市生产专业化利益。在地区层级结构中，产品的流动主要是由下而上
流向大城市的市场，而技术、资金则由大城市向小城市流动。

长江三角洲地区的产业分工模式问题存在争论，相关资料对长三角地区专
业化系数研究结果显示，不存在所谓"产业同构"现象，而是产业分工趋于加
深。如果以制造业产品领域比较都市圈内的产业结构，城市间产业结构的差异
更大。距离越近，产业同构性越强，但专业化程度更高。

上海在区域经济中的支配地位不断提高，多层次的聚集与扩散作用正在
形成。表现在以上海为中心，沿主要交通通道向外扩散，依距离而递减。上海
与周边城市的竞争经历从规模竞争向技术竞争过渡，作为进行技术开发，是其
他城市无法替代的，主导产业向先进制造业和现代服务业转化，产业布局从
600km^2 向 6000km^2 拓展，中心城区优先发展现代服务业，郊区优先发展先进制

造业。县级行政区工业发展水平也形成非常明显的梯度性。

（3）重大交通基础设施的大规模建设产生区域性影响

重要交通基础设施建设加快，高速公路、港口、机场、跨江通道建设成为成长因素，影响了区域经济的分布和整体空间格局的发育。上海浦东机场、洋山港的建设进一步强化上海在长三角的中心城市地位。

从整体上看，城市群形成沿轴带发展的空间形态，空间结构与整个区域的基础设施网络有密切的关联。城市经济受交通轴的影响显著，表现在以交通通道为依托的发展与转移，由单通道转向沿多通道发展，以上海为中心，沿沪宁线和沪杭线仍然是最主要的发展轴，沿江沿海成为长三角地区新的集聚轴线，形成整体开发趋势。围绕交通节点地区的发展表现出巨大潜力，如嘉兴的乍浦地区、宁波的余慈地区、苏州的常熟地区等。

专栏 3-2　长三角地区的成长与多层次的聚集和扩散作用

从长三角地区 1990 年代城镇空间发展特征和各主要中心城市的规划格局来看，城市化空间呈现连绵化发展的趋势，整体空间环境关系的协调已经十分迫切（图 3-13a）。

长三角在以地方经济为主体的发展模式中，呈现多层次的聚集与扩散作用。这种作用表现出：ⓐ依与上海的距离递减；ⓑ沿主要交通通道向外扩散；ⓒ往往中心城市边缘地区发展较快，以地方经济为主体的发展模式特征较突出；ⓓ明显受到地理门槛的影响；ⓔ受到行政区划边界的影响（图 3-13b）。

交通因素在长三角区域空间组织中发挥了重要作用。Ⓐ在地区层面由运输通道将各个地区串联起来，并形成单通道向多通道演化的趋势；Ⓑ在地区内部层面，运输服务区位的差异与空间扩张形态具有一致性，形成了：1 中心城区、2 边缘地区、3 主要交通沿线地区和 4 相对边缘地区（图 3-13c）。

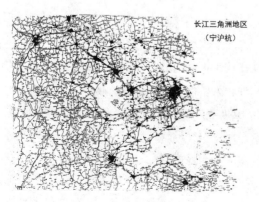
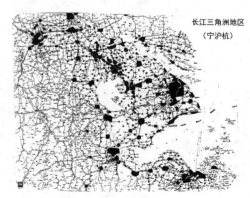

图 3-13（a）　1990 年代以来长三角地区空间形态的发展

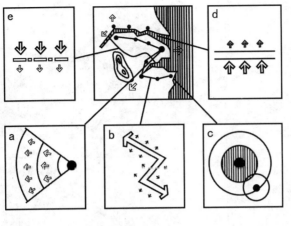

图 3-13（*b*） 长三角地区多
层次的聚集和扩散作用

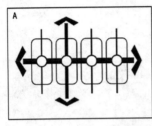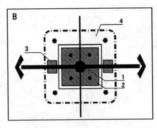

图 3-13（*c*） 交通网络
与区域空间组织

　　长江三角洲地区重要基础设施建设的能力明显增强，目前包括浦东机场
（二期）、虹桥枢纽、洋山港、崇海通道、苏通大桥、苏南机场、沿江高速、润
杨大桥、沪杭沿江高速、跨杭州湾大桥等，这些项目的影响都是区域性的。下
图为长三角快速成长地区，主要集中在主要的交通通道（沪宁杭甬通道和沿江
沿海通道）和主要交通节点地区。

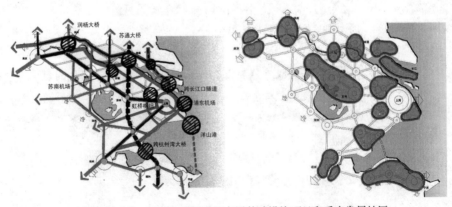

图 3-13（*d*） 长三角地区重要交通基础设施项目和重点发展地区

　　上海地区的发展一直依托沪宁和沪杭线形成的"V"字形通道，随着沿
江、沿海和跨江通道的建设形成以上海为中心的指状交通通道的形态，将对上
海未来的城市空间形态产生重大影响，同时随着浦东机场和洋山港的建设，也
突显了这些通道与推进上海建设国际经济、金融、贸易、航运四大中心的重要
意义。

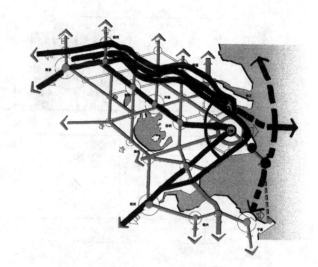

图 3-13 (e) 从 "V" 字
形到指状交通通道的形态

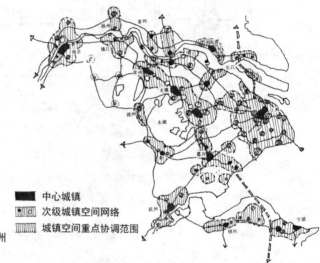

■ 中心城镇
▨ 次级城镇空间网络
▥ 城镇空间重点协调范围

图 3-13 (f) 长江三角洲
地区的网络化结构

从个体城市角度出发确定未来发展规模和目标的现实可能性将被削弱，而在更大程度上与区域发展背景相关。处于这一网络中的城市，其环境质量与运行效率的提高不能完全从自身范围得到解决，而更多地依赖于整体的环境质量与效率。

2 区域产业集群与城镇体系发育

（1）大城市的发展与城镇体系发育

大、中、小城市和小城镇都有所增长，共同形成了城市化的地区结构，以大城市为主导的城市化格局正在形成并不断强化，大城市在区域经济发展中的中心地位日益明显，并加速推动了城镇体系发育和成长。

2011 年全国共有 30 个城市的常住人口超过 800 万人，其中 13 个城市超过 1000 万人。

市场经济在区域发展格局中的组织作用强化，一定程度上打破了传统计划经济下环境中心外围的空间关系和等级关系，加快了城市体系的整体发育。在高速城市化过程中，沿海地带呈现出高密集、网络化、连绵化的城市地区特征。许多中小城市逐渐发展成为大城市、特大城市，比如苏州、杭州、昆山、东莞、佛山等，从几十万人增长到百万，甚至数百万。

城镇功能的发育促进了网络化发展的态势。许多新兴城镇的功能和实际地位突破行政级别，如江阴、常熟、张家港、义乌等。城镇之间的功能联系和作用的发挥超越了行政边界，如黄山同沪杭的联系，南京同马芜铜的联系等，形成跨地域的关联体。城市功能的作用等级变得综合而又复杂多元，温州、杭州、南京、成都、东莞等，不仅具有全国性、区域性的功能，甚至具备了一定的国际性的功能。

功能性节点城市涌现，加快了中心城市与周边城市在空间和经济联系方面的网络化，也加快了融入全球化的进程。如苏州的昆山地区不仅是重要的电子产业基地，同时其承担国际性服务外包方面的功能也在不断增强。

（2）区域产业集群现象

在人口和产业极化过程中，出现了区域性产业集聚现象。生产力和空间布局与现代企业的区位选择不仅是政府关注的宏观经济问题，而且是企业战略决策的重大。在市场需求的引导下，纺织、服装、汽车、电子等行业内企业纷纷向优势区位进行调整，逐步形成了具有地域优势的产业集群（表3-4）。

典型制造业产业集群的区域分布　　　　　　　　　　　表3-4

典型产业集群	主要分布区域
纺织服装业	江苏、浙江、山东、福建、湖北、安徽、河北
棉、化纤纺织及印染加工	山东邹平、浙江萧山、江苏张家港
毛纺织和染整加工	江苏江阴、江苏张家港、河北清河
麻纺织	湖北咸宁、安徽铜陵、江苏宜兴
丝绸纺织及精加工	浙江绍兴、江苏吴江、浙江萧山
纺织服装制造	福建晋江、江苏通州、江苏常熟
针织品及编织品	山东海阳、浙江桐乡
交通运输设备	上海、重庆、吉林、广东、浙江、湖南、山东
汽车零部件及配件	浙江萧山、上海、吉林长春
汽车整车制造	吉林长春、上海、广东广州、北京
摩托车零部件及配件	重庆、浙江新昌、浙江温岭、广西南宁
摩托车整车制造	广东江门、重庆、浙江温岭
助动自行车	浙江金华、广东深圳、山东沂南
汽车车身、挂车的制造	湖南长沙、广东顺德、重庆
电子通信设备制造业	江苏、广东、上海、天津、北京

续表

典型产业集群	主要分布区域
电子元件及组件制造	江苏无锡、广东深圳、江苏苏州
计算机外部设施	江苏南京、广东东莞、江苏苏州、四川成都、重庆
计算机整机制造	广东深圳、广东东莞、江苏昆山、四川成都、重庆
集成电路制造	上海、江苏苏州、广东深圳
计算机网络设备制造	江苏无锡、江苏苏州、山东济南
通信终端设备制造	天津、广东深圳、广东惠州、湖北武汉
通信传输设备制造	浙江杭州、广东广州、四川成都
通信交换设备制造	广东深圳、上海、江苏南京
移动通信及设备	天津、北京、广东深圳
飞机制造及整装	天津、上海、陕西西安

资料来源：刘世锦主编.中国产业集群发展报告2007-2008[M].北京：中国发展出版社，2008.转引自：中国城镇化：前景、战略与政策[M].国务院发展研究中心课题组著.北京：中国发展出版社，2010.对表中内容做了增补.

浙、苏两省以专门化商品市场为主，形成了"专门化商品市场群落＋特色产业群落"的产业发展模式，而浙江的"特色产业群"尤为典型。如杭州形成了电子信息、精细化工、生物医药、环保设备等新兴产业群；宁波市基本形成了以重化工为主导，轻纺、机械、建材、航运为支柱的产业群，嵊州形成了领带产业群；绍兴兴起了纺织产业群。由于"特色产业群"之间的差异性，促进了城市群之间的交流和联系，奠定了城市空间结构演化的脉络。

昆山的城市化直接与昆山的产业集群发展相关。[①]高新技术产品产值已占工业产值的50%以上，电子及通信设备制造业、计算机及办公设备制造业是产业集聚度最高、行业竞争力较强的领域。随着昆山产业集群的发展，经济实力和城市化水平不断提高，由几万人的小县城变成了常住人口超120万人的大城市。

3 城乡转型与地区间发展差异

城市化过程本身也是城乡转型的过程，在30多年来的快速城市化过程中，不同地区城乡转型的路径具有多样化的特点，表现出巨大的差异性和发展的动态性。

3.1 地区间的发展差异

我国地区间城市化发展的自然条件和社会经济条件差异较大，由于经济发展的不平衡和区域政策的差异，各地区城市化进程呈现出明显的地区差异性。

---

① 国务院发展研究中心课题组著.中国城镇化：前景、战略与政策[M].北京：中国发展出版社，2010.

1950 年城市化水平最高的为上海市,高达 91.55%,最低的为西藏自治区,只有 1.33%。到 1980 年,城市化水平最高的天津市为 68.2%,最低的西藏自治区为 9.22%。到 2006 年城市化水平最高的上海市为 88.7%,最低的贵州省为 27.6%(方创琳,2009)。

城市化水平地区差异性主要受政策因素、经济因素、自然因素和人口基数的影响,在很长一段时间内是左右了地区间城市化发展的不平衡。

3.2 多样化的工业化与城市化发展模式

（1）外源型模式

珠三角地区的发展呈现出外生型城市化的特点。作为对外开放的前沿地区,其发展历程主要依赖了国际资本、贸易和产业分工的驱动。

典型特征包括：外资尤其是中国香港地区直接资本的大量流入,促使区域加快融入全球一体化的出口导向型的工业经济中；劳动密集型的生产线和装配型企业导致了国内大量农村劳动力流向珠三角,至今仍是外来人口最多的地区；出口导向型、国际贸易及大规模利用外资,产生了珠三角与中国香港和中国澳门之间的大规模跨境的人流、物流和信息流,这促进了边境城市化模式的形成；

早期以香港投资和以出口为主的小规模加工型企业,投资偏向在主要城市以外的地方,促进了珠三角中小城镇的兴起,如佛山、江门、中山、南海、顺德、东莞和惠州。

珠三角区域范围内大规模的工业化,促进了城乡社会转型和区域景观的改变,形成较为典型的城乡混合体模式,这种相对分散发展模式给地区环境和农业发展带来巨大的压力,也存在消耗农业用地换取工业和城市发展的状况。

（2）内源型模式

长三角地区则经历了与珠三角地区不同的发展路径,由内生动力为主逐步过渡到与外生动力并重,并呈现出较为明显的发展阶段转型。

1980 年代初期长三角进入计划经济转型初期,农村集体经济快速发展,自下而上推动地区经济的整体增长,这一时期表现为明显的外围快于中心,江浙快于上海的发展特点。在苏南地区以集体经济为主,浙江地区则以民营经济快速发展。

1990 年代开始,逐步进入以城市经济为主推动地区增长的阶段,苏南地区乡镇集体经济逐步向民营经济转制,开发区和工业园区成为制造业集中发展的重点区域。在浙江则涌现了许多专业化的城镇。

2000 年以后利用外资的规模明显加快,同时随着国际贸易的增加,促进了地区经济的外向型转化,以上海为核心的地区发展格局得到确立并强化,周边的其他大城市经济也开始逐步占据区域经济的主导地位。

（3）传统工业基地模式

辽中南地区作为我国最早形成的城镇密集地区,发展基础是建立在计划经济时期以国家为主导的工业化模式之上。许多中心城市早在 1950 年代即进入大城市发展行列,是我国最早的以大城市为主、地区城市化水平最高的城镇密集地区。但这些大城市多以重工业和资源型城市为主，工业化与地区经济联系薄弱，县级城市单元发展缺乏动力，呈现较为典型的城乡经济二元结构。改革开放以来整体经济发展和城市化进程始终较为缓慢，东北振兴战略实施以后，逐步进入地区经济转型和快速发展阶段。

多样化的城市化模式必然形成多样化的区域发展形态，这些地区间的差异不仅与各自的历史进程相关，也将影响未来的发展方向。区域空间差异性分析，有助于判断空间发展趋势，引导产业、人口在空间上的聚集与均衡发展，合理配置土地、水资源和基础设施布局及确定不同的政策分区。不同类型的城镇群发展模式和特点的差异包括：地区经济社会发展差异，表现在人口、就业聚集上，经济规模、经济发展水平、土地—空间资源存量等方面；城镇—产业聚集方式上的差异，明显存在不同的城镇型地区和产业聚集地区；城镇发育程度差异，一些地区发展比较成熟，一些地区尚在成长中，另一些地区现状处于偏僻区位，但将成为重要的新兴发展地区（李晓江，2008）（表3-5）。

城市群的类型与特征　　　　　　　　　　　　　　　　表3-5

类型	特点
类型一：珠三角	多个大城市平行发展；开放的系统和国家门户地位；外源经济带动，出口加工业发展；本地城市与产业地区的成长、成熟；城市体系与空间结构发生质的变化；本地产业体系的发展、升级与光谱化（重型、高科技、服务业）；区域辐射、带动作用的拓展与提升
类型二：长三角	中心城市的强烈作用：产业与技术的扩散；重商传统和工商业基础； 本地企业（乡镇企业、民营企业）的发展基础；城市体系与空间结构相对稳定；省、市间发展模式与政府作用的差距；区域内巨大的经济水平差异； 世界城市与世界级城市群的渴望
类型三：京津冀	若干个大城市相对对立发展；中心城市的政治作用远远大于经济作用，国家意义超出区域意义；区域空间呈现强烈的单中心聚集，地区小城镇尚不发达；缺乏重商、重工的传统；没有出现广泛的农村城市化、产业化现象； 中心城市快速发展与区域经济滞后、劳动力外流的巨大反差；区域差距、城市间差距大于本地域城乡差距；中间性的区位，但腹地交通条件落后； 不缺乏市场机制，但缺乏必要的政府资源投入与引导
类型四：以省会城市为核心的城市群（长株潭、北部湾、海峡西岸、武汉都市圈、中原城市群、关中城市群、辽中城市群）	省会政府的鼓励与支持，省会城市的行政、经济作用；省际竞争的动机； 存在协调的需要和一体化的可能
类型五：中小城市、城镇密集发展地区（厦门—泉州、台州—温州）	多个中小城市平行发展；自下而上的自发工业化模式；以民营经济为主导； 内资/外资共同推动；外延扩张强于内部整合；中心城市用地增长慢于乡镇用地增长；城市型空间和产业型空间同步发展；分散型、粗放型、资源消耗型

资料来源：李晓江.城镇密集地区与城镇群规划——实践与认知 [J].城市规划学刊，2008，1.

第3节 城市功能与结构的演化

1 产业结构的调整与城市功能的提升

1.1 经济增长与产业结构的调整

中国的城市经济发展处在一个持续的增长周期，产业结构的调整表现为第一产业比重持续下降，第二产业持续增长并保持着相对高位，第三产业逐步进入快速增长时期（图3-14）。

从全国经济增长速度和产业结构变化来看，1978~1990年为第一个时期，农业比重缓慢下降，服务业发展迅速，而工业比重增长相对缓慢。1991年以后，工业快速发展在这一时期占据了主导地位。服务业比重相对平稳，始终在40%左右，服务业的发展滞后于制造业经济快速发展的速度。2011年全国国内生产总值47.2万亿元，三次产业结构为10.1∶46.8∶43.1。

从城市经济的增长特点来看，制造业增长不仅成为支撑城市经济的主要力量，也成为推动城市化的主要动力。在早期加工工业快速发展的基础上，高新技术产业比重逐渐上升，先进制造业成为发展的焦点。这些产业主要集聚在各级城市的高新区、经开区，其中，珠三角、长三角、京津冀三大区域集中了电子信息产业、软件、交通运输装备、家电等主要生产基地。中西部则以军工产业、光电子产业为主。东北地区重点发展机械加工业和汽车加工业。随着产业转移更为重视技术进步与产品开发，在信息、生物、航空航天等领域正努力实现关键技术和重要产品研制的新突破。

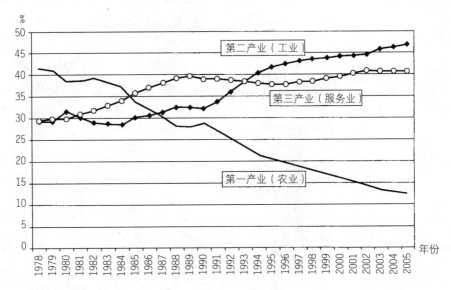

图3-14　1978-2005年全国国内生产总值的构成（按2004年不变价格）

资料来源：巴里·诺顿著，安佳译. 中国经济：转型与增长 [M]. 上海：上海人民出版社，2010.

城市第三产业总体规模增长，内容也趋于多样化，第三产业内部构成不断丰富，生产性服务业发展迅速。一方面，第三产业中传统行业发展迅速，逐步适应了快速城市化的需求。另一方面，许多新兴的服务行业迅速兴起，尤其是由金融保险、房地产业、信息咨询服务、计算机应用服务业、科研与综合技术服务业构成的生产性服务业，使大城市第三产业的内涵更加丰富，出现多元化的格局。

从产业结构演进过程和经济增长的动力来看，制造业是对经济增长贡献最大的部门，土地、固定资产投资和劳动力等生产要素的高投入是支撑经济增长的重要基础，特别是高投资率始终是带来经济快速持续增长的重要原因。

1.2 中心城市功能的演化

城市在国民经济发展中的地位不断提高，中心城市作用日益凸显，城市功能在产业结构调整中逐步优化和升级（图3-15）。

改革开放之初，城市一直受到以发展工业生产为主的建设思想的影响，城市功能具有单一性、生产型的特点，大城市尤为明显。以上海为例，1978年上海第二产业比重高达77.4%，与1952年相比第二产业比重提高了25个百分点，而第三产业比重由1952年的52.4%下降至18.6%，成为全国最大的综合性工业基地。1978年以后上海开始了艰难的产业结构调整和功能转型过程，大致经历了以下三个阶段。

1980年代以后，长三角地区民营经济和集体经济的快速崛起，周边地区的工业基础与上海的差距逐步缩小。以国有经济为主的经济体制，市场化的步伐明显落后，传统产业优势开始削弱，由于竞争的原因，上海逐步失去了纺织业、家电等传统加工制造业的统治地位。1985年，国务院正式批复的《关于上海经济发展战略的汇报提纲》中指出：上海不仅是我国最重要的工业基地之

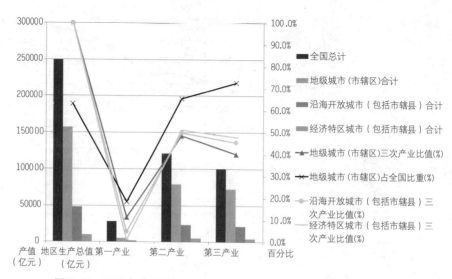

图3-15　2007年中国地级城市、沿海开放城市、经济特区城市产业构成

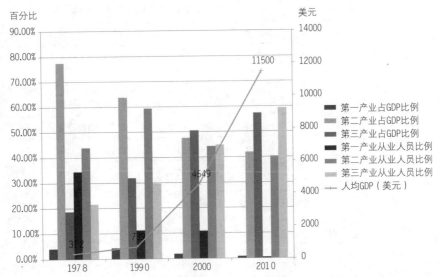

图 3-16　上海经济结构及从业人员人数变化（1978~2010 年）
资料来源：上海市统计年鉴 2011.

一，也是全国最大的港口、贸易中心、科技中心和重要的金融中心、信息中心。这一时期上海经济增长速度明显落后于周边地区，尽管在服务周边地区方面发挥了一定的作用，但产业结构的调整处在被动适应的状态（图 3-16）。

　　进入 1990 年代，随着浦东开发开放的提出，改革开放的深入和区域经济的积累使上海获得了历史性的发展机遇，产业发展困境在体制变革与增长转型中逐渐开始得到化解，城市经济发展进入了一个新的历史时期。主动的战略性调整是这一时期产业结构转型的重要特征。上海确立了"一个龙头，三个中心"的战略定位，即"以浦东开发开放为龙头，进一步开放长江沿岸城市，尽快把上海建设成国际经济、金融、贸易中心城市之一，带动长江三角洲和整个长江流域地区经济的新飞跃"。上海提出优先发展第三产业，积极调整第二产业，将原来上海经济发展结构从"二、三、一"调整为"三、二、一"，实现产业结构的战略性调整。

　　进入 2000 年以后，上海进入升级调整阶段。特别是中国加入 WTO 以来，上海作为门户城市，在吸引外国直接投资和外贸出口领域发挥着越来越重要的作用，成为国家与区域经济参与国际分工中的关键角色。形成全方位和多层次的对外开放的产业体系，产业结构升级步伐加快，一方面巩固了先进制造业的实力，如汽车、造船、电子产品等高附加值制造业比重提高，高新技术制造业迅速发展，如芯片和半导体等。另一方面加快了制造业与服务业的联动发展，第三产业中信息化和专业化的知识密集型生产性服务业得到大幅提升。上海作为中国最大的经济中心城市，逐步成为全球市场网络的重要枢纽，开始承担配置国际性生产要素和资源的市场功能（表 3-6）。

改革开放以来上海发展的主线 表 3-6

时期	主线	背景与原因
六五	把全部经济工作转到以提高经济效益为中心的轨道上来	改革开放刚刚起步，各经济领域百废待兴，经济效益亟待提高 国家"六五"计划提出"把全部经济工作转到以提高经济效益为中心的轨道上来"
七五	改造振兴	1984 年《关于上海经济发展战略的汇报提纲》
八五	以提高经济效益为中心，积极调整经济结构；"三、二、一"的产业调整主线	浦东的开发开放 "七五"期间提出的三产在 GDP 中的比重达到 40% 的目标没有实现
九五	两个转变（经济体制从传统的计划经济体制向社会主义市场经济体制转变，增长方式从粗放型向集约型转变）	国家"九五"计划提出了"两个转变" 上海面临改革开放深入与传统体制遗留之间的矛盾
十五	增强城市的综合竞争力	中国加入 WTO 在即，竞争国际化步伐加快，亚洲金融危机后的经济周期性下滑阶段，通货紧缩和有效需求不足 "西部大开发"开始，包括上海在内的沿海地区政策优势减弱 上海以金融为主的第三产业动力不足，工业发展后劲或缺
十一五	增强城市国际竞争力	对"十五"时期"城市综合竞争力"提法的承接

资料来源：创新驱动、转型发展：2010/2011 上海发展报告 [R].

上海已明确了推进加快发展现代服务业和先进制造业，加快建设国际金融中心、国际航运中心和现代国际大都市的目标战略。但产业结构调整的任务远未结束，与一些世界级城市存在的差距还十分明显。从产业结构上看，制造业部门比例有所下降，但规模仍然很大。服务业部门迅速增长，但比重不足 60%。2009 年纽约、伦敦、香港等城市的第三产业比重均已超过 80%，北京也已达到 75.9%，上海的产业结构仍呈现工业化后期或后工业化初期的结构特征。

深圳设立特区后产业结构与城市功能发生了巨大的变化。从早期的以加工业为主逐步进入以高新技术和现代服务业为主的现代化大都市。深圳高新技术产业中，通信设备、计算机及其他电子设备制造业增加值占规模以上工业增加值的 45.6%。同时，软件、生物医学、新材料、新能源等新兴产业也呈现高速增长势头。劳动密集型产业的比重已经降至 15% 左右，而技术密集型产业的比重达到 60% 以上。

在深圳特区成立 30 周年之际，国家批准深圳特区范围从 327.5km² 扩大至 1991km²。扩容以后，龙岗区、坪山新区和光明新区将成为深圳高科技发展的重点地区，连同金融、物流和文化产业这四大支柱产业将是原特区外发展的重点。特区扩容和空间的一体化为深圳的新一轮发展拓展了空间，也为深圳实现二次腾飞创造了有利条件。

1.3 产业分布的变化及对城市空间结构的影响

（1）制造业区位的变化

计划经济时期工业企业的选址完全不受市场因素的影响。工业占据了城市用地极高的比重，在有利生产、方便生活的指导思想下，城市的生活功能往往围绕着企业布局。

市场机制下土地使用成本的杠杆作用逐步显现，使得依赖土地要素的工业企业纷纷迁离老城区，大城市产业结构的调整都经历了"退二进三"的过程，向外疏散工业。同时，政府大力推进外围产业园区建设，吸纳了新的工业项目和从老城区搬迁出来的工业企业，在郊区形成新的集聚。中心城区有选择地保留部分对环境影响比较小的工业企业，并扶持都市型工业的发展。工业的空间分布呈现出中心—外围梯度布局关系，由城市中心到外围，从中心城区的都市型工业，到高新技术制造业，再到不同类型的工业园区依次分布，呈现出一定的圈层分布的规律。

上海制造业布局的变化表现为两个方面的特点。一方面是中心城区"退二进三"，另一方面是建设郊区工业园区。在1980年代初，上海大量工业企业在中心城区的集聚，单一的城市生产功能导致了工业与居住功能混杂，阻碍并迟滞了城市第三产业的发展。这个时期上海开始综合治理市区内污染企业，重点发展杭州湾北岸和长江口两翼，并加强郊区工业区建设，包括宝山钢铁、金山石化项目及安亭汽车城、闵行机电工业区、吴泾化学工业区、漕河泾微电子工业区等。

1990年代以后，上海产业布局战略性调整加快。工业布局明显地呈现出工业从中心城区向郊区、郊县转移的趋势，实现了从 $100km^2$ 向 $600km^2$，进而向 $6000km^2$ 甚至更广阔空间的跨越。"市区体现繁荣繁华、郊区体现实力水平"的经济发展格局基本形成。

（2）服务业区位变化

城市内部服务业布局在空间上出现聚集或扩散的趋势，不同的服务业在空间上呈现出不同的空间区位变化特点。

传统消费型服务业向服务区位集聚。城市生活性功能的增强推动了消费型服务业的增长。在城市内部，随着城市更新进程的加快和工业企业的外迁，为满足居民需求的生活性服务业发展提供了空间。同时，随着城市功能和空间的外拓，城市的边缘和外围成为消费型服务业增长最快的区域。传统消费型服务业的集聚形态也呈现多样化的趋势，既有商业街形式，也出现了一些大型商业街区或商业综合体。随着城市的扩张而逐步促进了集中服务城市生活性功能的次中心区域的形成。

现代服务业向中心区位和专业化区位集聚。大城市金融、保险、中介服务业等生产性服务业的发展强化了城市中心区的商务功能，主要表现为CBD的功能强化与城市多中心格局的出现。广东省区域中心城市广州、深圳等城市的中央商务区越来越成为现代服务业，尤其是金融、保险、会计、法律、信息咨询、订场研究、中介代理、广告等行业的首选之地，生产性服务业在 CBD 内聚集程度更加明显。专业化的现代服务业集聚区逐步出现，许多城市充分利用历史文化资源和工业建筑，孕育新兴的现代服务业集聚区。

服务业区位的变化加速促进中国现代城市中心区的发展，一方面，在中心区功能内容上，大量现代城市经济功能要素，如金融、贸易、信息、流通、商务管理等功能不断出现；另一方面，也使城市结构和功能正经历着一场重大的变革。

传统商业中心的发展与现代城市中心区的形成促使区域中心城市的中心区分化并朝着多中心方向发展。如广州出现传统的商业中心区（北京路）与新兴的现代商务中心区（天河北 CBD）并存的现象，出现主中心和次中心或"双中心"的城市结构。深圳则出现了传统商业中心和现代商务中心（福田区、罗湖区 CBD、前海深港现代服务业合作区）共同发展的局面。

（3）经济空间成长对城市结构的影响

产业布局的不断变化与调整，不仅促进了城市经济空间的成长，也成为影响城市空间增长模式和结构变化的主要因素。

第一，城市经济发展体现了以制造业为主导的增长特点，制造业区位的变化对城市空间结构的影响十分突出，也是城市空间扩张的主导性因素。一方面是存量工业的调整促进了城市内部功能的提升和空间优化。企业外迁或者关停，腾出了市区宝贵的用地，进行功能置换和二次开发，并逐渐由商业、居住等功能所取代，为提升城市空间质量、产业升级提供了保障。另一方面是增量工业的发展促进了城市的外拓，包括外围的各级开发区，成为引起城市空间增长的重要原因，也是影响地区空间结构的重要内容。

第二，产业空间的不断成长与分布发生变化，促使各类新产业区逐渐发展成为城市新经济的空间载体。包括各类专业化产业区的发展，如区域性专业市场、高新技术园、保税区、物流园、临港产业区、金融区等，对城市经济及中心城市能力的贡献越来越重要。

各类高新产业开发区的建立加快了城市功能和地域结构的变化。促使工业升级换代，对现代化信息密集服务业产生极大需求，促进现代服务业集聚区形成和发展，成为新的经济增长点。

开发区与城市的相互关系及对城市、区域的影响带动作用越来越明显，一些城市的开发已经远远超出了工业区的概念，开始具备综合性的功能。

第三，产业空间成长态势将对城市空间结构发展产生重大影响，产业空间发展不断生成新的空间扩散和集聚现象，促进空间增长方式的变化和结构重组。其中，作为新型市场经济活动中心和城市现代化水平综合标志的现代城市中心区，其布局结构的发展演变及趋势，已成为中国现代城市空间结构发展深入关注的又一个重要问题，将对整个城市空间结构的演变产生复杂的影响。

2　人口增长与城市社会空间的变迁

2.1　人口规模增长与人口结构的变化

人口因素是城市空间结构演变中最活跃的因素之一，城市人口的大规模增长是改革开放以来城市发展的首要特征，人口结构也发生了显著变化。从1980年代以来全国4次人口普查数据分析来看（表3-7），总体上呈现以下几个方面明显的变化特点：

1980年代以来4次全国人口普查主要数据　　　　　　　　表3-7

年份	总人口（亿人）	城镇人口比例（%）	性别比男：女	平均（人）家庭人口数	1-14岁占比例	总人口年均增长（%）
1982	10.31	20.6	106.3	—	—	2.1
1990	11.60	26.23	106.6	3.96	27.69	1.48
2000	12.95	36.09	106.74	3.44	22.89	1.07
2010	13.39	49.68	105.20	3.10	16.60	0.57

资料来源：历次人口普查数据.

一是城市人口保持高增长，由1982年的2.12亿人增加到2010年的6.65亿人。2000年到2010年的10年间，城市人口增加了1.98亿人，1980年代和1990年代分别增长了0.92亿人和1.63亿人。而全国人口总量的增长速度明显放缓，30年间人口规模总量增加了3亿人，虽然最近10年，从2000年的12.95亿人增至2010年的13.39亿人，只有1980年代和1990年代人口增量规模的1/2左右。

二是人口结构变化的特征显著并呈加快态势，反映在老龄人口比重明显增加、家庭规模不断缩小等方面。2010年中国60岁以上人口为1.77亿人，占总人口的13.3%，较2000年增加了4000万人；而0~14岁人口比为16.6%，而这一数据在1990年为27.69%，2000年为22.89%。

从2010年六普人口调查数据来看，中国大城市或特大城市人口结构的变化呈现共性特征：人口构成日益多元化和国际化，旅游人口、商务人口、通勤人口不断增加；北京、上海等大城市的人口老龄化现象呈现双重性，即本地人口老龄化趋势明显，而外来人口具有年轻化的特征；家庭户规模继续缩小，人户分离是近10年中国大城市人口变化的突出特点；人口文化素质进一步提高，高学历人口快速增长。

三是流动人口快速增长，成为中国城市规模变动的主要因素。人口迁移逐步呈现流动数量大、频率高的趋势，人口流动对人口地区间分布和城乡分布产生重要影响。中国的流动人口在过去10年间增长了一倍，2000年还不足 1 亿人，到 2010 年已达 2.3 亿人。2010 年人口迁移流动对城镇人口增长的贡献率达到 65.36%，是人口城市化发展最主要的驱动因素。

2.2 人口空间分布的变动

城市人口的地域空间分布变动对城市形态的变化产生深远影响。大都市地区人口增长和密度分布表现出圈层分布趋势。中心区人口密度高，由内向外呈缓慢下降趋势，不同的地域层次人口增长差异很大。

近郊区是 1990 年代以来中国大城市的城市化、工业化进程最快的地区，大量新增人口也主要集中于这一区域。1990 年代以来中国大城市普遍施行的产业结构调整，使得生产型企业逐步向工业园区、高新技术产业区集中，大量外来新增就业人口向市郊城乡结合部流动。随着城市基础设施建设的延伸和郊区新城建设的不断加快，城市布局进一步优化和产业结构调整深化等一系列因素对人口分布的导向作用明显，城市人口也经历了从中心区域向郊区扩散的再分布过程，郊区成为大城市人口增长的主要区域。城市人口近域扩散中，人口空间的不均衡增长，在局部尺度形成人口分布"簇团状"的空间特征，环状分布于中心区近邻的地域。

上海不同时期城市核心区的扩展和人口密度分布的变化情况，似沙丘运动的形态，并且空间扩张和密度变化的速度在加快。全市密度增加，中心区密度缓慢下降，外围密度显著上升（图 3-17、图 3-18）。

在上海市第六次全国人口普查的主要数据中，显示中心城区人口进一步减少和近郊区域人口增加趋势。在上海市 18 个区（县）的常住人口中，黄浦、卢湾、长宁、静安和虹口 5 个区人口均比"五普"减少，其中下降幅度最大的

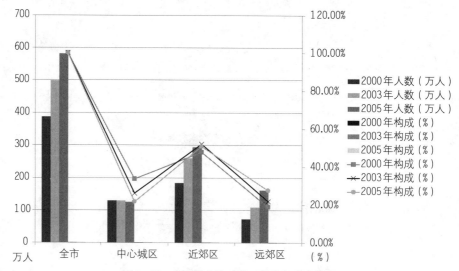

图 3-17 上海外来流动人口的空间分布情况

资料来源：上海市公安局和上海市统计局 2000 年进行的第一次上海市流动人口普查和 2003 年上海市流动人口抽样调查，2005 年的数据来自上海市公安局和统计局提供的年度数据。引自：左学金. 走向国际大都市 [M]. 上海：上海人民出版社，2008.

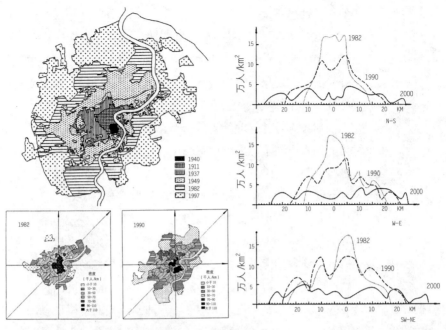

图 3-18 上海地区人口密度在不同方向上的扩散现象

是黄浦区,降幅为 25.18%;其次是卢湾区和静安区,分别减少 8.01 万人和 5.85 万人,降幅分别为 24.36% 和 19.17%。此外,虹口区、长宁的常住人口也有不同程度的下降。中心城区减少的人口以及新流入的外来人口进一步扩散到郊区,上海市常住人口总量增幅超过 50% 的区(县)有 7 个,从高到低依次为松江区、闵行区、嘉定区、青浦区、奉贤区、宝山区和浦东新区(包括原南汇区),增幅分别为 146.80%、99.57%、95.36%、81.42%、73.55%、55.12% 和 33.63%。从绝对量来看,人口总量增加的前 5 名是闵行区、浦东新区(包括原南汇区)、松江区、嘉定区和宝山区,人口增量均超过或接近超过 70 万人。而嘉定、青浦、松江、金山和奉贤人口密度全部上升。各区、县间人口密度高低落差有所缩小,"峰"、"谷"差距从"五普"的 74.2 倍缩小到 61.1 倍。

2.3 居住空间的演替与社会空间分异

计划经济时期,单位制构成了社会空间组织的基本模式。工作单位如政府机构、国有企业和大学成为城市空间布局的基本单元,每个单位可以相对独立,以围墙为界,内部分为工作区和生活区。许多单位都具有完善的综合性,包含学校、商店、交通系统、医院和其他设施。一些大型企业甚至拥有上万员工,扮演着城中城的角色。

在这种模式下,社会分层的水平很低,城市社会空间趋于同质化。福利分房的制度使个人依附于单位,城市中建设了大量 5～6 层的标准化单位住宅,住房分配的标准依据家庭规模、就业单位与行政级别的不同,收入、受教育程度等都没有成为影响城市社会空间秩序的独立变量,甚至城市景观、城市密度的差异性也不大。

这种状况一直持续到 1990 年代，随着住宅供应社会化、商品化，改变了计划经济时期单位制的住宅供应模式和分布形式。逐步出现了居住人口与住宅分异的空间现象，随之城市住区社会经济空间结构发生变化。以居住人口分异特征为对象的城市社会空间研究越来越受到关注。

居民选择住房的行为基于个体和市场因素，单位制模式下工作、生活一体化的关系出现了分离，原有城市社会空间相对同质的现象被打破，空间上不断进行调整和重组，不同阶层依据收入、职业、文化背景的差异形成的居住空间分异现象开始显现，加速各类社区的形成与发展。

从上海城市社会空间重组的进程来看，居住空间呈现明显的圈层外移和分异的特点，并带来功能性空间的不断调整。中心区居住建筑比重明显下降，中心区的商务功能不断强化，外围圈层地区居住功能不断增强，大规模的郊区房地产开发和大型社区建设，加快了居住重心向郊区的转移。商业建筑的分布随着人口分布的变化而趋于均衡，形成新的商业集聚现象，传统商业中心的地位相对弱化，逐渐形成和强化了各具特色的商业中心体系，商业布局的调整和商务功能的增强逐步促进了城市中心体系向多核心、多层级及网络化发展的趋势。

不同居住圈层都呈现城市社会空间的异质性的特点。在中心区传统街区里仍然集聚着大量的弱势群体，同时大量新建的高档住宅吸引了众多的高收入阶层，传统与现代、高收入群体与底层群体并存正成为中心区大规模旧城改造后的典型映像。历史上上海就有"上只角"、"下只角"之分，如徐汇区、卢湾区等法租界一直是上海高社会地位群体集聚的地区，杨浦区、闸北区则是传统的"下只角"地区，虽然历史遗传效应仍然存在，但随着新的房地产开发，又出现了一些新的"上只角"地区，如陆家嘴商圈、世纪公园周边、虹桥及古北新区等。在外围圈层，也同样存在社会空间分异的现象，城市边缘是外来人口主要的集聚区域，也是中低收入阶层外迁的主要地区，同时郊区高档社区大量建设，高收入群体的规模也在不断扩大。

城市社会由不同种族、民族，不同阶层、职业，不同文化背景的人群所构成。社会属性相近的人群以不同的原因聚集在一起，从而产生空间分异现象。中国城市社会空间重组和分异现象会随着城市的不断变化而进一步改变，其中隐含的城市社会空间特征和矛盾也会不断演化，诸如城中村现象、大型社区建设、人户分离现象、外来人口集聚、公共服务设施配置等内容将在城市研究中越来越受到关注。

3 城市扩张与空间结构的变异

3.1 城市空间快速膨胀与规模的扩张

（1）大规模外延式扩张

激增的城镇人口和经济规模直接导致了城镇空间快速扩张与城乡建设用地

的快速增加。1981~2006年间，我国城镇建成区年均增长6.22%，而同时期，城镇人口年均增长3.41%，城镇建设用地的增长速度除个别年份外，总体上快于城市人口增长速度，2000年以来尤为明显。2001~2008年，全国城市建成区面积和建设用地面积分别年均增长6.2%和7.4%，而城镇人口年均增长仅有3.55%，土地的扩张速度约为人口增长速度的一倍。"十一五"期间，尽管城镇人口增速有所放慢，但城市建设用地规模仍保持7.23%的平均增速，远高于城镇人口年均2.53%的增速。就城市平均规模扩张来讲，1996~2008年，全国平均每个城市建成区面积由30.4km^{2}扩大到55.4km^2，平均每个城市建设用地面积由28.5km^{2}扩大到59.8km^2，分别增长了82.2%和109.8%。从某种程度上讲，近年来中国城市经济的高速增长主要是依靠土地的扩张来支撑的（图3-19）。

近十年间许多大城市用地规模扩张普遍在一倍以上。如在1999~2008年深圳、广州、南京和重庆的城市建成区面积分别增长4.96倍、2.15倍、2.05倍和1.92倍。南京、广州、重庆、北京的城市建设用地分别增长2.8倍、2.15倍、1.86倍和1.69倍。

（2）大规模的城市再开发与城市功能调整

快速城市化也拉开了城市大规模改造的序幕，并带来建成环境的快速变化。以上海为例，通过工业外迁、旧城改造与产业结构、工业调整相结合，中心城市功能得到极大增强。大规模的城市再开发既是城市空间重塑的过程也是城市功能再造、环境提升的过程（表3-8）。1978~1990年间，上海公共绿地总面积从761hm^{2}增长到983hm^2。2000年前后，最大的两项工程是苏州河治理和建设城市环线绿带。并逐步改变"见缝插绿"的绿地建设模式，开始推进"环、楔、廊、圆"的绿地建设思路。在加快苏州河综合整治的同时，拉开了黄浦江两岸综合开发的序幕，围绕2010年上海世博园区建设，完成了外滩综合整治、北外滩综合开发、徐汇滨江公园等一系列标志性项目。

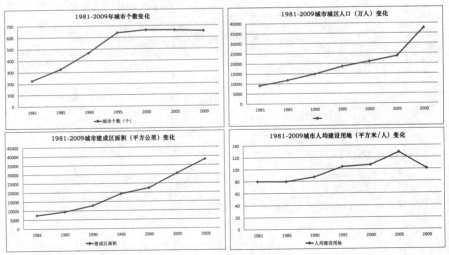

图3-19　我国1981-2009年城市建成区规模变化情况

资料来源：根据中国城市建设统计年鉴（2009年）整理.

上海市中心城1982年、1993年现状及2020年规划用地结构比较　　表3-8

用地类型	1982 年（现状）			1993 年（现状）			2020 年（规划）		
	面积（km²）	比例（%）	人均用地（m²/人）	面积（km²）	比例（%）	人均用地（m²/人）	面积（km²）	比例（%）	人均用地（m²/人）
居住用地	48.4	32.5	8.0	135.1	27.8	16.1	240.94	34.8	30.1
公共设施用地	12.7	8.5	2.1	29.9	6.1	3.5	64.61	9.3	8.1
工业用地	30.5	20.5	5.1	137.6	28.3	16.4	76.56	11.1	9.6
仓储用地	5.8	3.9	1.0	21.5	4.4	2.5	20.07	2.9	2.5
对外交通用地	3.7	2.5	0.6	46.1	9.5	5.5	30.29	4.4	3.8
道路广场用地	13.7	9.2	2.2	35.0	7.2	4.2	90.87	13.1	11.4
市政设施用地	4.2	2.8	0.7	6.4	1.3	0.8	24.01	3.5	3.0
绿地	2.7	1.8	0.5	9.2	1.9	1.1	142.23	20.6	17.7
特殊用地	1.9	1.2	0.3	17.6	3.6	2.1	2.32	0.3	0.3
其他用地	19.5	13.1	3.3	47.9	9.9	5.9			
总用地	149	100.0	24.7	486.0	100	57.9	691.90	100	86.5

资料来源：上海市城市总体规划（1999—2020）[Z].

　　城市快速扩张和再开发的过程也是城市功能成长和调整的过程，并带来了城市用地结构的变迁。以苏州市为例，按照苏州2005年版总体规划的用地统计，至2005年底，苏州中心城区建成区面积已经普遍超过1996版总规为2010年确定指标的60%，其中工业用地突破127%（表3-9）。

苏州市1996版总规及2005年建设用地比较　　表3-9

	1996 版规划	2005 年	超出百分比（%）
城市建设用地（km²）	186.6	299.6	60.56
人均建设用地（m²）	100	128.6	28.6
居住用地（km²）	56.5	69.9	23.72
人均居住用地（m²）	30.5	29.5	-1.64
公共设施用地（km²）	17.2	26.3	52.73
人均公共设施用地（m²）	9.2	11.3	22.83
工业用地（km²）	48.1	109	126.61
人均工业用地（m²）	25.8	46.8	81.4
绿地（km²）	22	38.8	76.36
人均绿地（m²）	11.8	16.7	41.53

资料来源：苏州市总体规划（2006—2020）[Z].

3.2 城市空间扩张的不同形态

中国城市存在着历史的差异、自然区位的差异及发展阶段的不同，因而虽然总体上各级城市基本都处于空间的急剧扩张时期，但仍然表现出各自独特的方式。考察这些城市用地形态的变化，城市外延扩张一般可以分为圈层扩散、轴向生长、跳跃发展等形式。

（1）圈层扩散

圈层扩散是一种渐进、均质扩张的状态，是一种城市处于相对自发状态下以空间分散化扩张为主形成的结果，没有明确的主导方向。城市的向外扩展过程以同心圆向外扩展，有明显的"年轮"现象，也被称为摊大饼式。圈层扩散是一种低成本的发展模式，由于城市具有较强的聚合性，在缺乏控制和外部拉动的情况下，往往成为主要的扩张形式，因而可以在各种不同类型城市、同一城市的不同发展时期找到这种扩张方式的痕迹。缺乏整体引导、单纯经济利益的结果，也会加剧城市摊大饼的倾向。城市由小到大，由内及外不断膨胀，容易造成城市结构的混乱，尤其是对于大城市和特大城市，最终危及城市的长远合理发展。

北京是一个典型的圈层扩散的城市，上海的发展方向在历史上经过多次的变动，也不同程度地存在圈层现象。

专栏 3-3 北京：走出同心圆模式

北京是一个典型的圈层扩散的城市。历史上的北京即形成了以紫禁城为核心的格局，长期以来始终难以摆脱单中心的城市结构与圈层扩张形态羁绊，古城保护与城市结构改造的矛盾十分突出，环形放射的路网形态加剧了均质扩散的趋势，随着人口激增和城市扩张需求，面临城市功能"疏解"、改善交通拥堵、促进产业转型升级等方面的要求。

2004 年《北京城市总体规划》，和 2006 年以来启动的"北京 2049"，都提出需要长期坚持 2004 年总体规划确定的城市发展战略定位，进一步完善首都职能，走向区域城市（图 3-20）。

上海的发展方向在历史上经过多次变动。1950 年代结合大规模的居住开发以北向扩张为主，进而顺应工业的开发形成"南北轴为主、东西向为辅"的局面。并希望通过卫星城的建设，使中心城区进入一个相对稳定的状态。1986年的规划曾经试图继续维系"控制中心城区，发展卫星城"方案，但 1990 年代浦东的开发改变了城市发展的整体格局，东西向的轴线作为城市空间扩张的重点被大大强化，也给浦西中心城区带来了强烈的开发需求，最终进入了新一轮高速圈层式扩张期。2001 年的总体规划方案进一步结合郊区结构的调整和区域联系方向，提出了"多轴、多核、多心"的都市圈布局方案，但事实中的

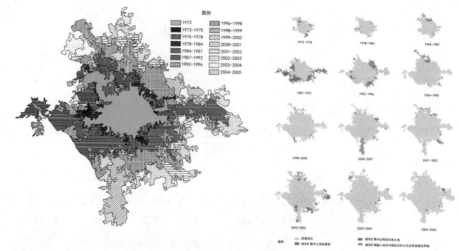

（a）北京城市空间的圈层扩散

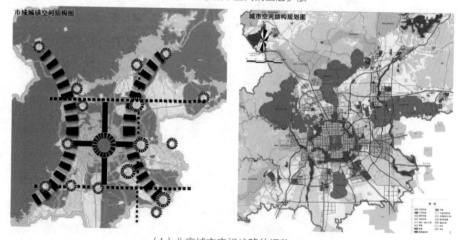

（b）北京城市空间战略的调整

图 3-20　北京城市形态和空间结构的发展

全方位空间拓展并未停止。上海在新一轮的发展中,提出把郊区发展作为重点,突出区域主导功能,加强分类指导,大力推进新城建设,形成发展导向明确、空间集约集聚的发展格局。

（2）轴向生长

轴向扩展指有明显的发展方向,利用交通干线两侧潜在的经济性促进城市沿交通线发展。中小城市依托对外交通向外生长具有普遍。对于大城市而言则是摆脱圈层发展和增强区域联系的重要手段。依托外部发展动力条件,利用土地的区位潜质,设置新兴产业布局,培育城市新的经济增长点等措施,促成轴向有机生成。

和圈层式相比,强化轴向发展更适应大城市的快速扩展。利用现代化的交通手段,通过大容量公共交通,如地铁、轻轨等交通工具来促进城市扩展,这种扩展方式能缓解由于规模扩大引起的人口和交通拥挤的矛盾,充分发挥交通设施的作用,提高城市建设效率。同时,利用交通走廊建设新区,保证城市定向、集中发展，避免城市蔓延式扩展，有利于城市形成开放的空间结构，通过加强对伸展轴之间农田、森林和绿地的保护，有效地改善城市生态环境，为市民就近提供绿色空间和游憩场所。有的城市结合自然条件和发展需求，如滨江临海地区的城市，出现沿江沿海轴向扩展，呈现带状或组团状的城市形态。

（3）新区开发

大规模推动新区开发是1990年代以来许多城市经历的发展过程。通过设立不同类型的开发区，如工业区、高新区、保税区等，进而将这些最初意义上以专业功能为主导的开发区逐步转化为综合性的新区。通过新区开发在满足城市扩张需求、提升城市功能、转移旧城改造的矛盾等方面，可以发挥积极的作用。

新区开发过程也是城市功能与结构不断完善和调整的过程。苏州早在1990年代即确立了以新区为主导的城市格局，在城市规模不断扩大和城市产业结构升级的压力下，苏州逐步明确了基于山水格局和区域背景下的战略格局调整和新区转型的思路。无锡也是一个以新区开发推动城市不断发展的典型案例，经历了从运河时代走向太湖时代的过程，塑造新型滨湖城市成为新一轮发展的战略重点。

新区开发是一个渐进、动态的过程，需谨慎研究开发的门槛和支撑条件，选择合理的开发策略，尤其是协调好与老城的联系、功能的确立以及开发的进程等关系到新区建设的成败，一味追求开发速度、建设形象，希望一蹴而就，往往造成功能单一、结构失衡，开发效果适得其反。在新区开发中不乏这样的教训，如鄂尔多斯新区开发。

专栏3-4 苏州——基于山水格局和区域背景下的战略格局调整和新区转型

苏州是水乡格局完整的著名历史文化名城，周边山水格局极富特色。吴良镛曾将苏州的空间格局概括为"四角山水"模式，即古城居中，周围拥有四大自然湖山绿地，东北角为阳澄湖，东南角为独墅湖，西北角为虎丘至三角嘴鱼塘，西南角为上方山、石湖。

苏州市的城市空间扩展及功能的完善一度受到古城的限制，表现出围绕古城的圈层式扩张。随着经济实力的提高，跳出老城建设新城的可能性日益成熟。1986年的总体规划确定了"古城新区、东城西市"的发展格局，1990年在城市西部建立苏州新区，"高新技术产业开发区、经济集聚区、现代化新城区三位一体"，成长极为迅速。1994年又在苏州老城区东侧规划建设中新合作苏州工业园。逐步形成古城居中、东园西区、一体两翼的格局。但古城居中的城市格局客观上强化了古城的城市中心职能，加上行政区划调整，吴县撤县设区，凸显了十字结构，增大了古城保护的压力。

新一轮总体规划中提出，"中核主城、东进沪西、北拓平相、南优松吴、西育太湖"的整体策略，突出苏州古城风貌的全面保护，重点承担旅游服

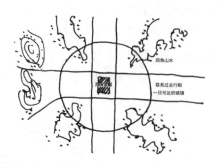

（a）吴良镛概括的苏州"四角山水"模式

务、文化博览及传统商贸集聚区等功能，形成代表城市核心竞争力的城市中心。尤其强调城市重心东移，将十字结构向T形结构转变，拓展南北城市发展轴，强化西部太湖周边自然山水资源的控制保护，推动东部新加坡工业园区功能调整，向综合性新区转变（图3-21）。

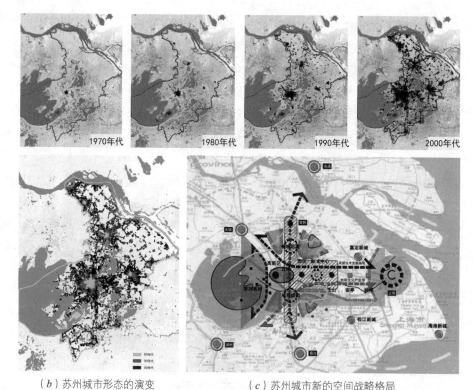

（b）苏州城市形态的演变　　　（c）苏州城市新的空间战略格局

图3-21　苏州城市形态和空间结构的发展

专栏3-5　无锡：从运河时代走向太湖时代——塑造新型滨湖城市

无锡市早期城市发展受到沪宁铁路和运河主干线的影响，围绕老城区形成东西向带状扩展形态，自1960~1970年代始，突破两者的限制，沿梁溪路和湖滨路形成向西南太湖的两条发展轴，沿至江阴和常熟的两条公路形成东北向的发展轴。至1980年代后期，原来的多轴指状或星形的发展形态在轴间填充蔓延，形成圈层式扩展，逐渐与周围已有一定基础的乡镇相接，并因成为十几条主要大交通的汇聚地，加速着这一趋势。

浦东开发拉开了长三角快速发展的序幕，但无锡一直受到行政区划的限制，原有城市形态一直沿沪宁沿线发展，2001年3月，锡山撤市建区，无锡市形成了以老城区为中心，以新区、太湖山水城为两翼的发展格局。从"运河时代"、"蠡湖时代"，逐步迈向了"太湖时代"，城市化进入全面发展的新阶段（图3-22）。

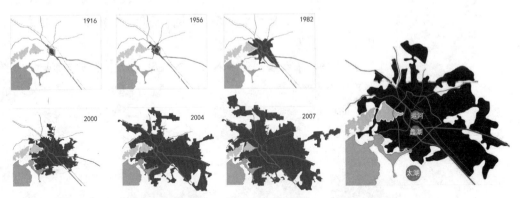

（a）无锡空间形态演变

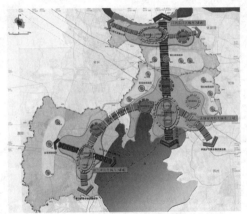

（b）无锡市市域空间发展格局

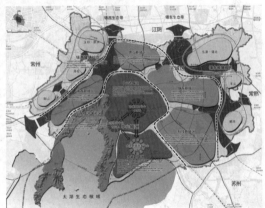

（c）无锡市城市空间发展格局

图3-22 无锡城市形态和空间结构的发展

（4）跳跃发展

跳跃发展也可以看做新区开发的一种类型，但在空间上一般采用飞地的形式。往往取决于优势区位开发条件的成熟，如机场、港口、重要交通枢纽周边、具有优势资源地区等。由于区位上与老城距离较远，这种发展形式面对的门槛也更高，需要发展需求、投资、基础设施及项目等多方面因素的支撑，因此在一般经济相对不发达、规模小的城市中较为少见。

宁波、青岛、厦门等城市都是出现跳跃式发展的城市案例。

专栏3-6 宁波：港口新区与老城的组合发展

宁波的北仑港是我国东南沿海最重要的深水良港之一，也是推动城市走向沿海发展的最主要动因。

宁波是华东地区重要的港口城市，也是最早开埠的城市。历史上的航运功能主要依赖内河水道，老城区集中在三江口一带，后因甬江淤积限制了水运功能的发展，而不得不另辟新港。1974 年在镇海开发了新岸线，之后沿海岸线继续向东扩展。1980 年代末依托北仑深水港域正式设立了北仑经济技术开发区，并通过高速公路将沿海新城区与老城区联系起来，开始带动老城向东发展。但由于当时外向型经济尚处于起步阶段，加上区域性集疏运条件限制，发展缓慢。

进入 2000 年以来，特别是加入 WTO 以后，对外贸易规模大幅增长，北仑港建设开始进入黄金发展时期，港口吞吐量大幅上升，进而真正实现了城市形态的历史性跨越，带动了新区、老城的整体发展，形成强化老城和沿海地区的"T"字形结构（图 3-23）。

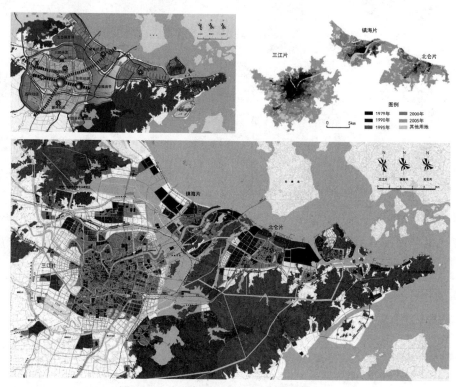

图 3-23 宁波城市形态和空间结构的发展

专栏 3-7 青岛——由单核单极走向拥湾多极发展

青岛城市空间发展经历了由单极单核向多极多核空间结构的演变。城市逐步跨越胶州湾，向黄岛和红岛拓展，形成"依托主城、拥湾发展、组团布局、轴向辐射"的一主三辅"Ω 形"空间形态。

青岛老城由于受到地理环境的限制，向外拓展的压力逐渐增大。青岛于1984 年开始开发建设黄岛经济技术开发区。黄岛虽然与青岛市区仅距 2.6 海里，且绝大部分处于老市区中心 10km 的半径范围内，但实际上由于胶州湾的阻隔，当时青岛老市区与黄岛新区的陆上距离约 120km。在交通条件的严重阻碍下，开发黄岛的决策实际上牵制了青岛的发展。1992年青岛市在城东设立了青岛高新区，渐进式发展，并结合高新区开发了一个新城区，将市政府迁入其中，取得了较好的经济和社会效益。

随着胶东湾海底隧道的建成，改善青岛与黄岛交通条件，推动逐步建立起"一湾两翼、三点布局、一线展开、组团发展"的滨海城市空间框架。黄岛以西腹地宽阔，将在承担国家提出的山东蓝色海洋经济区中发挥核心主导作用，为进一步扩大开放、开展国际合作，建设自由贸易区创造有利条件（图3-24）。

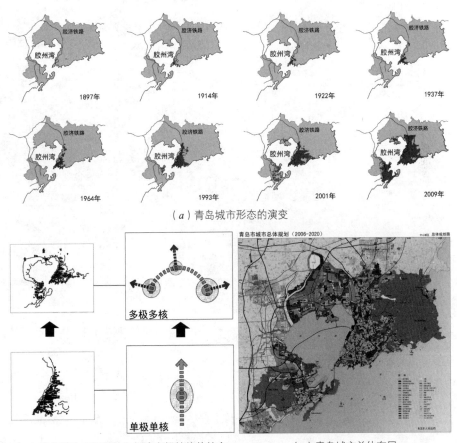

（a）青岛城市形态的演变

（b）青岛城市空间单核向拥湾多极结构的转变　　　　（c）青岛城市总体布局

图3-24　青岛城市形态和空间结构的发展

专栏3-8　厦门——从单一的海岛城市迈向海湾型组合城市

厦门历史上一直在岛内发展，早期的发展主要集中在南部，并在近代形成了富有特色的近代城市风貌。虽然1950年代以后大量的基础设施建设使厦门与内陆相连，空间意义上变为半岛，但作为当时的前线工业城市，发展十分缓慢。

1980年厦门设立经济特区，逐步开始进入快速发展时期。1990年代以后厦门市城市空间急剧扩展，岛内开发已经趋于饱和，建成区面积已达可建设面积的70%。开始向海湾城市转型。厦门城市总体规划中提出采用"环海组团式"

图 3-25　厦门市海湾型组合城市格局

的布局模式，各组团面海而立，构成具有鲜明特性的海湾城市形象（图 3-25）。

当前的中国城市正在经历空间快速扩张、旧城结构整体变异的趋势，面临新旧城市结构融合、再生，城市与区域功能开发的关联、转换的要求。但许多城市在单纯的近期经济利益驱动下，城市空间普遍存在着摊大饼倾向。总体上看，城市空间演化存在外延式拓展和内涵式改造两种空间扩展现象。城市生长形态呈现多样化的特点，也存在一些共同特征。城市空间走向区域化的现象日趋明显，既有圈层式扩张的压力，也表现出沿交通走廊扩张态势。城市边缘地区成为城市化最敏感的区域，外围新城、新区及重要功能区开发形成新的空间生长点。

第4节　动态和比较视角下的中国城市化进程

1　中国城市高速成长的动因

中国高速城市化进程经历了由计划经济向市场经济的逐步转轨，同时叠加全球化进程对工业化与城市化发展环境的影响。其成长的动因可以归纳为市场化改革、中央向地方的分权制度设计及对外开放影响不断深入等方面。

1.1 市场化改革的进程

（1）激发供求关系变化

市场化改革打破了计划经济模式下供给与需求的失衡关系。在高度集中的计划经济年代，经济发展计划是国家意志的最集中体现，计划决定了一切资源的配置重点、配置方向以及配置方式。这是一种以供给为导向的资源配置模式，特别是长期以"先生产、后生活"作为城市建设的指导方针，使城市在住宅开发、公共服务、基础设施等许多生活领域的建设严重滞后，城市空间承载城市发展能力极度有限和脆弱（表3-10）。

这一矛盾在大城市表现得尤其明显。以上海为例，在1982年中心城区人均用地仅为24.7m^2/人，人均居住面积为8m^2/人，道路广场用地仅为2.2m^2/人。这一矛盾一直持续到1990年代才有所缓解。解决城市高度拥挤、城市基础设施严重滞后的问题成为当时城市发展面对的主要矛盾。到1993年人均城市建设用地提高到57.9m^2/人，人均居住用地达到16.1m^2/人，人均道路广场面积达到4.2m^2/人。虽然均有较大提高，但仍远远低于国家标准。

城镇新建住房面积及人均居住面积变化情况　　　　　表3-10

年份	城镇新建住房面积（亿 m^2）	人均居住建筑面积（m^2/人）
1978	0.38	6.7
1998	4.76	18.7
2000	5.49	20.3
2005	6.61	26.1
2007	6.88	27.1

资料来源：中国统计年鉴，2007.

（2）加快城市空间市场化

市场化改革改善了资源配置，加快了城市空间的市场化，提高了空间配置效率。逐步消除了计划经济时期城乡要素资源流动性的限制，推动了土地使用功能的调整：在土地级差的作用下，城市用地出现重构和置换，原有土地使用功能得以优化；推动了工业化和城市化：劳动力等生产要素的流动增强，提高了资源配置的效率；供求关系趋于合理，促进了城市消费市场的扩张；市场化推动了产业的多元化集聚，促进了城市化经济，带来了城市规模的不断扩大。

土地的有偿使用和住房制度改革是对城市空间的功能、结构调整产生影响的最为重要的两项因素。

在土地的有偿使用方面，通过国有土地使用权与所有权相分离，建立起土地使用权市场，提供了土地使用权转为商业用途的通道。1987年开始，深圳、上海、天津、广州、厦门、福州进行土地有偿使用制度改革试点。1990年，国务院颁布《中华人民共和国城镇国有土地使用权出让和转让暂行条例》，城市土地使用制度改革，使地方政府拥有了空间开发的决策权，激发了土地开发热潮。

住房制度改革方面，通过住房产权私有化，为住房供应的市场化创造了条件，对我国的城市建设起到巨大的推进作用。由城市产业结构调整和市场经济及房地产业的发展所带动的城市土地置换，在使城市用地得到扩大发展的同时，带来城市用地结构变化和城市功能逐步升级。

（3）城市化的多元化与建设模式创新加快了城市建设进程

市场化改革带来城市化推动主体的多元化。多种所有制经济结构的共同发展，促使城市化动力机制从计划经济条件下国家投资的一元化转变为多元化、从"自上而下"转变为"自上而下"与"自下而上"的结合。

市场化改革加快了城市投融资体制和建设模式的创新。城市建设资金是决定城市建设速度和规模扩张能力的根本性因素。地方政府可以通过自身基础设施的投入与灵活的市场机制，利用土地资本与批租资金获得市场经济的乘数效应。我国城市基础设施的投资规模由 1978 年的 8 亿元增加到 2006 年的 5765 亿元。

以上海基础设施建设投资占 GDP 的比例来看，1984 年只有不足 2.5%，到 1994 年达到 12.08%，此后连续 7 年保持两位数，大大超过了联合国的标准。上海市从 1990 年代起政府不再直接投资企业项目。通过招商引资、发展民营经济来发展本地的竞争性行业，成了各地政府的共识（表 3-11）。

上海主要年份城市基础设施投资额（单位：亿元）　　　　表 3-11

年份	1950~1978		1979~1990		1990~2001		2002~2007	
	总额	比例(%)	总额	比例(%)	总额	比例(%)	总额	比例(%)
合计	60.08	100	210.85	100	3610.69	100	5338.3	100
电力建设	19.71	33	67.67	32	631.47	17	621.41	12
运输邮电	23.25	39	62.82	30	1165.86	32	2982.11	56
交通运输	19.41	32	46.54	22	599.32	17	2469.3	46
邮电通信	3.84	6	16.54	8	566.54	16	512.81	10
公用设施	17.12	28	80.36	38	1813.36	50	1734.8	32
公用事业	6.85	11	41.23	20	541.24	15	370.71	7
市政建设	10.27	17	39.13	19	1272.12	35	1364.08	26

注：本表各项投资额均不包括住宅建设投资。从 2003 年起，交通运输投资包括公用设施中公共交通投资。

资料来源：根据《上海统计年鉴 2008》，表 10.1 整理。引自左学金，走向国际大都市，2008.

1980 年代末，上海开始建设轨道交通，1993 年地铁 1 号线部分路段试运行，目前已经进入了网络化发展阶段，至 2012 年，上海市轨道交通将形成 13 条线路，共 300 多座车站投入使用，形成运营总长度超过 500km 的轨道交通基本网络。

1.2 分权制度设计的激励作用

制度经济学认为，经济活动是特定的社会和制度环境的产物，不能只根据个体的动机选择来解释，而必须置入更广的社会、经济、政治规则、程序和传统中去理解。中国的增长奇迹，从一般经济理论角度，具有"非常规"性质，因为从经济增长理论的若干条件，如自然资源禀赋、人力资本积累以及技术创新能力，中国与其他国家相比并无独特之处（张军，2008）。

周黎安、钱颖一（2008）结合国外学者研究，认为在中国提供这些激励的制度与西方意义上的标准范式很不相同，认为中国政府的强激励有两个基本原因，一是行政分权，二是以财政包干为内容的财政分权改革。这两方面的激励使得中国地方政府有很高的热情去维护市场，推动地方经济增长。

分权推动了地方政府在地区经济发展中的主导作用。通过"分权"改革的逐步深化，地方政府掌握了更大的发展自主权和大部分经济资源，改变了中央政府主导的模式。财政制度改革和投融资体制改革，使地方政府拥有了更大的主导地区发展的能力和促进地区发展的积极性（图 3-26、图 3-27）。

1.3 经济全球化因素的影响

城市经济是开放的经济。早在 200 多年前，亚当·斯密就指出：经济发展取决于分工，而分工程度受市场范围的限制。市场范围越大，分工程度越高，交换越发达，经济就越发展。1980 年代中国启动的对外开放，扩大了市场范围，可以更有效地利用国际市场、国际资本和发达国家积累的先进技术和管理制度，通过发挥自己的比较优势创造国民财富，从而有条件成为世界制造业大国，这是中国经济高速成长的重要基础（张维迎，2008）。

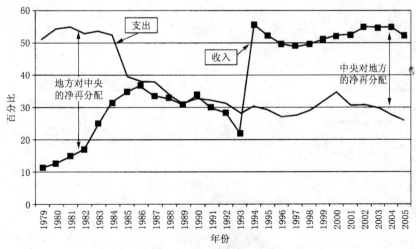

图 3-26 中央政府与地方预算收入和支出情况

资料来源：巴里·诺顿著，安佳译.中国经济：转型与增长 [M].上海：上海人民出版社，2010.

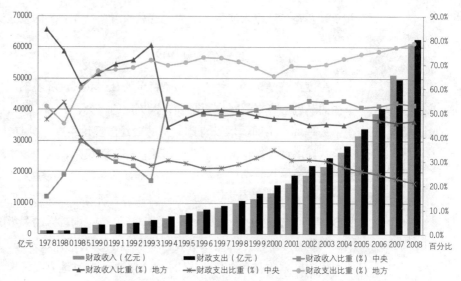

图 3-27　1978 年以来中央和地方财政收入、支出及比重
资料来源：历年城市统计年鉴.

　　中国城市在深刻地融入全球经济体系的过程中，全球化因素从经济发展动力和空间结构方面深刻改造了中国城市与区域经济地理的格局。

　　（1）对经济发展的影响

　　第一，利用国际资本、技术快速改造、更新了原有的工业体系。借助经济全球化的力量，尤其加快了沿海地区的工业化发展，出口导向型模式带来沿海开发区的大量发展（图 3-28～图 3-30）。

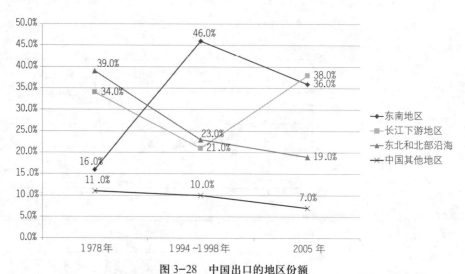

图 3-28　中国出口的地区份额
注：东南地区包括广东、福建和海南；长江下游地区包括上海、江苏和浙江；
东北和北部沿海包括辽宁、吉林、北京、天津、河北和山东。

资料来源：引自：巴里·诺顿著，安佳译. 中国经济：转型与增长 [M]. 上海：上海人民出版社，2010.

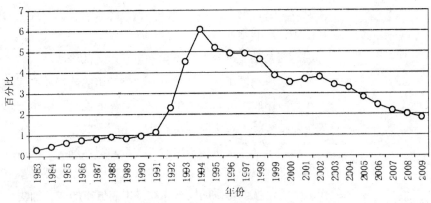

图3-29 外商直接投资占国内生产总值的份额

资料来源：引自：巴里·诺顿著，安佳译.中国经济：转型与增长 [M].上海：上海人民出版社，2010.

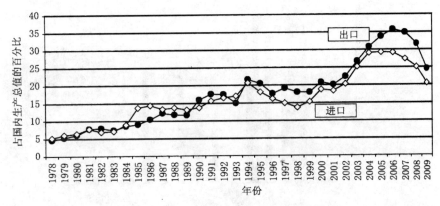

图3-30 出口和进口占国内生产总值份额

资料来源：引自：巴里·诺顿著，安佳译.中国经济：转型与增长 [M].上海：上海人民出版社，2010.

第二，利用全球市场为制造业快速发展创造了增长空间。外资的大规模投入，大量的产品通过国际贸易进入全球市场，制造业高速成长和城市经济对外依存度不断提高。2008年我国的外贸依存度超过65%，沿海省份普遍超过100%，全国平均25%的产能需要国际市场消化（王凯，2009）。

第三，利用世界市场提供的国际资源，弥补了国内资源的不足。

第四，发挥劳动力资源的比较优势。利用国际产业分工带来的机遇和劳动力资源廉价丰富的比较优势，迅速成长为"世界工厂"。同时，中国的改革开放进程在某种程度上也成为全球化的重要推动者。

（2）对城市化空间的影响

一方面，国际劳动分工体系呈现出以市场为导向、以跨国公司为核心的产业链环垂直分工的全新特点，城市开放性增强；另一方面，城市与所在区域的经济关系发生深刻变化，传统产业发展的资源禀赋等地理因素淡化，地方资源的需求与市场要素可以在全球尺度下流动、整合，而城市作为生产组织管理、信息交换中心等新兴功能的空间要素凸显，例如港口、航空港的空间联结。

全球供应链的展开给中国的长江三角洲和珠江三角洲地区带来了巨大的

产业投资机会，两个三角洲地区今天已经成为世界上最大的电子产业、汽车产业和纺织、服装产业集聚地。

国际贸易的发展也对城市化产生了巨大的影响，主要表现在两个方面：贸易便利的沿海地区迅速得到发展；影响城市的能级和产业结构，贸易流量大的城市在参与国际贸易的分工中获得了更高的能级，资本与知识要素向中心大城市集聚的趋势越来越明显（图3-31）。

在经济全球化的推动下沿海地区得到快速发展，港口城市地位得到极大提升。出口导向型模式带来开发区的大量发展。市场经济在空间发展格局中的组织作用增强，城镇体系的发育和经济中心城市的成长加快。

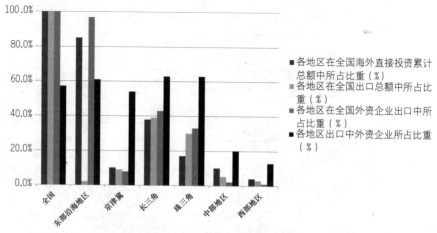

图3-31　各地区在全国出口总额中所占的比重（2007年）（单位：%）

资料来源：周牧之.金融危机下的中国大城市群发展策略 [J].城市与区域规划研究，2010.

2　比较视角下的中国城市化环境

2.1　城乡转型的独特性

（1）城市化环境与背景的独特性

在发达国家城市化过程中，技术进步和经济发展的阶段成为前提，城市发展依次经历了因技术进步带来的周期性的变迁，而空间上则受不同时期交通条件的影响而不断进化。这种变迁的过程不仅时间长，而且是一种线形的转型过程。

在相似的经济发展周期和城市形态演化的背景下，发达国家的区域与城市结构总体上也显示出一个相似的过程。首先，表现为大城市的集聚与扩散现象在地区发展中始终起着主导作用。其次，不同地域空间组织形态的差异及进化与交通基础设施的演化和大城市空间结构的差异密切相关。最后，共同的发展特点在具体的国家和地区表现了不同的空间特征，包括历史传统、不同的起步阶段、空间政策等因素，形成了各自发展形态的差异。

与发达国家所经历的城市化进程相比，类似的变化也在一些后发国家和发展中国家发生。但在最近 30~50 年来，城乡转型的宏观环境与当初早期发达国家的经历大不相同，不仅发展的节奏大大加快，更为重要的是处在经济全球化的特殊时期。这个时期的特点是"转型压缩"，即"时间—空间压缩"（T•G•麦吉，2011）。这是全球化时代带来的革命性变化。

中国工业化与城市化环境正是处在这种革命性的变革中，发展周期的大大压缩表现在发展集合了不同阶段的特征，叠合了工业化、后工业化、全球化的影响，与发达国家的差异，不仅表现在历史基础、发展历程与发展时间上的差异，更表现为更加复杂的背景，而在空间形态上将表现出更大的分散性和可塑性。

（2）城乡转型过程的独特性

T•G•麦吉（2011）从城乡转型的视角分析了东亚地区城乡转型的特点。他考察了亚洲城乡转型的特点，认为中国是一个特殊的城乡转型案例。这不仅因为中国正在进行市场化改革，更是因为其幅员辽阔、区域差异明显以及城乡转型过程中特有的复杂性。并认为虽然经济投资决策是转型过程中的重要一环，但制度变革才是城乡转型的主要驱动力。在改革开放后中国非常成功地实现了制度改进，形成了自身发展的优势，但也存在因城乡间投入失衡带来的矛盾。同时，他认为转型理论中的城乡转型模型采用了一个城乡二分的经典模型。修正城乡变迁的概念，要将其视为一个转型的过程，从国家空间的角度审视发展，认识到城市和乡村联系日益紧密，并愈加被整合进一个统一的转型进程之中。

对于社会制度转型造成的发展模式的差异，卡斯特尔（2006）表达了相似的观点。认为城市化是人口和活动在人类聚居地上的集中，特点是规模大、密度高、功能多样化。城市化不是来自于经济增长过程的自然过程。政治、权力、房地产利益、社区动员和社会冲突是理解城市化的关键要素。可能经济发展并没有带来城市化的发展，甚至出现逆城市化现象（城市人口的百分比下降）。1960~1970 年代初中国的经历说明了这一点。

2.2 城市化进程的多维度特征

中国城市正在面临许多发展和转型中的矛盾，既面临发达国家曾经经历的问题，如城市功能转型的矛盾、郊区化趋势、新空间现象等，也面临一般发展中国家正在经历的矛盾，如人口压力、社会转型压力、基础设施供给不足、环境问题等，其中又包含了中国城市化问题的特殊性和差异性，如市场化转型的过程和发展路径的差异等，需要以综合的、动态的、比较的观点认识城市化问题的复杂性。

布赖恩•贝利（Brian J.L.B，2008）通过对世界不同国家和地区城市化过程的比较研究，认为在 20 世纪快速城市化过程中，尽管城市化存在一些共性，但是源于文化背景以及不同发展阶段城市化道路却各不相同、差异化显著。约翰·弗里德曼（2008）特别强调中国是一个具有悠久城市历史的"新兴城市化"国家，针对中国的城市发展的认识提出以下四点建议。

（1）必须认识到中国是一个古老城市文明的国度，今天所见到的城市化过程是史无前例的，人类世界需三个世纪才能取得的成就，中国在一个世纪就完成了。没有必要发明一些无中生有的都市研究，也没有必要囫囵吞枣地大量引进国外思想。中国拥有自己的城市传统，并在此基础上形成了今天包含混合特征的城市。

（2）中国的城市化是一个多维度的社会—空间过程，是一系列具有显著特征的社会—空间过程的集合，中国的城市化问题研究需要采取多学科交叉的方法。弗里德曼认为中国的城市化研究需要从七个维度上展开，包括人口学、社会、文化、经济、生态、物质空间和对城市全体成员的管治。这七个方面相互交织但又各不相同，每一个方面都拥有自己独特的传统，都趋向于采用各不相同的知识技能，需要放在一起进行整体研究。

（3）中国的城市化过程涉及城乡关系，对其研究必须与早期的研究有所不同，即更要强调城市视角而非乡村视角，所说的城市视角并不是忽视农村，或公共政策要偏向城市，而是认为农民需要城市方可生存，要关注城市在城市化中扮演的角色。

（4）中国的城市化过程虽与全球化进程相互交织，但首先要理解成一个内生的过程，这一过程将引导特殊的中国现代化形式。中国的城市化过程很大程度上是一个内生过程，其发展形式发端于中国，全球化力量——如经济上、政治上或文化上的力量——相应地应视为补充，其和内生力量共同作用，促进中国的城市化。因此，中国跃入现代化，走的是一条靠自己创造的道路。

中国城市化经历的两个30年的历史性变化，烙印了渐进改革的轨迹，避免了许多发展中国家的过度城市化现象，但转型发展压力和要求不断增加。认识中国的城市化发展，既要从城市化的一般规律和趋势来认识，更要从走过的道路和所具有的自身的独特性来看待。

第4章

新经济环境下区域与城市结构的重组
Reorganization of Regional and Urban Structure in the
New Economic Environment

第1节　新经济环境的特征及其影响

1　新经济环境：经济全球化与信息技术革命的影响

新经济环境是指 20 世纪后半叶以来发生的两大重要趋势，经济全球化和信息技术革命。所谓"新经济"即是在信息技术革命和全球化浪潮中产生的一系列新的经济形态和经济模式的总称。有许多词汇描绘这种新经济形态，包括"后工业社会"、"信息时代"、"网络经济"、"知识经济"等，并没有本质的区别，内涵上也相互交叠，只是从不同侧面描述社会发展的共同趋势。

贝尔（Daniel Bell, 1973）提出"后工业社会"正在来临，是围绕着知识组织起来的一种社会形态，在这种社会中，服务型经济将占据着国民经济的主导性地位，理论知识将成为社会革新和制定社会政策的源泉。

卡斯特尔（M. Castells）认为经济全球化"是一种在资本流动、劳动力市场、信息传送、原料提供、管理和组织等方面实现了国际化，完全相互依赖的经济"。世界经济走向全球化早在工业革命之前已出现端倪，1980 年代，以信息与通信科技提供的新基础设施为根基，以及在政府和国际机构所执行的解除管制（deregulation）与自由化政策协助下，世界经济真正变为全球经济。

当代"新经济"具有广泛而深刻的内涵。全球资本、商品、服务和信息的流动日趋活跃，跨国公司成为经济全球化的重要载体，而通信技术则大大加速了经济全球化的进程。"新经济"与生产组织和城市空间重构有着深刻的内在关联。近 20~30 年来，许多城市和区域的发展条件和空间结构都在变化，其背后的因素是新技术革命、经济全球化的影响，产生了基于信息、知识的生产和管理组织方式的变革和新的经济地理逻辑。这些因素相互关联、作用，体现了新时代的经济、社会、空间转型的特征和趋势。

2　生产网络的扩张与新经济的逻辑

2.1　生产网络扩张与全球服务经济兴起

新国际分工塑造了一个新型的包括发达国家和新兴工业化国家在内的全球一体化经济体系，发达国家纷纷将传统产业，尤其是劳动密集型产业和资金密集型产业向外转移。国际产业通过集聚产生的外部规模经济有利于提高产业的国际竞争力，从而在国际分工中获得优势地位。在国际产业转移过程中这种地理集聚或是产业集中化趋势明显，产业大多向社会稳定、成本比较低、反应速度快、配套能力强的地区转移。1920~1970 年七大工业国维持制造业就业较高的比例，而到 1970~1990 年所有这些国家的制造业就业明显缩减，以亚洲为代表的国家和地区成为制造业增长的主要区域。

在生产的全球性扩张过程中，信息产业和知识型产业成为主导经济发展的关键，并嫁接在传统的经济体系之上，使服务型经济（生产者服务业producer services）逐渐取代工业经济，成为影响城市功能和地位的关键。

继制造业的国际转移之后，随着全球服务经济的快速发展和空间信息技术的突飞猛进，以跨国公司为平台，现代服务业开始出现国际范围内的大规模空间转移和全球化趋势。信息技术发展大大降低了企业内部管理和信息传递的成本，使得跨国公司可以借助现代信息技术及时监督其全球范围的资产、运营情况，广泛开展服务外包、离岸外包和全球协作。跨国公司建立的生产及服务供应链管理体系，不仅实现了服务生产成本的最小化，而且确保了外部服务的稳定性和交易成本的最小化。跨国公司是服务业国际转移的主要发动者。

从发达国家看，目前70％的GDP由服务业创造，服务业中的70％又由生产性服务业创造，即接近50％的GDP由生产性服务业创造，充分展现了当今社会经济发展已经进入以服务业为经济增长引擎、知识经济和人的智力创造力成为主导触媒的"新经济阶段"，这也是1990年代中叶起以中低端制造业为主体的"世界工厂"释放和转移到发展中国家的重要因素。

现代服务业的发展是增长的主要因素，传统服务业如批发、零售、餐饮、旅馆等消费性服务业总量基本保持不变，但比重呈现下降趋势。构成了现代服务业全面发展的三大因素。首先，现代服务业作为知识经济的主要体现，基于1990年代信息化浪潮的兴起和技术进步的高速发展，催生了一批基于新信息技术、新管理方式、新经营模式而形成的新兴服务领域。其次，服务与制造融合发展，促进制造企业服务化和生产性服务业的广泛发展。第三，技术进步的高速发展和信息化浪潮的兴起，同时推动了一些传统服务实现服务模式转变和产业升级。

2.2　流动空间与"知识链接"的作用

新经济是以知识为基础，以信息技术为依托的经济活动。经济重构的关键是电信系统对信息流、资金流、人流的吸引程度，获得并使用知识和信息的能力，从根本上动摇了传统经济活动的特征。

第二产业的高新技术化以及第三产业专业化是新经济形态最主要趋势。霍尔（1998）将生产者服务业、跨国企业、公司总部、研究与开发，以及高技术密集的计算机软硬件、信息通信、虚拟现实、多媒体、生物工程、航空航天等多种经济活动纳入其讨论的"新经济"范畴。

在传统的产品经济时代，经济活动的空间集聚主要依靠来自产品和贸易等经济活动带来的联系，形成围绕以产品生产为核心的经济链。传统的空间经济学利用空间区位、规模效益、报酬递增、运输成本和生产要素等来解释城市的集聚力和扩散力。

在以知识经济为特征的新经济环境中，经济活动和集聚力正在更多地受到空间中知识链接的影响。经济活动因知识链接而不断产生创新，成为推动社会进步和发展的最重要的动力。新空间经济学的研究中，集聚的产生和增强，除了通勤、运输成本等约束外，还有由于集聚而获得的信息、知识以及市场网络等带来的外部性。集聚主体中"人"的创造性、创新性以及知识的传递和交流等成为影响经济活动能级的关键性要素。

大都市区、巨型城市、城市群、城市带、城市走廊的城市集聚，在很大程度上受到知识经济时代的影响（左学金，2008）。知识经济时代为大都市的发展带来了新的活力，也开始成为20世纪末以来城市研究的热点与前沿。

当代城市空间也强烈地表现为知识经济体和文化经济体在原有城市空间的植入或再植入。知识经济的镶嵌性也表现在对城市产业结构进行再植入和对城市的传统产业进行改造升级上，城市所担当的角色正在从工业生产转向以知识为基础的发展，城市的产业结构发生软化，城市的服务功能不断得到强化。

2.3 从"产业链"向"价值链"的转变

经济全球化和信息化带来经济形态的变化，反映在知识链接产生的作用，同时带来生产组织过程和生产组织结构从"产业链"到"价值链"的转变。

在经济活动日益全球化的今天，跨国企业超越了国家和地域的界线，在从本地到全球的多个地域尺度上运作，构成了全球化时代生产活动的基本特点。远程通信技术的发展和一系列国际贸易制度框架的构建使生产要素能够以更低的成本进行流动，也使企业总部对分支机构的跨国控制成为可能，二者共同推动了地域分工在全球范围的扩展。

区域产业分工的内容逐渐由过去的产业间分工和产业内分工，转向在同一产品内部根据价值链进行划分的分工模式。产品的生产过程在空间分布上高度集中的局面发生根本性的改变，产品的技术开发、生产、销售等不同环节，不同零部件以及生产过程的不同工序、生产区段和功能模块被配置到国内不同区域或不同国家进行，推动了新的地域分工形态的形成。

传统的生产组织模式以"产业链"为特征，如传统产业链按照不同的产业类型划分，如机械工业、纺织工业、钢铁工业等，对应形成了不同的工业城市类型。但在全球分工体系下，这种模式正在被以"价值链"为特征的地域分工所替代，不同的产业链被划分为不同的价值区段。即从以经济活动的"产业链"为特征的水平空间组织结构，转变成为以经济活动的"价值链"为特征的垂直空间组织结构。跨国企业在世界经济中的主导地位越来越突出，处于支配地位。供应链在全球的扩张和发展中国家对工业生产的大规模参与，使生产规模可以不断扩大，并大幅降低了生产的成本和工业产品的价格，而发展中国家的生产企业在全球生产链中处于被支配的地位（表4-1）。

微笑曲线（图4-1）最早是宏基电脑的创始人施振荣提出的，原本表示计算机生产和销售过程中各类业务程序之间附加值的高低，现在也被用来形容全球生产分工体系下产业链之间附加值的分配。20世纪90年代的价值曲线与

全球主要合同制造服务商的销售收入　　　　　　　　　　　表 4-1

企业名称	2004/10 亿美元	2008/10 亿美元	年增长率 %	总部	在中国内地投资地
Foxconn 富士康（鸿海）	12.5	44.6	37.4	中国台北	深圳、武汉、昆山、太原、烟台、淮安、廊坊、重庆
Flextronics International 伟创力	14.5	27.6	17.5	新加坡	北京、上海、广州、苏州、常州、珠海、东莞
Jabil Circuit 捷普科技	6.3	12.8	19.4	美国佛罗里达州圣彼得堡	北京、广州、南京、上海、深圳、苏州、天津、无锡、烟台
Sanmina/SCI 新美亚科技	12.2	9	-7.3	美国加利福尼亚州圣何塞	无锡、昆山、深圳、苏州
Celestica 天弘	8.8	7.7	-3.2	加拿大多伦多	东莞、香港、苏州、上海
Elcoteq 艾科泰	4.1	4.8	4	芬兰爱斯堡	北京、东莞、深圳、香港
Venture 万特	3.2	3.8	4.3	新加坡	上海、苏州、深圳
Benchmark Electronics 佰电科技	2.0	2.6	6.8	美国得克萨斯州安格尔顿	苏州
Universal Scientific Industrial 环电	1.6	2.0	5.7	中国台湾南投	深圳、上海、北京

资料来源：王缉慈. 创新的空间：企业集群与区域发展 [M]. 北京：北京大学出版社，2010.

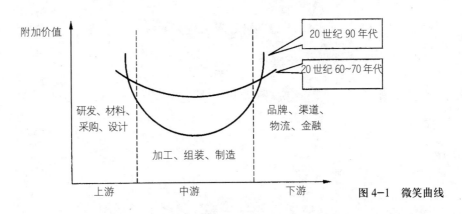

图 4-1　微笑曲线

1970~1970 年代相比，呈现更大的曲率，产业链中游的加工、组装、制造环节的附加值进一步压缩。而位于价值链上游的研发、材料、采购、设计等环节及下游的品牌、渠道、物流、金融等环节的附加值明显提升。

　　技术进步直接影响到企业组织的变革。企业组织随工业生产及其技术的发展而不断变化：从产业革命以来，根据顾客需求定制的弹性生产与在工厂制以后发展起来的大批量标准化的生产此起彼落、此消彼长，与此同时，中小企业和大企业对于经济发展的重要性也在发生变化。在全球性公司迅速壮大的同时，中小企业获得了新的发展机会。中小企业的生存与发展并不是孤立的，而是成群成组的，以美国硅谷和意大利的新产业区为典型的企业集群现象尤其引人注目。

　　斯科特（Scott，1988）等认为，新产业区的形成是福特制消失、后福特制出现的结果，即弹性的、小批量的生产方式替代刚性的、大批量的生产方式的结果。新产业区的形成和发展，显示了福特制生产方式的终结和后福特制时代的来临。而位于价值链上游的研发、材料、采购、设计等环节及下游的品牌、渠道、物流、金融等环节的附加值明显提升（表 4-2）。

福特制与后福特制的比较   表 4-2

	刚性生产（福特制）	弹性生产（后福特制）
技术	复杂；严格；使用标准化零部件；向新产品生产过渡时间长，耗资大	高度灵活的生产；使用单体组件；转产新产品相对容易
市场	需求的稳定性、统一性、可预测性	需求的不确定性、多样性、不可预测性
	卖方市场	买方市场
经济	以规模经济为基础	以范围经济为基础
生产过程	同类产品大批量生产	同类产品小批量生产
	统一性和标准化	差异性和弹性自动化
	大量缓冲库存	无库存或很少库存
	生产结束后进行质量测试（次品在后来才能发现）	生产过程中实施质量控制（次品立即被发现）
	因为次品和库存瓶颈而造成生产时间的损失	损失时间减少
劳动力	通过工资控制而减少成本	通过长期的"干中学"而减少成本
	工人完成单一任务（专业面很狭窄的熟练工人设计产品，非熟练或半熟练的工人生产产品；每个人都按预定的时间和程序简单地重复工作）	工人完成多种任务，工作专业化程度高（各方面都很熟练的多才能的工人以团队为单位进行生产，每个人负有责任地进行具体操作、维护和修理）
	很少在职培训	长期在职培训
与供应商的关系	功能上和地理上都是远离的关系；大量存货堆积在工厂里以防供应中断	非常密切的功能上的联系；即时生产要求，客商与供应商地理上的接近
产量	大	小
创新模式	产品差异性小，设计标准化	产品差异大，按客户要求定制
	突破性创新	渐进性创新
	创新与生产相分离	创新与生产相结合
	较少的过程创新	频繁的过程创新
	忽视客户的需求	满足客户的需求
	高成本、长周期	低成本、短周期
企业组织形式	垂直一体化	垂直分离
	大企业组织	网络化组织（转包、动态联盟）
外卖关系	讨价还价，相互敌视	利益共同体，联合应付各种问题
竞争战略	价格竞争；规模经济；通过调整存货来应付市场竞争	以产品和过程创新为基础的竞争；通过分散化来降低市场风险；不断进行核心业务的创新
区域基础设施	重点在于确保供需平衡的宏观经济政策	重点是确保各类单位间的合作的社区公共政策
区域空间结构	大企业支配的全球生产系统的形成	弹性专精的空间集聚，地方生产系统的形成
	劳动市场的均质化	劳动市场多样化

资料来源：根据 Malecki（1991），Pine（2000）（操云等译），Phillimore（1989）归纳而成。王缉慈. 创新的空间：企业集群与区域发展 [M]. 北京：北京大学出版社，2001.

2.4 弹性生产方式与新产业区的形成

信息技术的进步使生产组织形式发生变化。福特式生产与积累的工业化方式，正在为新福特式或后福特式的弹性生产和积累的信息化方式所取代。

早期福特主义（Fordism）的大规模生产，是以不同生产线生产大量的组件，再将其组合成产品，这种劳动力密集产业造就了许多工业城市。

1970年代后，后福特主义生产模式（Post-Fordism）开始出现，以弹性生产过程、弹性劳动力过程、着重工序的需求生产，以及寻求外部规模经济为特征。为了减少技术锁定、劳动力囤积以及生产能力过大的风险，生产需要外部化（垂直分离）。同时，经济活动的内部分割虽然十分明显，但彼此的联系非常紧密，且组织上具有很强的适应性；更富流动性的内部和外部劳动力市场结构正在逐渐形成。由于减少交易费用的需要，分离的企业在地理上集聚在一起，并强化了社会劳动分工（表4-3）。这种再集聚的过程受到研究学者的高度重视。

大规模批量生产经济模式到弹性、快速反应的经济模式　　表4-3

	比较优势：	可持续的优势：
竞争力根源	·自然资源 ·体力劳动者 ·低成本生产	·知识创造 ·持续发展 ·对市场的快速反应
生产系统	大规模生产 劳动力是价值的来源 创新和生产的分离	基于知识的生产 持续创造 知识是价值的来源
制造业基础设施	供应者	创新源自供应者和顾客
人力资源	低技能、低成本的劳动力 重复性劳动 有限的教育和培训	知识型劳动力 弹性大、工作易变 继续学习和受教育
物质和通信	面向国内的物质网络 快捷的原材料和最终产品	面向全球的物质和通信网络 快速的人力、信息流和物流
产业管制体系	控制和命令 等级式 控制导向 敌对关系	协作性竞争和相互依赖 相互依赖的关系 集体导向 网络基础 国际战略联盟和全球网络培育：全球制造业生产依赖于全球资源，全球性转包合同成为主流
政策体系	专门的产业政策	体系—基础政策

资料来源：Florida，1995.引自：于涛方.城市竞争与竞争力[M].南京：东南大学出版社，2004.

2.5 凝聚创造力经济发展的推动

知识创新能力成为经济发展的新动力。以差异化创造价值成为新经济成长的基本原则，推动了创新创意产业的兴起和发展。制造业的基础是如何生产相同的东西，而创新创意产业靠生产差异来增加产品的附加价值。创新创意产业是综合文化、创意、科技、资本、制造等要素的一种新业态，通过知识产权的开发和价值增值的交易产生巨大的经济效益，随着经济、社会的发展，其内涵和外延不断丰富，具有创新、融合、开放的产业特征。1998年英国创意产业特别工作组首先定义了创意产业（Creative Industry，Creative Economy）内涵，"源于个人创造力、技能与才华的活动，通过知识产权的生成和取用，这些活动可以发挥创造财富与就业的成效。"

创意产业成为衡量一个地区产业结构、经济活力、城市功能和消费水平的重要标志之一。未来的城市主导与支配地位不仅在于对资本的吸引和控制能力，更依赖于是否拥有凝聚创新要素、创新活动、提升经济活动附加值的能力。世界几个著名的国际化大都市几乎无一例外都是全球性或地区性的金融中心，也正成为创意产业最集中的地区，如纽约、伦敦、东京，以及新加坡、中国香港等。

第2节　全球化时代区域与城市结构重组与趋势

1　世界城市体系的形成与极化

1.1　世界城市体系的形成

"世界城市体系"的概念逐渐形成，全球范围内社会经济活动的重构，表现为对生产、流通、消费等各个领域的影响，以及生产过程、生产要素及生产服务的国际化，这一过程影响并冲击着各个国家和地区的原有秩序。

生产过程的国际化促进发展中国家生产过程的外向型转化，把主要城市原来具有的对整个国家经济发展进行更高层次的协调和主导的种种功能，交给具备全球性的市场或发达国家里的一些主要的国际性中心城市。这一过程在加速世界城市体系形成的过程中，也经历着不断"极化"的过程。位于经济活动"价值链"高端的管理和控制层面趋于空间集聚，少数城市成为主导型城市，形成不同的层级，即全球的、区域的、国家的或地区的经济中心城市。而位于经济活动"价值链"低端的制造和装配层面趋于空间扩散，越来越多的城市成为从属型城市（图4-2）。

1980年代，约翰·弗里德曼加深了对这一过程的诠释，认为全球化过程造成了全球性等级系统，其中伦敦、纽约和东京是"全球性金融结合点"，而迈阿密、洛杉矶、法兰克福、阿姆斯特丹和新加坡是"跨国结合点"，巴黎、苏黎世、马德里、墨西哥城、圣保罗、汉城（现首尔）和悉尼是"重要国家结合点"，而所有的城市形成一个"网络"。处于城市体系顶点的是少数世界性城市，如纽约、伦敦、东京等。同时提出世界城市的七个方面的评价指标：①主要金融中心；②跨国公司总部所在地；③国际性机构的集中度；④商业部门（第三产业）的高速成长；⑤主要的制造业中心（具有国际性的加工工业）；⑥世界交通的重要枢纽（港口、空港）；⑦城市人口达到一定规模。

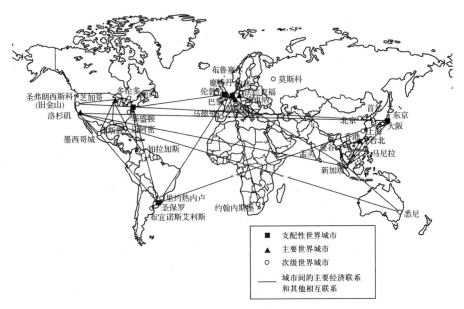

图 4-2 世界城市分级

注：城市间的连线表示它们与其他世界城市之间主要的金融和经济联系。

资料来源：保罗·诺克斯，琳达·迈克卡西著. 顾朝林，汤培源等译. 城市化 [M]. 北京：科学出版社，2009.

霍尔认为世界城市首先是一个人口和财富的中心，而其特殊性表现在以下几个方面：①首先是政权的主要中心，是国家和各类政府机构或国际机构的所在地；②国际贸易和商业中心，通常拥有大型的国际航空港和航运港；③所属国家最主要的金融和财政中心；④集合各种专门人才的中心和集中传播情报的中心；⑤巨大的人口中心；⑥拥有新式和更流行的娱乐方式和设施。

萨森认为全球城市是世界经济组织高度集中区域，是金融和专业服务公司的关键区位，同时专业服务取代制造业成为主导产业，但可以领导产业的创新生产，也是产品创新的市场。并认为，全球城市的标志之一是生产者服务业的增长和延伸。生产者服务业包括：会计、银行、金融、法律、保险、房地产、计算机信息处理等。生产者服务业之所以在特大城市的中心区域高度集中，是因为它们要求以各种各样的资源为基础，需要信息的集中化，以及较容易接近大型厂商公司总部的聚集地。

全球化是同时发生在发达国家和发展中国家的过程，因此对全球城市关注于那些位于全球城市体系中极少数城市的观点也受到质疑。吴志强提出城市全球化发展模型的两大结构。模型中全球城 A 是指发达国家的大城市；全球城 B 是指新兴工业化国家或发展中国家的大城市，二者之间的互动构成全球城的发展，推动城市的全球化进程。

1.2 国际大都市产业结构的调整

1960~1980 年代初期，西方发达国家城市经历了巨大的产业结构调整，即制造业的衰退和向生产性服务业的转型。在 1950、1960 年代曾经带动经济发展的核心部门——制造业中的某些产业面临着严重危机。英国的制造业减少主要反映在大城市地区。伦敦自 1960~1980 年代初，人口减少了大约 200 万，人口就业结构也发生了巨大变化。1960~1970 年代，美国东北部制造业带在这时期就业减少幅度是全国平均水平的 9 倍左右，南部的阳光地带则在美国国防工业的推动下，形成特殊的发展优势，成为美国高新技术产业的核心地带，改变了美国经济重心的分布。

1980 年代以后西方经济开始复苏，信息技术对城市经济的渗透和城市经济结构中信息经济比重的提高，使城市通过产业结构的调整和整合，推动产业结构的高级化，从而强化了现代城市的国际性功能。那些首先调整城市结构、掌握先进的高新技术、大力发展信息产业、拥有完善而发达的服务设施的城市，将首先成为世界信息汇聚的中心和新思想、新技术层出不穷的地方，从而控制全球的形势发展，成为国际化城市。

弗里德曼分析了伦敦就业转化的五种类型，即：国际事务职业（国际城市主要功能）、为之提供服务的服务业、为旅游提供服务的服务业、与之相关的制造业及无固定职业者，前两种就业人员分别占 1/2 及 1/3（Friedmann & Wolff，1982）。城市土地利用结构也发生相应变化，城市中心的活动以管理、金融、交流、文化、商业、旅游、教育为主，包括国家机构、各层次总部机构、公共媒体机构、商业设施、宗教文化设施、旅馆会议中心、多层次住宅及大学科研机构用地，以及支持这些活动的交通服务设施相应增加。

霍尔通过对四座世界城市的研究，分辨出四组最重要的活动：①金融和商务服务：包含银行保险业务、商业经济服务，例如法律、会计、广告和公关；建筑、土木工程、工业产品设计和时装设计等服务；②"权力和影响"（或"指挥和控制"）：国家政府，超国家组织，像联合国教科文组织或经济合作和发展组织（OECD），跨国公司等大组织的总部；③创造和文化产业：包括现场表演艺术（戏剧、歌剧、芭蕾、音乐会），博物馆、画廊、展览，印刷和电子媒体；④旅游业：包括商务和休闲旅游业；饭店、餐馆、酒吧、娱乐和运输服务。

在经济全球化进程中城市产业结构重组及其区域城市体系中的职能演化，中心城市产业结构的价值区段成为影响其地位和作用的关键因素。唐子来（2010）通过对上海案例的研究，发现上海的产业结构重组越来越朝着价值区段的高端方向发展。上海与区域城市的产业横向联系即产业链在逐渐减弱，而与此同时产业结构重组越来越朝着价值区段的高端方向发展，第三产业尤其是其中的生产性服务业在区域中优势日益凸显。

1.3 经济网络的非连续性

经济和生产网络的扩张并不是均匀和连续的，而是产生强烈的地理空间分异现象，会加剧地区发展的不平衡，以及城市社会空间的分异现象。

地方产业集群可以借助全球化的生产网络与全球性市场连接起来，但其生产组织过程并不一定受到周边中心城市的影响。斯科特（1996）提出了全球资本主义的地理构造，将其划分为区域引擎、繁荣的腹地、相对繁荣并有经济机会的"岛屿"和全球资本主义的经济边缘地带。

2 网络城市的发展与新结构要素

2.1 网络城市的特征

信息技术使城市间的合作跨越区域界限。城市间的联系构成了新经济环境下全球城市系统的一部分，不再按照传统空间理论的空间连续性，而是建构在功能节点及节点间的流动轴构成的联系网络（包括物流、人流、资金流、技术流、信息流）之上。

流动空间逐步替代传统的场所空间的影响，加速全球城市网络的形成。卡斯特尔认为任何物质支持都有其象征意义，流动空间三个层次的物质支持为：电子交换网络；节点（Node）和核心（Hub）组成的网络。地域性的节点、中心，将整个网络连接起来，并形成层级组织。

网络城市的兴起逐步改变过去以城镇体系为组织原则的地域结构，两者关键的区别在于中心地模式强调中心性（centrality），而网络城市强调节点性（nodality）（表4-4）。网络城市的一个重要特征是不受城市规模的限制。现实的情况往往是两种城市体系的综合，即城市网络与等级体系组成的双体系的结构。

中心地与网络城市异同点 表4-4

	中心地模式	网络城市模式
空间关系	中心性	节点性
	规模相关性	规模中立性
职能关系	主从服务倾向	弹性与互补倾向
	均质商品和服务	异质商品和服务
活动联系	垂直可达性	水平可达性
	单向流动	双向流动
	交通价格	信息价格
	空间竞争	对价格竞争的歧视

资料来源：顾朝林，张勤. 新时期城镇体系规划理论与方法 [J]. 城市规划汇刊，1997.

2.2 新结构要素与组织形态

信息技术革命与应用促成扩散化发展，城市的发展从单一、向心集聚向网络化型转化。信息化使得区位选择的弹性化，促使二、三级产业的生产基地向地方分散配置发展，而管理支配基地、软件开发基地、研究开发基地、物流基地等，则向以信息通信为基础的区域中心城市集中。

由"门户城市"及其腹地组成的、具有有机联系的"城市－区域"成为全球经济竞争的基本单元。世界经济体系的空间结构越来越建立在"流"、连接、网络和节点的基础之上。一方面，这些"流"在运动路径上依赖于现有的全球城市等级体系；另一方面，也在变革着后者。这种运动的一个重要结果就是塑造了对于世界经济发展至关重要的"门户城市"，即各种"流"的汇集地、连接区域和世界的节点、经济体系的控制中心。这类核心城市在经济上是支配和控制中心（通过高级生产者服务业和跨国公司总部等载体来实现）、在空间结构上是全球城市网络重要的节点、在文化上是多元的和具有包容性的、在区域层面上是全球化扩散到地方的"门户"（Hall，2006）（图4-3）。

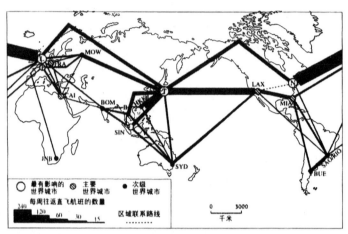

图4-3 全球航空网络的主要联系
资料来源：引自：弗里德曼.国外城市规划，2005，5.

曾经经典的城市结构模型，区域尺度上中心地的结构和城市内部尺度上的以传统 CBD 的核心的集聚式形态，难以描绘城市空间系统发生的变化。区域与城市内部多中心和网络化的趋势促使新型空间组织形态的生成。当然这些改变源自城市经济功能的重构，既包含了旧功能的式微、生产性功能的地位下降，也包含了新功能的成长，信息的创造、交换和使用变得越来越重要。

3 全球城市区域与巨型城市现象

经济全球化以功能性分工强化了不同层级都市区在全球网络中的作用，带来了全球范围全新的地域空间现象——全球城市区域（Global City Region）。

传统城镇密集地区与大城市的优势在新经济环境下不断得到进一步强化。一方面，全球经济、文化的互动是通过一些主要城市及其周围具地缘优势的城镇密集地区之间的相互联系与竞争实现的，国际性城市及其周围的城镇密集地区在作为国家或地区经济增长极的传统作用基础上逐渐增加了争取国际地位的竞争作用。

另一方面，信息经济仍然具有强烈的大城市取向。在全球化和知识经济的浪潮中，超越地域空间限制的城市（telepolis）似乎正在成为可能。但大城市地区仍然保持了巨大的发展优势，因为工作机会集中在财富、权力、知识和信息集中的地方，也就是最大的都市地区。"我们的生活和繁衍，不是简单依靠无线电和卫星电视联络进行的，生产和再生产的能力并非没有地理意义上的限制"。霍尔把这种现象解释为"市场高度集中这一现状有一种极大的惰性；事实表明，这个系统长期以来业已形成高稳定状态"。即地缘的接近和聚集经济仍然具有强大的作用。

卡斯特尔（1996）认为新全球经济与浮现中的信息社会具有一种新的空间形式，在各式各样的社会与地区脉络中发展，这个空间形式就是巨型城市。巨型城市作为世界经济的焦点，将会继续增长，这是因为，就所属国和全球尺度而言，巨型城市都是经济、技术与社会变迁的中心；巨型城市是文化与政治创新的中心；巨型城市是连接各种全球网络的节点。霍尔（2002）同样认为巨型城市是20世纪末以来世界范围内广泛发展的一种新兴城市形式。

巨型城市化现象与全球化进程密切相关，国际资本流动和对外贸易加速了巨型城市化的发展，世界范围内的产业转移和结构调整促进了国际劳动地域分工的发展。新经济秩序及由此引发的全球经济的结构调整被看作是发展中国家1980年代以来快速城市化和巨型城市化的主要原因。

早在20世纪初格迪斯（P.Geddes）就提出城镇集聚区（Conurbation，Urban Agglomeration）的概念。在当时城市规划还仅仅是一种非常局部范围内的城市设计时，他提出了在经济和社会压力下，城市规划势必将城市和乡村都纳入进来。但这一现象并未引起广泛关注。1961年地理学家戈特曼（J.Gottmann）首次提出大城市连绵区（Megalopolis）的概念。这种人口高密度的聚集以及由此带来的政治、经济、文化活动的影响在美国是独一无二的，世界上也极少。而这种特性和力量可能具有世纪性的影响。

霍尔认为当今的巨型城市区域是一种与1960年代戈特曼提出的大城市带有所区别的空间形式，具有非均质分布的特点，也不是以"日常城市系统"或"大都市区统计区"所能够定义的。规模并非其定义的实质，在全球网络结构中占有重要地位，并决定国家的经济命运（表4-5）。

巨型区域与相关概念的比较　　　　　　　　　　　　　　表4-5

概念	时间（年）	代表学者	内部组成	提出背景	主要观点
大都市带（Megalopolis）	1957	J.Gottmann	都市区	郊区化、分散	具有一定的规模、密度；一定数量的大城市形成自身的都市区；都市区之间通过便捷的交通走廊产生紧密地社会经济联系
超级都市区（MR）	1989	T.G. McGee	核心城市、城市外围区、Desa-kota	亚洲发展中国家城乡交错区域出现	自上而下与自下而上相结合的城市化模式，导致农业活动和非农活动并存且进一步融合，Desa-kota区域的出现

续表

概念	时间（年）	代表学者	内部组成	提出背景	主要观点
大都市伸展区（EMR）	1991	N.Ginsburg	核心城市、周边区域、中小城镇	亚洲发展中国家城乡交错区域出现	大城市周边地域产业化进程和城乡相互作用的加剧，使城乡交错区不断延伸，与周边的城镇组合成为一个高度连接的区域
都市连绵区（MIR）	1991	周一星	城市经济统计区	城乡交错区域出现，中国城市概念、统计口径与国外的差异	都市连绵区的形成有5个必要条件；中国已经形成长三角、珠三角2个都市连绵区，并有4个都市连绵区雏形或潜在可能地区
巨型城市区（MCR）	1999	P.Hall	功能性城市地区	全球化、全球城市体系的形成	对全球城市功能具有重要作用的高级生产性服务业的扩散导致巨型城市区的出现；区域层面的城市生产性服务间的相互联系使区域形成多中心网络状结构
巨型区域（MR）	2004	RPA	都市区	产业重构与转移、新区域主义	经济、生态环境、基础设施建设的一体性；生产性服务业在中心城市集聚和分工，外围地区从事制造业分工，并为中心城市提供市场；区域共同繁荣

资料来源：张晓明.长江三角洲巨型城市区特征分析 [J]. 地理学报，2006，10.

按照联合国对 1975 年以来世界城市人口的规模分布的分析和对 2025 年的预测，超过 1000 万人的巨型城市地区的持续发展将是世界性的发展趋势，特别值得注意的是城市化水平已经进入稳定阶段的发达国家，人口仍然显著地在向巨型城市地区集中，而在欠发达国家这一趋势将更加明显（表 4-6）。

联合国对世界城市人口的规模分布的预测　　表 4-6

分区	类别	城市人口（百万）			人口比例（%）		
		1975	2007	2025	1975	2007	2025
全球	总体	1519	3294	4584	100	100	100
	1000 万人以上	53	286	447	3.5	8.7	9.7
	500~1000 万	117	214	337	7.7	6.5	7.3
	100~500 万	317	760	1058	20.9	23.1	23.1
	50~100 万	167	322	390	11	9.8	8.5
	50 万以下	864	1712	2354	56.9	52	51.3
发达国家	总体	702	910	995	100	100	100
	1000 万人以上	42	89	103	6.1	9.8	10.3
	500~1000 万	50	49	69	7.1	5.4	6.9
	100~500 万	137	202	203	19.6	22.2	20.4
	50~100 万	71	83	90	10.2	9.1	9
	50 万以下	401	487	531	57.1	53.5	53.4

续表

分区	类别	城市人口（百万）			人口比例（%）		
		1975	2007	2025	1975	2007	2025
欠发达国家	总体	817	2384	3589	100	100	100
	1000 万人以上	11	197	244	1.3	8.3	9.6
	500–1000 万	67	165	268	8.2	6.9	7.5
	100–500 万	180	558	855	22.0	23.4	23.8
	50–100 万	96	239	300	11.8	10.0	8.4
	50 万以下	463	1225	1823	56.7	51.4	50.8

资料来源：United Nation（2008）。转引自：国务院发展研究中心课题组著 [M]. 中国城镇化：前景、战略与政策，北京：中国发展出版社，2010.

4　城市化空间的破碎化

全球化的过程实际上也是社会结构转型的过程。城市是生活的场所，是生活居住和公共生活空间，同时城市也是经济活动中心，是经济活动集聚的场所。这两种功能取向有时相互促进，有时又相互对立，使城市构成了矛盾的统一体。全球化加剧了城市空间的市场化，也加剧了经济空间对生活空间的冲击。

现有世界城市中已经出现的就业结构"极化"（即两端增加中间减少）将更加明显。根据这些城市的经验，随着产业体系由制造业转向以金融为代表的服务业为主，整体的就业结构出现这样的特征：总体的就业规模扩大，就业结构呈现中间收入工作机会的缩紧以及高端和低端两头扩充现象。在这样的基础上，社会分化以及不同类型、不同阶层的人群的分布造成社会阶层分离和城市空间的"拼贴化"状况愈加显在。不同社会阶层或利益群体对城市发展有不同要求，某种程度上会加剧相互之间的矛盾。

第3节　可持续发展与中国未来的城市化环境

1　应对全球化时代的城市竞争

1.1　全球化时代的城市竞争力

全球化时代的影响，不仅带来包括全球城市体系的变化和城市内部空间的变化，还带来城市竞争环境的加剧与竞争规则的变化。

传统经济环境下，决定城市竞争力的基础在于比较优势。比较优势和资源禀赋条件有关，一般是指本地区在经济和生产发展中所具有的独特资源和有利条件。通过成本低、资源禀赋和初始条件的优势在竞争中获得收益。

而全球化环境下，决定城市竞争力的基础不仅在于比较优势，更在于竞争优势。竞争优势与资源的利用能力有关，是指在竞争中相比对手具有更强的能力和素质。对于一个城市而言，竞争优势在于其内生的力量，特别是创新能力。一个城市的比较优势要通过竞争优势才能体现。

在经济全球化的背景下，城市竞争力的提升就是从全球网络中获得更多的有利于城市发展的资源。城市营销成为获得城市竞争力的重要手段。随着各种发展资源（如信息、技术、资金和人力）的跨国流动规模越来越扩大，注意力成为稀缺资源（表4-7）。

新经济条件下和传统经济条件下城市竞争机制比较　　　　表4-7

	传统经济时代	新经济时代
相关理论	比较优势理论，城市定位理论	竞争优势理论与城市核心竞争力理论
城市竞争主体	前工业社会家庭、政府成为城市弱竞争主体；工业社会企业、政府成为城市竞争的主要行为者	以企业、政府为主，其他公私合作部门等为辅
竞争环境特征	城市内外环境的不确定性小，组成城市环境和城市单元之间的差异小；单元变化节奏基本相似、同步	城市内外环境变化快，甚至带来质变；不同的单元是异质的，这种异质性可以持续较长时间；流动空间和地方空间相互交织、影响
竞争优势来源	独特而准确的目标定位：政策、领导人素质，以及目标定位所依据的内外部环境和区域资源条件（比较优势条件）	新的国际分工，使许多新兴工业城市成为全球制造业新的焦点，传统发达城市的比较优势不在，他们重新塑造独特、不易模仿的战略资源和竞争力
城市竞争方式	由于资源的稀缺性，因此工业经济时代的竞争是对抗性的竞争，基于比较优势的"价格竞争"是主要的竞争手段	企业和政府以能力建造为主要内容的竞争方式，城市之间形成宽容性竞争、合作型竞争的主导竞争方式
城市竞争的范围	城市竞争往往局限在区域范围内，于是传统的城市定位理论往往以邻近的竞争对手城市为参照构思战略	全球范围的竞争。对现有的城市竞争的主要威胁，并不仅仅来自已经存在的竞争对手，而且来自于拥有崭新思维的"创新型城市"

资料来源：于涛方. 城市竞争与竞争力 [M]. 南京：东南大学出版社，2004.

城市竞争的内涵正在扩大，投资的竞争、人才的竞争已不仅仅局限在经济领域，广义的人居环境也正成为提高城市区域竞争力的基础。未来每个城市在全球城市新体系中的地位（中心或边缘），将由城市自身的竞争力来决定，如何提高城市竞争力问题由此成为关注的中心。资本的流动、人口的流动、信息的流动构成了城市面对竞争的基本环境，把握机会城市的要素成为提升城市竞争力的目标和基本规则（陶希东，2010）：首先，全球化的宜商环境，主要包括现代化的基础设施（如拥有国际航线的一流机场、超大吞吐能力的城市港口、稳定安全充足的能源供应等）和高质量、高效率的商务服务，能够为全球各类企业的生存与发展提供最适宜的商务环境。

其次，现代化的信息技术因素。这主要包括信息技术基础设施（计算机、互联网、信息高速公路、通信网、通信宽带、用户信息设备等）和信息技术应用能力，拥有的核心信息越多，在未来发展中必然会拥有更多的发展机会。

第三，多元化的文化要素。世界城市史表明，文化始终是一座城市的灵魂所在。城市不断创造发展机会，长久保持城市国际竞争力的核心因素就是人文精神。

第四，知识服务型的产业要素。唯有提供高端化、现代化、完善化的商业服务，才会从全球范围内不断吸引更多、更有发展实力的跨国企业和国际人才集聚，不断增强城市的国际影响力。

第五，跨文化交流的人口因素。有一批锐意进取、改革创新、放眼全球的城市决策者和管理者，在全球经济发展和城市转型的关键时刻能否作出正确而重大的决策，直接决定着城市发展的机会；有宽容、创新、参与、互动精神的市民群体或市民社会，尤其是市民群体具有较高的文明素质和理性行为；有一大批具有国际化、跨文化交流能力的高级国际化人才队伍，在第一时间内能够了解到相关领域的世界最新动向，最快速地捕捉城市发展机会。

专栏 4-1　集聚一流人才与国际大都市建设

发达国家的国际大都市凭借丰富的积淀和完善的基础，正吸引着世界各地的一流人才，进而形成"城市汇聚人才，人才发展城市"的良性循环，不断巩固强化其在多极、多层次城市网络中的优势位置。值得思考的是：发展中国家的大都市，能否跻身全球城市的行列？应该看到：知识经济时代，人才成为构成全球城市的主导要素。人才的国际流动已经成为全球的普遍现象，若能有效吸引和集聚国际一流人才，并为之提供创业平台和机会，正在崛起的发展中国家的大都市完全有可能进入全球城市网络中靠前的位置。

资料来源：汪怿. 集聚一流人才与国际大都市建设 [J].2012，4.

1.2　应对全球化的挑战

应对全球化带来的竞争和挑战，既有市场和资本意志下的驱动，也包含了从社会理性角度对全球化危机的行动。

（1）区域角色和治理结构的新理念

城市在其漫长的发展历史中，更多地是作为为其周围腹地服务的经济、政治以及文化等活动的中心。全球化加剧了竞争，也加速了破碎化，要想有效率地参与竞争，城市和区域必须作为一个整体单元来行动，大都市及其所在的区域是全球竞争的首要竞技场。区域已成为参与国际竞争的基本单元，大城市和城市群是参与国际竞争的核心。

在全球化过程中，地区性和国际性联系并不是一种均等网络关系，而是以地区性联盟形式参与国际竞争的，表现在国内和国际的各个层面上。在国际性地区联盟中体现为不同的形式和内容，如自由贸易区（free-trade area）、关税同盟（customs union）、共同市场（common market）、经济共同体（economic union)、经济统一体（economic integration）等。经济的国际性是以地方性为基础的，不同层次的经济联盟离不开地缘接近性的基础。

但是全球化经济造成的社会、政治、经济和物质空间的加速破碎化阻碍了建立地区联盟、动员资源和建立充分的管理结构的能力，由此带来了区域角色和治理结构的变化，地区性城市联盟逐步从功能性走向战略性。在区域整体利益基础上，求同存异和广泛的多方参与的新的区域治理理念正在形成。

相比传统的区域发展理论，新的区域发展思想不再仅仅局限于简单的政府间正式的区域组织和制度，而是具有多维性、复杂性和流动性等新特性，并且涉及政府和非政府机构等多种参与者，这些参与者为共同的目标而结成非正式的联盟。更加强调区域的"开放性"特征，所关注的内容和要求实现的目标不断增加，空间效益集约、环境可持续发展、城乡社会公正、社会和文化网络交流与平衡，鼓励区域内基于多元主体互动、激发内生发展潜力的各种长期政策与行动等。

（2）对地方性的重视

文化是地方性最深层的领域，是地方性的内涵和特征。经济合作与贸易往来中显示的"标准化"趋势正在对文化与价值领域产生影响，但文化特色的保持和多元化是发展的价值取向。F·佩鲁认为"国家"不仅是一种经济形式，还是一种"文化个性"。E. 拉兹洛用系统观点阐述其目的性和可行性，"对于所有复杂的系统以及全球人类活动和居住系统来说，多样性是必不可少的……实际上，只有文化上是多样性的，才可能是可行的：一致性在人类领域里可能像在自然领域里一样是极其有害的"。

重视地方性，保存文化在知识生产中的意义，已成为当今城市和区域发展的基本理念。地方的独特性、多元性和文化性越来越重要，也越来越具有经济价值，而且是"持续"的经济价值。

（3）空间规划作为一种战略

空间规划的意义正被重新认识，正逐渐成为一项参与国际竞争的战略手段和内容。在城市发展的社会经济因素越多地处于不确定性及国家或政府难以绝对拥有城市发展的自主性的条件下，空间发展规划的作用发生了转变，如果说传统的城市空间发展规划更注重城市自身的功能组织以及提高城市居住者的生活质量的话，而今除此之外，更具有增强自身的吸引力和竞争力以获取更多发展机会等自身形态之外的内容。空间形态规划因具有战略性而更多地具有空间政策的内涵（spatial policy）。在国家之间、区域之间以至城市之间，都为适应这种全球竞争时代的背景条件制定空间发展战略。因此出现了一个值得关注的现象，即不论强调国家控制的还是更强调市场经济的国家，以及有良好的规划传统还是强调市场调节的国家，1990 年代以来都变得十分重视空间规划的作用。

随着经济活动的空间扩展，空间发展规划也已扩展至更大范围。日本在全国范围内的国土规划逐渐深入，但并不停留在全国范围内的区域开发、基础设施建设，而是深入到日常生活，把建设使人们拥有舒适生活环境和富裕生活的定居社会作为目标。为适应信息技术和高新技术产业的发展，在全国范围内制定了高新技术和高新技术产业的发展目标，制定了高新技术在各区域及城市分布的规划。

最近发生在欧洲的引人注目的变化，即跨国规划（transnational or supranational planning）在各国原有的基础上，新的空间规划领域正在形成，即，1993 年发起的"欧洲空间发展展望"（European Spatial Development Perspective）。促成这一新尺度、新框架的规划背景便是促进持续发展，增强全球竞争力，共同解决城市发展面临的诸多问题。ESDP 提出欧盟空间发展政策的三个导则：发展一个平衡的和多中心的城市体系以及一种新的城乡关系；确保平等地享有基础设施和知识；实现可持续发展、充满智慧的管理以及对自然和文化遗产的保护。

各层次的规划在空间范围上具有了多层次连续概念，在范围扩大的同时，注重垂直的协作，使各层次得以衔接，在内容上，更注重环境因素与生活质量。这些转变从自身发展角度是必需的，同时也是在竞争中得以取得长久发展的战略。

（4）对区域环境质量的重视

城市和区域具有共同的基本目标和原则，即通过整体环境建设提高竞争力逐渐在发展战略领域中占有越来越重要的地位。具有文化和美学价值的怡人环境的创造，既是其传统内容，又具有新的意义。

首先是自然资源，包括绿色植被、水资源、耕地等，这是人类生态系统的基础，作为一项原则，需在城市与乡村建设中减少对其无限制的破坏；其次是土地利用和交通设施，这是人们各项活动的空间对应，如减少工作地与居住地的交通距离，增加公共交通运输的比例，以公共交通为主要手段引导更集中的土地开发等；第三，节约能源原则，如减少对石油作为主要能源的依赖和节约高效利用能源等方面；第四为污染与废弃物管理，减少废物生成和加强污染管理，以达到提高空气、水、土壤质量的目的；另外，面对经济发展和环境保护的迫切性，健康、舒适、具文化特征和美学价值的环境创造仍是其中一个重要方面。这些是持续发展对城市的内在要求，也是城市与区域应对未来竞争的基本原则。

2 可持续发展与城市的内生动力

2.1 全球化冲击与发展的不确定性

资本的流动是全球化经济的首要特征，跨国公司为了降低成本、增加利润，游走于世界各地寻找机会。对地方城市而言，政府需要寻求稳定的利益，包括稳定的经济增长及带来的稳定的就业和税收增长的机会，由此产生了流动性利益与稳定性利益的冲突，常常迫使地方城市向全球资本让步。

城市要获得竞争优势，必须在吸引全球化经济的那些先进领域的投资竞赛中击败对手。在过去十几年中城市政府的态度发生了根本转变，从管理城市走向了"企业家"式的经营。这种企业家式的思维范例是将城市作为一种产品进行营销。近年来，把城市形象作为城市营销的重要卖点的研究不断深入。特殊的城市意象和视觉景观可以影响城市政策的倾斜程度。

全世界范围内资本的力量正变得无比强大。当 2007 年美国次贷危机引发席卷全球的金融危机和政府财政危机时，它已不仅仅是一场各国政界要员与经济学家的博弈，资本逐利的天性、资本在全球范围内的游走及其导引的消费主义城市趋向，已经触及人类对城市及城市生活本质的价值判断。

因此，影响城市形态的因素越来越复杂，弹性生产体系、全球性的通信系统、网络购物等引起的生产、分配和消费等领域仍将持续地带来不断变化，城市的形态似乎变得越来越难以掌控。

全球化的局限性及其负面作用正在加深，地域之间的相互作用更为紧密，彼此关系更加动态，既创造着繁荣，又延续着贫困；既能带来奇迹，也可能产生灾难。市场的力量与理性的冲突也越来越尖锐，贫富差距增大、狭隘个人主义、个人利益至上泛滥。

经济全球化的局限性与负面影响在越来越引起关注的同时，未来前景的不确定性也越来越令人担忧。缺乏理性的消费方式、全球性的资源能源危机、难以持续的发展动力、环境危机都将困扰着人类发展的前景。经济增长方式的变革在全球范围内大都市的发展中都已成为一种趋向与共识。

2.2 理性发展与城市的内生动力

可持续发展的城市不仅是经济、环境和社会的协调，更是源于自己独特的力量和相对优势的发展过程。

城市的塑造不仅源于地方历史，还包括全球经济、文化和社会的力量。很多国家都关注城市之间的竞争和吸引外来投资，他们认为这些政策将最大程度地促进经济增长。但从长期利益的角度而言，外来资本并不能实现地方经济的可持续发展，而必须依靠本土（地方性的）资源或资产发展。

弗里德曼把城市发展模式区分为城市营销与内生的发展两种方式，并归纳了内生发展的 7 种资源：人力资源、社会资源、文化资源、智力资源、环境资源、自然资源、城市资源（表 4-8）。通过对这 7 种相互关联的资源领域的公共投资，强化地区的相对自主性，对于维持整个地区的长期竞争力至关重要。

一个城市获得长期发展的七个要素 表4-8

人力资源	有助于提高人类健康发展的和生产创造能力的事物，如食品安全、良好住宅、医疗保险和教育
社会资源	充满活力、自我组织并融入社区日常生活的公民社会
文化资源	地区的物质遗产、文化特征和文化生活活力
智力资源	该地区高等院校和研究机构的质量
环境资源	维持当地生活至关重要的物质环境质量，如适宜生存的空气、水、土地
自然资源	天然存在的地区资源，如可用于生产娱乐的土地、海岸、森林、矿产、渔场等
城市资源	城市基础设施，包括交通、能源、给水排水以及垃圾处理

资料来源：John Friedmann. 国外城市规划，2005, 5.

他认为价值的重构将成为最重要的起始步骤，生活必须跃居第一位，其次才是生计问题。实际上，这意味着保护城市、地区和国家的历史生活空间免遭资本的盲目入侵。单纯的以国家、区域、城市经济发展为目标驱动的城市发展将陷入过度消费主义的歧途，城市内生型的发展需要城市地方化与创新功能的自我培育。

2.3 城市文化与创新驱动

历史上，城市一直是创新的源泉，世界的伟大艺术、人类思想的重大发展，以及能够创造出新产业甚至全新生产方式的重要技术突破也都由城市而产生。在人口百万甚至更多的大城市中，当城市规模变得巨大、复杂，以至于出现一些城市管理问题之后，就会产生一些新的复杂问题，城市就必须通过组织革新，甚至往往还需要技术革新来回应这个问题（Peter Hall，1997）。人类历史上产生创新的地点通常都是当时最大或者最复杂的城市：古罗马、19世纪的伦敦或巴黎、20世纪早期的纽约、20世纪中期的洛杉矶，或者到了1980年前后的伦敦、东京等大城市。

（1）文化开创力与城市软实力

一个国家的综合国力，包括硬实力与软实力两个方面。美国哈佛大学教授约瑟夫·奈将综合国力分为硬实力与软实力两种形态：硬实力（Hard Power）是指支配性实力，包括基本资源（如土地面面积、人口、自然资源）、军事力量、经济力量和科技力量等，软实力（Soft Power）则分为国家的凝聚力、文化被普遍认同的程度和参与国际机构的程度等。在当今全球化的时代，软实力正变得比以往更加突出。

波特（Porter，1996）认为"当竞争越来越国际化时，真正的竞争实力通常取决于地方"。目前，城市再发展不仅需改善自身生存环境及条件并与国内其他城市竞争外，还需面对全球不同地区具备相同发展定位或资源特色的城市竞争挑战。因此，建构城市发展的文化优势，应用本身特色发掘城市再发展的软实力对策，以求在全球化下找到合适且其他城市无法取代的立足点，将更具有时代的意义与紧迫性。

城市发展所关注的重点是经历了从经济到社会再到以人为本的过程，亦凸显了文化在城市再发展中的特征与重要性。城市的发展体现着一个时代深刻的文化内涵和文明程度，更是一个国家实力的反映与竞争力的标志。

人口、资本、技术在不同区域层面扩散、集聚方式和支撑条件正在发生不断变化，城市竞争的内涵也在不断扩大，城市综合竞争力扩展到环境的竞争、居住的竞争、人才的竞争，对于中国城市，需要重视发展的软环境，从而获得可持续发展的竞争力。

专栏4-2　文化、宜居与经济增长的动力

■以人文环境重塑地区发展目标

在新一轮的发展中，不同地区都面临着人才竞争与人居环境建设的新要求。改善人居环境和提高建设标准的需求既来自居民对生活品质要求的提高，又来自外来人口本地化的趋势。人居环境质量将直接影响到对未来高素质人才吸引的竞争能力。面临着社会与人文发展目标以及区域全面发展的要求。珠三角规划中提出人文环境发展目标。

■以文化和宜居环境激发新经济活力

以文化和宜居环境增强新经济的凝聚力和活力已经成为许多城市在探索城市功能创新和产业结构调整时的重要方向。

苏州在新一轮总体规划中提出：塑造现代苏州文化，发挥现代文化产业在城市发展中的核心地位。

■以文化产业作为新经济的动力

"十一五"期间，上海的文化创意产业发展迅速，产业规模快速增长，在上海急剧的城市空间扩张中，传统工业布局的调整也成为城市产业结构优化的一个重要契机。相当一部分工业空间区位完成内部结构的重组，演替为文化创意产业的空间选址。

"十二五"期间，上海针对经济转型期产业"空心化"的潜在危机，将培育战略性新兴产业与现代服务业作为发展目标。"十二五"期末，上海市服务业增加值占 GDP 比重将达到 65%。《上海市文化创意产业发展"十二五"规划》中，文化创意产业的主要任务是重点发展的十大产业领域，包括媒体业、艺术业、工业设计业、时尚产业、建筑设计业、网络信息业、软件业、咨询服务业、广告会展业、休闲娱乐业等。

（2）创新驱动，转型发展

创新驱动，转型发展已成为当今世界发展问题的主题词。周振华结合长期对上海城市发展问题的研究和认识，认为上海当前正处在创新驱动、转型发展的关键时刻，能否成功应对当前全球性金融危机的冲击，成功实现城市的转型发展，从四个方面归纳了观察城市转型的坐标：第一，城市功能的升级，包括参与全球资源配置的平台、流量规模、功能性机构的集聚；第二，城市结构的转变，包括城市的产业结构和空间结构；第三，城市运行的质量，不仅在于经济效益，还需要观察许多更加综合性的指标；第四，城市发展环境，需要经济领域、社会领域发展环境的综合治理和平衡。①

专栏4-3　如何塑造更具创新活力的经济形态，美国旧金山湾区的发展经验值得借鉴（图4-4）

湾区高技术企业主要从事信息技术和生物技术，包括计算机和电子产品、通信、多媒体、生物科技、环境技术，以及银行金融业和服务业。湾区作为美国第五大城市群和高科技产业集中地区，能够一直主导高增值产业领先地位源于四个方面的关键要素：拥有世界一流的高等学府（加州伯克利分校、斯坦福大学吸引和培养一流的人才），易于筹集的风险资金；极其活跃的中小企业；品质较高的生活环境。

湾区是美国最为成熟的城市群之一，其创新的活力体现在诸多方面：1）加速以创新为重点的发展，促进那些已具备强大知识吸收能力、学习能力

图 4-4　美国旧金山湾区

① 周振华. 城市转型发展的观察坐标及策略 [Z]. 城市规划学科发展论坛，2011.

和良好高等院校科研机构基础的地区的发展,重视充沛的创新风险基金的作用; 2）立足提升文化品质,提供与自然协调的生活环境,在产业发展的同时营造区域安全宜居的社会环境;3）超越横向和纵向、体制和行政界限,采取城市网络化思维,打破有效管理城市区域可持续发展的界限障碍;4）突出区域轨道网络的重要作用,使整个地区通过通勤、客货运输、信息交流等整合在一起; 5）保持和发展区域教育系统的优势,以培养和吸引世界最优秀的人才,维持对外来人才的开放性和包容性。

专栏4-4 走向持续的繁荣——世界城市的雄心和愿景

■《大伦敦空间发展战略》

2011年新一版《大伦敦空间发展战略》在空间层面整合了伦敦交通、经济、住房、文化、社会、环境等一系列市长战略。2031年伦敦成为卓越的全球城市:

——一座能适应经济和人口增长挑战的城市;一座拥有国际竞争力的成功之城;

——一座拥有多元、繁荣、安全、便捷邻里空间的城市;

——一座赏心悦目的城市;

——一座能改善环境领域的世界典范之城;

——一座所有人都可以容易、安全、便捷地上班及利用各类设施的城市。

■《纽约城市规划:更绿色、更美好的纽约》

到2030年将纽约市建成"21世纪第一个可持续性城市"。

增长是纽约面临的首要挑战,面对未来经济与人口的增长（预计到2030年纽约市人口达到900万人）,要高效利用城市土地来满足增长的需求,并能建设足够的住房容纳日益增加的人口（未来将新增100万纽约人）。在纽约规划中提出了一系列基于土地空间布局的宏观导向,主要涉及三个领域:住房、开放空间和棕地开发。

■《2020年的东京战胜地震灾害,引领日本再生》

2011年发布的《2020年的东京——战胜地震灾害,引领日本再生》,提出东京在大地震灾后的城市再生战略,并以"充满创造性的文化都市"为目标定位。

——实现高度化的防灾城市,向世界展示东京的安全性

——创造低碳高效的独立分散型能源社会

——复活水与绿化走廊所包围的魅力城市

——将海、陆、空有机结合,提升东京的国际竞争力

——提高产业效率,提升都市美丽度,使东京走向新的增长轨道

——建构出生率低的高龄城市化模式,向世界展示东京的示范作用

——创造人人都可以应对挑战的社会,培养活跃在世界舞台的人才

——培养对体育活动的亲近感,创造给儿童以梦想的社会

■《香港2030》

2000年年底，香港规划署启动全港发展规划大纲的研究工作，并将其命名为"香港2030：规划远景与策略"。

城市愿景：成为亚洲的国际都会。目标为增强经济竞争力，改善生活质量和生活水平，加强与内地的联系。

空间发展：希望通过"稳中求复、生态保育、铁路为本、通达四方"的空间策略来实现以上的目标。

资料来源：同济大学.上海城市规划设计研究院.后世博上海城市战略规划研究——从世界经济中心城市发展看上海城市未来发展规划战略[Z].2012.

3 面对多重挑战的中国城市化环境

3.1 未来可持续发展的艰巨性

中国作为新兴城市化地区，城市可持续发展面临的挑战也日益严峻。一方面，经济全球化和信息化为中国的工业化、城市化提供新的机遇，也构成了中国新型城市化和新型工业化发展的外部环境，促进中国各级城市网络发展并融合到新的全球城市网络体系之中。而另一方面，城市发展将面临更加严峻的资源能源约束、更加艰巨的人口城市化任务、更加激烈的全球竞争环境和更加迫切的转型发展要求。

（1）更加严峻的资源能源约束

资源能源短缺造成的结构性矛盾是中国城市发展必须面对的长期瓶颈。大部分资源的人均占有量远低于世界水平，人均耕地面积为0.1hm²，人均森林面积为0.12hm²，人均淡水为2257m³，分别为世界人均水平的42%、20%和27%。45种主要矿产资源人均占有量不足世界人均水平的一半（表4-9）。

中国人均资源与世界平均水平的比较　　　　　　　　　　　　表4-9

资源种类	人均占有水平	占世界人均水平比重（%）
耕地	0.1hm²	42
淡水	2257m³	27
森林	0.12hm²	20
矿产保有储量潜在总值： 其中：煤炭（探明可采储量） 石油（剩余储量） 天然气（探明可采储量） 铁矿石	0.93万美元 98.94t 2.7t 769m³ 36t	58 53 11 3 71

资料来源：中国科学院资源环境科学信息中心.我国能源发展战略研究[Z].2004.引自：吴敬琏.中国增长模式抉择[M].上海：上海远东出版社，2005.

经济发展阶段特点和资源环境背景使快速发展的中国城市面临更大的资源、能源约束。以占全球7%的耕地和7%的淡水资源支撑占全球21%人口的城市化，大量消耗不可再生资源，低效率、外延式的发展模式在资源紧约束的条件下不可持续。

从资源消耗情况来看，快速城市化进程中人口增长与能源、水资源等环境约束的冲突日渐凸显，资源环境瓶颈问题对快速城市化进程中城市的可持续发展形成制约，城市土地、淡水及能源供应压力不断增大（图4-5）。

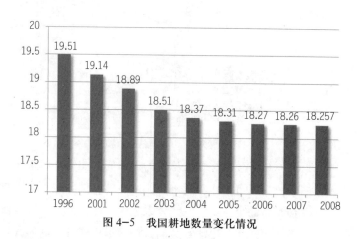

图4-5　我国耕地数量变化情况

区域生态环境状况越来越严峻。城市水、气环境指标难以达标，出现近海水域严重污染导致"海洋荒漠化"、地下水过度开采引发大面积漏斗区等。

从中国能源使用和排放基本特征来看，2007年中国已超越美国，成为世界上二氧化碳排放总量最大的国家。根据国家发改委的统计，我国2008年石油消费对外依存度已经达到49.8%，在刚性需求下中国石油、天然气消费对国际市场的依存度在一定时期内还将保持不断增长的趋势。就整体水平而言，中国人均碳排放量仍然很低。但是在中国人口众多、基数庞大与人均水平低、增长迅速的能源消耗特征下，中国能源消耗及其碳排放的总量还将在一定时间内持续地处于一个增长和上升的过程中。根据预测，到2020年我国石油对外依存度将达到60%（国家发改委能源交通司，2008）。全球温室气体减排的压力和自身发展的能源安全是中国在21世纪面临的重大挑战。

（2）更加艰巨的人口城市化任务

2011年全国的城市化水平达到51.2%，城市化水平过半并不意味着我国的城市化已经进入平稳发展阶段，相反将面临更加艰巨的人口城市化任务。

第一，人口城市化继续增长的压力。农村地区仍有数量巨大的农业和农村人口需要转移。按照一般的经验，城市化达到70%~80%，城市化水平的提高进入相对稳定的状态，这意味着仍有3~4亿的农村人口将加入到城市化进程中，按照目前的城市化速度，每年需新增城镇人口约1500~2000万人，将产生巨大的就业需求压力（图4-6）。

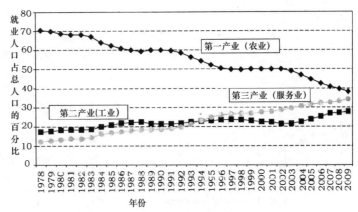

图 4-6　1978~2009 年全国就业结构的变化
资料来源：巴里·诺顿著.中国经济：转型与增长 [M].安佳译.上海：上海人民出版社，2010.

第二，城市社会到来，城市化的主要矛盾正在发生转移，经济发展水平与社会、制度及文化现代化滞后的矛盾将会越来越突出，能否化解不断出现的社会矛盾，实现社会的和谐发展，将决定中国现代化的命运。

第三，城乡协调发展的压力。城市化是城乡转型的社会过程，健康、有序的城市化进程必然需要通过城乡联动来实现。但长期以来城乡协调发展的二元化体制障碍并没有根本性突破，从改革开放初期离土不离乡的模式正在逐步过渡到异地城市化模式，由于体制障碍，致使大量的转移人口徘徊在城市门槛之外，形成一种更大范围的离土不离乡模式。城市经济日趋繁荣而农村经济走向衰落，城市发展建立在农村劳动力的不断析出上，而没有真正建立起以城哺乡的政策环境和城乡双向流动的制度环境，这样的城市化将是不可持续的。

第四，人口结构变化的影响和挑战。中国人口增长已从"高生育率、低死亡率、高增长率"进入"低生育率、低死亡率、低增长率"阶段，近 10 年来，人口出生率约为 12‰，死亡率约为 7‰，自然人口的增长率约为 5‰，发达国家实现这种人口增长模式的转变一般经历了 50 年以上，甚至近百年的时间。人口发展环境决定了中国的城市化将面临更大的发展挑战。

未富先老是中国 21 世纪面临的严峻的人口问题。按照国际上老龄化程度的标准，60 岁及以上老人比重超过 10%，或 65 岁及以上老人比重超过 7%，即为老龄化社会。按照这一标准，1999 年我国已进入老龄化社会，而 2010 年 60 岁及以上人口占 13.26%，其中 65 岁及以上人口占 8.87%。有的大城市甚至已经超过 20%（图 4-7）。

同时，由于出生率快速下降，人口红利减弱，劳动力优势降低。虽然我国计划生育基本国策的执行，有效地控制了人口过快增长的势头，缓解了人口增长对资源环境的压力，为经济社会平稳较快发展奠定了一个较好的基础，但生育率过低造成的人口结构矛盾越来越受到关注。一般认为生育率保持在 1.8 左

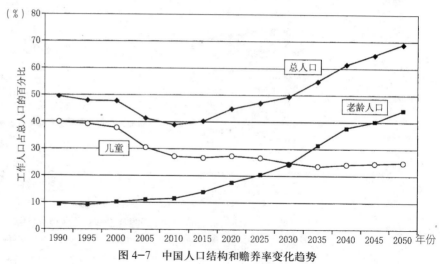

图4-7 中国人口结构和赡养率变化趋势

资料来源：巴里·诺顿著.中国经济：转型与增长 [M].安佳译.上海：上海人民出版社，2010.

右是一个临界值，但我国的人口出生率明显低于这一临界值，将引起新的社会、经济矛盾。

（3）更加激烈的全球竞争环境

中国未来的城市化必须应对更加激烈的全球竞争环境。城市都需要在日益激烈的竞争环境中谋划可持续发展的动力。

未来城市竞争力将取决于：产业核心竞争力——产业结构与高附加值产业。城市地位将取决于控制的价值链区段和服务经济的能力，不能实现产业结构的升级转型，就不可能确立中心城市的地位；城市功能竞争力——提供服务与区域控制能力；空间结构竞争力——空间的效率与环境的质量。

与发达国家的城镇密集地区相比，我国最重要的三大城市区域发展水平仍然不高，尚处在全球产业链的中、低端。随着经济全球化趋势和科技进步、信息化的进一步发展，以及全球产业结构的不断调整、升级，各国、各层次城市之间职能的分化重组和资源再配置的趋势更加明显。

中心城市综合经济规模的差距，更表现在城市服务功能的不足。传统的制造业仍然是经济增长的主要动力，但以金融、信息、管理等为代表的生产性产业正在一些区域中心城市得到飞速发展，并开始成为主导这些城市经济增长的重要方式。作为中心城市的功能核心在于其服务区域经济的能级，信息产业成为主导经济发展的推进器，服务型经济（生产性服务业）将逐步超过工业经济成为主导城市服务能力的关键因素。

与国际性中心城市比较，上海建设用地结构仍然呈现出典型的工业化阶段投资驱动的基本特征（表4-10）。2008年，上海港国际中转箱量仅为5%，而新加坡港达85%、香港达60%、韩国釜山达45%。

上海与案例城市主要建设用地门类比重比较 表 4-10

	居住用地	绿地	交通用地	前三者合计	工业用地
大伦敦（2005 年）	32.56	38.23	14.12	84.9	—
纽约市（2006 年）	42.15	25.37	18.08	85.6	3.74
东京都（2006 年）	58.2	6.3	21.8	86.3	4.84
香港特区（2007 年）	29.06	8.55	21.37	58.97	9.40
上海市（2010 年）	20.48	6.73	18.56	45.77	27.67

资料来源：同济大学，上海城市规划设计研究院.后世博上海城市战略规划研究——从世界经济中心城市发展看上海城市未来发展规划战略 [Z].

（4）更加迫切的转型发展要求

从经济运行和资源环境的背景来看，在过去的 10 年里中国人均 GDP 从 800 美元上升到近 4000 美元，2010 年成为全球第二经济大国、第一外贸大国，然而资源和生态环境的压力、土地利用粗放、城市化过程中要素系统不匹配的矛盾不断加剧，转变高投入、高能耗、高排放、高污染、低效率的经济发展方式的要求迫在眉睫。城乡空间布局混乱、规划失效、重复建设、耕地流失、资源瓶颈、环境污染等问题已经严重威胁了城乡区域的健康发展。继续盲目追求高速发展势必将面临更巨大的发展压力以及难以持续的问题。

"土地财政"已成为地方政府平衡地方财政支出的重要途径。据银监会统计，地方政府在城市基础设施投融资上获得的抵押贷款增长较快，截至 2009 年年末地方政府融资平台贷款余额为 7.38 万亿元，出让土地使用权的收入是地方政府还贷的主要来源。近 10 年来，各地土地出让金收入迅速增长，在地方财政收入中比重不断提升。2009 年全国土地出让金达到 1.5 万亿元，相当于同期全国地方财政总收入的 46% 左右。

根据上海市历年的单位 GDP 能耗等指标公报，尽管上海单位 GDP 能耗在逐年下降，但经济增长对能源的极度依赖现象仍然存在（表 4-11、图 4-8）。

上海"十一五"能耗数据分析 表 4-11

年份	GDP 总量（亿元）	增速（%）	单位 GDP 能耗（t 标准煤／万元）	上升或下降（%）
2006 年	10296.97	12	0.873	-3.71
2007 年	12001.16	13.3	0.833	-4.66
2008 年	13698.15	9.7	0.801	-3.78
2009 年	14900.93	8.2	0.727	-6.17

资料来源：上海市统计局.上海市统计年鉴 2006 ～ 2009[M].

从社会环境来看，中国城市化正逐步接近峰值，"十二五"期间将是重要的转折点，根据第六次人口普查数据推测，2011 年中国城市人口将首次超过农村人口，到 2015 年我国城市化水平将进一步上升至 55% 左右。从人口发展趋势上看，根据国家计生委的人口预测，2030 年前后我国人口达到峰值，总

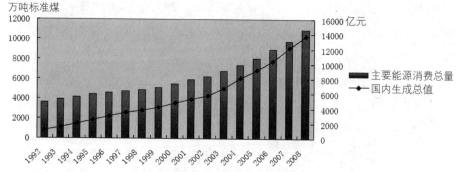

图4-8 上海主要能源消费总量与国内生产总值（1992～2008年）
资料来源：上海市统计年鉴资料，上海市统计局，1993～2009.

人口将达到15亿左右，城市化水平将达到65%左右。这不仅意味着人口的流动性、城市发展规模、数量和城市分布的进一步变化，更意味着中国的城市化进程远未结束，人口转移的能量巨大，其影响和压力不可估量。基于区域视角协调人口转移中的矛盾，选择合理的城市化布局形态和城乡生产力布局，解决好城市就业、社会保障问题，避免对城市发展的冲击，已成为当今发展的共识。

大规模的人口流动意味着外来人口对当地人口规模产生巨大的影响，对城市规划工作也带来巨大挑战。但事实上外来人口对城市规模的影响又不能完全等同于相等数量的当地居民。因此，广东省在城市规划中计算外来人口对城市基础设施、公共服务设施的需求时，考虑到其结构和消费特点，大多是按照当地居民配置标准的70%计算，因此有学者将广东省，尤其是珠江三角洲地区，这种以外来务工人员为主要人口增量的城市化现象称之为"0.7城市化"（袁奇峰，2008）。这一现象具有普遍性，是我国城乡二元化体制下的独特现象，所谓"半城市化"、"不完全的城市化"已经引起广泛关注。

在空间建设层面，物质建设在相当长的时期内仍然会主导城市空间结构的发展，但已超越了单纯关注物质建设和规模增长的阶段。未来20~30年我国城市发展仍然处在快速增长的时期，但随着城市发展阶段的提高，城市的功能和目标日趋综合和多元化，城市空间也将处于显著的形态变化和强烈的结构重组过程中。城市空间生成所面对的矛盾和问题会更加复杂，必须积极应对规模持续增长带来的发展压力，保持城市结构的协调和发展的效率。

中国经济经历了30年的高增长，高增长的背后依赖的是"低资金成本、低劳动力成本、低环境成本"的支撑。高增长之后势必进入结构盘整的时期，旧的增长驱动力不足，新的增长动力还未确立。"加快转变发展方式，大力推进经济结构战略性调整"是中国改革开放30年后跨入新时期发展阶段的重要使命。

3.2 具有中国特色的、可持续的城市化道路

（1）新的全球经济环境已经决定了中国的城市化不可能复制发达国家的道路。

世界城市化模式具有多样性和动态性，面对的城市问题也各不相同，其差别与其工业化所处的阶段、全球化环境、技术发展环境以及不同时期社会经济发生的变革密切相关。

中国城市化的未来环境，既需要考虑自身发展历程的特殊性，也需把自身发展放在国际背景上。中国的城市化处在不同的技术进步周期，面对不同的人口发展环境、资源环境条件，正在经历市场化经济转型的过程，这些方面决定了中国的城市化不可能复制其他国家的道路。特别是最近30年也是全球经济环境、政治环境、文化环境、生态环境发生大变革的时代，中国的城市化将受到越来越大的外部影响和约束。

由于我国地域辽阔，资源环境差异大，发展基础各不相同，缩小地区差异，城市化政策和城市发展模式必然是差别化和多样化并存的态势。

（2）中国的大城市和城市群地区将肩负更大的责任，也将是发展的焦点，面对人口与资源压力，留给未来城市化发展的外延扩张的空间已经十分有限，寻求理性发展将是必然的选择。

中国未来的大城市和城市群地区不仅是承载国家实现现代化、提升综合国力任务的关键地区，也是承载国家城市化的关键地区，面临着迫切的功能提升和空间结构调整的要求。而这些地区普遍面临城市功能不强、规划控制失衡、生态负荷超载、人居环境有待改善等一系列突出问题。若不能摆脱路径依赖造成的粗放发展，若不能实现发展方式的率先转型，发展将难以持续。

（3）面对城乡社会转型的要求和新型工业化、城市化环境，寻求内生发展动力、以人为本的城市化是可持续发展的必然选择。

（4）新的发展环境下，城市功能与结构的形态协调发展需要宏观的、区域尺度的和长期的战略性思维。加强空间规划作为宏观调控的重要手段，不仅需要密切关注区域化进程中引起城市形态变化的新要素、新趋势，也亟需从新的理论视角和实践途径进行系统思考和探索。

（5）中国的城市化进程远未结束，影响将日益广泛、复杂而深入，发展的独特路径，也决定了研究城市化的环境及其趋势，积极探索中国城市可持续发展道路，是城市规划学科肩负的历史使命。

第2篇

城市的形态与形象
Urban Forms and Images

引言

城市形态与形象论题侧重于从城市持续发展与培育城市发展活力的视角，探讨优化城市空间布局的重点和对策。

■ 城市化空间的区域化。快速城市化与经济全球化带来的区域空间体系的重构，正在加速推动中国城市的区域化进程。适应由个体发展走向群体发展趋势，实现区域健康发展，不仅是中国城市化的必由之路，也是提升中国城市竞争力的关键，重塑产业和空间发展的关系，保持城市结构的效率、开放性和实现城市功能的提升。在促进区域协调发展中，以空间规划为区域整合发展的平台，其意义和作用正在不断扩大。

■ 城市空间的生态化和集约化。生态化是当今全球城市发展的重要命题，集约化是中国城市可持续发展的重要内涵。集约化主要包括三个方面的含义，资源节约、结构高效和环境友好。进一步大规模城市化的趋势意味着更大的环境压力和资源需求，城市空间必须以更为紧凑的形态、更富集约化的结构，重塑自然和空间发展的关系、经济与社会发展的关系。通过合理的、不同层次要素控制和结构导向，保持城市发展的可塑性和不同系统间发展关系的协调。

■ 城市空间的人文化。重视城市的社会服务功能，满足人民作为城市主体的需求，不仅是激发城市持久活力的重要手段，也是在城市多元目标追求中的核心取向。体现以人为本的发展理念，始终将人文精神置于城市建构的中心地位，是城市发展的价值所在。

第5章

区域化与新城市格局

Regionalization and New Pattern of Urban Development

第1节 中国城市发展走向区域化

1 城市发展环境的区域化

中国的经济社会发展取得了举世瞩目的成就，城市化及其空间形态和规模也发生了结构性的变革，所带来的影响也正前所未有地在区域尺度展开并不断深入。

城市化本身就是区域化不断加深的过程。城乡转型进程中地域空间组织关系和结构不断变化，使城市区域化与区域城市化现象交织。随着城市化进程的推进，城市产业的扩散和转移的影响、技术的进步及交通技术的发展使城市走向区域，加速了中心城市的形成，引起城市功能的扩散，带来区域整体结构的重组。与之相应的区域与城乡的土地利用、城市的经济结构、城乡生态环境与景观都在发生着巨大的变化。

城市发展的动力日趋源自区域化。改革开放后积累的工业化基础契合了全球化带来的资本流动和国际贸易的影响，经济全球化在形式与内容、广度和深度上的进展，加速推动中国制造业走向国际市场，城市外向度越来越高。城市化进程和全球化背景对社会、经济、环境带来的广泛影响正使城市变得越来越开放，城市系统趋于扁平化，竞争优势相比其比较优势显得越来越重要。

区域化已经构成当前城市发展的基本环境和趋势，推动城市从个体发展逐步走向群体化发展。基于区域化背景下的发展模式转型成为中国城市可持续发展面对的首要挑战，聚焦区域协调和城乡统筹也成为城市化战略转型的重要内容。

2 城市化空间的区域化

2.1 国土开发的纵深化和多极化趋势

在工业化与城市化快速发展的进程中，以珠三角、长三角、京津冀三大城镇密集地区引领国家经济成长的发展格局已经形成，一批新的城镇密集地区也正在快速崛起。

从 1980 年代开始，珠三角地区作为改革开放的试点迅速崛起，成为中国走向世界的前沿。随着香港、澳门的回归，中央政府与香港签署 CEPA 协议，同时广东省政府提出泛珠三角战略，国家"十二五"规划中进一步提出加快南沙开发、港深共同开发前海、珠海澳门共同开发横琴岛等决定，珠三角作为城镇密集地区的整体能级不断提升，将在更大范围内重组珠三角的优势和发挥华南沿海地区增长极的作用。

1990 年代以来，以浦东开放开发为标志，以上海为中心的长三角地区成为东部沿海地区开发的热点，与珠三角共同成为拉动中国经济的两大引擎。凭借长江水道的优势，新一轮沿江沿海开发正使这一地区集聚起更大的能量，成为联动整个长江流域发展的战略重心。

进入 2000 年以来，北京作为国家首都和天津作为"北方中心"的新的发展关系逐步确立，以天津滨海新区开发为重点正加速推动京津冀地区成长。与此同时，辽中南城镇密集地区、山东半岛城镇密集地区也已成形，与京津冀地区共同构成覆盖北方沿海地区更大范围的环渤海湾经济圈。在东南沿海，以福州和厦门为中心的闽东南和粤东沿海城市群构成的海峡西岸城镇密集地区正在孕育。

我国东部发达地区产业升级为内陆地区承接产业转移带来历史性的机遇，使内陆地区与沿海地区形成一个产业联动的新格局，将会促进整个产业配套水平的大幅度提高。在中西部地带，一大批不同层次、不同规模、不同发展水平的城镇密集地区也在形成。包括以成都、重庆为中心的成渝城镇密集地区、以武汉为中心的江汉城镇密集地区、以长沙为中心的长株潭城镇密集地区、以郑州为核心的中原城镇密集地区、以西安为中心的关中城镇密集地区等。

随着东部地区的持续快速发展，缩小地区间发展差距，促进地区间均衡发展日益受到重视。2000 年以来国家相继提出西部大开发、振兴东北老工业基地、促进中部地区崛起、东部地区率先发展等一系列战略措施，国土开发总体格局正在形成。在继续保持东部地区快速发展的同时，力图通过中央干预的财政支持和政策引导，形成东中西互动、优势互补、相互促进、共同发展新格局，加快区域发展的均衡，中西部发展的进程明显提速。

"十一五"以来是国家高度重视区域协调发展时期，国家层面的区域规划受到空前重视，推动区域化发展多极化和纵深化发展成为国家战略。特别是 2008 年金融危机以来，国际贸易受到影响，外资、外贸对经济拉动的作用减弱，国家进一步提出加快内陆地区发展、扩大内需、促进产业转移的政策，以推动国土开发的均衡发展和纵深化发展。

2007 年以来是我国区域规划出台最密集的时期，在国家层面和政策层面，以区域规划为引领，加速促进多极化、纵深化的国土开发版图正在形成的过程中。

2.2 巨型城市地区发展的压力

在整个国家经济高速增长过程中，巨型城市地区持续增长已经成为重要的经济和空间现象，但发展压力也越来越大。在长三角、珠三角等地区，不仅像广州、苏州、杭州、东莞、佛山等省会或地级城市早已跨入特大城市行列，昆山、常熟、江阴等一批县级城市也已接近大城市、特大城市规模，甚至一批建制镇规模也远远超出了传统乡镇的概念，形成一批人口超过 20 万人、甚至出现超过 50 万人巨型"建制镇"。

快速增长的人口城市化与土地非农化带来空间规模不断扩张的需求，加剧了巨型城市地区在空间上连绵发展的态势。往往中心城市的边缘地区发展较快，而外围城镇基本上是沿着主要的交通网络发展，大型基础设施的建设又进一步促进了城镇空间功能网络的形成和城镇空间连片发展的趋势。土地资源的快速消耗正成为制约不同地区发展的瓶颈，经济增长要素和环境的制约日益突出，已成为可持续发展的重大阻碍。

在区域层面推进经济发展方式转变和城乡整体空间结构的协调成为新一轮发展的焦点，包括：①大规模、高密度城市社会的挑战；②产业升级与国际竞争力提升的要求；③大规模人口移动需要产业和城市容纳能力的接纳；④发展效率与建设空间连绵发展带来的资源环境压力；⑤城市间基础设施、环境保护等方面的协调。

2.3 高速交通时代的驱动

新一轮旨在促进国土开发的交通基础设施建设热潮正在大规模展开。继国家干线公路网建设热潮之后，国家高速铁路网的建设进一步加快。区域交通建设已经进入"高速化"发展阶段。

2000年以来，全国进入高速公路快速建设时期。长三角地区自1988年国内第一条高速公路（沪嘉高速）建成，直至1997年真正意义上的第一条城际高速公路——沪杭高速方才建成，但之后短短十多年，高速公路已成网，成为高速公路网最密集的地区。目前，我国高速公路总里程已达3.68万km，总长度仅次于美国，居世界第二。根据《国家高速公路网规划》，2035年前，全国将建成8.48万km的高速公路，将是高速公路里程最长的国家。

全国高速铁路网正在加速行程中。已建成客运专线超过7000km，按照《十二五铁路规划》目标，全国高速铁路网规模到2015年将达2.5万km。京津冀、长三角、珠三角等一批发达地区内部城际轨道交通也开始大规模建设，到2020年这些地区将形成覆盖主要城市的高速铁路网。

以高速铁路、高速公路为代表的城际交通基础设施的建设，不仅会改善城市之间、地区之间的交通联系，更为重要的是将改变原有的时空关系。按照欧洲的经验，高速铁路将把80%~90%的客流运送到500km的范围，把50%的客流运送到800km的范围。这将深刻影响区域经济发展的空间布局和功能组织模式，带来人口分布与流动、产业集聚模式的重大变化，在不断变化的区域关系中生成新的空间现象。

2.4 区域协调与城乡统筹的要求迫切

快速城市化阶段的重要特征是农村富余劳动力大规模向城市和非农产业转移。一方面，城乡关系发生深刻变化。例如，在一些东部沿海地区，地区性生产网络成长促进了城乡空间关系的整体演化。这种转变不仅发生在城镇之间，也发生在城乡内部，呈现城乡职能专业化、城乡空间层次扁平化的趋势，带来城乡整体关系转变。

另一方面,新的城市化环境使城乡关系面临进一步变革的要求。目前城市化经济已经达到一定水平,人口集聚能力也在不断增强,但地区之间、城乡之间日益扩大的发展差距并没有弥合,城乡之间二元化的制度性障碍仍然存在。

从区域视角认识并寻求城乡协调发展成为新一轮城市发展需要迫切关注的课题。中国的城乡关系在持续了几十年的计划经济框架下,通过农业对工业、对城市的支持,有倾斜地构筑了较先进的城市,获得了国家经济起飞的基础,也造就了相对落后的农村。两类身份制度、教育制度、就业制度、公共服务制度,不仅导致了城乡居民人均收入的差距日益扩大,也导致了城乡居民基本公共服务水平过于悬殊。农业、农村及农民构成的"三农"问题已经成为制约社会经济全面发展的瓶颈。

3 区域是谋划城市功能提升和结构优化的基本纬度

从区域角度认识城市形态发展问题,谋划城市形态的协调发展对处在快速发展阶段的中国城市而言,具有极为重要的意义和现实作用。

区域网络化将深刻影响城市未来空间的组织形态。由个体走向群体化发展,不仅仅是规模的意义,更重要的是结构的意义。其影响表现在:①城市功能的开放性与节点性将强化城市化空间的网络化与多中心化趋势;②专业化的新型城市功能区将在增强城市功能开放性与空间关联性方面发挥重要作用,并成为区域化过程中影响城市之间结构组织关系的重要形式;③新区位要素成为城市空间结构调整的战略重点。传统区位强调城市所在的自然地理空间位置的比较优势,传统区位因子正变得越来越弱,战略区位如门户区位、信息区位、航空枢纽区位、新经济网络节点区位,正对区域与城市发展及空间组织发挥越来越明显的作用,将地理区位优势转化为经济区位优势成为城市结构调整的关键,将城市空间的扩展方向与战略性区位结合成为众多城市和地区新一轮发展战略的支点;④土地资源极为有限的条件对城镇空间也提出相应要求,需要从区域尺度建立集约使用土地资源而富有效率和质量的城镇空间系统。

区域整体发展将是城市结构优化和城乡协调发展的基础,以达到集约开发与利用资源、提高整体环境质量以及协调城乡建设空间的目标。

中国的城市化环境已经发生巨大的改变。2010 年城市化水平达到 49.7%,若按照世界城市化的一般趋势,城市化水平在达到 70%~80% 后逐步稳定。尽管中国的城市化是否会达到这么高的一个水平尚存疑问,但可以肯定,未来10~20 年将是中国城市化推进的关键阶段,且面临规模增长和提高城市化质量两方面的挑战。了解中国城市化的宏观政策背景和趋势,是思考和谋划城市空间长远发展的前提。

"十一五"期间国家中长期发展规划首次将城镇化上升为国家战略,

"十二五"规划中进一步提出"优化空间格局,促进区域协调发展和城镇化健康发展;实施区域发展总体战略;实施主体功能区战略;积极稳妥推进城镇化"的构想,反映了未来城市化格局与区域化战略的发展趋势和国家政策层面的基本导向。

第2节 国土开发战略与未来城市化空间格局

1 体现差异化发展的国土开发总体战略

我国的地域差异性十分明显,因此体现差异化的国土开发政策是有序推进我国城市化格局的基本方针。国土开发分区经历过多次变化(王凯,2005)。1950年代提出华东、华北、中南、东北、西北、西南"六大经济区"区划方案。1980年代国家提出"梯度开发"的区域发展总体战略。"七五"期间提出东部、中部、西部"三大经济地带"。"九五"计划中提出东北地区、渤海湾地区、长江三角洲及沿江地区、东南沿海地区、西南及广西地区、中部五省地区、西北地区"七大经济区"区划方案。"十五"规划中提出东北经济区、北部沿海经济区、东部沿海经济区、南部沿海经济区、黄河中游经济区、长江中游经济区、大西南经济区、大西北经济区"八大经济区"区划方案。

自"十一五"以来,国家政策层面逐步理清了"东部、中部、西部和东北"四大地区。[①]"十二五"规划中进一步明确了"西部开发、东北振兴、中部崛起和东部率先发展"的总体战略,明确了西部、东北、中部、东部及边疆和扶贫地区五类地区发展的重点,提出"充分发挥不同地区比较优势,促进生产要素合理流动,深化区域合作,推进区域良性互动发展,逐步缩小区域发展差距"。

构建城市化战略格局。遵循城市发展客观规律,以大城市为依托,以中小城市为重点,逐步形成辐射作用大的城市群,促进大中小城市和小城镇协调发展。空间上构建"两横三纵"国土开发结构。以陆桥通道、沿长江通道为两条横轴,以沿海、京哈京广、包昆通道为三条纵轴,以轴线上若干城市群为依托、其他城市化地区和城市为重要组成部分的城市化战略格局,促进经济增长和市场空间由东向西、由南向北拓展。

同时明确了不同地区的发展任务。在东部地区逐步打造更具国际竞争力的城市群,在中西部有条件的地区培育壮大若干城市群。科学规划城市群内各城市功能定位和产业布局,缓解特大城市中心城区压力,强化中小城市产业功能,增强小城镇公共服务和居住功能,推进大中小城市基础设施一体化建设和网络

---

① 东部地区包括北京、天津、河北、山东、江苏、上海、浙江、福建、广东、海南10个省级行政区;中部地区包括山西、河南、安徽、江西、湖北、湖南6个省级行政区;西部地区包括广西、重庆、四川、贵州、云南、西藏、陕西、甘肃、宁夏、内蒙古、青海、新疆12个省级行政区;东北地区包括黑龙江、吉林、辽宁3个省级行政区。

化发展。积极挖掘现有中小城市发展潜力，优先发展区位优势明显、资源环境承载能力较强的中小城市。有重点地发展小城镇,把有条件的东部地区中心镇、中西部地区县城和重要边境口岸逐步发展成为中小城市。

1.1 东部率先发展

东部地区是改革开放以来经济最为活跃的地区，基本形成较为发达的城镇体系，许多地区已开始进入工业化发展的中后期阶段。东部地区对外区位条件优越，城市化和工业化发展水平较高，经济基础条件较好，科技与资本优势明显，在未来相当长的时期内也将是吸引外来人口聚集的主要地区。但是，东部沿海省区之间发展不平衡，珠三角、长三角和京津冀三大地区与其经济腹地之间的联系欠缺，东部地区的自然资源、生态环境和城市大规模发展之间的矛盾突出，许多地区经济高速发展过程中，也引发了资源紧缺和生态环境质量恶化等突出的问题，如大气灰霾、酸雨、缺水、近岸海域污染、水污染、地下水超采等，造成区域生态系统服务功能下降。迫切需要加强空间资源的统筹管理，加强生态环境保护，促进区域社会经济一体化发展。

从国家层面，发展沿海地区是立足全球的战略部署，是寻求并确立未来世界经济强国地位的支点。当前沿海地区正开始新一轮的布局，其中天津滨海新区、江苏沿海地区、海峡西岸经济区等，是改革开放以来东部地区新的战略部署。经济最活跃的三大沿海板块——长三角、珠三角和京津冀，则再次被重新部署，赋予其新的发展内容和任务。

"十二五"规划提出"积极支持东部地区率先发展。发挥东部地区对全国经济发展的重要引领和支撑作用，在更高层次参与国际合作和竞争，在改革开放中先行先试，在转变经济发展方式、调整经济结构和自主创新中走在全国前列。着力提高科技创新能力，加快国家创新型城市和区域创新平台建设。着力培育产业竞争新优势，加快发展战略性新兴产业、现代服务业和先进制造业。着力推进体制机制创新，率先完善社会主义市场经济体制。着力增强可持续发展能力，进一步提高能源、土地、海域等资源利用效率,加大环境污染治理力度,化解资源环境瓶颈制约。推进京津冀、长江三角洲、珠江三角洲地区区域经济一体化发展，打造首都经济圈，重点推进河北沿海地区、江苏沿海地区、浙江舟山群岛新区、海峡西岸经济区、山东半岛蓝色经济区等区域发展，建设海南国际旅游岛"。

《全国城镇体系规划》中提出东部地区发展指引：提升城镇化的质量，按照优化开发的原则，提高人口素质，优化人口结构；加快珠三角、长三角和京津冀三大都市连绵区的发展和资源整合，注重土地的集约利用，控制空间的无序蔓延；中小城市与中心城市形成网络状的城镇空间体系；加强生态环境保护，特别是水环境的综合治理，建设节水型城市。加强近岸海域污染的防治，保护海岸生态系统。

东部地区城市化受到城镇密集地区的拉动作用会更加明显，促进大中小城市共同发展的网络型城镇体系的发育，长三角、珠三角、京津冀、山东半岛、辽中南、海西等城镇密集地区将逐步完成城市经济向后工业化阶段的转型，是人口和经济的主要承载区。东部地区要突出强调城镇群的发展质量，提升国家中心城市服务功能，提高辐射带动全国发展的能力，提高城市的综合承载力。

1.2　中部崛起

中部地区承东启西、纵贯南北，具有土地、矿产资源等生产要素的比较优势，交通等基础设施条件和经济技术基础较好，工业化水平在全国处于中等位置，具有进一步吸引资本的良好条件。虽然中部地区中心城市有了很大发展，但在区域经济中发挥中心作用的大城市和特大城市较少。各省均在打造各自的经济集聚区，形成相互分割的城镇体系空间结构形态，缺乏真正意义上的区域中心城市。中部地区也存在着人口基数大、城市化水平不高、高端人才不足、地方发展观念和制度创新滞后等问题。

2006年4月，《中共中央、国务院关于促进中部地区崛起的若干意见》正式出台，提出中部地区是重要粮食生产、能源原材料、装备制造业基地和综合交通运输枢纽，在经济社会发展格局中占有重要地位。中部崛起可以起到承东启西的作用，承接东部发达地区优势，带领西部经济发展，促进东中西经济平衡发展。

"十二五"规划也提出"大力促进中部地区崛起。发挥承东启西的区位优势，壮大优势产业，发展现代产业体系，巩固提升全国重要粮食生产基地、能源原材料基地、现代装备制造及高技术产业基地和综合交通运输枢纽地位。改善投资环境，有序承接东部地区和国际产业转移。提高资源利用效率和循环经济发展水平。加强大江大河大湖综合治理。进一步细化和落实中部地区比照实施振兴东北地区等老工业基地和西部大开发的有关政策。加快构建沿陇海、京广、京九和长江中游经济带，促进人口和产业的集聚，加强与周边城市群的对接和联系。重点推进太原城市群、皖江城市带、鄱阳湖生态经济区、中原经济区、武汉城市圈、环长株潭城市群等区域发展"。

《全国城镇体系规划》中提出中部地区发展指引：加强粮食主产区的建设；利用良好的能源、交通、水、土地、劳动力、原料等条件，抓住机遇大力发展有比较优势的能源和制造业；大力培育城镇群和中心城市，促进中部地区崛起，加强承东启西的作用。

中部地区将形成沿交通干线发展大中城市，集中和分散发展模式并举的城市化格局。特别是沿长江、京广、京九、陇海等交通干线的省会城市以及一大批区域性交通枢纽城市，将会进一步促进包括制造业在内的工业产业集聚。同时，中部地区农业比重大、农村人口多，集中了国家粮食等重要农产品基地江汉平原、中原平原等地区，这些地区的中小城市和小城镇的发展也将会明显加快，促进工业化、城市化和农业现代化的协调发展将是重要任务。

1.3 西部开发

西部地区地域广阔，经济相对不发达，工业化基础薄弱，城镇体系相对不完善，许多地区仍处于城市化发展的初级阶段。西部地区资源与环境差异性大。其中西南地区受自然条件限制，对城镇体系的分布结构产生较大影响。而西北地区地广人稀，城镇规模小，水资源短缺和生态环境脆弱的矛盾突出，对地区生产力布局造成限制，也是城市发展的门槛。随着国土范围内的城市化进程带来的地区性人口迁移，人口总体上存在随人口转移而逐步减少的趋势。

1999年3月，《国务院进一步推进西部大开发的若干意见》提出推进西部大开发的十条意见。指出西部大开发战略的实施，有利于培育全国统一市场；有利于推动经济结构的战略性调整，促进地区经济协调发展；有利于扩大国内需求，为国民经济增长提供广阔的发展空间和持久的推动力量；有利于改善全国的生态状况，为中华民族的生存和发展创造更好的环境；有利于进一步扩大对外开放，用好国内外两个市场、两种资源，具有重大的经济、社会和政治意义。

"十二五"规划提出"推进新一轮西部大开发。坚持把深入实施西部大开发战略放在区域发展总体战略优先位置，给予特殊政策支持。加强基础设施建设，加强生态环境保护，强化地质灾害防治，推进重点生态功能区建设，继续实施重点生态工程，构筑国家生态安全屏障。发挥资源优势，实施以市场为导向的优势资源转化战略，在资源富集地区布局一批资源开发及深加工项目，建设国家重要能源、战略资源接续地和产业集聚区，发展特色农业、旅游等优势产业。大力发展科技教育，增强自我发展能力。支持汶川、芦山等灾区发展。坚持以线串点、以点带面，推进重庆、成都、西安区域战略合作，推动呼包鄂榆、广西北部湾、成渝、黔中、滇中、藏中南、关中—天水、兰州—西宁、宁夏沿黄、天山北坡等经济区加快发展，培育新的经济增长极"。

《全国城镇体系规划》中提出西部地区发展指引：加强和完善区域和省域中心城市功能；重点发展县城、工矿区和工贸城镇；加快口岸城市建设，加强交通通道、能源通道等的建设。在保护生态的基础上，建设大型能源基地；推行生态环境保护优先的集中式城镇化发展战略，鼓励生态移民。扶持革命老区和少数民族地区城镇的发展，促进特色经济发展。

依据资源与生态环境特点，有重点地推进城市化将是西部地区发展的重要战略。盲目追求城市规模、不切实际地规划城市群或偏片面强调大中小完整的城镇体系并不可取。除省会及地级城市，发展重心主要放在加快建设各县的城关镇和交通条件优越的建制镇，有选择地发展小城镇。根据淡水资源和生态环境容量要求，稳步推进工业化和城市化的协调发展，减少农业人口，促进城乡协调，资源型城市通过技术改造逐步提高加工增值水平和发展第三产业改善经济结构。沿边境的开放城市则通过扩大开放，逐步建设成面向东南亚、西亚和中亚的窗口城市和边贸城市。

成渝地区、关中—天水，北部湾三大城镇密集地带和省会城市发展加快。成渝地区所在的四川盆地人口密集，是国家设立的统筹城乡综合配套改革试验区，新批复的规划要求将"三农"问题的解决纳入城市发展的目标体系之中，探索适合中西部地区的城乡统筹发展的道路。"关中—天水经济区"地处亚欧大陆桥中心，是承东启西、连接南北的战略要地，同时还是承接东中部地区产业转移的重要地区，将带动大关中、引领大西北。广西北部湾经济区是西部大开发地区唯一的沿海区域，也是我国与东盟国家既有海上通道又有陆地接壤的区域，应发挥面向东盟合作前沿和桥头堡的作用。

1.4 东北振兴

东北地区自然资源丰富，作为老工业基地，制造业基础好、比重大，曾在国家工业化战略中发挥了重要作用，是新中国成立后城市化发展最早的地区之一。以辽宁为代表的许多工业城市早在计划经济时代已经跨入大城市行列，辽中南地区曾是我国大城市最集中、城市人口最多的地区。但由于受到计划经济体制的长期影响，城市间横向联系弱，城市对周边地区的带动辐射作用小，在市场化改革进程中矛盾突出，发展速度慢，外向度低，尤其是一批重化工业城市、资源型城市面临产业转型的压力和迫切要求。

2003年10月，中共中央、国务院正式印发《关于实施东北地区等老工业基地振兴战略的若干意见》，提出并制定了振兴战略的各项方针政策。2007年8月，国务院批复《东北地区振兴规划》，提出经过10~15年将东北建设成为具有国际竞争力的装备制造业基地、国家新型原材料和能源的保障基地、国家重要商品粮和农牧业生产基地、国家重要的技术研发与创新基地，以及国家生态安全的重要保障区。

"十二五"规划提出全面振兴东北地区等老工业基地。发挥产业和科技基础较强的优势，完善现代产业体系，推动装备制造、原材料、汽车、农产品深加工等优势产业升级，大力发展金融、物流、旅游以及软件和服务外包等服务业。深化国有企业改革，大力发展非公有制经济和中小企业。加快转变农业发展方式，建设稳固的国家粮食战略基地。着力保护好黑土地、湿地、森林和草原，推进大小兴安岭和长白山林区生态保护和经济转型。促进资源枯竭地区转型发展，增强资源型城市可持续发展能力。统筹推进全国老工业基地调整改造。重点推进辽宁沿海经济带和沈阳经济区、长吉图经济区、哈大齐和牡绥地区等区域发展。

《全国城镇体系规划》中提出东北地区发展指引：以大中城市为主导，培育辽中南等城镇群，融入东北亚经济圈，突出口岸城市和港口城市在对外开放战略中的作用；着力振兴装备制造业，建立接续产业援助机制，促进老工业基地和资源型城市的转型；促进农业、林业的发展，巩固农业的基础地位，做好森林工业城市和国有农场地区的城镇建设。

东北地区各中心城市不仅需要注重省域内空间结构的完整性，而且需要关注整个区域的空间整体性。辽宁沿海经济带和沈阳经济区是东北地区发展的龙头。同时，应提高中心城市的带动作用，调整产业结构，提高制造业竞争力。

2　以城市群作为城市化布局的主体形态

东部地区为代表的城市群持续增长支撑了中国区域经济的发展，以群体化发展推进区域城市化进程，这一趋势在全国整体格局中会走向更加深入。

巨型城市地区是在工业经济造就的大城市地区基础上，在经济全球化和信息社会中，不断强化的一种空间形式。中国的巨型城市发展现象和问题已引起国际学者的极大关注。

早在1960年代法国地理学家戈特曼就提出城市带的概念，2500万人是城市带的基本规模，根据当时城市带在世界范围内的发育情况，认为在全球范围内已形成6个城市带，其中，包括中国的长三角地区，还有一批城市带正在形成中。若仅以地区户籍人口规模统计，目前在中国就有11个城市群的规模超过2500万人。其中，长三角16个城市户籍人口总规模已达到8000万人，常住人口规模超过1亿人，珠三角户籍人口规模2500万人左右，常住人口规模超过5000万人。霍尔认为中国至少有两个地区已经具备巨型城市的特质，即长三角和珠三角地区，并且认为，中国将以硕大无比的规模继续走同样的道路。麦肯锡全球研究院（MGI）的报告则同样描绘了中国城市化前景中巨型城市发展的趋势：预计在2025年，中国将出现221座百万人口以上的城市，其中有15个平均人口规模达到2500万人的超级城市，或11个平均覆盖人口超过6000万、相互之间经济联系紧密的"城市群"。无论这一预测是否会成为现实，但可以预见的是，大城市化和巨型城市化现象将是需要面对的现实。

巨型城市地区的发展将带来地区管制、可持续性、公平机会、城市服务和贫困等问题的挑战。不同地区存在发展差异，发展程度不同，对此现象需要正视其作用与多方面的影响，并以积极措施和对策引导其健康发展。

以大城市和大城市地区为核心的城市群地区在中国仍具有巨大的发展空间。与国际上许多国家的普遍现象相比，我国大型城市集中的人口比例相对偏低，100万人及以上规模城市的人口占全部城市人口的比重，低于美国、英国和法国等发达国家的水平，也低于发展中国家一般的比重（表5-1、图5-1）。

国务院发展研究中心研究报告提出未来我国将有20个主要城市群（表5-2）。目前，这些城市群的国土面积约占全国的20%，人口规模将近占全国人口总数的50%。根据最新的人口普查结果，新增城镇人口中的流动人口大部分集中于省内和沿海的大城市。到 2020 年，我国新增城镇人口总数大约为 1.62 亿人，60% 以上的新增城镇人口（总规模超过 1 亿人）将集中于上述城市群（图 5-2）。

中国城市人口规模结构   表 5-1

城市分类		城市规模（万人）	1987 年		1997 年		2007 年	
			城市非农业人口（含暂住人口）（万人）	城市个数	城市非农业人口（万人）	城市个数	城市非农业人口（万人）	城市个数
大城市	巨型城市	≥ 500	1257.99	2	1522.06	2	8467.77	8
	超大城市	200~500	1806.21	6	3006.84	10	6600.57	23
	特大城市	100~200	2217.93	17	2957.88	22	4588.57	32
	大城市	50~100	2155.24	30	3175.30	46	6406.58	91
中等城市		20~50	3120.15	103	6188.14	203	7538.48	245
小城市		10~20	1710.65	118	3405.68	239	3053.61	202
		5~10	649.15	86	922.89	116	348.61	47
		3~5	44.39	11	73.44	18	23.37	6
		1~3	1.66	6	15.02	8	2.04	1
		0.5~1	—	—	1.69	3	0.54	1
		0.2~0.5	—	—	—	—	—	—
		< 0.2	—	—	—	—	—	—
		合计	12965	382	21267.97	665	37029.60	655

资料来源：国务院发展研究中心课题组.中国城镇化：前景、战略与政策［M］.北京：中国发展出版社，2010.

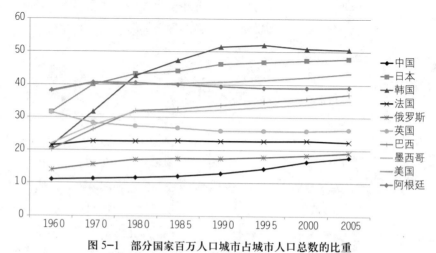

图 5-1　部分国家百万人口城市占城市人口总数的比重

资料来源：世界银行《世界发展指数 2007》。转引自：国务院发展研究中心课题组.中国城镇化：前景、战略与政策 [M].北京：中国发展出版社，2010：105.

部分国家百万人口城市占城市人口总数的比重　　　　　　表 5-2

地区	城市群	覆盖的城市
东部地区	长三角城市群	南京、杭州、宁波、苏州、无锡、常州、镇江、南通、扬州、泰州、湖州、嘉兴、绍兴、舟山、温州
	珠三角城市群	香港、澳门、广州、深圳、珠海、佛山、惠州、肇庆、中山、江门
	京津冀城市群	北京、天津、唐山、保定、廊坊、秦皇岛、张家口、承德、沧州等
	海峡西岸城市群	福州、厦门、泉州、三明、莆田、南平、宁德、漳州、龙岩等
	山东半岛城市群	济南、青岛、淄博、潍坊、东营、烟台、威海、日照
东北地区	辽中南城市群	沈阳、大连、鞍山、抚顺、本溪、营口、辽阳、铁岭等
	吉中城市群	长春、吉林、四平、辽源、松原等
	哈大齐城市群	哈尔滨、大庆、齐齐哈尔、绥化等
中部地区	太原城市群	太原、晋中、吕梁、阳泉、忻州部分县
	皖江城市群	合肥、六安、巢湖、淮南、蚌埠、滁州、马鞍山、芜湖、池州、安庆等
	中原城市群	郑州、洛阳、开封、新乡、焦作、许昌、平顶山、漯河、济源
	环鄱阳湖城市群	南昌、九江、景德镇、鹰潭、上饶
	武汉城市群	武汉、黄石、鄂州、孝感、黄冈、咸宁、仙桃、潜江、天门
	长株潭城市群	长沙、株洲、湘潭等
西部地区	成渝城市群	成都、重庆、德阳、绵阳、眉山、乐山、资阳、内江、遂宁、南充、达州
	呼包鄂榆城市群	呼和浩特、包头、鄂尔多斯、榆林区
	关中城市群	西安、宝鸡、咸阳、渭南、铜川、天水等
	天山北麓城市群	乌鲁木齐、昌吉、石河子、奎屯、乌苏、克拉玛依、吐鲁番
	北部湾城市群	南宁、玉林、北海、贵港、钦州、来宾、防城港
	滇中城市群	昆明、玉溪、曲靖、楚雄

资料来源：国务院发展研究中心课题组.中国城镇化：前景、战略与政策 [M]. 北京：中国发展出版社，2010.

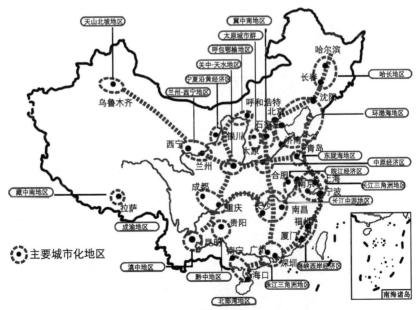

图 5-2　国家"十二五"规划中提出的"两横三纵"城市化战略格局
资料来源：国家"十二五"发展规划纲要.

3 以主体功能区优化资源保护与发展的关系

协调资源保护和发展的关系，以主体功能区战略推进国土空间开发，体现差异化的城市化模式，是我国优化国土开发与城市化格局的基本战略导向。

"十二五"规划提出按照全国经济合理布局的要求，规范开发秩序，控制开发强度，形成高效、协调、可持续的国土空间开发格局。对人口密集、开发强度偏高、资源环境负荷过重的部分城市化地区要优化开发。对资源环境承载能力较强、集聚人口和经济条件较好的城市化地区要重点开发。对影响全局生态安全的重点生态功能区要限制大规模、高强度的工业化城镇化开发。对依法设立的各级各类自然文化资源保护区和其他需要特殊保护的区域要禁止开发。基本形成适应主体功能区要求的法律法规、政策和规划体系，完善绩效考核办法和利益补偿机制，引导各地区严格按照主体功能定位推进发展。

2011年《全国主体功能区规划》从资源保护和发展角度制定的国土规划，将推进实现主体功能区主要目标的时间确定为2020年，范围包括除港澳台地区以外的全国陆地国土和领海。

制定全国主体功能区规划不是简单的区域划分，而是蕴含着支撑经济增长、促进城乡区域协调发展、提高可持续发展能力、增强国际竞争力的综合性战略思路和内涵。实施主体功能区战略，是我国土地空间开发思路、开发模式的重大转变，也是国家区域调控理念、调控方式的重大创新。

全国主体功能区规划确定了五大主要目标：清晰空间开发格局，优化空间结构，提高空间利用效率，增强区域发展协调性和提升可持续发展能力。按开发方式划分，将国土空间划分为优化开发、重点开发、限制开发和禁止开发四大功能区域；按开发内容划分，分为城市化地区、农产品主产区和重点生态功能区；按层级划分，分为国家和省级两个层面。

专栏5-1 国家主体功能区发展方向

城市化地区

优化开发的城市化地区，要培育若干各具特色和优势的区域创新中心，加快形成一批拥有自主知识产权的核心技术和知名品牌，推动产业结构向高端、高效、高附加值转变；优化城乡开发格局，控制建设用地增长，保护并恢复农业和生态用地，改善区域生态环境。

重点开发的城市化地区，要加大交通、能源等基础设施建设力度，优先布局重大制造业项目，对依托能源和矿产资源价格的项目要优先在中西部重点开发区域布局；统筹工业和城镇发展布局，在保障农业和生态发展空间的基础上适度扩大建设用地规模，促进经济集聚和人口集聚同步。

农产品主产区

强化耕地保护，稳定粮食、棉花、油料、糖料、蔬菜等主要农产品生产，集中各种资源发展现代农业，推动农业的规模化、产业化，发展农产品深加工及副产物的综合利用，加强农村基础设施建设和公共服务，以县城为重点推进城镇建设和非农产业发展。

重点生态功能区

限制开发的重点生态功能区，要加大生态环境保护和修复投入力度，增强水源涵养、水土保持、防风固沙和生物多样性维护等功能。在西部地区优先启动国家重点生态功能区保护修复工程。

禁止开发的重点生态功能区，要依法实施强制性保护，严格控制人为因素对自然生态和文化自然遗产原真性、完整性的干扰，严禁不符合主体功能定位的各类开发活动；在清理规范的基础上，加大投入力度，完善管理体制和政策。

资料来源：国家"十二五"国民经济与社会发展规划纲要.

按照不同地区的资源承载力和主体功能要求，制定分类管理和差别化的区域政策是实施主体功能区战略的核心内容，在国土空间开发方面具有战略性、基础性和约束性作用。主体功能区规划要求在强化对各类地区提供基本公共服务、增强可持续发展能力等方面的评价基础上，按照不同区域的主体功能定位，实行差别化的评价考核。对优化开发的城市化地区，强化经济结构、科技创新、资源利用、环境保护等的评价。对重点开发的城市化地区，综合评价经济增长、产业结构、质量效益、节能减排、环境保护和吸纳人口等。对限制开发的农产品主产区和重点生态功能区，分别实行农业发展优先和生态保护优先的绩效评价，不考核地区生产总值、工业等指标。对禁止开发的重点生态功能区，全面评价自然文化资源原真性和完整性保护情况。

4 以点轴开发模式支撑国土开发格局

4.1 以区域性综合交通走廊和城市群构筑点轴开发的基本架构

区域性综合交通走廊与国土开发布局结合，特别是与城市群布局结合，形成点轴开发的基本结构和特点。"十二五"规划中提出"两横三纵"的开发结构，强调国土开发轴线与城市群和城市化地区结合的发展模式。

以区域性综合交通走廊建设为重点，优化国土开发的综合运输体系和交通网络。完善与国土资源特点相适应的综合运输体系，强化沿江沿海地区的战略地位，加强长三角、珠三角、京津冀三大重点城市群与内陆腹地的联系，加强各城市群之间的联系，形成与城市化布局相匹配的综合交通网络是实现这一开发模式的基础和支撑。

强化沿江沿海港口开发的作用。21世纪的全球竞争是区域间的竞争，大城市，特别是拥有深水港的大城市圈或城镇密集地区由于拥有庞大的产业集聚和经济规模，是参与全球城市间竞争的真正主角。以综合交通网络增强区域中心城市的枢纽地位。在国家重大交通基础设施综合规划中，全国性综合交通网络的形成将全面增强区域中心城市的枢纽地位。未来全国将形成 7 个一级交通枢纽和 20 个二级交通枢纽，[①] 各级城市将在网络节点和体系互动中，有效地培育和施展各自的潜能与活力。

4.2 完善与国土资源特点相适应的综合运输体系

综合交通运输体系包括公路、铁路、水运、航空等不同的方式。这些交通运输方式在运输距离、成本、时间、运输结构等方面具有不同的特点和作用。建立综合运输体系，需要综合考虑运输需求、发挥不同交通方式的优势，形成相互间的联运和协调。

幅员广阔，人口密度高是我国的基本国情，在区域层面应发展更加集约化的运输方式，以多种交通运输方式形成综合交通走廊，建立适应国土资源特点、支撑国土开发的综合交通运输体系。虽然我国交通基础设施建设已得到较大发展，但综合交通运输体系的结构尚不合理，过度依赖高速公路的发展，综合交通网络建设仍然相对滞后，特别是随着国土开发的推进和产业转移的深入，东、中、西部之间的大物流会产生更大的需求。

铁路作为综合交通运输主要的运输方式之一，在大运量和中长距离的运输中具有极为重要的作用，相比公路运输更为集约化，具有节能、高效和环保的突出优势，但与公路、民航的快速发展相比，铁路运输能力严重不足，制约了综合交通运输网络的构建。

水运作为综合运输体系和资源综合利用的重要组成部分，具有运力大、成本低、能耗少、污染小等特点，是实现经济社会可持续发展的重要战略资源。长江等内河航运发展，对于建构现代综合运输体系，调整优化沿江沿海沿河地区产业布局，加速产业转移具有重大意义。但我国内河航运与国民经济和综合运输发展要求存在较大差距，高等级航道里程少，规模化、专业化港区不足，在交通运输体系中的地位和竞争力低。为此，国家已将内河水运建设上升为国家战略，成为综合交通运输体系的战略重点之一。

集约化的综合交通运输体系需要多种运输方式更加严密的配合和联运，使整体效率最大化。由于不同部门、不同地区之间的分割，公路规划、铁路规划、港口规划分属不同部门，缺乏相互之间的协调，缺乏与城市规划的协调，也缺乏真正意义上的综合交通规划。在建设管理中，往往注重地区内部交通网络的完整性，关注局部利益和部门利益，地区之间的联系差，制约了整体效率的发挥。

此外，要与运输需求和运输结构相协调，形成互补性、可选择性和安全的综合运输体系。例如，铁路客运并不是越快越好，需要综合考虑运输时间、运

---

① 全国 7 个一级交通枢纽分别是北京—天津、上海、广州—深圳—香港、重庆—成都、武汉、西安、沈阳。20 个二级交通枢纽分别是哈尔滨、长春、沈阳、大连、天津、石家庄、太原、兰州、乌鲁木齐、济南、青岛、郑州、南京、合肥、杭州、重庆、贵州、昆明、南宁、厦门。

输区间及旅客的多样性需求等因素，建设高铁的同时也要发展动车和普通铁路客运，在中长距离内可以发挥铁路的优势。我国国土范围广阔，发展铁路货运可以降低货运成本及能耗，需在国家综合运输系统建设中引起足够重视。

4.3 突出沿海、沿江在国土开发中的地位

（1）国土开发的一级发展轴

按照目前已经发育的城镇群情况，沿海地区和沿江地区分别集中了7个和6个最为重要的城市群，在国土开发中具有得天独厚的条件和难以超越的地位，将是未来国家城市化格局的重中之重。

将沿海和长江沿岸作为国土开发的一级发展轴，将对沿海沿江地区开放及其经济发展优势继续发挥积极作用，并可以带动与其联系二级发展轴线及相关区域的发展，这是尽快增强我国经济实力极为重要的战略模式（陆大道，2003）。

（2）沿海发展走廊

沿海经济是以港口和城市群为主体的区域经济，沿海经济常常成为孕育世界级城市的基础。全球范围内最重要的世界级城市也几乎都位于各国的沿海地区，当前大约全球人口的40%、经济产出的60%集中于沿海地区。

中国地处太平洋西岸，有超过1.8万km的大陆海岸线，30年的发展正是依赖了沿海地区的快速发展。沿海经济带已经成为目前发展水平最高、开放领域最广、参与经济全球化程度最深的人口与产业集聚带，是引领全面参与世界经济分工与合作的门户区域，也是体现国际竞争力最重要的承载区域。沿海的珠三角城市群、长三角城市群和环渤海城市群具有崛起国际经济中心城市的独特区位优势。

东南沿海地区由北到南，依次分布着辽宁中南部、京津冀、山东半岛、长三角、福建海峡西岸和广东珠三角、广西北部湾地区7个大城市群。其中，长三角、珠三角两个大城市连绵区已经基本形成；京津冀地区正处于大城市连绵区的加速形成过程中；辽宁中南部、山东半岛、福建海峡西岸、广西北部湾地区已显现大城市连绵区空间形态的雏形。

7个大城市群以占全国6.9%的国土面积，承载了22.2%的全国总人口，吸引了95%以上的外商直接投资，实现了全国90%以上的进出口总额，创造了50%的国内生产总值。2000年6大城市群（不含广西北部湾城市群）跨省净迁入人口占全国跨省迁移人口的比重为57.6%，到2005年已上升到92.8%，这6大城市群已经成为跨省迁入人口分布最集中的区域。

但目前沿海地区经济还不是真正意义上的临海经济（周牧之，2005）。沿海港口开发、城市群布局及产业分布尚存在许多方面需要协调，例如地区间相互过度竞争，港口开发与集疏运系统尚待加强等。围绕沿海地区港口开发，发展临海经济，形成港口群、城市群和临海产业布局、交通疏运布局相协调的空间体系，形成区域组合优势，将会成为沿海地区整体成长的基础。

（3）沿江发展走廊

长江横贯东、中、西三大经济地带，连接沿岸七省二市，是我国"T"字形开发战略的重要轴线，沿江走廊是东部沿海经济带向广阔中西部地区延伸的经济动脉，是带动中西部区域经济发展、缩小区域经济差距、加强区域联动的重要战略。长江流域水土富饶，沿岸五大淡水湖流域是最为重要的粮仓，也是城市化和工业化极具潜力的新兴发展地区。长江流域总面积占全国近1/5，耕地面积占近1/4，粮食产量占近2/5，流域人口占近2/5，GDP总量约占全国的40%，外贸进出口总额占全国1/3以上。

在国土开发纵深化过程中，长江作为黄金水道面临着巨大的发展机遇。长江流域港口云集，长江水系内河通航里程达5527km，运能相当于15条铁路的运输能力。随着上海洋山深水港的建设，[①] 对通江达海的长江干流运能，提出了更高要求。但目前长江流域开发过程中还存在着诸多问题。长江沿线的开放开发主要集中在中下游，向长江中上游地区的延伸还相对迟滞。尽管沿岸各省区市加强了港口开发和建设，但各自为政，缺乏统一规划协调。沿江集疏运系统不发达，干流运能只发挥出了约1/10。沿岸的许多港口仍以单一的水运方式为主，真正的水陆综合性交通枢纽仅南京、武汉、重庆等少数几个城市。区域交通联系的局限性也严重影响了中心城市的辐射功能，造成中心城市的首位度很高，而周边地区城镇体系发育不足。

发展航运业，建设沿江中心城市，促进江海联运，是发挥长江水运优势和沿江带动作用的重要思路。加强长江三大航运中心，即上海国际航运中心、武汉长江中游航运中心、重庆长江上游航运中心建设是沿江开发的重中之重并以此整合发展轴沿线产业基础资源，带动沿线区域开发进程，强化东中西部经济联系的战略通道。从上海建设国际航运中心的发展战略来看，优化现代航运集疏运体系，实现多种运输方式一体化发展，将会促进长江流域铁路、特别是水路的发展，整合长江流域港口资源，完善航运服务布局，推进长江流域的产业互补与联动，将实质启动江海联运的发展战略。

专栏5-2　长江——支撑中国版图的黄金水道

长江从世界屋脊的一滴水开始，自西向东，用6380km的行程横贯中国，最终在这里流入大海，成为一条奔腾不息的生命之河。在优化国土开发格局中，长江黄金水道的作用日益凸显。近年来，国家相继出台了《全国内河航道与港口布局规划》、《长江干线航道总体规划纲要》及《国务院关于加快长江等内河水运发展的意见》等文件，旨在通过长江黄金水道建设，增强长江经济带的产业集聚能力和城市综合竞争力（图5-3）。

专栏5-3　武汉：中部崛起的支点

武汉地处京广发展轴和长江的交汇点，在中部崛起中具有得天独厚的战略

---

① 2011年上海吞吐总量已达到7亿t，集装箱总量达到3000万标箱，雄踞世界第一位。

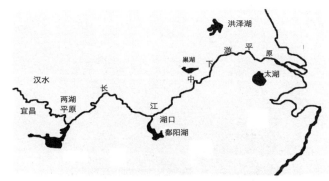

（a）江流入海：由东向西穿越中国的母亲河

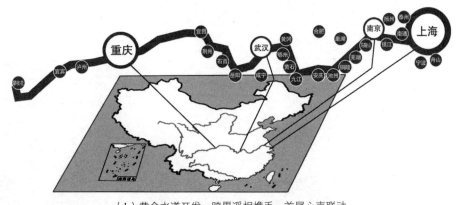

（b）黄金水道开发：跨界遥相携手，首尾心声联动

图5-3　长江在支撑国家梯度开发中将发挥至关重要的作用

区位优势。2007年国家确立武汉城市圈为全国资源节约型和环境友好型社会建设综合配套改革试验区，以武汉为核心，包括黄石、鄂州、黄冈、孝感、咸宁、仙桃、天门和潜江8个周边城市，组成了武汉市的"1+8"都市圈，作为"两型社会"综合配套改革实验区。

从一个特大城市走向中部国家中心城市，整合武汉城市圈发展，引领中部崛起，将是武汉新一轮发展的重要任务。但在湖北省城镇体系中，武汉的带动作用不强，二级城市与武汉存在明显的差距，因此围绕武汉作为长江中游航运中心建设，加快武汉都市圈的崛起成为湖北省城市化战略的重点。

武汉被称为百湖之城，历史上一直延续两江交汇、三镇鼎立的城市空间格局。空间形态变化整体上呈现轴向增强、轴间填充的趋势，外围地区发展滞后，跨江交通成为阻碍武汉三镇空间整合的难点。

在新一轮的武汉市城市总体规划中确定了"主城为核，多轴多心"、"主城+6个新城组群"空间结构，三镇均衡发展的城市空间发展战略，以构建武汉都市区"轴向拓展、轴楔相间"的空间格局。并且提出了以大容量的轨道交通为主导的过江客运交通格局，空间结构的形成以规划7条跨长江线和3条跨汉江线的武汉市轨道交通线网为重要的结构性支撑，以实现主城与新城之间、三镇各组群之间的衔接（图5-4）。

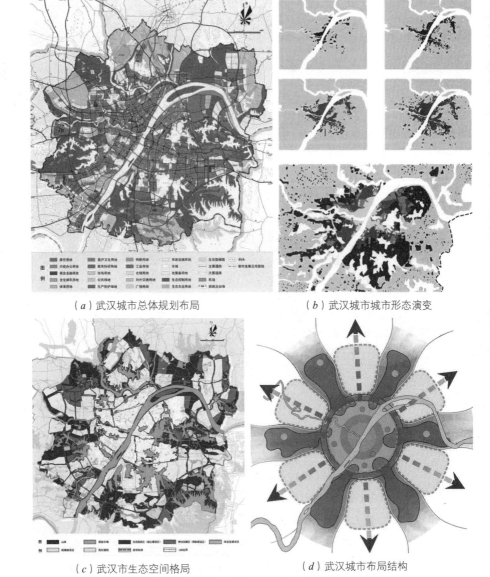

（a）武汉城市总体规划布局　　　　　　　（b）武汉城市城市形态演变

（c）武汉市生态空间格局　　　　　　　　（d）武汉城市布局结构

图5-4　武汉城市布局结构分析

专栏5-4　重庆

　　重庆市西部地处山区丘陵地带，从城市形态演变历程来看，经历了单中心向多中心组团布局模式的转变，呈现出跳跃式扩展和渐进式扩展不断交替演化的特点。重庆城市发展格局逐步由"跨过两江"向"越过两山"转变，同时城市继续保持"多中心、组团式"的空间形态格局（图5-5）。

　　1997年国家批准设立重庆直辖市，重庆在国家梯度发展格局中的战略地位日益凸显。2007年批准重庆市和成都市设立全国城乡综合配套改革试验区。2009年批准设立重庆两江新区，要求发展内陆开放型经济，构建现代产业体系，长江上游地区的金融中心和创新中心，内陆地区对外开放的重要门户，带动重

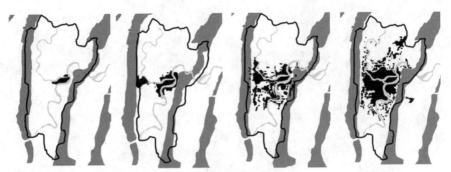

（ a ）重庆城市形态的演变

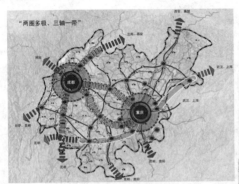

（ b ）成渝地区规划结构
（ c ）重庆城市空间布局

图 5-5　重庆城市布局结构分析

庆发展、推进西部大开发、促进区域协调发展。2010 年国家批准成渝经济区
区域规划，提出的发展要求是：打造国家重要的先进装备制造业、现代服务业、
高新技术产业和农产品基地，全国统筹城乡综合配套改革试验区，国家内陆开
放示范区和国家生态安全保障区。

第3节　新城市格局：促进城市群空间的协调发展

区域协调是实现城乡科学发展的基本手段，也是城市空间调整和走向可持
续发展的基础。当前城市群的发展环境有以下特点：普遍处在快速成长阶段，
产业、人口呈现加快聚集的态势，进一步成长压力正在不断加大，在空间上呈
现连绵发展的特征；作为参与国际竞争的主要载体，面临产业升级和核心城市

功能提升的要求；由于发展阶段和环境具有多样性的特点，沿海地区及长三角、珠三角、京津冀三大城市群地带将更具发展优势；由于空间规划、管理体制、引导手段的滞后，长期以来许多城市群内部基本呈现自发发展状态。积极引导城市群走向合理的发展形态，走向协调发展是必然选择，也是未来城市化健康发展的核心问题之一。

1 以区域合作推动产业和空间的整合

1.1 通过产业分工调整优化中心城市间的战略定位

通过区域产业布局调整优化中心城市间的战略定位关系，增强中心城市功能，提高城市群的综合竞争力。长期以来以行政区经济为主导的地区发展，形成以行政等级主导的城市规模分布现象，加剧了城市间的过度竞争，制约了城市群功能的整体发育。

2006 年国务院对北京市与天津市新一轮总体规划的批复意见中，明确北京发展目标为"国家首都、国际城市、文化名城和宜居城市"。而对天津则提出建设"中国北方经济中心"。以首钢外迁为代表的产业转移，天津滨海新区与河北第一经济强市唐山的经济合作协议等，为推进京津地区的协调发展创造了有利条件。

2009 年 1 月国家正式公布了《珠江三角洲地区改革发展规划纲要（2008—2020）》。规划明确了珠三角地区中心城市功能定位，提出推进珠三角区域经济一体化和形成港珠澳都市圈的要求。纲要提出广州要"强化国家中心城市、综合性门户城市和区域文化教育中心的地位，提高辐射带动能力"，将广州"建成面向世界、服务全国的国际大都市"。"深圳市要继续发挥经济特区的窗口、试验田和示范区作用，增强科技开发、高端服务功能，强化全国经济中心城市和创新型城市地位，建设中国特色社会主义示范市和国际化城市"。同时，"按照主体功能区定位，优化珠三角地区空间布局，以广州、深圳为中心，以珠江口东岸、西岸为重点，推进珠三角地区区域经济一体化"。此外，推进珠三角与港澳紧密合作、整合发展，形成"粤港澳三地分工合作、优势互补、全球最具竞争力的大都市圈之一"，共同打造最具活力和国际竞争力的城市群。

2009 年 5 月，国务院批复《深圳综合配套改革试验总体方案》，提出深港联动共建全球性的金融中心、物流中心、贸易中心、创新中心和国际文化创意产业中心。珠三角地区建设具有世界意义的先进制造业产业链和现代服务业体系，需要在更加广泛的区域实现生产要素的高效有序配置，深圳将与香港共同建设全球性金融中心，为珠江三角洲地区发展转型以及形成具有世界竞争力的城市群提供保障。

1.2 以跨界重组促进产业与空间的优化

区域产业结构和布局调整既是空间重组过程，也是功能优化的过程，把握机遇促成产业与空间发展的协调，有助于建立起产业和空间发展的新秩序。

北京首钢的搬迁是一个城市产业结构调整与区域发展资源整合的典型案例。首钢为中国钢铁工业及北京市的经济发展作出重要贡献，但受到水资源、生产成本、北京建设国际大都市、举办2008年奥运会等因素影响，钢铁工业的发展受到极大的限制，也对城市环境、城市产业结构的提升造成影响。2005年2月国务院正式批准了首钢实施搬迁、结构调整和环境治理方案，在河北曹妃甸建设一个具有国际先进水平的钢铁联合企业。建成精品钢材基地，重点培养自主创新能力，将建成节能环保型、生态型的现代化钢铁厂。

首钢搬迁发挥了区域综合优势。曹妃甸拥有天然深水良港，可以大幅度降低原料和成品运输成本，为钢铁产业的区域重组创造了条件。在首钢搬迁的同时，关闭了河北落后钢铁产能，极大地改善了北京的城市环境和城市形象，为城市功能与结构调整创造了机遇，首钢$8km^2$的用地将用来建成新的现代服务业基地。

珠三角地区的产业基础是建立在对外加工贸易基础上的，在新一轮产业结构调整中，广东省曾提出重点发展南沙重型装备制造业基地、珠港新城-银洲湖基础产业基地、大亚湾基础产业基地、花都-白云重型装备制造业基地等大型重型产业区，构筑区域产业发展的四个战略性支点。随着"泛珠三角"地区合作战略的提出，将内陆地区的能源、矿产资源优势与珠三角的资金、市场、管理优势相结合的思路逐渐清晰，共同打造"泛珠三角"的重型产业体系。大型石油化工和钢铁冶炼项目落户湛江地区，标志着珠三角产业结构调整和更大区域范围内产业重组的趋势。

打破不同层次的行政边界，是密切城市间合作的基础，地方层面已开启了自下而上的实践创新。长三角许多城市对此开展了积极探索。江阴跨江到靖江联合开发的江阴经济开发区靖江园区已经建成，扬州将仪征化学工业园挂靠南京化学工业园，强化园区统一规划和发展，南通与苏州已建立两市合作互动协商会议制度和分工合作机制。通过联动，苏南的资金、技术、人才、产业链真正与苏中对接，协调发展，改善了苏南快速发展空间资源有限的问题。

专栏5-5 京津冀地区合作与天津作为国家中心城市的崛起

2000年以来京津冀地区一体化发展进程明显加快，其中既有国家宏观政策方面的引导、地方发展需求的驱动，也有重大项目、投资的影响。包括北京和天津城市功能定位调整、北京与天津的区域交通空间一体化建设；首钢搬迁和曹妃甸港口建设；天津滨海新区开发、首都经济圈规划等（图5-6）。

2006年国家正式批准设立天津滨海新区，并要求通过天津滨海新区的开发提升京津冀及环渤海地区的国际竞争力；促进我国东部地区率先实现现代化，带动中西部地区，特别是"三北"地区发展；探索新时期区域发展的新模式。

同年国务院正式批复天津市城市总体规划，明确天津城市性质为："天津市是环渤海地区的经济中心，要努力建设成为国际港口城市、我国北方的经济

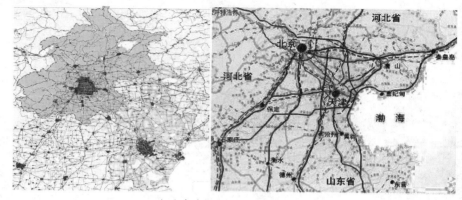

（a）京津冀地区一体化进程加快

（b）天津城市形态的演变

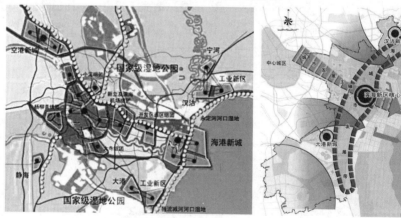

（c）天津滨海新区建设与城市结构布局　　　（d）环渤海湾发展格局

图5-6　天津城市空间结构布局分析

中心和生态城市。"城市职能：现代制造和研发转化基地；我国北方国际航运中心和国际物流中心，区域性综合交通枢纽和现代服务中心；以近代史迹为特点的国家历史文化名城和旅游城市；生态环境良好的宜居城市。

总体规划中提出了"一轴两带三区"的市域空间结构。"一轴"是"武清新城—中心城区—滨海新区核心区"的城市发展主轴，该发展轴是环渤海地区京津发展主轴的重要组成部分，西端与北京城市总体规划确定的东侧发展轴相联，东端通过中心城区紧密衔接滨海新区。

1.3 围绕区域性布局调整强化战略性空间的整体开发

促成区域性战略空间整体开发，深化城市间分工合作是城市群发展的重要趋势。围绕战略型基础设施的带动作用促进关键节点地区开发以及围绕城市功能提升培育战略性功能的成长，成为区域空间协调发展的重要手段。

如果说浦东开发对上海而言是一次战略性的空间转移和跨越发展，那么沿江沿海开发则成为长三角地区空间整合发展和功能提升的一次新的机遇。围绕沿江沿海基础设施建设，拓展各自区域内具有战略地位的新优势空间成为长三角地区新一轮产业和空间发展整合的重点。上海市突出沿江沿海地区的战略布局，包括空港新城、洋山港和海港新城、化学工业区、长兴岛造船基地等。江苏省提出沿江开发，沿海开发，江海联动战略。跨越长江阻隔，以沿江开发，扩展沪宁轴线经济优势，推动苏中地区，进而带动苏北地区发展。目前，江苏沿江北岸地区已经成为增长最快的地区，经济增长率快于沿江南岸及沪宁沿线城市。浙江省沿杭州湾规划"黄金海湾"，作为推动浙江新一轮发展的重要空间载体。

专栏5-6 上海新一轮的跨界发展

1990年代的浦东开发，对上海而言是一次空间结构上的跨界，确立了上海作为全国经济重心的地位，并奠定了上海作为国际化城市的基础。上海新一轮的跨界发展，将全面提速上海打造世界级经济中心的步伐：

（1）东扩：上海划定浦东"三港三区"功能，围绕外高桥港、浦东国际机场、洋山港建设，开发三大保税区，打造国际金融中心和国际航运中心。

（2）西进：抓住虹桥机场改建和京沪高铁建设的契机，86km² 大虹桥商贸中心脱颖而出，将成为服务长三角的重要平台。

（3）北上：打通北上通道，连通三大经济圈（长三角、环渤海、珠三角）及江苏沿海地区和海峡西岸地区，江海联动将盘活大半个中国。

专栏5-7 香港城市空间调整

值得关注的是香港的城市发展。港岛、九龙都已饱和，无论是新的经济增长，还是香港人口增加1000万人的计划，已有的主城区都难以承担，香港城市发展的战略重心必须向珠江口西移。近几年对经济发展和珠江两岸城市关联的一些至关重要的大工程几乎都是在这个范围内：从启德机场迁建的新空港、迪士尼乐园、大型集装箱码头以及在建的港珠澳大桥（图5-7）。

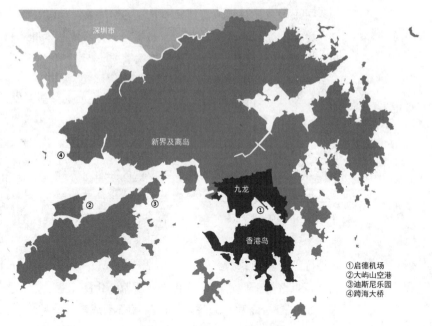

图 5-7　香港重大工程分布图

　　珠三角将战略性空间开发、区域性产业功能调整、重大基础设施建设结合，围绕"发展湾区"和"粤港澳合作"正展开新一轮空间与功能整合。珠三角城镇群规划提出"发展湾区"，建设环珠江口沿岸的滨海地区，通过发展"湾区"，强化对珠江口战略性区域的整体开发和保护，同时整合"沿湾"各城市发展方向，强化整体空间格局的关系，强化广州南沙、深圳前海等地区性副中心，重点发展高新技术产业和高端服务业，并为产业发展提供服务配套设施。采取集约化发展模式，提高土地使用效率、控制开发规模，形成城市间合理分工、错位发展。

　　专栏5-8　"十二五"期间粤港澳合作重大项目

　　01 港珠澳大桥：建设海中隧道工程、三地口岸和连接线，实现香港、珠海、澳门三地高速公路连通。

　　02 广深港客运专线：建设客运专线并与武广客运专线、杭福深客运专线接驳。

　　03 港深西部快速轨道线：研究建设途经深圳前海地区、连接香港国际机场和深圳宝安国际机场的香港第三条过境直通铁路。

　　04 莲塘/香园围口岸：缩短香港至深圳东部之间车程，增强处理车流量和旅客流量能力，提高粤港东部地区出入境通行效率。

　　05 深圳前海开发：加快城市轨道交通、铁路网、城市道路、水上交通和口岸建设，到2020年建成亚太地区重要的生产性服务业中心，把前海打造为粤港现代服务业创新合作示范区。

06 广州南沙新区开发：打造服务内地、连接港澳的商业服务中心、科技创新中心和教育培训基地，建设临港产业配套服务合作区。

07 珠海横琴新区开发：规划面积106.46km²，逐步建设成为探索粤港澳合作新模式的示范区，深化改革开放和科技创新示范区、促进珠江口西岸地区产业升级的新平台。

资料来源：国家"十二五"国民经济与社会发展规划纲要．

2 以多中心、网络化战略推进区域整体化进程

在城市群的发育过程中，围绕中心城市单中心的集聚与扩散是一个重要发展阶段，随着区域化进程广泛深入，以区域性交通基础设施和产业联动为基础培育城市群网络化和多中心的空间结构，是城市群走向成熟的重要结构特征。

2.1 以多中心体系增强区域性功能的集聚

多中心体系不同于传统以等级规模分布特点的城镇体系结构，更加强调以专业化分工形成的地区间合作、整体发展的关系，通过功能的多中心集聚提高城市群和大都市地区的发展效率和合理的密度分布关系，避免在规模不断扩大过程中的结构松散和空间无序、低效蔓延。

大都市地区空间的进一步扩展是世界性的命题，新的结构模式都希望摆脱圈层式的蔓延，中心功能过于集中难以支撑起扩展的空间结构。北京、上海、广州等许多特大城市总体规划也一直将多中心结构作为发展方向，体现多心、多轴与多组团结合的发展模式。在大城市外围建设新城是一个良好的开端，但真正实现多心、多轴的发展，需要在更大的地区范围构筑更为开放和整体的城镇空间系统。

未来多中心体系的框架将决定城市群功能的发挥，是城市群空间组织的核心内容。多中心体系不仅包括传统的综合性的城市中心、生活性中心，也包括专业化中心或地区。这种中心体系具有多层次、网络化、开放性的结构关系，不是主、副中心的关系，而是一个综合性与专业化相结合、相辅相成的关系。在不同的空间层次和不同的地区中形成多中心结构，突出交通枢纽和高强度开发节点在整体网络中的作用。

2.2 以网络化结构整合区域发展关系

整体发展的区域城镇空间以网络化结构为基本特征，其含义包括两个方面：

一是，网络化结构与传统城镇体系结构有所不同。传统城镇体系以城市规模为重心，空间上具有中心性，职能上形成支配和被支配关系，经济和其他活

动上也以城市为中心的单向空间竞争为主。网络化结构则强调从规模主导走向以功能主导，水平联系取代垂直联系。单纯从个体城市角度出发确定未来发展规模和目标的现实可能性将被削弱，更大程度上与区域发展背景相关。在规模结构上，传统规模等级规律对区域发展的指导作用将明显减弱。

二是，在空间关系上，城市空间结构融入区域整体结构之中。处于这一网络中的城市，其环境质量与运行效率更多地依赖整体的环境质量与效率。交通枢纽地区和节点地区在整体网络中的作用突出，是城市及区域功能转型中新功能要素成长最活跃的区位，如高新技术园区、大型企业、港口、航空港、出口加工区以及区域性的游憩地带等。这些功能区的出现不仅产生相应的土地利用方式的变化和新的交通需求，更重要的是这些功能区不同于传统意义上城市功能区的概念，具有区域性的意义。

专栏 5-9 珠三角培育网络化与多中心的空间结构

《珠江三角洲城市群协调发展规划（2004—2020）》，提出珠三角地区形成"一脊三带五轴"的区域空间结构和"双核多心多层次"的中心体系，以多中心和网络化为重点形成空间发展的五大战略。未来珠三角将形成高度一体化、网络型、开放式的区域空间结构和城镇功能布局体系（图 5-8）。

战略一，强化中心，打造"脊梁"，增强区域核心竞争力。规划强化广州、深圳、珠海等中心城市作用；构筑以广州为中心，向南经珠江口湾区连接深圳、珠海以至香港、澳门，北沿京广大动脉联通内陆的区域发展"脊梁"；以中心城市和"脊梁"带动全区域，乃至"泛珠三角"整体发展。

战略二，拓展内陆，培育滨海，开辟更广阔的发展空间。规划连接我国内陆省区，特别是"泛珠三角"其他地区在资源开发、产业布局、设施建设等方面的协作；完善、整合滨海地区交通设施，促进滨海地区产业与功能的聚集和发展，强化与国内其他沿海地区及海外的联系。

战略三，提升西岸，优化东岸，提高整体发展水平。规划在西岸地区，改善发展条件，强化中心城市功能，加快产业要素聚集；在东岸地区，改善城乡环境质量，优化城镇、产业布局，促进发展模式由粗放型向集约型转变。

战略四，扶持外圈，整合内圈，推动区域均衡发展。珠三角从经济发展水平出发，可以明显地分为内外两个圈层。规划在外圈层地区，通过政策、资金、项目、设施等方面的扶持与倾斜，重点培育地区性中心城市和新兴产业区，在承接内圈层产业和功能转移、扩散的同时，增强对外辐射、服务功能；在内圈层地区，提高资源利用效率，挖掘发展潜力，优化城镇、产业要素组合，推动经济、社会、环境的协调发展。

战略五，保育生态，改善环境，实现人与自然和谐发展。

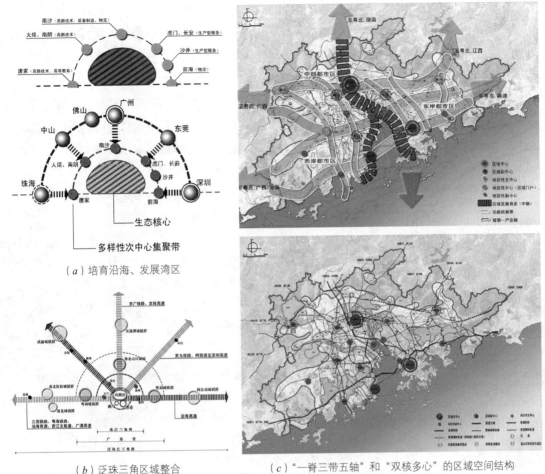

（a）培育沿海、发展湾区

（b）泛珠三角区域整合

（c）"一脊三带五轴"和"双核多心"的区域空间结构

图 5-8　珠三角区域格局

资料来源：珠江三角洲城市群协调发展规划（2004—2020）．

3　以综合交通引导地域整体开发

以综合交通引导地域开发，建立与高密度人居环境相适应的综合交通体系。综合交通网特别是大流量、快速通道网的建设是区域整体发展的必要基础。

交通不仅是区域结构的联系方式，而且也会促成区域形态的形成和转化。利用综合交通可以引导和促进整体有序开发，改善地域空间结构，形成整体开发优势。

东京大都市区能够在过去 50 年里持续发展，成为世界上最密集的地区之一，交通基础设施的建设是关键，对很多城市活动的效率都有重大影响（浅野光行，2002）。我国城镇密集地区的重要性已经显现，但对其交通基础设施规划与建设问题的研究仍显滞后。长三角地区 30 年里主要投入并依赖高速公路发展，虽然高速铁路建设已经起步，但与高密度人居环境相适应的综合交通系统尚未建立。

建立与高密度人居环境相匹配的综合交通体系。首先，铁路和轨道交通网络在城市群集约化发展中要占重要地位和作用。运输需求快速增长，而运输网络和运输结构不合理对当前城市群的发展构成了制约。长三角所在的上海、江苏、浙江两省一市地区铁路运营里程占全国的4%，珠三角所在的广东省铁路运营里程占全国的3%，远远低于这些地区人口、经济水平在全国的比重。铁路运力的不足，导致一些适合铁路运输的货物不得不通过公路运输，既提高了运输成本，也不利于节能减排和构建绿色交通体系。城际轨道交通网络建设滞后，导致各大城市连绵区缺乏区域性的高等级商务客流组织系统，核心城市、产业区和机场间的联系主要依赖高速公路组织客流，但受到高速公路交通量迅速增长和城市交通状况的影响，这种组织方式的作用持续下降。

其次，大型综合性交通枢纽正成为建设热点。从欧洲和日本等国家来看，城镇密集地区大型空港与高铁或城际轨道系统衔接已经成为机场交通集散系统的必要条件。而目前国内机场、高铁等各种交通设施基本处于独立发展态势，尽管各级政府对发展综合交通体系予以高度关注，积极推进集航空、铁路、公路等交通方式为一体的综合交通枢纽的建设，但仍缺乏足够的相关规划设计的经验和技术体系支撑。

第三，围绕战略性基础设施建设，包括港口、跨江大桥、高铁站点等，将产生新的集聚与扩散作用，对城镇群地区空间结构的重组产生重大影响。如浙江的杭州湾大桥和嘉绍大桥的建设对宁波、绍兴和嘉兴地区的发展已经产生了巨大的影响。

4 以集约化提高地区的综合承载力

提高经济、社会、环境的综合承载力是城镇群在巨大发展压力下的客观需求，也是缓解一些特大城市发展压力的重要手段。

大规模人口移动迫切需要城市产业的接纳，也需要提供市民社会的保障。大量的劳动力从生产率低的地区和产业向劳动生产率高的地区和产业转移，是一股巨大的能量，对平衡地区间发展差距和缓解经济增长与就业矛盾具有积极推动作用。

对城市群而言，提高地区综合承载力更为迫切。产业和人口向沿海地区，特别是长三角、珠三角等地区集中的趋势一直存在，导致这些地区将形成更高密度、更大规模的城市群空间，甚至可能成为拥有上亿人口规模的巨型城市群。在这样的发展压力下，集约化发展成为城镇群地区提高综合承载力的必然选择。集约发展的内涵包括结构高效、资源节约、环境友好。在城市群内需要强调轴状发展、多中心体系、组团化组织、保护生态空间，形成网络化的空间结构，以紧凑的形态和开敞的结构应对发展与保护、规模与效率等多方面的矛盾，在有限的空间内协调好人地关系，提高综合防灾能力。

（1）紧凑高效的空间结构

紧凑城市（compact city）的发展理念正在不同的国家和地区都受到重视，高效利用土地成为共同提倡的发展方向。我国城乡之间由于长期处于不同的管理体制、政策背景，空间上两者也具有鲜明的个性特征，一般而言中心城市具有高密度、高集聚性的特征，人口和交通都存在过度集中的问题。小城市和乡镇则表现出相反的特点，而且在分布上比较分散。

高效率的空间结构网络。网络化的城市空间是多层次和开放的结构，是城镇空间网络、基础设施网络、自然开敞空间网络融合的结构。网络系统的实现是建立在交通、土地利用的高效率和高效益基础上的。在城乡整体的范围实现城市化空间相对集中与紧凑发展。

区域性发展走廊的集聚。1990年代以来国外的许多大都市地区的空间发展规划都注重空间生长的弹性。从长远发展的角度，以轴向发展引导城镇之间的发展关系，对圈层式空间扩展方式进行一定的控制。

地区性空间的组团化组织。现有的中心城市发展态势和城市总体规划，往往展示的是强大的中心城区和弱小的郊区城镇之间的关系。但在城市群地区进一步发展过程中，无论中心城区不断扩展吞并外围城镇，还是外围城镇自身强大后与中心城靠近，不同的发展动力会产生不同的方向，积极的发展方式是引导不同的发展力量形成共同的发展方向，通过地区性空间的组团化组织促成新的结构模式形成的过程，而不是空间规模的简单扩展。

（2）开敞有机的空间形态

体现地域城市化空间聚集与分散的特点。从发达国家实践来看，有不同的发展方式，如低密度的形式、多中心的形式及单中心的形式等，都是基于不同的发展环境形成的，中国的城镇地区无论从地域背景差异或面临矛盾的复杂性都决定了发展的多样性。低密度的开发形式是地区资源与环境的承载所不允许的，作为一种新的发展方向，紧凑城市的概念在不同地区都受到推崇。基于现实的考虑，这一概念在不同的空间层次和不同地区中体现不同的发展特点，将地域的集中性和地域的分散性结合起来。把大城市地区组团发展的相对集中和外围地区组团发展的相对分散组合起来，在交通节点地区促成城市化空间集中，高强度开发，而地域的整体功能在多中心结构中有机组合，以保障相对集中的开敞空间系统与城市化空间系统紧密融合。

在区域整体发展思想的基础上，城乡之间的协调是重要内容之一。在不同的空间层次和不同地区形成多中心结构，使相对集中的开敞空间系统与城市化空间系统紧密融合，使大城市的扩展与小城镇的相对集中发展相结合。尤其是特大城市、大城市，从区域的角度能够避免围绕原有市区进一步圈层式扩张的趋势，引导区域空间向形成新的功能组团形式发展。为创造良好的环境质量，城乡建设空间的结合也需与自然环境系统的保护联系在一起。

保护生态空间。从生态的角度，在区域范围内需要及早战略性地确定和保护自然生态空间，在城市群这样大尺度的正处于城市化进程中的地域生态环境的改善，难以通过若干公园绿地来实现，需要保留足够的郊野公园、农业空间，形成大尺度的开敞空间和生态走廊。

在保持节约使用资源、保持生态质量的目标下，确定建设用地控制总量。通过对各城市主城区和组团的发展范围限定，控制城镇用地蔓延发展，突出整体生态环境的保护和建设空间的合理布局，通过构建生态功能分区和生态支持体系，约束各类产业用地的低效扩张。

从区域范围内研究和制定城镇空间的相对分隔和结构关系，通过生态空间组织控制各个组团的规模，在区域整体范围内体现城市化空间相对集中与分散的特点。建立生活组团、功能组团与生态空间相融合的开放的地域结构。

英国1990年代初在全国范围制定以保护农业地区和自然环境资源特色地区为出发点的土地利用规划，把土地利用的类别划分为建成区、绿带、农业地带、国家公园、良好自然景观地带和生态环境敏感地带。珠江三角洲地区城市群规划中引入划分土地利用模式的方法，建立区域土地利用的整体空间体系，是类似方法的一种尝试。

5 以区域协调增强整体发展的保障

5.1 区域协调的内容与重点

随着市场经济的发展和分工的深化，中国经济发展迫切需要突破行政区划的分隔，排除部门垄断和地区分割，建立利于商品和要素自由流动的统一市场，有利于环境保护和基础设施共享的统一框架。

区域性基础设施和城镇空间环境的整体协调发展日益成为区域经济合作的基本内容之一。把区域合作和协调深入到城市基础设施和环境发展等空间领域中，成为从效率与环境角度增强地区竞争力的主要手段。

区域社会经济等方面的整体发展方向需要在空间层次与内容上进一步拓展，同时，社会经济发展规划也需要具有一定的空间内涵。新时期区域整体发展的空间体系特征可以归纳为区域城镇空间的网络化、城乡空间的协调发展、产业发展的合理布局、综合交通系统的高效引导作用等。

专栏5-10　加强区域发展的整体性应从五个方面入手

加强经济发展的整体性，即发展城乡融合型经济，加强经济合作，完善整体化的经济网络；

强调区域空间上的整体性，即一定地域内的特大城市、大城市和中小城镇在保持密集的条件下，加强相互间的资源配置和规划布局上的协调，使土地得到合理的使用并保持最大的节约；

强调城乡发展的整体性，即城市与村镇有机结合，使建设地区和农业、林业、畜牧业等的生产地区以自然生态环境保护为前提，达成有机结合；

力求发展阶段的整体性，也就是时空系统的整体性，强调分片发展及建立在开敞空间系统基础上的近远期结合城乡发展，而不是一哄而起，万箭齐发，时序不明，脉络不清；

在社会主义市场经济体制下，为了达到区域的整体性，既要发挥市场经济的活力，又要努力实现宏观调控，以达到整体协调。

资料来源：吴良镛等.京津冀地区城乡空间发展规划研究[M].北京：清华大学出版社，2002.

5.2 以空间规划作为区域协调发展的平台

从行政区经济走向区域经济，有赖于市场的力量以及自下而上的需求，但政府自上而下的调控和整合，不同地区间的合作与协调，将发挥积极的推动作用，区域规划是其中一个必不可少的关键环节。

自城市规划诞生起，把区域作为规划和设计的基本单元即被视为一项首要的原则。正如芒福德所说，城市规划首先是区域规划。但中国长期以来城乡割裂和以城市自身利益为主导的发展模式，削弱了区域空间协调发展的关系。就目前不同层次的空间规划编制情况来看，规划类型多，既有专项规划，也有综合规划，内容、重点不一，实施责权不一，规划的实施也缺乏有效的监督。对此，应确立空间规划的战略地位，整合多部门、多层次的规划，明确国土开发不同层次调控的重点。

针对区域功能和结构重组的要求，空间关系协调是区域协调的重点和基础，需要建立以空间规划为整合平台的规划体系，诸多相关规划不可能完全替代空间规划的作用。一方面空间规划的综合性亟待强化，以统一的空间规划协调整合、协调相关规划的关系，另一方面，需要完善多层次的空间规划体系。

在国家层面，国家空间战略规划尚未形成。虽然国家主体功能区战略已经出台，但其内容、实施要点需要空间规划进一步落实。近年来国家出台批复了一系列的区域规划，但既有发改委编制的，也有建设部门编制的，内容上难以一致。已批复的规划多是由发改委编制的区域规划，注重确定区域定位和产业目标，虽然涉及部分产业布局方面的内容，但由于缺少对空间规模、空间结构等问题的关注，地方政府更看重这些规划带来的政策优势，甚至在一些地方被异化为政府圈地扩城的依据。

国家层面的空间规划应体现并充分发挥大都市区的积极作用。基于区域和谐发展的目标要求，在制定全国主体功能区战略与实施方略的基础上，一方面要积极调整和优化珠三角、长三角、京津冀等大都市区和城镇密集区的空间组织结构；另一方面，合理引导和完善中西部地区大都市区和区域性城镇群的空间发展模式；同时，还应加强国内各主要大都市区及城镇群之间的空间和功能的有机联系。

在地方层面，也同样面临多种规划统一协调的矛盾。虽然一些地区正在积极探索"三规合一"、"两规合一"的方法，但在处理战略性与实施性方面仍然需要磨合和完善。地方层面的区域性规划应以城市地区内协调各类城镇发展和城乡区域统筹发展为重点，组织城镇系统结构。构筑地区合理空间结构和空间格局，建设区域联系通道和基础设施共享网络，合理划分空间管治区域，建设交通与生态网络和高度集约化的城市化空间体系，通过中心城市带动区域内城镇发展和形成整体竞争力。

5.3 以多种手段促进区域整体协调发展

区域间高效协调和科学管理离不开协调机制的保障。从地区经济联合与协作的角度，近几年许多地区都开展了多种形式的努力，但现有的区域联合和协作仍处于初级阶段。产业发展、空间发展、基础设施、环境整治等领域的深层次合作尚相对滞后。资源、人口、环境和交通压力越来越大等现实矛盾与未来的影响因素交织在一起，将面临更加复杂的发展环境，区域整体发展需建立在一致的原则基础上，发展目标是形成地区联盟。需要在国家、地区和地方三个层面，运用政策、经济和法律手段，共同建立起协调机制，为空间资源合理利用、生产要素的合理配置和流动提供健康发展的平台，以区域协调机制增强整体发展的保障。

在市场和政策手段方面，以政策为引导，以市场为基础，使发挥地方积极性与保证区域整体发展的必要性结合起来。区域政策是保证区域城乡经济稳定、协调、持续发展的基础，但也需避免对市场的过度干预。加强中央政府的财政政策调控作用，如地区间协调的转移支付手段，对于缩小地区间差距具有非常重要的作用。对于确定为资源保全或生态保全的地区，应大幅度减少经济增长的目标要求，通过财政转移支付的方式使其减少对自然的掠夺式开发。在投资政策方面，保证整体投资体制有助于实现跨行政区的协调，尤其是对大型基础设施的投资建设，避免以地方为主体的投资体制导致投资分散化。在产业政策方面则要将政策引导与市场调控结合，减少各地重复、盲目建设，杜绝地区内部恶性竞争。

在法律手段方面，立足全国空间范畴加强区域法规建设，建立有效的监督机制。各地区迅猛发展的态势，如果没有区域性的共同约束法规则难以从整体上引导和控制。需在现有主体功能区战略和国家统一颁布的相关的规划建设法规的框架下，制定针对各地区特点的发展原则和程序，确立规划的权威性，并以条例的形式明确整体发展战略、建设模式及相应标准和准则。通过加强区域法规建设，建立有效的约束和监督机制。

这种区域性的建设法规首先要把城乡建设划入统一的管理范围，通过协调城乡之间的土地供应机制，建立相应的建设法规和标准，如通过用地管理及相应的政策措施，淘汰能耗大、污染重的工业，并促进工业的地域集中。通过空间上的统一管理削弱现有城乡行政分割造成的不利影响；另外，围绕共同的水源地的保护，沿海、沿江、沿河地区的开发及城市之间的建设协调都需要借助法律手段进行有效控制。

专栏 5-11　安徽：从"一城独秀"到"皖江时代"

合肥作为安徽省会，凭借"居皖之中"的区位优势和计划经济时代形成的以行政等级配置资源的思维定式，长期以来形成了"以我为主"的发展思路，形成了安徽省"一城独大"的发展格局。无论是全省区域性基础设施投资，还是重大项目布局，都明显向合肥倾斜。虽然皖江（长江安徽段）地区受长三角经济辐射能力更强，但始终受到交通基础设施的制约，难以得到很大的发展。

随着区域化和市场化的深入，安徽的发展逐渐融入华东板块，构筑开放的空间结构、东向发展战略日渐清晰。2009 年国务院批准《皖江城市带承接产业转移示范区规划》中提出"一轴双核两翼"的布局，以沿江为发展轴，以合肥、芜湖为中心构筑"双核结构"，带动沿江两翼的发展。继安徽省编制了皖江城市带承接产业转移示范区城镇体系规划之后，《安徽省城镇体系规划（2012—2030）》进一步提出强化合肥、芜湖两大城市圈，推动皖江地区作为省域发展主轴的作用和城镇间的组合发展，加快和整个长三角的空间发展相互融合，构筑一体化的沿江沿海发展构架。2011 年国家民政部正式撤销了巢湖的地级市建制，从行政区划上使合肥与皖江地区连为一体。

实现区域的协调发展最终依赖的是市场的影响，但在此过程中，既需要理念的转变和规划的引领，也需要行政、政策及市场等作用的综合发挥。

5.4　探索区域协调的组织形式

在推进协调发展的过程中，由于缺乏全局性的利益主体和决策主体，整体利益往往会受制于行政区利益。

区域协调组织形式既可以是自上而下的，也可以是自下而上的。发达国家的发展实践中，区域性的协调组织有不同的形式，如法国的大区协调机构，包括大区官员联席会及工、贸、学术界专家组成的大区委员会。德国和美国虽然都是联邦制国家，但区域协调组织形式完全不同，德国联邦政府编制规划，而实施归权属各州，通过区域协调组织制定统一的开发政策，着重提供基础设施和财政支持。特别是著名的鲁尔煤田协会，不仅是地区协作的规划咨询机构也是拥有实权的执行机构。而美国则以大量的单一机构来协调，并且企业和社会组织影响力很强，以区划制度为主，实际上对空间物质环境的管理较弱，其优点是具有较大的灵活性。

重视多元化沟通渠道的形成，在现有行政体制下，政府过多参与经济活动，而且地方政府之间的竞争激烈，这种协调机制需要取得一定的行政地位才能较好地发挥作用，对各级政府的行为构成有效约束，但也要防止滥用行政命令式的管理手段，防止使其演变成新的行政－经济利益实体。而随着行政机构改革的深入，整体协调机构逐步转向以综合调控为主，更多的依赖政策、经济和法律手段来实现。

第4节　探索多样化的城乡统筹模式

1　城乡统筹是新一轮城市化的战略任务

"村庄向城市的过渡绝不仅仅是规模大小的变化……这种过渡首先是方向和目的上的变化，体现在一种新型的组织之中"（刘易斯·芒福德 L. Mumford）。

城市地区繁荣、农村地区衰落已成为一个严峻的现实。村庄破败，农业经营者老化，留守儿童增加，城乡差距拉大，群体事件增加等。城乡基础设施建设、公共品供给失衡，城乡居民收入差距不断拉大，形成一种非良性循环的发展模式。2002年以后，中国调整了"三农"问题的政策取向，每年的一号文件都围绕农民增收，确立了"多予、少取、放活"的政策，不仅取消了几千年的农业税，还加大了对农业的保护和对农产品的补贴力度。中央财政对三农的投入每年以千亿元以上的规模递增，但城乡居民收入的相对差距和绝对差距都在逐年扩大。

城乡统筹是新时期我国城市化战略的必然选择。在土地、资金、人力向城市流动，人口却以户籍的形式留在农村的现实下，无论多予还是少取，都无法根本扭转城乡收入差距扩大的现实。农民增收问题、农村经济繁荣问题，在农业、农村内部是没有办法得到根本解决的，单单依靠各类政策的局部调整或经济上的补助不足以为未来"三农"问题找到根本出路，推进城市化政策改革和发展模式转型才可能成为新的突破口。需要城乡统筹，城市带动农村，深化农村改革，激发农村自身活力，消除制度性障碍，形成城乡经济、社会的良性互动。

三农问题不可能在农村内部解决，只能从更大区域范畴的协调发展中寻找解决的对策，基于区域整体范围内探索城乡的合作和人口城市化的合理取向。

2　城乡统筹的基本框架和重点

城乡统筹的目标在于城乡发展关系的平衡，推动以从城市为中心的增长到城乡的协调发展。城乡统筹是缩小区域发展差距的有效手段，是调整经济结构、转变发展方式的重要内容。城乡统筹的基本思路是打破城乡的二元化体制，有效推进城市化进程和非农化进程，积极发展城乡经济，减少农业和农村人口，切实提高农村社会生产率和现代化水平。同时，需要发挥城市的积极作用，为不断扩大的城市人口提供高质量的生活保证，通过扩大城市就业和公共服务保障农业转移人口市民化的要求。

城乡统筹的主要内容和基本框架，首先在于统筹城乡经济发展，推进城乡产业布局调整、农业产业升级与新产业功能的集聚相结合，促进城乡产业结构的合理化；其次，统筹城乡社会设施和基础设施，推进服务功能一体化和公共产品结构的合理化；第三，统筹城乡空间发展关系，推进城乡建设空间布局的合理化。综合研究城市和乡村的空间关系和功能发展，确立合理的空间分工，重视对乡村地区的规划引导和支持；第四，统筹城乡生态建设，推进环境保护一体化，城乡景观要素结构合理化；第五，城乡统筹是一个渐进的过程，需要统筹现实与目标，紧凑发展，形成良性循环，促进发展阶段的合理化。

城乡统筹在于城乡关系合理化而非均质化。许多城市提出三个集中，即产业向园区集中、人口向城镇集中、农业向规模化经营集中。从实践经验来看，尽管有很大的指导作用，但成效不一。三集中表面虽然是一项空间策略，根本上需要诸多政策和体制创新方面的支撑，不能片面理解新农村建设、不顾农村实际简单推进迁村并点。农民之所以散居，和农村的生产生活方式密不可分。

城乡统筹的重点包括：①繁荣城乡经济，充分扩大城市就业，只有减少农业人口和农村人口，实现农村现代化和农业产业化，才能从根本上缩小城乡差距；②发展理念和制度创新。真正顺应城市化发展趋势、适应城市化进程，一些有阻于城市化的政策制度和措施还有待进一步改革；③"三农"问题的核心是土地问题，以农村土地流转、农村经济组织形式等为主要内容，统筹政府引导与市场推动，以制度创新为重点，推进社会保障一体化和市场发育程度合理化；④增强县域经济发展活力，通过积极发展县域经济促进城乡产业的协调。"县"在中国一直是独特而重要的区划，也是一个地区最为重要的发展单元。壮大县域经济是城市化、现代化的一个重要途径。县域经济是城乡统筹的基本单元，繁荣县域经济是实现城乡统筹的关键。

专栏5-12 成都：从全域成都到田园生态城市

成都自古被誉为"水旱从人、不知饥馑、时无荒年，天下谓之天府也"。4千年的历史积淀了丰富的文化内涵。但高度集聚的人口也使成都始终受到城乡分割的困扰，而城市也始终难以摆脱单中心结构固化和圈层式扩张模式。

2003年以后成都开始从更大的视角谋划空间结构的调整。随着国家城乡统筹战略的提出，成都确立了城乡一体化发展的战略思路，在积极实施"三个集中"的同时，从2005年开始全面推进"全域成都"战略。2007年，国家批准成都设立全国统筹城乡综合配套改革试验区，成都以此为契机，加快推进城乡一体化建设。以"三个集中"为核心，市场化为动力，政策为保障，统筹协调城市与乡村的各类要素，打破城、镇、村的脱节格局，通过公共服务设施与交通市政基础设施由城市向农村延伸，推进城乡一体化。

以"一区两带六走廊"构筑全域成都的基本结构，形成多中心、组团式、网络化的城乡空间结构。"一区"即中心城区，是城市化主要发展区和产业高

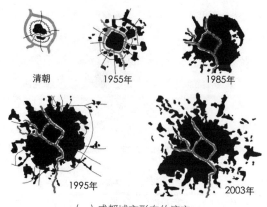

清朝　　　1955年　　　1985年

1995年　　　2003年

（a）成都城市形态的演变

端化集聚区；"两带"即龙门山、龙泉山两条生态旅游发展带，既是自然生态保护带，也是山区旅游发展带，是建设国际化旅游城市的主要承载区；"六走廊"即六条生态保护走廊。

　　在全域成都和推进城乡一体化战略的基础上，成都进一步提出建设世界生态田园城市的目标（图5-9）。

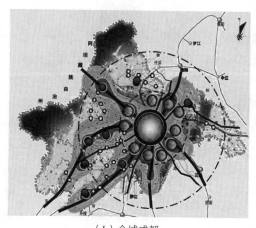

（b）全域成都

（c）全域成都及市域空间布局

图5-9　全域成都及市域空间布局

3　因地制宜探索多样化的城乡统筹模式

　　城市化是城市与乡村地域范围内的整体过程，城乡共同繁荣是现有社会经济体系下必然选择。从未来发展的角度，存在一些不同的观点，一是发展大城市，这种观点认为大城市经济效益好，城镇发展应把经济效益放在首位；二是发展小城镇，认为现状中人口的就地职业转业转移是具有中国特色的城镇化方向；三是大城市和小城市结合的观点，即兼顾城市发展的经济效益和社会效益；四是发展县城和县级乡镇工业，即一种中间发展道路，兼顾到长远的人口城镇化方向和现有的基础。对于这些不同的观点，需要从国家总体战略、地方的多样化模式及发展的动态性等多方面认识。

　　从国家总体战略来看，国家竞争力的主体和城市化的最主要载体必然依靠大城市和城市群地区，决定城市群竞争力的也必然是中心城市。联系城乡则要依赖小城镇，小城镇固然应当在促进城乡转型和保持地区活力中发挥积极作用，但不可能替代集中城市化地区的主体地位。大中小城市共同构成了城市化的生态系统，各自发挥着不同的作用。由于人为的城乡划分，造成城市和乡镇两种建制标准，也产生了关于发展城市还是发展城镇的争论。无论是小城镇还是中心城市的进一步发展都必须在空间层次上结合起来，城市和乡村是地域整体空间层次内的两种互补和互动的功能体。从经济、社会、环境综合效益出发的人口城市化，必须是基于区域背景而非城市背景的人口城市化。

中国不同地区的发展问题各不相同，因此城市化必然是多样的模式。各地的城市化基础不同，农业类型、自然资源条件和社会经济条件存在差异，需要根据自身特点，因地制宜地选择非农化的实现形式，有针对性地确定城市化战略。不同的非农化实现形式反映在空间上，将决定不同地区的城市化道路，也决定着城乡基础设施、公共服务设施空间配置的不同方式。城乡协调也将呈现出不同的模式，如城市带动发展模式、乡村综合发展模式、城乡融合发展模式、网络化发展模式等。而成功的关键将取决于适合自身条件的本地化探索，包括基于自身禀赋、区位基础上的经济活力和内部机制的良好运作。

城乡统筹是一个渐进、持续动态的过程，不同阶段发展矛盾和重点也会发生转变，这是认识和探索城乡统筹模式的重要维度。

第6章 城市形态的生成与优化
Generating and Optimizing of Urban From

第1节　城市形态的类型与生长模式

城市形态具有动态性和多样性，表现在内部组织模式、区域组织形式及不同发展阶段等方面的差异，认识城市空间形态生成的环境和差异性，是引导其合理发展的基础。

1　集中与分散发展的城市形态

集中和分散始终是影响城市空间形态的两种重要力量，也构成了城市形态内部空间组织的两种基本模式。其差异一般可以从城市分布状态、交通组织形态、城市中心分布、不同功能区的组合等方面加以认识。

1.1　集中发展的城市形态

集中发展的城市形态是城市各项用地相对集中、连续分布的形式。特点是城市各项用地紧凑、节约，便于设置较为完善的生活服务设施，利于保证经济活动联系的效率和方便居民生活。在发展中处理好近期和远期的关系，保证规划布局弹性，为远期发展留有余地显得尤为重要。一般情况下，中小城市适合相对集中式发展。

网格状路网城市是最为常见和传统的集中布局模式之一。这种城市形态一般容易在没有外围限制条件的平原地区形成，不适于地形复杂地区。这一形态能够适应城市向各个方向上扩展，更适合于汽车交通的发展。由相互垂直道路网构成，城市形态规整，易于适应各类建筑物的布置，也易导致布局上的单调性。由于路网具有均等性，各地区的可达性相似，因此不易于形成显著的、集中的城市中心区。主要案例城市如洛杉矶、密尔顿·凯恩斯等。华盛顿在网格状路网的基础上，增加了放射型道路，可视作这一形态的改进型。

专栏 6-1　网格状路网城市

图 6-1（*a*）为勒·柯布西耶设计的印度昌迪加尔新城。城市的方格网道路把市区划分为 17 个居住街区，每个矩形街区面积约 100hm²，可居住 10000 ~ 20000 人。在居住街区内纵向分布有学校、体育场地、公园等，横向为模仿东方传统的商业街市。

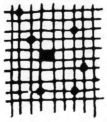

图 6-1（*b*）为英国的密尔顿·凯恩斯新城。布局上改变了传统的邻里单位的形式，但在思想上继承、发扬了邻里单位的理念。以方格网的道路系统作为新城的基本骨架。居住用地无明显的等级划分，围绕各级公交站点布置不同规模的商业服务、学校等设施，形成多层次的邻里中

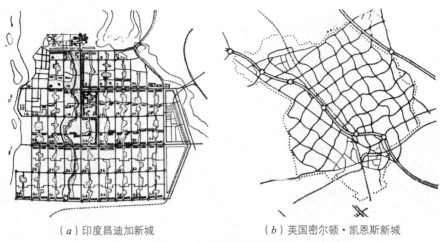

（a）印度昌迪加新城　　　　　　（b）英国密尔顿·凯恩斯新城

图 6-1　网格状路网城市布局

心，还将一些小工厂设于居住街区内，为市民提供更多样的选择、交通自由以及社会平衡的居住环境。

　　环形放射状是另外一种比较常见的城市形态，许多大城市常采取这种形式布局。由放射形和环形的道路网组成，城市交通的通达性较好，有很强的向心、紧凑发展趋势，往往具有高密度的、展示性的、富有生命力的市中心。这类形态的城市易于利用放射道路组织城市的轴线系统和景观，但有可能造成市中心的拥挤和过度集聚，同时用地规整性较差，不利于建筑的布置。这种形态一般不太适用于中小城市。主要案例城市如北京、巴黎、伦敦、莫斯科等（图 6-2）。

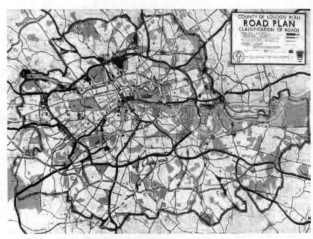

图 6-2　伦敦环形放射状路网布局

1.2 分散发展的城市形态

分散发展形态的主要特征是城市空间呈现非集聚的分布方式，往往是由于特定因素造成的，形式也更加多样，包括组团状、带状、星状、环状、卫星状等多种形态。

组团状形态是指一个城市分成若干块不连续的城市用地，每一块之间被农田、山地、较宽河流、大片森林等分割。这类城市布局可根据用地条件灵活编制，比较好处理城市发展的近、远期关系，容易接近自然，并使各项用地各得其所。关键是处理好集中与分散的"度"，既要合理分工，加强联系，又要在各个组团内形成一定规模，把功能和性质相近的部门相对集中，分块布置。组团之间必须有便捷的交通联系。

带状城市形态大多是受地形限制的影响，城市被限定在一个狭长的地域空间内，沿着一条主要交通轴线两侧呈长向发展，平面景观和交通流向的方向性较强。这种城市的空间组织有一定优势，但规模应有一定的限制，不宜过长，否则交通物耗过大。规模大的城市必须发展平行于主交通轴的交通线。典型案例城市如深圳、兰州、西宁等。

专栏 6-2　带状城市

大多是受地形限制的影响，沿着一条主要交通轴线两侧发展。

西宁市是典型的带状城市结构，城市沿两条河谷发展，形成了"十字"形发展形态（图 6-3）。

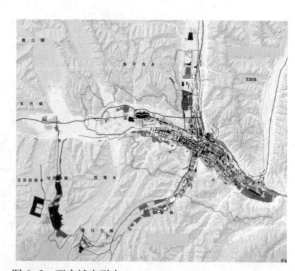

图 6-3　西宁城市形态

专栏 6-3　中国城市化的传奇：深圳从边陲小镇到国际化大都市

1979 年以前，深圳只是一个边陲小镇，人口规模仅 3 万人，建成区面积仅 3km^2。1980 年成立特区后，城市建设随之开始进入一个飞速发展时期。

　　1980 年代初深圳最早确立"带状组团式"，罗湖、蛇口、沙头角开始发展三个相对独立的组团。到 1990 年代初城市均已初具规模，随着特区内口岸、机场、港口等大型基础设施建设，城市开始向多中心组团结构发展，城市重心逐步西移，进入走廊发展时期。2000 年以来，城市产业结构与空间结构调整步伐加快，特区内土地资源枯竭，城市空间发展视野投向特区外，在提出"南北贯通、西联东拓、中心强化、两翼伸展"作为城市区域空间协调策略的基础上，以"三轴两带多中心"的轴带组团结构，作为引导城市未来空间发展的基本框架（图 6-4）。

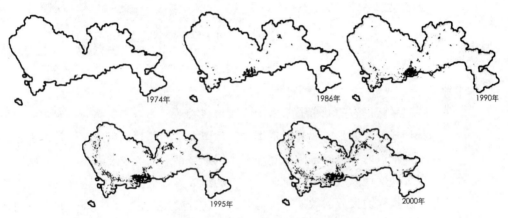

图 6-4（a）深圳城市形态的演变

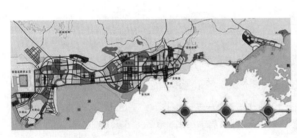

分散组团发展期（1985—1989）

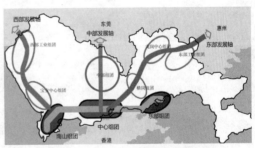

深圳市城市总体规划（1996—2010）

深圳市城市总体规划（2007—2020）

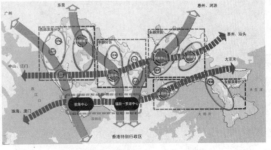

深圳市城市总体规划（2010—2020）

图 6-4（b）深圳历次总体规划对空间布局结构的调整

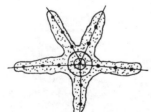

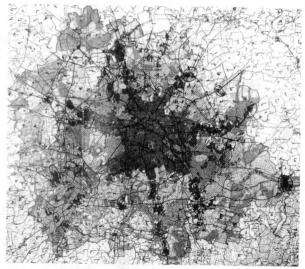

图 6-5　德国柏林的城市形态

星状形态的城市通常是围绕城市核心地区，沿多条交通走廊定向向外扩张形成的空间形态，发展走廊之间保留大量的非建设用地。这种形态可以看成环形放射城市的基础上叠加多个线形城市形成的发展形态。放射状、大运量公共交通系统的建立对这一形态的形成具有重要影响。这种发展形态有利于发挥交通设施的效能，获得较高的建设效益，充实、完善轴间留出的大片农田、森林、绿地，有利于城市生态环境。加强对发展走廊之间非建设用地的控制是保证这种发展形态的重要条件。主要案例城市如哥本哈根、柏林等（图 6-5）。

环状城市是一种较特殊的城市分布形态，一般是围绕着湖泊、山体、农田呈环状分布。在结构上可看成是带状城市在特定情况下的首尾相接发展的结果。与带状城市相比，由于形成闭合的环状形态，各功能区之间的联系较为方便。由于环形的中心部分以自然空间为主，可为城市创造优美的景观和良好的生态环境条件。但除非有特定的自然条件的限制或严格的控制措施，否则城市用地向环状中心的扩展压力极大。典型案例如新加坡、荷兰兰斯塔德地区，中国浙江台州地区、绍兴地区等。

专栏 6-4　环状城市

环状城市是在特定情况下的发展结果。

英国的伦康新城位于利物浦远郊，是典型"环形"新城，空间上以公园为中心形成呈"8"字形的两个生活环，以环状生活性交通和社区生活性设施进行联系，两个生活环联结位置安排新城中心，对外交通和工业安排在新城外围（图 6-6）。

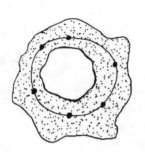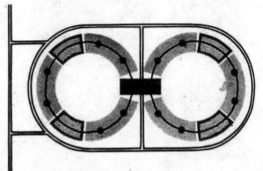

图 6-6　英国的伦康（Runcorn）新城

专栏 6-5　绍兴：组合型绿心城市

——从江南水乡走向现代水都，从会稽山下的小城走向杭州湾畔的大都市

绍兴作为富有特色的江南水乡城市，由于传统的圈层式扩张方式使旧城的压力越来越大，保护和发展的矛盾越来越激化。1999 年，原绍兴市兼并包括斗门、马山、皋埠、东湖、东浦在内的 5 个城镇，将绍兴县城迁至柯桥。越城、袍江、柯桥三大组团和绿色空间相结合的中心城市框架已经开始形成，三大组团鼎立，袍江组团在越城组团北侧，柯桥在越城的西北侧。组团之间保留以镜湖为中心的开敞式绿色开放空间。"绿心"由山、水和绿地组成，有利于保持城市良好的生态环境，使绍兴的整体形象得以提升。绍兴由"会稽山时代"跨入"鉴湖时代"，再迈向"钱塘江时代"，形成越城、柯桥、袍江三大组团加绿心的组合城市形态（图 6-7）。

在"保护老城、中心集聚、生态维护、协调发展"的总体要求下，三大组团各具特色，越城组团重点在保护与整治，打造"文化旅游名城"，柯桥组团重点在优化与整合，打造"纺织工贸之城"，袍江组团重点在提升与加强，打造"生产服务新城"。镜湖绿心，是以镜湖国家城市湿地公园为核心的绿色生态区域。控制镜湖、鉴湖、东部湿地三条绿楔。以水为主体的绿色开敞空间和传统水乡相互映衬，塑造富有特色的江南水都新形象。

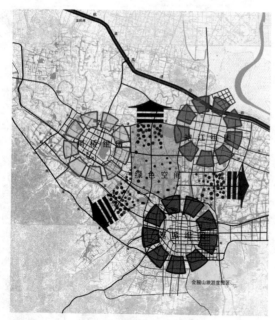

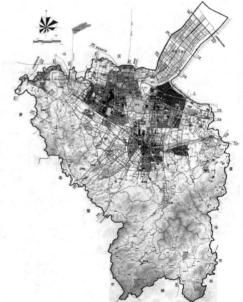

（a）绍兴城市的绿心结构　　　　　　　　　　（b）绍兴围绕绿心的城市布局

图6-7　绍兴城市空间布局分析

2　城市生长与区域空间组织模式

2.1　城市空间的生长过程

从城市生长生命周期的角度，城市空间形态的演变是外延扩张与内部空间重组相互交织的过程。

从外延扩张的特征看，一个城市在不同的发展阶段，其用地扩展形态和空间结构类型会发生变化。一般规律是，早期城市往往集中，连片向外拓展；当城市再扩大或遇到"门槛"时，往往又以分散的"组团式"发展；由于扩张能力加强，各组团彼此吸引，城市又趋集中；城市规模太大需要控制时，又不得不以分散的方式，在其远郊发展卫星城或新城。有些组团型城市由于自然的阻隔和人为的控制，不可能以集中的方式发展，而是各自形成组群式、多中心的城市形态。

从城市内部空间重组的过程看，一般会经历由新开发为主逐步转向以再开发为主的过程。第一阶段主要以新开发为主，人口与经济要素大量集聚，带来城市空间扩张的需求，从而引起内部结构的变化。第二阶段新开发和再开发并重，城市扩张速度减缓。逐步过渡到第三阶段，即以再开发为主，这一时期的城市规模处于相对稳定阶段，以内部更新主导城市结构的变革。

目前，中国城市所处的发展阶段具有复合性，既处在以外延扩张为主的结构重组时期，需要保持空间扩张的合理性，也处在因大规模再开发带来的结构变化时期，需要不断调整城市的内部结构。因此，优化内部结构调整与外延扩张的关系显得更加重要。

2.2　区域尺度的城镇空间组织模式

更大尺度的城市分布形态同样是认识城市形态差异的重要内容。众多城市组合在一起形成或松散或紧密的空间组织关系，在发达地区常常形成城镇密集地区，这既是一种空间现象，也是一种经济现象，体现了区域化过程中城市与外部组织关系的变化。区域尺度的城镇空间组织模式具有多种形式，如中心型、多中心型和蔓延型等形态。

中心型组织形态：以大城市或特大城市为中心，在其周围发展若干个小城市而形成的城市形态。巴黎和伦敦属于这种类型的代表，表现为强大的中心和外围的若干新城组织在一起。这种形态是霍华德的田园城市和昂温的卫星城理论倡导的，其目的是为了控制大城市的规模，疏散中心城市的人口和产业，有意识地发展远郊卫星城。这种形态有利于在大城市及大城市周围的广阔腹地内形成人口和生产力的相对均衡分布，但在其形成阶段往往受自然条件、资源情况、建设条件、城镇形状以及中心城市发展水平与阶段的影响。

专栏6-6　中心型组织形态

以大城市或特大城市为中心，在其周围发展若干个小城市，是较为普遍的大城市布局形式。但由于中心城市有极强的支配性，因而新城建设也成为发展的焦点。伦敦自1940年代即确立了新城发展战略，这一组织方法已成为世界上许多大城市制定空间战略的基本模式（图6-8）。

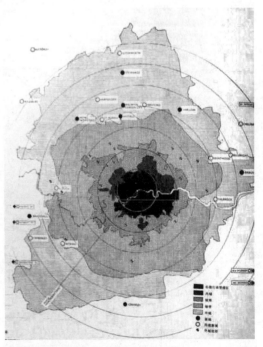

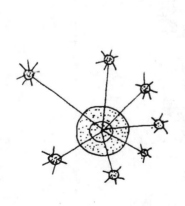

图6-8　大伦敦地区的空间组织形态

多中心均衡型：均衡型与中心型相比，没有一个处于绝对优势的中心城市，而是由功能不同、规模相差不多的城市构成，呈现星系状、多中心的分布形态。荷兰西部莱茵河下游城市群和德国的鲁尔区（The Ruhr Region）是最为典型的均衡型的城市体系。

专栏6-7　多中心均衡型组织模式

德国的城市体系是典型的多中心组织模式（图6-9），全国11个大都市圈均衡地分布在国土范围内，全国1/3的人口居住在82个10万人以上的城市，其余的居住在2000~10万人规模的小城市中。促进国土开发的均衡，加强功能一体化和结构网络化是德国空间规划的主要目标。

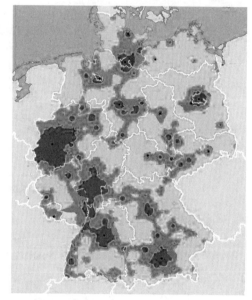

图6-9　德国多中心城市体系

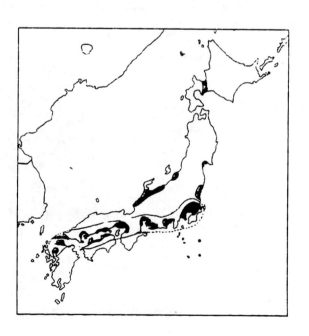

图6-10　日本的城镇密集地区分布

多中心集聚型：多中心集聚型相比均衡型的形态，存在明显等级差异。日本的城镇密集地区具有多中心集聚的次结构，中心城市形态呈紧凑型发展（图6-10）。

区域蔓延型：这种空间形态是多种方向上不断蔓延发展的结果。多个不同的片区或组团在一定的条件下独自发展，逐步形成不同的、多样化的焦点、中心以及轴线。美国的城镇密集地区的典型特征是多中心蔓延的开放结构。许多对这些地区城市景观的描述为，没有明显的城市边界，也没有明显的乡村（图6-11、图6-12）。

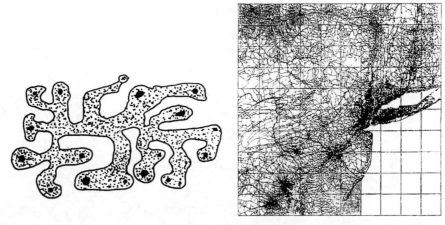

图 6-11　纽约大都市地区

图 6-12　美国城镇密集地区分布

3　影响城市形态生成与发展的因素

3.1　自然与历史环境

（1）自然与地理因素

自然与地理环境是城市形成的基础，也构成城市的发展条件。首先，作为城市形态的形成条件，自然资源的差异，如充足的阳光、肥沃的土壤、丰富的矿藏、天然的水道以及其他气候、地形条件的不均匀分布，造就了城市空间分布条件的不同，构成城市组织形态的长期因素。相对平坦的地区，城市形态相对集中，而地形条件复杂的城市则往往会形成相对分散的布局。

其次，作为城市形态的限制条件，自然资源条件决定了城市的环境承载容量和承载能力，构成了城市空间拓展的工程经济门槛，影响城市的发展方向、规模。其中，水土资源往往是决定性因素，突破自然限制、规模过度扩张不仅造成环境质量下降，引发生态问题，甚至危及城市发展的安全。

最后，作为城市形态的潜力条件，特有的资源的合理利用和开发可以为城市发展提供长期的推动力。如滨水环境资源、港口岸线资源、自然风景资源等。城市不断发展的过程也是对自然与地理资源不断利用和挖掘的过程。而保持城市自然环境特质形成的独特的城市形态常常会成为规划控制的目标，或空间布局考虑的重点。

自然地理条件构成了城市先天发展的环境，与其他因素相互综合作用，促成了城市空间拓展的基本框架和格局的形成。

（2）政治与传统

政治与传统影响了不同地区治理结构的差异和历史发展轨迹，这种差异也会清晰地反映在城市形态演化过程中。中国传统的中央集权，造就了城市等级分布的明显特征。在欧洲，中世纪联邦国家政治传统和分散行政管理，影响了如鲁尔区等多中心结构的形成，城市分布相对均衡。

从欧洲的经验来看，多中心结构并非是空间规划的结果。空间规划本身对决定经济活动位置的市场力量是有限的，需要通过对市场的干预来实现，特别是公共基础设施和支柱项目，如大学、科技园等，建立在分散的地点，这些地点成为对经济活动有吸引力的中心。

3.2 城市成长与规模因素

随着规模变化，城市所具有的形态和结构也会发生变化。大城市相比小城市具有更加复杂的空间结构。在城市处于中小规模时，单中心形态具有合理性和适应性，有利于城市集中紧凑布局，可以节省用地、节约能源，防止城市蔓延。但随着城市规模的扩大，单中心形态就容易引起圈层扩散，城市形态调整往往滞后于城市规模，需要寻求新的发展中心，促成多中心结构的形成。在城市快速增长阶段，需要选择更富有弹性的城市形态，有利于多中心结构的成长和发育。

专栏 6-8 合肥：跨越风扇结构

合肥早在 1950 年代设立省会城市之初，人口不足 10 万人，老城面积仅 5km²。当时由同济大学德国专家和师生制定的城市布局方案中，结合自然条件提出"风扇形"布局模式，即以老城为中心轴向拓展，西部保护大蜀山和水源

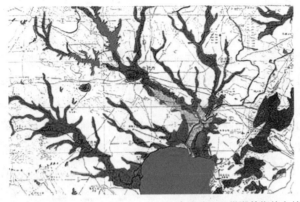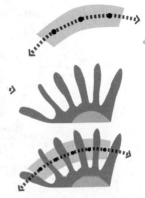

（a）合肥地区环巢湖的指状自然肌理

（b）合肥市历次总体规划布局

图6-13　合肥城市布局结构分析

地，东部保护南淝河湿地形成"通风口"，大尺度楔形绿地引入城中，沿老城
的护城河形成带状环城公园，四角安排了四个城市公园。这一形态一直保持到
1990年代，合肥也因"环城公园"、"水源地和通风口"、"风扇形的城市形态"，
成为中国现代城市规划和城市发展的经典案例（图6-13）。

但随着城市规模的扩大，"风扇形"的城市形态已经难以适应一个不断扩
大的大城市的结构。目前，城市人口已超过200万人，原有老城区人口密度高，
没有一条贯通的主干道，以老城为轴心的发展形态已难以适应向特大型城市转
变的需要，势必需要通过城市功能疏解和交通的有效组织，寻求新的、合理的
发展形态。历史形成的城市骨架与现代化大城市的发展要求之间的矛盾，需要
从更大的范围寻求自然环境与城市结构协调的对策。

3.3　交通战略与城市形态

城市交通网络作为构成城市结构的基本骨架，是城市空间的联系元素，
在不同的交通网络形态下，城市空间增长形式不同，城市空间组织的结构也
具有明显的区别。交通战略调整是提高空间效率，优化城市空间组织方式的
重要手段。

英国规划师汤姆逊（J.M.Thomson）在《城市布局与交通规划》一书中，
调查研究了世界上30多个大城市后，认为一个城市的结构，除受到地理上的
约束外，大部分城市的土地使用主要是由交通的相对可达性决定的，依据就业
岗位分布、人口密度和集聚程度、交通网络形态、交通结构等方面，总结了

大城市空间布局与交通组织的经验，归纳为五种解决交通和土地利用问题的战略。

充分发展小汽车战略。城市充分发展小汽车会带来城市不断蔓延，使城市功能趋向分散。城市中心就业岗位密集就不宜充分发展小汽车，如果要充分发展小汽车，就必须放弃传统的城市形式，使城市中心分散化。

限制市中心的战略。在发展小汽车的基础上，通过设置简单的放射形铁路线，可以改善市中心与郊区的联系，但需要限制城市中心的规模，引导工作岗位向郊区和边缘地区分布，在外围环路与放射路交叉的地方，形成许多郊区中心。

保持市中心强大的交通策略。大城市的吸引力取决于强大的市中心，大部分城市采用环形加放射的交通系统，但需要有一个大容量的交通网和高效率的公共交通才能保证此战略的实现，任何企图用提高小汽车通行能力的办法，往往会导致公共交通的恶化。

少花钱的战略。这是一种混合型策略，特别是城市密度高、市中心规模大的城市，需要对现有道路交通设施和管理进行有效调整，依靠发展公共交通和大容量轨道交通，并以合理的土地使用规划予以配合。在放射路上安排次中心，与市中心保持适当距离，适度限制规模，就近服务。

限制交通的战略。限制交通的目的是避免不必要的交通量，尤其是长距离出行，需要有很好的公共交通，城市中心分级布置，城市的各项活动尽可能安

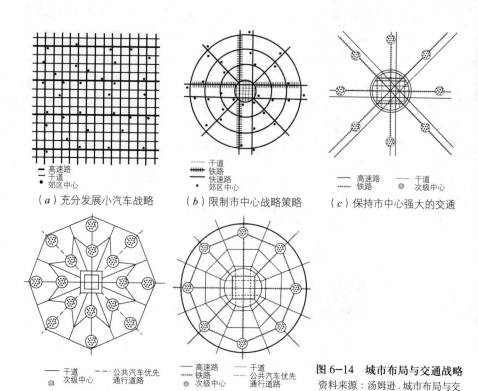

图 6-14　城市布局与交通战略

资料来源：汤姆逊. 城市布局与交通规划 [M].

排公共交通走廊地带，吸引人们方便地使用。制定完善的限制交通的计划，如实行停车收费，某些街道禁止小汽车通行，推行公共交通、自行车、行人优先通过等。

中国的城市正面临机动车大规模增长和空间结构重组的艰巨任务，这些经验对在城市总体布局中处理好土地使用与交通组织的关系，具有重要的借鉴价值，尤其是大城市高密度发展环境下，积极发展大运量公共交通，有效控制小汽车使用，整合交通策略与城市布局关系，是城市空间结构优化的重要内容。

3.4 空间决策与规划控制

空间决策包括一个城市在发展之初的策划、发展中的方向选择或重大项目的选址等，往往对城市发展产生深远影响。空间决策有时是经过严密的规划研究的结果，而有时也是政治决策或多方利益平衡的结果。

一项决策的科学性往往需要时间的检验。1950年代北京的发展没有采用"梁陈方案"，虽然有多方面的原因，但不可否认由于选择了在老城的基础上建设新首都，无疑是造成北京目前在历史保护、交通治理、城市功能难以疏解等诸多发展矛盾的重要原因。

1979年国家作出在深圳设立经济特区的决策，深圳从一个小渔村变成国际大都市，并在推动中国城市改革开放进程中发挥了重要作用。1991年开发浦东战略的提出，不仅排除了上海当时在城市发展方向的争论，也使上海找到了城市功能复兴和空间跨越发展的载体，成为改革开放以来影响中国经济版图的一项重要决策。

在城市发展过程中，规划控制则发挥了长期的作用，不同的规划导向、空间政策和控制手段，会使空间在扩张方向和扩张形式上发生变化。增强空间决策的科学性和规划控制的合理性是城市可持续发展的基础和保障。

荷兰兰斯塔德（Randstad）地区绿心形态的形成，最初并不是城市规划的结果，但维持和发展这一形态，却始终是当地城市和区域规划的重任。兰斯塔德地区始终将保持这种独特的城市形态作为规划控制的目标，每一轮规划都强调对绿心地区的保护，向外分解绿心地区的发展压力，这种努力也使这一地区成为现代城市规划实践的典范。

任由空间自发增长必然带来城市蔓延的结果，与欧洲形成鲜明对照的是北美地区受到广泛关注和诟病的城市蔓延现象。这种任其自然发展、缺乏控制的模式正受到越来越多的批判，"美国大都市在20世纪后半叶的最大失误是将城市结构扩展成大都会形式，即一种四处蔓延的城市"。芒福德将它描述为特大城市的神话，认为特大城市的未来就像没有方向盘和刹车的巨型汽车在单向路上加速行驶，由于对文化的抹杀而使其失去未来。

4 理想城市与城市空间结构的优化

4.1 两种理想城市的原型

影响城市形态生成的因素是多方面的，这些因素相互交织构成了城市空间发展复杂的环境。从规划的作用而言，对城市结构的合理引导，离不开规划理论在理性思想和理想城市方面的探索。回顾 100 多年来规划理论的发展，在对城市形态的追求方面，提出过许多理想城市的模型，主要集中在 20 世纪和 21 世纪前后两个时期。

在 20 世纪前后，理想城市包括霍华德的田园城市、马塔的带形城市、戈涅的工业城市、柯布西耶的光辉城市、赖特的广亩城市等。其中，以霍华德的田园城市和马塔的带形城市为代表，形成两种理想城市形态的原形，即追求生活环境质量和追求空间效率的思想。

不同的理想城市形态反映了不同的价值取向下对城市空间发展问题的认识。追求城市运行效率与追求城市生活环境作为两种理想城市形态的原形，其差异并不是简单的集中和分散的争论，是一种价值导向差异。追求生活环境往往是规划师的理想空间，满足城市对经济增长的需求成为 20 世纪的现实与趋势，日益扩张的大城市空间现象，更多地体现了城市空间追随利润、效率的结果，追求效率的发展往往成为城市发展的现实，两者的冲突恰恰印证了弗雷德曼关于经济空间与生活空间的精辟论述。

专栏 6-9　两种理想城市形态的原形——追求生活环境和追求空间效率

霍华德田园城市设想和马塔的带形城市方案代表了两种理想城市探索，是追求生活环境和追求空间效率的规划模式的原形（图 6-15）。

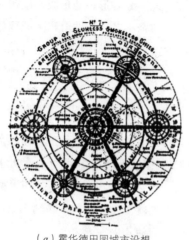 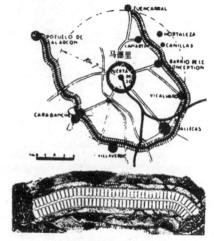

（*a*）霍华德田园城市设想　　　　（*b*）马塔的带型城市方案

图 6-15　两种理想城市形态的原形

在 21 世纪前后，随着西方城市规划理论经历了综合性和社会性的拓展之后，面对全球性的环境危机，城市发展的空间形态问题再次受到重视，提出了生态城市、紧凑城市等发展理论，尽管这些理论尚处于探索阶段，但这些理论代表了对城市空间问题的新的认识，即在追求生活环境和追求空间增长合理性方面需要更加综合地认识。

相比 20 世纪前后城市发展的理想，当今的城市发展则更多地需要应对经历了 100 年后城市发展的结果和矛盾。对待空间发展问题，不仅需要平衡城市的环境质量和经济效率的关系，更要建立起合理的价值尺度：满足人们的需求，保持城市生活的多样性、选择性；城市尺度 / 城市密集的"度"，人们的生活模式应在多大范围中实现其需求与文化的内涵；对环境的关注，保持人与自然关系的协调。

4.2 城市空间结构优化的重点

中国的城市处在快速的规模扩张阶段，这种阶段性的特征决定了以规模控制为核心、蓝图式的传统规划思维的局限，必须考虑相对的弹性和对动态过程的应变能力。随着进一步大规模的城市建设，城市空间结构正逐步趋于固化，应对持续增长的压力和矛盾，迫切需要确立从规模控制走向结构控制，从静态描绘城市蓝图走向动态结构的平衡的思想。在合理把握城市结构的关键要素基础上，确立城市空间结构控制的手段及整体发展的思路。

专栏 6-10　上海城市不同空间扩展方式比较

模式一：
空间蔓延模式

以中心城为核心大规模向外蔓延，是现状趋势的延续，若不加以积极引导，将使地区发展陷入无序和难以控制的局面。

模式二：
轴向延伸模式

依托主要道路和轨道交通发展，但必须防止城镇空间连绵发展，沿线交通与土地开发的协调是规划管理的重点。

模式三：
近郊城市模式

在中心城市近郊选择重点地区发展，但在城市快速发展和对土地需求量很大的情况下，这一模式容易演变成空间蔓延模式。

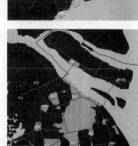

模式四：
远郊城市模式

这一模式与城市在市场化下的空间扩张模式相背，必须依靠大量的投资，和强有力的规划控制手段。

图 6-16　上海城市不同空间扩展方式比较

资料来源：叶贵勋等.上海城市空间发展战略研究 [M]. 北京：中国建筑工业出版社，2003.

新城市主义倡导者彼得·卡尔索普针对区域城市发展的趋势，强调城市的扩张过程必须与城市更新联系起来，同时认为区域的四个基本构件是影响城市发展形态的决定性要素。①中心：街区、村庄、镇和城市的核心，它们是地方的和区域发展的节点；②分区：特别使用区，即以一种活动为主的地方；③保护地：各类开放空间元素，它们形成一个区域，保护农田，保护敏感的动植物；④走廊：联系元素，它们或是以自然系统为基础，或是以基础设施和交通线为基础。这四个方面构成了城市空间的基本组织要素，也是把握空间结构控制的重点。

结合中国城市当前的发展特点，空间结构控制的内容更加复杂，需要进一步扩展区域、时间的纬度。①在区域化态势中，把握城市空间结构和功能调整的机遇和重点；②以交通战略与城市土地使用协调为核心，构筑城市空间重组战略；③突出城市空间发展的政策性分区，摆脱空间均质蔓延；④强化城市中心和中心体系布局；⑤保护自然与历史特质，塑造城市空间特色和宜居的城市环境；⑥保证城市空间的弹性生长。

第2节　城市空间结构优化与完善的策略

1　把握城市发展的战略机遇和重点

1.1　区域化中把握战略性空间转移的机遇

城市在特定的发展时期都会面临空间战略转移的机遇。准确识别城市发展外部条件的变化，把握机遇，不仅会带来城市发展方向和组织结构的改变，也会推进城市功能的跨越。

珠三角围绕一系列重大项目形成新一轮区域空间和功能重组的态势。珠三角已开工建设的港珠澳大桥，在珠江口把香港、澳门、珠海连接起来，全长将达到50km，建成后香港到珠海的时间将由3小时缩短到半小时，不仅会增强香港向西辐射力，也为珠三角西岸城市发展带来新机遇。

专栏6-11　广州城市形态的演变与南沙开发战略

根据2010年第六次人口普查，广州市常住人口已突破1270万人，其中户籍人口不到800万人。2012年经济规模达到1.32万亿元。广州在发展中不断面临产业结构调整和空间结构调整的要求。

广州城市人口规模正从1000万级向2000万级拓展。面对发展压力和转型发展要求，广州提出战略性基础设施（机场、港口、铁路）、战略性主导产业（现代服务业、先进制造业、战略性新兴产业）、战略性发展平台（南沙新城、中新广州知识城、海珠生态城），"三个重大突破"是实现转型升级的关键。同时，广州提出启动新型城市化战略，以低碳经济、智慧城市和幸福生活三位一体赋

图 6-17　广州城市发展重心的转变

予新一轮发展的新内涵。

南沙开发将是广州城市空间战略调整及珠三角环珠江口区域整合发展的重要机遇。南沙位于珠江口，作为广州未来发展的战略性空间，是珠三角生态环境敏感区之一。开发南沙对广州而言不仅是重要的增量空间，更是结构调整、能级提升的关键所在，对于珠三角打造世界级城市群、建立多中心格局具有重要意义。广州"十二五"规划中提出"打造服务内地、连接港澳的商业服务中心、科技创新中心和教育培训基地、建设临港产业配套服务合作区"（图 6-17、图 6-18）。

专栏 6-12　福州：重心南下，大江东去，"东扩南进、沿江向海"

福州背山面江，称为"良善福地"。福州中心城市多年来一直受制于多方面制约，造成城市难以拓展，围绕老城小规模发展。福州老机场迁至长乐，拉开了城市"南下、东去"的框架。新的发展规划提出东进南拓，由陆向海，轴向、组团式发展模式。

未来的福州城市将形成一核心区两新城三组团三轴线的格局。一核心区：为鼓楼区、台江区、晋安区，涵盖了闽江以北福州的高度建成区域。两新城指南台岛新城和马尾新城，这是未来福州着力打造的重点区域。三组团：荆溪、上街南屿南通、青口，这些组团是作为分工明晰的卫星城。三轴线：指传统城市服务轴，即城市 2200 年历史发展起来的中轴线，城市东扩发展轴是福州未来向长乐滨海发展的轴线，城市南进发展轴是指向南屿南通地区发展的轴线。

福州市"十二五"规划提出重点建设东部新城、晋安新城、马尾新区，加快推动城市"东扩南进、沿江向海"的空间拓展（图 6-19）。

在地区层面，由于战略性的开发带来发展条件的改变，往往会对周边城市形成整体影响。苏锡常地区长期以来一直以沪宁方向为发展主轴，沿江地区在

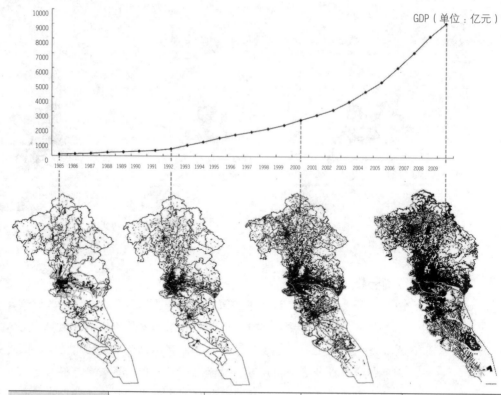

年份	1985	1990	2000	2009
人口（万人）	544.98	629.99	994.2	1025.8
人均GDP（元）	2302（339美元）	5073（746美元）	25073（3887美元）	88834（13063美元）
建成区面积（km²）	162.92	187.4	431.5	844
三次产业结构	9.7：52.9：37.4	8：42.7：49.3	3.8：41：55.2	1.9：37.2：60.9

（a）广州经济发展与城市空间扩张

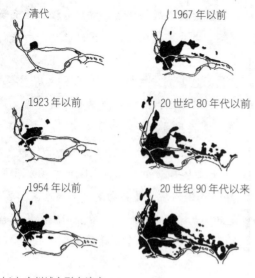

（b）广州城市形态演变

（c）广州城市总体规划布局

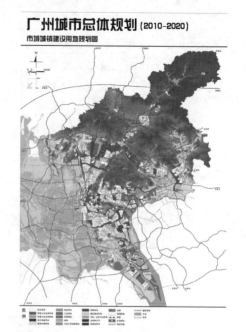

图6-18 广州城市形态的演变与新的空间格局

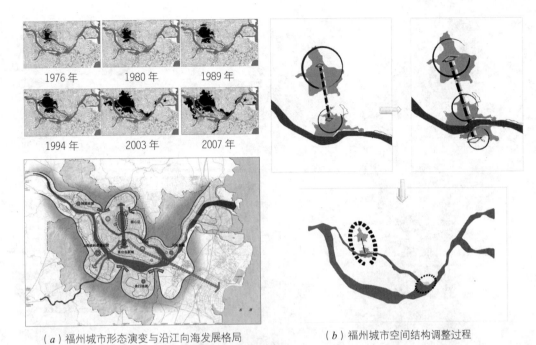

（a）福州城市形态演变与沿江向海发展格局　　　　（b）福州城市空间结构调整过程

图6-19　福州城市空间结构布局分析

整个1990年代只有南京长江大桥作为唯一的跨江交通，制约了长江北岸沿江城市的发展，形成苏南、苏中、苏北之间发展落差。随着城市规模的扩大，沪宁沿线空间已基本饱和，沿江地区不仅成为新的增长空间，也成为江苏省全省战略的重点。随着江阴大桥、润扬大桥、苏通大桥等一系列跨江大桥的建设，苏南地区大批纺织、冶金、化工等传统产业向苏北转移，苏州、无锡、常州等城市在东西发展的基础上，逐步形成苏锡常地区整体"北靠"的态势，城市功能提升也面临新的机遇。

专栏6-13　常州：走向沿江发展

　　常州市原有城市形态主要沿沪宁铁路和运河呈带形发展，绵延十几公里。这种带形发展模式难以适应城市规模进一步发展的需要。新城区、开发区的选址结合沿江港口建设突破原有城市格局。1990年代开始提出"完善东西、发展南北、重点向北、开发江边"的布局模式，在原有市区和沿江20km左右范围内规划了新港区、新龙区和高新区。在常州原有东西轴向基础上，形成一个强大的南北纵深发展轴。

（a）常州城市总体规划布局

图6-20　常州城市空间布局结构分析

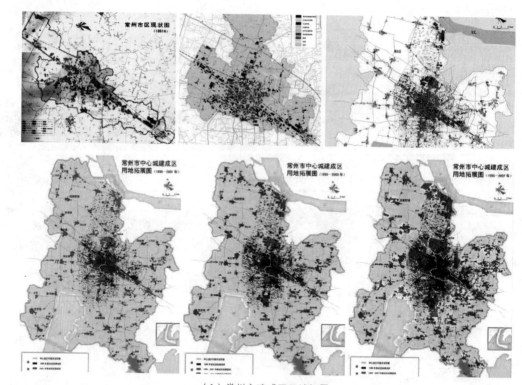

（b）常州市建成区用地拓展

图6-20 常州城市空间布局结构分析（续）

专栏6-14 常熟："一城一港"双城组合城市

常熟是"一城一港"双城组合城市。在距离城区15km的新港镇建设了港口设施，成为城市空间拓展的一块飞地，城市总体上呈现出跳跃式增长的态势，"一城一港"的双城组合形态初步形成。

常熟主城区拥有"一山"（虞山）、"三湖"（尚湖、昆承湖、琴湖）、"七水"（福山浒河、青墩塘、白茆塘、横泾塘、元和塘、张家港）的独特自然条件，自古以来城市建设就遵循与自然山水融为一体的指导思想，形成了"十里青山半入城，七溪流水皆通海"的城市格局。随着城市规模的扩大，常熟市外围的自然条件在各个方向上产生了变化：选择北上沿长江和向东发展作为主要拓展方向，同时保持青山半入城的城市特色和良好的生态环境。

1.2 强化战略性地区的开发

围绕战略性基础设施建设与重要功能节点地区开发往往是地域结构调整和强化城市区域功能的关键。

战略性基础设施与城市在区域中的地位是相互促进的。区域性基础设施的建设会加快区域性战略地区的形成。如空港地区、临港地区、枢纽地区，具有区域性的带动作用。全球供应链的快速运转和地区内生产组织系统的运行需要港口、机场、区域性交通通道等广域基础设施的支撑，这意味着对港口和机场

（a）常熟城市总体规划布局

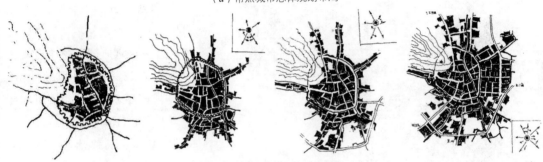

（b）常熟市城市形态的历史演变

图6-21　常熟城市空间布局结构分析

等的要求越来越高，也成为完善中心城市能级的战略性基础设施。以港口为例，深水大港已经成为利用世界资源，参与国际大分工的前提条件，过去内地集装箱运输很大程度上依赖香港，经过30年的发展，上海港、深圳港集装箱运输功能的提高不仅支撑了两大城镇密集地区的发展，也成为整个国家对外贸易的重要支撑。

　　上海把"三港"（航空港、海港、信息港）、"两网"（轨道交通网、高速公路网）作为建设世界级城市的重点，同时加强市基础设施、服务设施和生态工程的配套建设，以此形成世界城市的基本形态骨架。

专栏6-15　上海虹桥综合交通枢纽与虹桥商务区建设

　　上海虹桥综合交通枢纽设计能力超过110万人次／日，是集航空、高铁、磁浮、地铁、公交等多种交通方式于一体的世界级综合交通枢纽。虹桥枢纽开发是上海"十二五"建设国际贸易中心的重要平台。将建设成为上海面向长三角的商务中心，与陆家嘴金融商贸区相呼应，是上海服务长三角、服务全国的重要载体和上海建设"四个中心"的重要组成部分，肩负着国际贸易中心的重任。

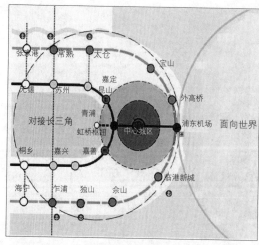

（a）开发上海虹桥枢纽的作用

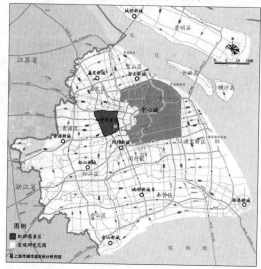

（b）虹桥商务区区位

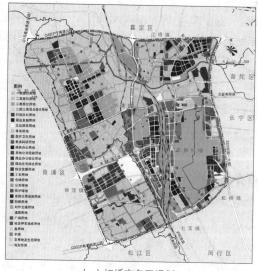

（c）虹桥商务区规划

图6-22　上海虹桥综合交通枢纽与虹桥商务区建设

上海东部浦东机场及大浦东开发和西部虹桥枢纽和虹桥商务区建设，将全面增强上海国际国内两个扇面的带动作用。

上海虹桥综合交通枢纽地区的规划建设，对上海及长三角区域发展都具有积极的意义，既促进地区经济协调发展，也符合国家战略需要。虹桥综合交通枢纽及周边区域将建设成为上海面向长三角的商务中心，是服务长三角、服务全国的重要载体和建设"四个中心"的重要组成部分。虹桥枢纽地区在原有核心区 26.3km^2 的基础上，进一步拓展到 86.3km^2 开展规划研究，以加强规划引导和土地控制。将机场、高速铁路、城际铁路和地铁聚集在一起，缩短上海与其他城市的时间距离，特别是长三角"一日圈"范围扩大将提升上海作为国际都市和区域中心城市的地位。这将对城市群体格局产生重大影响。

2　交通战略与城市空间重组

交通战略与城市空间整合是城市结构重组的重中之重。中国很多城市面临大规模的空间增长和结构重组的过程，面对高密度人居环境，发挥交通的引导作用，积极发展公共交通，建立起城市空间形态与交通组织相匹配的关系是城市结构控制的重要原则。

交通战略与城市形态的协调，形成交通与空间廊道的整合，强调交通网络的主体形态与土地利用紧密结合，发挥交通对土地开发的引导作用，形成非均质形态（密度、速度）和开放的发展结构。

香港2030规划远景与策略研究，

提出作为高度密集的都市，香港未来最可取的空间发展模式是大量发展集中于铁路车站周边，以促进利用快捷的环保交通工具运载大量市民。在基础设施容量容许的情况下，善用已建设区的发展机会。市区核心区仍是发展及市区活动的焦点，进一步的发展机会将沿三条轴线伸展。第一条大约沿东铁的南北向轴线，布置社区形式房屋和教育及知识创造设施；第二条从核心区西向至大屿山，布置物流及主要设施；第三条位于新界北部靠近与深圳接壤的边界地区，布置非集约科技及商业地带，以及其他可发挥边界有利位置的用途。其余建成区建议低密度发展，并以保护为首要考虑。

建立合理的道路交通结构系统，区分不同道路在城市交通组织中的作用，明确道路交通组织的层次，合理确定城市道路等级、分布形式、设施配置及交通组织网络。体现以公共交通引导生活空间布局，围绕公共交通节点形成生活服务和公共活动中心。以区域快速交通引导产业空间布局，发挥货运交通枢纽、廊道对产业发展的支撑作用，引导工业用地集中布局。在高速公路出入口、货运铁路枢纽、联系周边重要枢纽的货运通道周围布置各类产业区。

专栏 6-16 南京：以轴向拓展引领开敞式空间格局

历史上的南京由于受周围特殊的山水环境所限，主要依长江一侧发展。1990 年代随着沿江开发开放，南京形成了沿长江的横向发展轴，提出建设"完整的长江南京段岸线"和"主城及沿江外围城镇、城市化新区"的形态模式，逐步形成主城、都市圈和市域三个层次的圈层式扩展形态。

进入 2000 年以来，南京开始提出强调沿江扩展、多中心、轴向发展的规划思路（图 6-23）。以长江为主轴，以主城为核心，形成结构多元、间隔分布、多中心、开敞式的都市区发展格局。使南京在城市规模扩大的同时将城镇发展空间融于绿色自然山水之中，在更大的都市发展区范围内延续"山水城林"融为一体的空间特色。

1947 年   1978 年   2000 年   2005 年

（a）南京城市空间形态的演变

图 6-23 南京城市空间布局结构分析

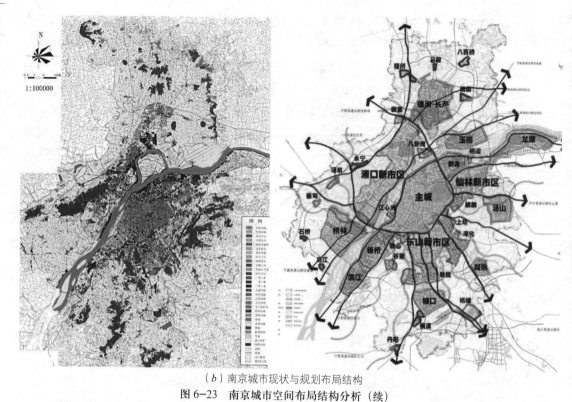

（b）南京城市现状与规划布局结构

图 6-23　南京城市空间布局结构分析（续）

3　以空间政策分区促进城市非均质发展

城市在不同发展阶段具有相应的空间发展重点。均质发展引发的无序增长和结构混乱，不仅会降低发展的效率，还会激化交通、环境、生态、社会等一系列的问题。

城市布局中采取非均衡的空间开发策略，强调重点地区的发展，是优化城市空间发展结构的重要手段。针对不同的地区采取不同的空间发展策略，不仅有利于结构控制，对于形成整体发展思路，指导具体的开发建设和规划管理也具有十分重要的意义。

功能性分区是保证整体结构清晰的重要方面，包括专业性和综合性的功能性分区。专业性分区有利于突出主导功能，而综合性分区则有利于城市各种活动的协调和保持城市活力。如工业区和生活区的关系，既要保证两者相对清晰的空间关系，也要保证两者的有机联系，平衡就业和居住地关系。许多单一功能的工业区，若要获得持续的发展往往都会形成综合性功能的新区，如苏州东部的新加坡工业园区和西部的苏州新区。

通过政策性分区策略优化城市空间组合关系，有利于引导城市空间非均质发展。根据不同的发展方向或在未来城市结构中的作用，对不同的分区提出相应的控制和引导的策略导向。广州是国内较早提出空间策略分区的城市，在 2000 年城市空间发展战略中针对不同的空间发展方向，提出"南拓、北优、东进、西联"空间发展策略，其目的也在于从整体方向上加强对城市空间发展的引导。

突出城市空间发展的策略分区是国外许多城市制定城市发展战略规划的重要内容。伦敦战略规划提出三类不同地区的开发策略。①机遇性增长地区。这些地区主要是那些拥有高密度增长潜力的地区，主要容纳新增的就业和居住，需要改善公共交通系统及与之相应的其他配套功能。②强化开发地区。这类发展区与机遇性增长地区类似，但由于环境或其他方面的限制，这一类地区的发展变化又是有限的。这类地区需要强化发展的潜力，通过土地再开发，采取更高密度的混合用途，增强居住、就业以及其他功能。③复兴地区。复兴地区是社会隔离较为严重的地区，往往靠近机遇性增长地区，需要相互促进，使复兴地居民能从机遇性增长地区提供的机遇中获益。

确立城市发展策略分区的目的在于打破城市的均质发展，这是一项综合性策略，需要全面、深入研究并结合城市发展的实际，同时需要相应的支撑手段。以行政区单元为主导的发展模式是难以摆脱圈层发展的重要原因，规划中绿地被蚕食也往往是均质发展造成的。"主体功能区"概念，值得在空间规划中借鉴。城市总体规划编制中要求的"四区"划分，即禁止建设区、限制建设区、适宜建设区和已建区，这是根据城市资源与生态保护要求提出保护性的政策分区，而针对功能开发导向的政策性分区需要增强。

4 强化城市中心布局与公共服务体系建设

4.1 强化城市中心与中心体系布局

城市中心区在城市功能和结构组织中具有重要的地位，城市的生活功能和经济功能都是围绕城市中心展开的。这些中心或节点共同构成的中心体系会影响城市空间的整体组织效率，因而在整合城市空间发展关系方面具有引领性的作用。

强化城市中心功能也是提升区域竞争力的核心内容。1991 年的新加坡概念规划，通过填海为中央商务区预留扩展用地。2001 年的新加坡概念规划提出"迈向 21 世纪繁荣的世界级城市"作为发展目标。为了满足金融和商务产业的发展、吸引跨国公司总部，城市中心将向南扩展，形成 279hm^2 的填海土地。除了金融和商务产业，城市中心还是酒店和餐饮设施、购物、文化（包括博物馆、音乐厅、剧场和画廊等）和娱乐设施的集聚区。概念规划还要求增加城市中心的居住人口，形成活动更为多元、令人愉悦及充满活力的地区。

香港为了巩固作为国际金融中心及亚洲商务中心的地位，预计至 2030 年新增 310 万 m^2 的高级办公楼和 550 万 m^2 的一般办公楼。新一轮城市发展战略的一个主要研究议题就是为了更好地满足需求，是扩展现有商务中心，还是建设新的商务中心（利用启德机场旧址）。

城市中心体系布局是城市结构调整和优化的关键性要素。城市公共服务设施用地的特点决定了城市中心是多层次、多类型的。城市规模越大，城市中心体系也更复杂，建立与城市形态相匹配的功能服务体系，对整体结构的组织作用也显得更加重要。大城市一般会在多中心网络基础上，形成中心体系主次结构和许多专业化的节点：就中小城市而言，城市中心的功能则应相对集中，行政、文化、商业的集中有利于增强城市功能的影响力。

东京始终将"多极构造"中的多中心结构作为城市空间结构发展的重点，成为多中心城市布局的经典案例。

专栏6-17 东京：城市多中心体系

从1970年代开始，东京就推行了多中心的城市空间结构（图6-24）。除了位于中部的东京都心以外，在外围先后建设了7个城市副都心。1980年代开始，为减轻东京核心区的丸之内传统商务中心办公需求的持续高压，规划建设新宿副中心。1990年代开始建设临海副都心，定位为面向未来的国际活动中心。丸之内金融区、新宿办公区及临海信息港三个中心组合形成东京商务中心，其与各副中心形成东京的商务中心网络。每个副都心既是所在地区的公共活动中心，同时也承担东京作为全球城市的特定功能，包括商务办公、文化旅游、生活时尚、研究开发等。

城市空间战略的确立和发展重心的转移，也将导致城市中心体系的改变。城市在规模扩张和功能进化过程中往往会催生新的城市中心。需要分析新的城市中心的选址、功能和分布形式，促进城市中心功能的完善，并且最大程度地创造更好的城市生活环境。而新的城市中心体系的建立对于实现空间的战略性调整也起着关键性的支撑作用。

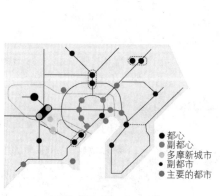

（a）东京的城市多中心体系布局

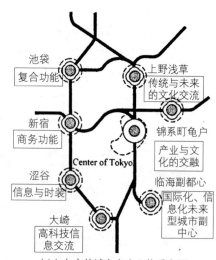

（b）东京的城市多中心体系布局

图6-24 东京多中心城市空间结构

4.2 城市中心与城市公共服务体系建设

城市多彩而有序的社会文化生活和经济活动需有丰富而多样的公共性设施的支持。城市公共设施的设置与城市的职能相关联，在一定程度上反映出城市的性质、生活水平和文明程度。

城市中心与城市公共服务体系建设从构成内容上分为两类，第一类为商业服务业设施，第二类为基本公共服务设施，如公共管理、文化、教育、体育、卫生、社会福利等设施。

商业服务业设施以功能性服务区位为导向，具有多类型、多层级的特点。布局上包括单中心、多中心和发展走廊型等多种模式。其中公共中心走廊在大都市地区空间结构调整中的作用越来越突出。通过公共中心走廊将城市关键的功能性节点连接起来，从而在地区空间结构中发挥统领作用。以中心区开发整合城市空间结构，促进城市功能转型。

基本公共服务设施以生活性服务区位为导向。一般以不同的级别和服务范围，按服务半径分级配置，均匀布置在城区，与生活居住功能结合形成各级公共服务中心。

城市中心体系不是独立的，与交通和城市分区具有密切的关系。要保证交通的可达性、中心区土地使用功能的相对混合，规模越大的中心更需要在外围保证城市空间可以具有更大的发展余地。

中心体系的分布形态也取决于具体城市的布局形态协调。城市中心体系的分布与城市的规模、结构形态存在对应的关系。规模小的城市，公共设施的分级会相应减少，城市中心往往功能更加综合、相对集中。规模大的城市，公共设施的层次则会增加，形成多层级、多中心的结构。如带形城市，一般会是多中心的组团结构，相对分散的组团状城市中心则会采用一主多辅的形式。如果城市是分散布局，形成多个相对独立的地域单元，在设置门类数量以及公共设施总量和指标上，可能较之城市集中布局的形式数量多、标准高。

专栏6-18 深圳前海中心区开发

深圳前海地区位于深圳西部滨海地区，总规划面积14.92km²，是2007年总体规划确定的城市新中心，将是环珠江口重要的新功能节点之一。前海地区具有通向港澳和珠三角地区便利的区域交通条件，通过西部通道与香港联系，靠近国际机场及西部港口，同时规划有12条各类轨道线路汇聚。3.7km²核心区将建成为集交通枢纽、商务、金融、商业、休闲、居住等多种功能于一体的综合商务区（图6-25）。

2012年7月国家正式批复前海地区将建设成为粤港现代服务业创新合作示范区。在全面推进香港与内地服务业合作中发挥先导作用。同时，把前海深港现代服务业合作区建设成为全国现代服务业的重要基地和具有强大辐射能力

（a）深圳城市中心的发展沿革：从罗湖、福田到前海

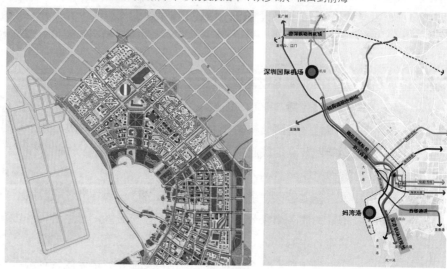

（b）深圳前海规划

图6-25　深圳前海中心区开发

的生产性服务业中心，引领带动我国现代服务业发展升级，为全国现代服务业的创新发展提供新经验。

5　以自然和文化特质塑造城市空间特色

5.1　以保护自然和文化特质作为制定城市空间战略的出发点

一些具有独特的自然资源环境和历史文化特质的地区构成了城市布局中需要控制发展和保护的地区。城市布局应突出这些保护地区的作用，并有机地组织到新的城市结构之中。将保护地区的范围和控制要求作为城市发展的基本条件，合理制定城市布局的基本策略，严格划定保护地的控制范围和城市空间的增长边界，并以此塑造城市空间布局的特色。

具有鲜明特色的城市都是在协调城市空间发展和保护自然环境、历史文化的关系上有其独到之处，并作为城市长期发展战略的重要组成部分。如伦敦规划始终将保护历史地区的空间轮廓和城市绿环作为未来内城发展的前提条件，伦敦的绿环是城市长期控制的结果和城市空间结构的特点所在，新一轮规划提出"在伦敦边界内不侵蚀开敞空间的条件下，容纳伦敦的发展"，并将这一目标置于所有发展战略之前，可见其对长期控制形成的绿环保护的重视。

杭州基于对"半城山色半城湖"自然格局的保护和强化,提出"西湖西进",而城市向东、向南拓展,沿钱塘江发展。

专栏 6-19　杭州:城市东扩、旅游西进、沿江开发、跨江发展

杭州是我国七大古都之一,有着极好的自然资源和人文景观,风景秀丽,山峦环抱,城市拥有一套巧妙设计的城市水系,西湖与钱塘潮水相连,利用江水冲洗西湖,溢出后进入市河。人工堤岸和岛屿使得西湖景色富有生机,形成了倚江环湖、三面云山一面城的秀丽格局。

但杭州南部有钱塘江之隔,西部为全山环抱所阻,导致城市在有限的空间范围内不断建设、填充,形成单中心的发展形态(图6-26)。

为保护优美的自然环境,适应城市发展的需要,杭州提出从"西湖时代"走向"钱塘江时代"的构想。城市用地从传统上环绕西湖布置转向沿江开发、跨江发展,形成以钱塘江为主轴的城市布局形态。2001年,杭州市通过行政区划调整,撤销萧山区、余杭区,设立杭州市萧山区、余杭区,杭州市区土地

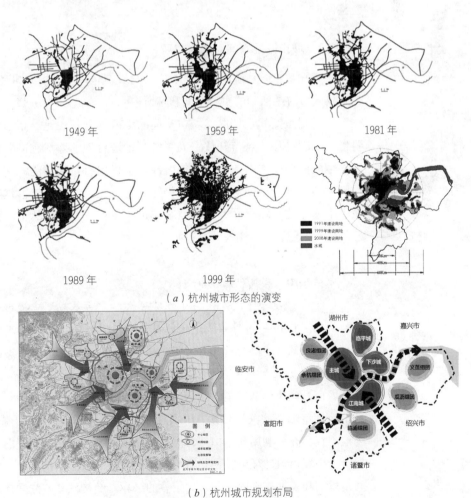

(a) 杭州城市形态的演变

(b) 杭州城市规划布局

图6-26　杭州城市空间布局分析

总面积从原来的 683 km² 扩大到 3068 km²，市区人口从 175 万人增加到 368 万人。城市布局从原来以旧城为中心转变为以钱塘江为轴线的跨江、沿江发展，形成多中心组团布局。新的城市中心将在钱塘江沿岸形成。过境铁路干线由钱江二桥通过，分流大部分客货列车，以疏解杭州枢纽压力。原有机场外迁，建设杭州萧山国际机场。建设下沙等地区的高校科技产业园区。形成以杭州市区为主体，包括在一小时通勤范围内萧山、余杭、富阳等地区，共同组成的杭州大都市区。

一些历史城市在处理老城保护与新区开发方面有许多成功的经验与失败的教训。例如北京作为我国最重要的历史文化名城，在新中国成立初期梁思成、陈占祥曾提出著名的"梁陈方案"，即北京的城市发展应在古城西面另建新城，但这一方案未被采纳，最终失去了完整保护老城的机会，也使北京始终面临历史保护与城市发展之间的矛盾。平遥古城保护则吸取了我国许多历史文化名城保护的经验，选择在古城之外建设新城，从而使城市历史资源得以完整保护。

5.2 城市开敞空间系统的布局

城市开敞空间系统，作为生态空间与城市建筑空间构成图底关系，同时也是承载城市游憩活动的主要空间和场所。

城市开敞空间系统既是城市空间的组成部分，也是城市自然环境的构成要素。控制并保护城市开放空间系统与塑造合理的建成空间共同构成了城市形态生成的两个方面。近 100 年前沙里宁提出有机疏散的思想对于指导当前中国大都市地区空间结构的优化仍然具有极大的参考价值，这一思想的核心在于用分散的环境分区有机地组合城市，在保证交通可达性的同时，保证良好的环境质量。

专栏 6-20 有机疏散城市

1918 年沙里宁（E.Saarinen）在芬兰大赫尔辛基规划中提出了有机疏散城市的设想。1949 年由钟耀华、金经昌等参与完成的上海大都市计划三稿，是实践有机疏散城市思想的经典案例（图 6-27）。

城市开敞空间从功能上划分为结构性和生活性两种类型。结构性开敞空间是塑造城市形态的关键要素，大尺度生态空间可以强化城市形态的基本特点，因地制宜、充分利用河湖山川自然环境是形成结构性开敞空间的主要原则，把握、挖掘城市自然环境特色是城市布局的关键环节。一些城市的结构性开放空间是规划和长期控制的结果，如伦敦的绿环。结构性开放空间体系的具体布局方式有多种，如绿心式、走廊式、网状、楔形、环状等。构筑城乡一体、大尺

（a）大赫尔辛基规划，1918，E.Saarinen
资料来源：沈玉麟.外国城市建设史 [M].
（b）上海大都市计划三稿，1949
资料来源：董鉴泓.中国城市建设史 [M].

图 6-27 有机疏散城市

度的结构性开敞空间，充分发挥其在总体布局中的功能作用，可以更好地体现城市布局特色。

生活性开敞空间则是从居民的需求角度设置的，对于提升城市生活环境品质，改善中观和微观环境具有积极作用。其布局强调均衡分布，适应不同人群的需要，有机地组织在城市各功能要素之中，分布兼顾共享和就近等要求。

开敞空间系统是一个有机的整体。要从生态、舒适度、构成意义、教育、社会以及文化等多方面加以评价。

6 以时空资源的合理配置促进城市弹性生长

城市发展是连续、渐进、滚动发展的过程。在城市连续扩展过程中，需要将城市局部视作完整的系统进行规划建设，在满足城市增长需求的同时，从时空视角保持城市功能系统的合理组织和结构系统高效运行。

注重城市地域开发序列的衔接与过渡。在综合认识交通、分区、中心、保护地对城市布局重要性的基础上，处理好不同空间资源的配置关系。

新发展地区与原有建设地区的关系。选择新区发展应当兼顾与老城的依托关系，注重充分分析城市跨越门槛的成本和条件，不切实际而一味追求新区的发展，反而会制约新区开发的进程，甚至造成新区开发的失败。

随着城市规模的不断扩大，尤其是对于一些大城市，城市空间的均质发展会加剧城市蔓延的趋势，需要运用综合手段促进城市定向发展，突出重点地区发展。

城市空间结构与形态具有多样性和复杂性的特点，加上其演化过程中不同作用力的存在，在规划过程中，空间结构安排不仅要充分考虑不同要素特点，同时要组织好相互之间的结构关系，以使各种要素得到较为合理的安排。因此，形成并保持具有生长性并且相对稳定的结构形态就显得非常重要。

城市形态是在历史发展过程中形成的，或为自然发展的结果，或为规划建设的结果，这两者往往是交替着起作用的。城市总体布局中，坚持贯彻可持续发展的原则，力求以人为中心的经济—社会—自然复合系统的持续发展，使城市发展的各个阶段建设有序，整体协调发展。

影响每个城市布局的因素是多方面的，既要结合实际，也需要对城市作出前瞻性的判断，既需要总结经验，也需要不断创新。

1996 年莫斯科规划是原有结构的延续，并更加注重空间的弹性（图 6-28）。

专栏 6-21　都江堰：在灾后重建中实现创造性复兴

都江堰，中华智慧的水利传奇；都江堰，天府之国的生命渊源。

"因水设堰，因堰兴城"，都江堰既是一项伟大的古代水利工程，也是一座具有千年历史的城市，是人文精神与自然地理环境结合的典范。

2008 年 5·12 汶川特大地震对都江堰造成了严重破坏。在由同济大学主持完成的都江堰灾后重建总体规划中，提出灾后重建规划应建立在对其自然人文的特殊性认知的基础上，"继承中华智慧典范，示范未来城市发展，实现都

图 6-28　莫斯科总体规划

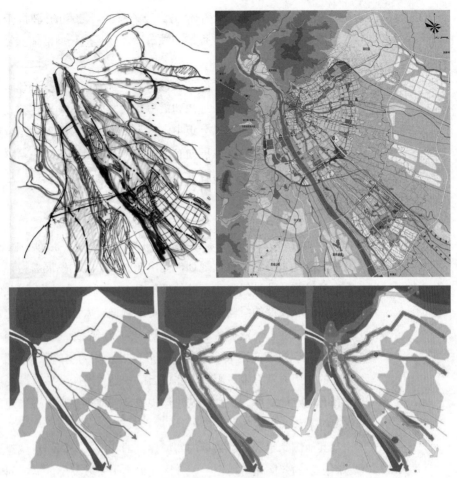

图 6-29　都江堰灾后重建总体规划

资料来源：同济大学都江堰灾后重建总体规划项目组.

江堰的创造性复兴"（图 6-29）。

　　未来的都江堰将是"国际性旅游城市、世界文化遗产地、国家历史文化名城、成都市域次中心城市"。通过城市结构调整与优化，强化"山、水、堰、城"的空间特色，整合发展，融为一个浑然一体的"新都江堰"。

第3节　新城建设与新区开发的趋势

1　新城建设的理想与实践

　　霍华德提出的"田园城市"诞生于 19 世纪末。工业革命开始后，城市空前迅速地发展，导致城市密度越来越高、交通拥挤、居住条件恶化、基础设施供应不足、瘟疫流行等城市问题日益严重，催生了疏解大城市压力，在其外围建设新的理想城市的现代新城建设运动。田园城市理论体现了城乡整体建设思想，把城乡作为对等和平衡的力量，使之在区域范围内得到平等的分工和协调，充分发挥城市和乡村双方的优势。在兼有两者之利的同时，避免两者的不利。从区域角度对整个城市进行结构性改造，以形成环境舒适、社会经济运行良好的新的城市空间结构。

在世界范围内几乎所有的大城市地区都有新城规划和建设的实践，成为主导大城市地区规划的核心思想和最重要的发展模式。通过建设新城，避免大都市地区人口和经济活动过分集中，将大城市的发展与郊区结合起来，使拥挤的大城市和无计划的郊区发展向有序的方向发展。实践证明，这一模式对引导城市有序发展，适应生产力合理布局、生态平衡和创造良好居住环境等方面具有积极的作用。

作为现代城市规划的诞生地，英国是最早开始新城建设运动的国家。1920年代开始探索在大城市周围建立相对独立的综合功能的小城镇。1940年代由艾伯克隆比主持的大伦敦规划，提出在大城市外围发展新城，并用绿带控制城市向外扩张。这种绿带加新城的做法对 20 世纪的大城市规划产生了巨大影响。从英国新城发展的经验来看，一直将疏解城市人口作为新城建设的目标，把居住、就近就业、商业服务三者的平衡作为新城规划的主要原则，但小规模综合性发展与现实存在巨大矛盾，往往形成以居住为主的"卧城"，实际疏解城市人口的作用非常有限。因此，在以后的规划中不断调整新城发展的策略，注重选择有重点地发展、扩大新城建设规模及采取一系列促进当地就业、改善交通状况等手段，促进新城的发展。

其他国家也进行了大量的新城建设的实践，美国的新城建设与集中城市化之后出现的郊区化密切相关，郊区化促进了新城发展。美国的郊区化被认为是城市蔓延的代名词，带来传统都市生活方式消失和社区解体，以及自然生态环境的破坏、过度依赖小汽车交通等突出矛盾。以新城市主义思想为原则的郊区生活重建，代表了当今城市建设的一些重要理念。新城市主义的核心概念认为应当将传统城镇生活环境作为城市发展的永恒主题，并针对美国的郊区化环境，提出以公共交通为主导的发展模式、混合用途和适宜密度、步行范围和人性尺度、面向步行者的街道、公共领域的主导地位等原则。这些原则和理念对当前我国新城建设中普遍存在的重物质建设规模、轻城市性等现象，具有重要的借鉴价值。

日本是一个高密度和高度城市化的国家，大城市日益膨胀的城市问题始终困扰着发展。从 1960 年代起，一直将新城开发作为促进大都市地区平衡发展，促进多中心化的重要手段，也经历了由注重相对独立发展，到强调建立多中心体系、重点发展大都市地区副中心的转变。

许多新兴国家和发展中国家同样进行了许多新城建设的探索。韩国的新城发展战略具有明确的目的，希望促进几个最大城市的离心发展，在促进人口疏解和就业增长方面取得了一定成效，但仍然存在人口与就业增长趋势的不相匹配、高通勤成本、一些远离中心城市的工业新城缺乏未来经济可行性的矛盾。

在印度的新城建设中同样存在分散人口与截流移民的失败、城市蔓延、就业居住不平衡等现象。

从国外新城的建设经验来看，大致有以下几个方面的经验：

（1）在现代大都市地区发展的背景下，在中心城区外围建立环境更加优良的新城，并和大都市自身的发展相结合，作为一种发展方式已经成为共识。

（2）新城的类型具有多样性，不同地区的发展成效和影响具有差异。新城的作用与大城市所处的发展阶段密切相关，尽管以新城为主导是解决大城市过度集聚、引导大城市向郊区疏解的主要思路，但在不同时期发展思想和建设重点在不断转变。在城市处在集聚发展时期，希望通过新城疏解城市人口往往作用有限。

（3）从发展历程和趋势看，新城发展经历了从强调疏解到确立新增长地区、平衡地区增长转变，新城功能从关注功能性、综合性到大都市地区多中心、非均质发展的转变，与区域结构调整结合是大都市地区新城建设的重要趋势。

（4）建设相对独立、自我平衡的新城作为一种理想，鲜有成功的经验，尤其是规模相对较小的新城，往往缺少吸引力，难以起到疏解城市人口的作用。

（5）人口、就业、服务、交通方面加强与中心城市的联系是新城建设最为需要关注的焦点问题。

2 我国大都市地区新城建设的发展与趋势

2.1 我国新城发展的历程

我国新城建设的历程可以分为三个阶段：计划经济时期以国有大型工业企业选址为主的卫星城；1990 年代以来以政府为主导的郊区工业区和居住项目为主的新城，以解决因空间资源短缺造成的人居环境恶化为主题；2000 年以来以市场化为导向的郊区化开发，开始更为注重大都市地区的综合发展。

上海直至 1980 年代，始终以工业卫星城为重点发展新城，2001 年版总体规划中提出发展 11 个新城以及 22 个中心镇，"十五"期间围绕"一城九镇"进入郊区新城大规模发展阶段，"十一五"期间提出"1966"的郊区城镇体系结构，重点发展松江、临港、嘉定—安亭三个新城，三个新城规模在 100 万人左右。

总体上来看国内大都市地区新城建设成效尚不显著，现有规划建设普遍存在一些不足：区域性城镇体系发育滞后，如上海单中心结构仍然明显，东线沿海、西线沪苏浙交接、中心城区延伸区等新城与长三角城市群发展缺乏整体性考虑；居住与产业发展关系脱节，存在产城分离的现象；大运量快速公交连接不足，郊区覆盖率低，枢纽节点数量和能级不足；重视制造业功能，而缺乏服务业定位；区域竞争弱化了本应重点强化地区的发展。

从发展趋势看，郊区新城分担主城区功能的作用将日益显现，随着产业支撑加强和中心城市区域辐射和带动作用加大，郊区新城将成为当前经济发达地区大都市地区空间结构调整的关键。北京新一轮郊区新城发展提出"两个转移"思想，加快整体产业结构布局调整，强调土地资源市场配置和投资主体的多元化，并希望通过新城建设进一步推动周边地区经济发展。

增强郊区城镇的承载力成为上海新一轮城市结构调整的关键。对此，上海提出在郊区建设七大新城的设想，包括松江、嘉定、清浦、奉贤、金山、临港、崇明等新城，每座新城规划吸引 100 万人口。同时，提出建立东翼新城群和西翼新城群，与中心城市形成"一体两翼"的结构，优化中心与外围整体格局。

我国当代新城建设与最初英国实践的田园城市运动相比，内涵已经发生了深刻变化，其发展现状及复杂程度也各不相同。从严格意义上来讲，我国目前的大多数新城区都不算是新城，在发展的理念与目标上也存在着差异，但功能上有相似性。

2.2 新时期大城市地区的空间发展

（1）大城市的功能提升和空间拓展

大城市功能转型是适应未来竞争环境的需要，反映在社会经济结构及空间结构上，体现在就业结构、居住环境、新经济活动和城市中心区演化等方面。城市产业结构调整需要转移或转产大部分原来的工业企业，同时引进新型的高科技产业，寻求更广阔的发展空间。

中心城区的空间和功能拓展需要与周围区域空间发展相结合。上海市中心城区空间进一步扩张的强大趋势仍然存在，历史上的几次规划都借鉴了有机疏散和新城建设的思想，但这种规划形态在巨大的开发压力和缺少足够的控制条件下较难实现。新时期的规划已经体现多心、多轴与多组团结合的发展模式，通过对各个组团规模的控制和功能的塑造实现整体布局和功能的优化。而这种功能关系和空间关系调整目标的实现有赖于中心城区和周边城镇新型关系的确立。

（2）外围地区发展模式的超越

大城市的外围地区普遍存在乡镇众多、规模小，职能单一，与中心城市的有机结合还不足。在大城市地区，几千人、几万人的小城镇要真正参与到具有上百万、甚至近千万人的中心城市的结构调整进程中，还存在一些急需解决的问题。在中心城区的结构转型过程中，小城镇并不是处在一个被动的过程。在经历了早期的乡镇工业化起步阶段之后，小规模、低技术的发展模式已经难以获得持续的发展动力。小城镇的发展模式需要再次超越，是区域性城市化和现代化的要求。

（3）对发展趋势的战略引导

中心城市发展已经开始深入到周围地区，表现在产业布局和居住空间结构上。为构建新型城乡关系创造了开端，新型乡镇经济不再与早期的低水平、低技术含量存在必然联系，而是越来越与城市产业融为一体，在经济形式、产业结构和空间布局上的突出变化，逐渐淡化着曾经存在于城乡产业之间的主要分异。一些大城市地区的乡镇经济正步入以提高经济增长质量和自身素质为特征的新时期。

传统城市空间发展模式通常以向心集聚为主，对外围乡村地区的影响主要在城市周边地区。在城乡具有相互影响的趋势中，乡村地区已经能够主动和积极地利用城市居住和产业空间扩展所带来的影响，形成产城融合的新空间。

具有中国特色的"边缘城市"现象同样值得关注。如北京亦庄，位于北京东南郊区，距离市中心 17km，是在原北京经济技术开发区基础上建立的新城，定位为北京的高新技术产业中心、高端产业服务基地、国际宜居宜业新城，远期建设成为京津冀的产业中心。2007 年的新城规划明确指出，基于北京经济技术开发区的亦庄是北京东南片的战略节点，也是面向京津区域发展的重要门户地区，是北京新一轮总体规划多中心格局的三个重点新城之一。

江苏昆山花桥，是江苏省"融入上海、面向世界、服务江苏"战略的三个商务城发展项目之一，是江苏省用来试验发展生产性服务业的窗口，花桥的发展目标是"国际大都市的卫星商务城"，以业务流程的转移外包、金融机构的后台服务中心、企业的区域性总部、物流采购中心作为其四大核心产业，不仅是苏南产业发展转型的试点，也被视作昆山实现自身城市转型的契机。

从以上的发展趋势看，北京、上海等大都市中心城与周边城镇之间以及城乡之间已经具有了多种功能和空间联系，但这种关系有待进一步强化。作为一种顺应时代特点和需求的发展方向，在宏观和微观层次都需要积极地引导和控制。

2.3 新城的活力与大城市地区发展战略

新城建设引导和控制的内容主要反映在与中心城市的职能关系、空间关系，以及自身的规模问题、环境问题等方面。

（1）职能关系——新的经济增长点和创新地

新城的职能关系是经济活动网络化的结果。工业生产活动的空间选择逐渐形成以市场为导向的发展方向，并作用于更大的区域范围。主要背景是产业活动主体日益多元化，原来清楚的城市产业和乡村产业划分逐渐失去意义；政策体制约束逐渐减少，城乡在经济发展政策中逐渐从高度倾斜向相对平衡的方向发展。区域性基础设施使外围地区成为具有竞争力的新产业发展空间。面对城市功能的空间扩张与发展、环境和资源的利用保护和协调等问题，空间发展的网络化、生态化、多元化已成为新社会经济背景下共同的趋势。新型城市产业空间的扩展使中心外围逐渐具有较为平等的竞争关系，与此同时，城市的创新能力使其正在开拓新产业领域，使城乡之间在更高的层次上实现联系与协作。

反映在空间上，新时期的新城发展不同于早期的郊区化过程，不是中心城功能的简单扩散，而是参与到大城市地区功能转型过程中，成为城市空间拓展的重要组成部分，是新的城市功能载体，依靠高效的交通和通信网与外界联系的独立的新城区，具有一定规模，成为新的增长中心和核心区域。

（2）空间关系—— 便捷的快速交通联系

实施新城发展战略需要相应地建立现代化交通体系。上海中心城区与周边城镇之间的快速交通联系已经初步确立，但从长远的角度，依赖私人汽车交通和公路交通，无论从运量、运能上，还是舒适性、安全性上，都远远不能满足日益增长的客运交通需求。

解决这一问题的有效途径是发展大运量的轨道交通。从国外特大城市发展的经验来看，特大城市功能向郊区疏解很大程度上依赖四通八达的轨道交通和郊区铁路，伦敦、巴黎和东京等城市，城市功能整体及城市通勤都已经深入到周围的新城。并使中心城区和新城之间能够保持有足够的绿色开敞空间，保持新城良好的生活居住环境，城市各种功能能够在空间上实现分隔，与自然环境融合，这是空间上的跨越，而不是空间的蔓延。轨道交通作为大都市地区的通勤方式，其载客量相当于十几条普通公交线，不仅舒适、安全、快捷，而且运费较低，促进郊区成为大都市区人口的导入区，有效推动新城的发展。

（3）超越规模控制——中心外围的关系

建设自我平衡、功能独立的新城只是一种理想，过分强调独立性往往使新城在缓解大城市和特大城市发展压力方面难以起到实质性的作用。

新城与主城的关系应该是互相协调联动发展的。对此需要从区域角度定位新城发展目标，加强新城与主城的联系，优化大城市区域的整体空间结构。

提高新城复合型功能，推进产城融合。目前大量新城的规划建设尚未摆脱传统思维，或延续了"卧城"模式或异化为产业区，不能从根本上满足城市功能提升和空间拓展的需要。

新城发展在考虑城市效率的同时，也应该注重城市生活上的吸引力，使得效率与魅力兼顾。主要体现在公共活动中心的创造、社区环境的建设、文化环境的塑造等公共活动领域，包括营造宜人的城市景观、丰富的文化场所和富有地域特色的休闲环境。

（4）城镇环境—— 高质量的生活空间

高质量的城镇环境包括高质量的生活设施环境、城市生态环境和景观形象，使之成为适居的城市和生态的城市。

随着新的全球社会经济背景的形成和发展，城镇环境建设已经成为城镇发展的战略目标，强调以人为中心的具有环境特色的区域和城镇建设，增强对人口和新经济活动的吸引力。高标准、高起点规划建设新城居住环境。不断提高居住环境的水平和质量，使新城不仅对周围乡镇的居民形成吸引力，而且吸引更多中心城区的居民。

从自然和社会两方面去营造充分融合技术和自然的人居环境，培育和诱发人的创造精神和生产力，提供高质量的物质和文化生活水平，这也是适应新城高起点的功能定位的需要。

适应新的经济发展需要。新城应成为更具有活力的城市功能体，成为经济发展的动力和创新基地。活跃在新经济活动中的人们有更高的社交的需求、尊重的需求、自我实现的需求。各地都在探索知识经济发展的道路，争取获得未来持续发展和竞争优势。大都市地区的新城应该成为吸引高科技人才的一个吸引点，为实现人才高地的目标发挥更大的作用。

总之，新城不是一个新概念，大城市地区发展新城也早已被提出来，但国内新城建设缺乏具有明显成功效果的案例，使得对新城发展思想和具体内容探讨都较为谨慎。新城也不是一个普遍适用的发展模式，但在北京、上海、广州等这些大城市地区，具有了多种城市空间调整的机遇和条件，可以在观念上和方法上进行及时和恰当的引导。包括区域规划的协调；合理确定新城的开发规模；新城建设管理政策的保障和指引；公共设施建设先行，提升新城品质；以大容量轨道为支撑架构区域交通网络，倡导公共交通优先；创新理念，促进外来人口融入，注重城市建设的人性化等多方面的探索和实践等。

第7章

城市形象与城市的活力
Urban Images and Vitality

第1节 城市形象与建成环境的重塑

1 城市形象的作用

城市形象作为城市发展的综合集成，既是城市空间的直接表征，也是一种可以感受的客观存在，城市形象折射着城市的内涵与品质，体现了城市对发展目标和价值理念的追求。

城市形象的形成是一个动态的历史过程，是城市建设长期积累和沉淀的结果。在当今中国城市大建设的背景下，加深对城市形象的内涵和作用的理解，有助于更加深刻地认识城市发展使命和城市建设的本质。

1.1 城市的象征与文化传承的基因

城市作为建成空间，是经济活动和社会活动的载体，也是广义的人类文化与文明的物化体现。如果说城市物质环境是人们生活的空间场所、是表征，那么物质环境所负载的社会结构、制度、价值观念及历史人文等则构成了城市的文化内涵。城市形象就是城市文化和城市生活在城市空间形态上的反映。

作为城市的象征，每个城市的繁荣与衰落都可以与物质环境展示的城市形象联系起来，包含了城市发展的价值导向。正如沙里宁的名言："让我看一看你们的城市，我就知道你们的居民追求的是什么"。这昭示了城市形态、形象与城市文化之间相互对应的关系。任何一种城市形态都不仅仅是空间上的概念，而是城市文化长期积淀和作用的结果，铭刻着城市在过去岁月中的轨迹，犹如大树的年轮，留存着不同时代的印记。

凯文·林奇（Kevin Lynch）1981 年在他的《城市形态》一书中提出，"一种好的城市形态应该从社会文化结构、社会生活和社会审美心理、意识形态、城市空间形态结合的角度来看。"意大利建筑师阿尔多·罗西（Aldo Rossi）认为，城市是在时间的演进过程中逐步形成和发展的，是"一种集体的人工创造物"。城市本身就是其市民的记忆，并且就像一般的记忆一样，与物体和场所相关。城市是市民集体记忆的"地点"，"地点"和市民的关系构成了城市的主要意象，当一些新的人造物成为记忆的一部分，新的意象就出现了。

文化的多样性和异质性是城市的特点，每个城市个性都源自其独特的城市文化，反映城市的特殊品质和特殊形象。城市文化内涵是城市的本质特征，构成城市的真正魅力和更持久的竞争力，是城市发展的基础，决定着城市的未来。城市文化关心人、贴近人的生活，是城市作为人们的一种生活方式而存在的真谛，这是城市发展过程中的终极价值。在此意义上，城市文化是城市的灵魂。城市失去了自身的文化，就失去了自身的个性特征，乃至失去了城市精神。

1.2　城市蕴含的文化动力和创新源泉

城市形象作为建成环境的体验过程，反映了城市发展的综合效果，蕴涵着城市发展的活力，与城市发展动力构成了相互影响和支撑的互动关系。

城市空间除了作为场所存在，更为重要的是场所精神，折射出的是城市文化、历史内涵、市民精神、社会审美心理与意识形态等。一个城市之所以发展、之所以繁荣、之所以具备某种特定的形态，是各种力量组织作用的结果，包括经济、地理、技术、文化等，而文化是这其中显效最缓慢、最具隐含性和持久性的力量。

芒福德认为，城市的出现本身就是一种文化现象。文化既是城市发生的原始机制，同时也是城市发展的最后目的。他把"文化贮存、文化传播和交流、文化创造和发展"称为"城市最基本的三项功能"。

霍尔 1998 年出版的《文明中的城市：文化、创新和城市秩序》一书中，通过对城市发展史的解读，描述了城市创新的不同方面及其形态，并揭示了其中的动力机制。他从西方文明史的角度探讨了不同时期和不同地区的 30 个城市，从古典时代的雅典和罗马一直到当代的纽约和洛杉矶，认为尽管并不是所有的城市对文明的发展都具有同样的作用，但城市历来是创造力和创新的最主要的场所。

城市蕴含和积累的文化动力成为城市创新的源泉。激活城市公共生活，以文化凝聚城市发展的动力，在经济不断发展的今天已成为共识。

1.3　全球化时代提升城市竞争力的手段

新经济环境的来临不仅标志着城市产业结构的转型和城市生活方式的演变，还意味着城市形象与建成环境的重塑。

首先，在全球化和知识经济浪潮中，决定城市竞争力的要素发生了逆转。在工业化时代，是企业引导、以生产功能为主导的经济城市。企业选择城市，城市提供就业，人口追随企业，决定城市发展的关键是企业的生产规模，支撑城市发展的是形成生产成本优势的条件，如港口、码头等，基础设施、生产要素及交通条件构成了城市经济发展的基本要素。

在后工业时代，是人力资源引导的创新和创意城市。人力资源及其创造力成为城市更加重要的发展动力。人才选择高品质的城市环境，企业追随人才，城市创造就业，决定人口与城市的关键是城市的自然环境和社会生活质量，发达的信息资源、空间的便利性、研究型大学和机构、风险创意基金等构成了创意城市的基础设施。

其次，在全球经济一体化带来的高度流动中，城市获得竞争力机会的条件发生了转变。城市形象成为城市竞争力的重要元素，重塑建成环境形象成为城市的核心战略之一。在全球人才和就业市场竞争中，对城市的环境质量和生活质量提出更高要求，已成为城市竞争力的重要组成内容。经验表明，城市需要加强其核心竞争力，优化城市环境是重要手段之一。各国和地区的城市纷纷把环境建设作为城镇发展战略目标，强调以人为中心的具有环境特色的区域和城市建设，通过对人才的吸引，增强对新经济活动的吸引力。

那些与众不同、为更多的人提供更高质量体验的城市才更有竞争优势，知识经济时代的建成环境与地域文化创新结合在一起。同时，城市形象作为城市营销的重要手段，成为获得发展机会的一项重要策略。上海举办 2010 年世博会，作为特定的"城市事件"起到对城市发展的外力提升及推动作用，通过这一短期大型盛事起到对城市长期发展的外推催化作用，加快城市形象重塑、城市功能提升、老工业区更新和城市基础设施建设。

专栏 7-1　城市发展宏观战略与城市形象重塑的关系
——新加坡概念规划的启示

新加坡 2001 年概念规划（Concept Plan 2001）以"向 21 世纪繁荣的世界级城市迈进"（Towards a Thriving World Class City in the 21st Century）为主题，但对目标的表述则完全换了一个角度，它的目标为"充满活力（dynamic）的城市"、"与众不同（distinctive）的城市"、"可爱（delightful）的城市"。发展策略包括：①在熟悉场所中的新居（New homes in familiar places）；②高层化的都市生活（High-rise city living: a room with a view）；③更多的游憩选择（绿地、自然保护区、运动、艺术）；④为商务产业提供更多的灵活性；⑤打造全球商务中心；⑥密集的轨道交通网络；⑦注重城市个性（建筑遗产、自然元素和地标、中心区位、认知场所）。

新加坡概念规划作为宏观发展战略体现了新加坡对未来的雄心与抱负，但也体现了提高建成环境质量对于城市对人口和新经济活动的吸引力的作用，体现了人文关怀对长远城市发展战略的意义。

2　大建设时代建成环境的失衡

中国正在经历着快速的城市化过程，大规模的城市建设和扩张需求不仅带来城市形态和空间结构的不断变化，也重塑着城市的建成环境。在巨大的开发压力下，城市形象既面临着重大发展机遇也面临着前所未有的挑战，呈现出种种的失衡和矛盾。

专栏 7-2　高度不断攀升的中国城市

上海早在 1930 年代即确立了作为全国乃至远东地区经济中心的地位，相当长的时间里国际饭店一直是上海的第一高度。这一高度在 1983 年首次被打破，上海宾馆成为第一高楼，高度为 90.5m。整个 1980 年代建成的高层建筑

图7-1 上海城市轮廓呈现的高层林立的景象

主要为住宅建筑，数量屈指可数。1990年代以后逐步进入高层建筑的时代。1991年，建成第一个由境外事务所设计的高层建筑上海商城（1984年设计），高度为164.8m。1994年建成东方明珠电视塔，高度为467.9m。1998年建成金贸大厦，高度420.5m，成为当时亚洲第一，世界第三高度。2003年，上海高层建筑突破5000幢。2005年，上海高层建筑突破10000幢。目前，上海高层建筑超过20000幢（图7-1）。

城市开发与城市特色的矛盾。大规模的旧城改造和新区开发活动都呈现分散、填充式的发展，建成环境破碎，造成城市空间均质化。重视新开发项目，忽视对已建成环境的维护和使用的管理，造成新旧开发关系冲突。城市规模迅速蔓延扩大，生态地区保护压力不断增加。只重视文物建筑保护，忽略了历史地段的价值，大规模的旧城更新造成历史风貌建筑大量消失。《国际先驱论坛报》曾发表一篇题为"快来看看即将消失的上海"的报道，作者指出"我建议你马上去上海，是因为这里正在进行全世界最大规模的城市改造，历史正在以最快的速度消失"，"2005年上海拆除了851万m²的旧建筑，1990~2000年是铲平旧建筑的10年，拆除建筑达到2500万m²"。城市特色变得模糊，城市空间成长由一个个缺乏关联的城市开发活动混合而成，城市空间的整体认知框架变得越来越不清晰。反映了大规模建设中城市形象迷失的困境。

许多城市为片面追求所谓的"现代化"景观效果，城市公共空间的重要性被忽视，盲目建设"大广场"、"大马路"，花费巨资改造城市道路，但街道空间却失去了作为生活场所的意义。城市空间的过度商业化倾向，城市特色与城市形象问题成为困扰城市的难解之题。中国成为世界建筑师的试验场，尺度巨大的国家大剧院坐落在中国首都最为重要的历史建筑群附近，标新立异的央视大楼也广受非议。凡此种种现象也说明城市建设管理失去了评价的基本标准和审美准则。

城市形态与形象是可塑的，变化也是必然的，但在变化与重塑中，必须摒弃粗放的建设方式，在变与不变中把握城市永恒的追求，即精心塑造更加美好的空间、更加怡人的生活、更加富有活力的城市形象，这既是应对瞬息万变的竞争环境，把握发展机会的需要，更是回归城市的使命和本质，培育城市可持续发展能力的需要。

图 7-2　大规模城市开发中城市形象的迷失

专栏 7-3　建成环境的失衡与矛盾

城市形象缺乏识别性；城市密度越来越大，高度越来越高，传统的城市尺度消失了；旧城改造和新区开发都呈现小规模、填充式的发展模式，建成环境支离破碎；城市绿地和公共空间不足；道路建设与土地开发关系失衡，新旧开发关系冲突，城市空间过度商业化，带来城市形象危机和建成环境标准的迷失（图 7-2）。

3　回归城市的使命：人文化与生态化

3.1　良好建成环境的追求

城市建成环境相对自然环境而言，是指人工建造形成的城市环境，包括城市新开发和城市再开发形成的建成环境以及城市历史形成的建成环境。作为城市形象的直接体现，反映了一个城市的价值理念、文化环境及特定时期建设制度等方面的影响，是城市生活质量和文化个性的表征和体验，也由此构成了建成环境的广义内涵。城市行为乃是文化行为，建设城市就是建设文明。芒福德概括为"未来城市的主要任务，就是创造一个可以看得见的区域和城市结构，这个结构是为使人能熟悉更深的自己和更大的世界而设计的，具有人类的教养功能和爱的形象"。

规划范式理论的核心是建立规划自身的价值标准，美好城市的设想一直是规划范式理论讨论的核心议题，即规划工作的目标"应该"是什么，好的城市"应该"符合什么原则。

凯文·林奇在《城市形态》一书中，提出良好的城市形态（Good City Form）的 6 个具体标准：①活力（健康／安全／和谐／多样化）；②感受（地方特色／场所感／表里合一／透明度或直接感）；③适宜（舒适／空间与活动）；④可及性（方式／对象的多样化／共享性）；⑤管理；⑥效率和公平。

罗杰斯定义的可持续发展的城市标准为：①公正的城市，在其中，正义、食物、居住、教育、健康和希望得以公平地分配，所有的人们都参与政府管理；②美丽的城市，在其中，艺术、建筑和景园激发人们的想象力，并振奋人们的精神；③创造的城市，在其中，开放性思维和实验精神调动着人力资源的潜质，并鼓励其对变化作出快速反应；④生态的城市，在其中，对生态的破坏程度降至最小，景园和建筑形式平衡，而且建筑和基础设施安全，资源利用高效率；⑤易于发生人际交往的城市，在其中，公共领域鼓励社区发展和便于人们在其中活动，而信息的交流既可以采用面对面形式，也可以采用电子形式；⑥紧凑型和多中心的城市，在其中，它保护乡村，把社区集中于邻里之中，使之结合为整体，并且使亲切感得到突出体现；⑦丰富多彩的城市，在其中，广泛的互相联系的活动创造生命和灵感，并且培育生动的公共生活。

弗里德曼提出美好城市四个方面的设想：①对理论前提的思辨，谁的城市？包括过程与结果、意愿与实践；②人的发展是最基本的人权；③"城市丰富的多样性"是美好城市的首要条件；④良好的城市管制。他认为人的发展和丰富的多样性是美好城市的基础，包括：住房、可负担的医疗保健、报酬充足的工作以及充分的社会保障。同时认为美好城市取决于城市中的管制过程，即政治家和官僚、公司资本、公民社会之间形成良好的治理关系。

良好城市建成环境的标准不仅是一个纯物质层面的空间问题。在功能主义作用下的城市，追求城市结构的"合理"，仍然会给人们带来文化的失落感。宜居是建成环境的本质，其内涵不仅要看城市发展的经济指标，更是要看城市是否能够真正满足居民在不同层次上对居住质量和生活环境的要求。

3.2　对 20 世纪城市发展思想的反思

工业化带来的城市化已经彻底改变了人类的生产生活方式以及自身的生存环境。面对难以驾驭的世界城市化浪潮和全球性危机，引发了对 20 世纪城市发展和规划思想的深刻反思。

工业化城市追求生产效率和规模的经济目标，使经济理性替代文化理性成为空间组织的基本原则，主导了城市空间的生成过程，也带来城市快速发展的结果。"经济规律"使人们生存的目的被异化，被动地流向城市，无奈地接受经济空间优先的生存方式。正如弗里德曼所理解的（2005），现代城市空间矛盾是生活空间和经济空间的冲突引起的。

这种经济理性渗透成为城市价值观的一部分。20世纪人们普遍认为一个更具有"竞争力、高效率"的城市应当体现或遵循经济空间的属性，采用标准化的使用土地分类，强化不同功能的城市土地利用在空间上的分离，生产与生活功能的分离。并认为城市规模越大越好，越大越集中的组织和工作方式越有效率。这种理念同样渗透到现代主义规划之中，建立在机械论基础上的功能主义，所造就的城市空间组织原则将城市结构视为犹如工业产品一样——模式化和标准化。城市作为公共生活空间的属性逐渐削弱，经济空间逐步主导了城市。

彼得·卡尔索普（Peter·Carle Thorpe）认为现代主义"一刀切"的思维模式摧毁了场所和社区的特殊性。专门化、标准化和大规模生产的原则损害了街区和区域特征，导致了无差异的社区，割断了历史，破坏了生态系统的独特性。在城市走向区域化过程中，无度的扩张造就了低密度、功能分区、小汽车导向的城市蔓延。这种蔓延与不公正是相关的，产生了社区瓦解、内城衰退、对自然资源和景观的过度消费的现象。多样性、保护历史环境和人的尺度是组织区域城市的基本原则。

在经历工业化向后工业化转变的今天，人们正越来越深刻地认识到城市获得和保持持久活力重要性。大量消耗土地和资源的模式不是一种真正高效率的模式，相反，需要付出高昂的成本和代价，也是一种不公平的发展模式，与一个具有独特性、多元性和文化越来越具有经济价值的信息社会不相匹配。对城市结构模式化和无节制扩张的批判，实质上是对漠视城市社会性和生态性的批判。对城市多样性的抹杀和紧凑性的丧失，最终会造成城市失去活力，带来难以避免的走向衰退的后果。

3.3　以人文化和生态化重塑城市形象

回归城市的人文精神、回归传统邻里生活、重塑城市形象再次成为世纪之交人们的梦想。

1990年欧共体发布的《城市环境绿皮书》中提出紧凑城市概念，大力推崇更高的城市密度，并且提出一系列的政策，试图将新的发展导向"既有的城镇化地区"。"紧凑城市"是相对"城市蔓延"而言，被描述为高密度的城市发展，具有以下几个主要特征：中心区活力的复兴、高密度的建设发展、混合的土地使用、公共设施的可达性强等。

倡导紧凑城市是希望扭转西方城市低密度发展的危害，抓住了西方城市发展中结构矛盾的核心问题。增强紧凑性，不仅仅是为了减少对小汽车的依赖，更重要的是希望通过一系列的综合对策，改善城市的空间组织方式、城市的功能以及减少对生态环境的影响，从而实现可持续发展。形式上表现为对较高城市密度的倡导，实质上探讨的是城市形态与城市可持续性之间的关系，即城市的形态和密度将影响其未来的发展，而紧凑城市是更具可持续性的城市形态（关于紧凑城市的启示将在第9章中进一步探讨）。

与紧凑城市相呼应的是新城市主义（New Urbanism）理想的诞生。新城市主义核心思想是主张把二战前美国城市设计的理念与现代环保、节能的设计原理结合起来，建造具有人文关怀、用地集约、适合步行的居住环境。新城市主义以宪章的形式提出 27 条原则，从区域、城市和地区三个层次对城市规划设计与开发的原则给予阐述，从不同的空间层面对城市发展回归人文和生态理想进行比较全面和整体的总结，反映了西方社会对当代城市发展问题和趋势的认识，以及重塑城市建成环境理念和对策。

尽管紧凑城市和新城市主义的理念都是针对西方城市发展矛盾提出的，但包含了对当代城市精神的认识和追求，即人文化和生态化是城市发展的本质和可持续发展的关键。

第 2 节　城市活力与建成环境人文特质

1　激发城市中心的活力

城市中心区不仅是城市功能高度聚合的地区，也是城市最重要的公共活动空间，是城市繁荣的象征。一个城市给人的综合意象，也往往是通过对中心区形象和公共活动的体验感受到的。

1.1　多元复合的中心区功能——从 CBD 到 CAD 的启示

新经济环境的来临不仅标志着城市产业结构的转型和城市生活方式的演变，还意味着城市建成环境的重塑。随着后工业化进程的推进，第三产业越来越占据主导地位。与此同时，闲暇时间的不断增加和工作时间的弹性化使人们越来越期望居住—工作—闲暇更为紧密融合的生活方式。信息技术的高度发达使三者无论在时间上还是在空间上都更为灵活可变，对城市建成环境的混合使用提出了更高的要求。

倡导多元复合的功能成为城市中心区建设的重要趋势，传统城市中心单一用途的金融区、商务区和商业区正在走向融合，形成多元用途的中央活动区 CAD (Central Activity District)。

伦敦的传统金融区仅为 $1km^2$，而商务办公主要集中在西区。在 1980 年代和 1990 年代，通过伦敦码头区的复兴改造，建立了新的金融和商务中心。新一轮的城市空间发展战略明确定义了中央活动区是伦敦作为全球城市的核心功能区。相对于传统的中央商务区 CBD (Central Business District) 而言，中央活动区的地域范围更为宽泛、产业功能更为综合。中央活动区跨越伦敦的中部规划分区和东部规划分区，也包含了传统的金融区和商务区。除了金融和商务功能以外，中央活动区还包括其他类型的功能活动。第一类是政府机构、公司总部和外国使馆；第二类是贸易、专业（如法律、会计和咨询）、通信、出版、广告和媒体机构；第三类是与旅游相关的国际性购物中心和休闲娱乐设施集群。

1.2 展示中心区的生命力

城市中心区是城市生命力的象征，不仅表现在城市中心区应当具备多样性的特质，是居住、工作、娱乐、休闲等活动构成的复合的生活空间，还表现在公共性、人性化、独特性和生长性等特征，这些方面共同构成了中心区的活力和特质。

公共性，体现在城市中心是公共活动的场所，需要城市空间具有良好的可达性和开放性，公共空间具有连续性和整体性，既可以满足不同类型公共活动的需要，也可以满足不同层次市民的需求。

人性化，体现在城市中心区可以提供并满足人们生活和工作的舒适性，中心区规划设计需要突出把人们的生活和体验融入其中，而不是追求一个宏伟蓝图或一种大尺度的空间形象。

独特性，是城市中心区的内涵，体现在与城市的地域性文化、历史与自然环境融合共生，通过独特的体验塑造中心区的魅力，这种独特性因地而异。

生长性，表现在中心区的形成是一个长期、动态的过程。一方面它作为城市的一部分，在空间上需要与城市建立起整体和全面的联系，同时也随着城市发展不断地更新和调整。另一方面，中心区的形成也不是一蹴而就，物质环境建设和更新只是提供了容纳城市中心的功能和活动的载体，而功能的完善和提升需要长期培育才能形成，不断构筑适宜持续成长的条件。

对于处在大建设时代的中国城市而言，城市中心区功能与形象的重塑无疑是城市空间结构调整、增强城市活力和竞争力的重要内容。当前老城中心的更新和新区中心的建设，都存在一种偏离倾向，片面追求"现代化形象"和"现代化速度"，只重形式完美而忽略了内涵和品质，只重项目堆砌而忽略了开发过程的衔接。

1.3 发展城市综合体

城市综合体一般是指通过整体开发，将城市中的商业、商务、办公、居住、宾馆、展览、餐饮、会所、娱乐、休闲和交通等城市生活空间的多项功能组合在一起，并在各部分之间建立一种相互依存、互为价值链的联动关系，从而形成一个大规模、多功能、现代化的城市生活街区和服务业集聚地。

城市综合体可以是一个单体式建筑、一组建筑群，也可以是一个综合开发的区域，如 HOPSCA（hotel、office、park、shopping mall、convention、apartment）形成一个混合开发的地区。

城市综合体是当前城市建设的热点，原因是多方面的。在城市中心区发展城市综合体，可以放大城市中心的集聚效益，满足人们的多种需求，减少出行时间和距离，提高经济活动的密度，可以发挥巨大的经济效益。同时也可以为人们提供更加丰富多彩的生活方式和场所，增强城市活力。

提高城市综合体的可达性及与交通枢纽功能结合，是城市综合体发展的特点和趋势。城市综合体一般位于城市交通网络发达、城市各种功能相对集中的区域，通过多层次交通网络建立与外界高效快捷的联系，及内部交通流线和空间合理化布局，从而使各类资源统一利用、有机结合，可以实现整体功能的高效性。

2 发掘城市特质地区的价值

城市的独特魅力往往建立在其特有的元素保护和发展基础上。城市中心的多元、滨水地区的复兴、历史街区的时尚、自然地区的休闲也许是后工业时代的城市建成环境的最主要特征。伴随着经济全球化的不断推进，这些地区越来越获得投资者、使用者和观光者青睐和"价值认可"，因而也成为城市发展的重要资源。

发掘城市特质地区的价值既包括对城市历史文化地区、独特的文化景观地区的尊重和延续，也包括再开发带来这些地区的功能重生。

2.1 滨水地区的再开发

1970 年代后期以来，发达国家和地区经历了后工业化过程，工业时代的港口码头逐渐趋于衰败。许多滨水地区经历了复兴过程。昔日作为生产性用途的滨水地区（如港口码头）在经历了城市复兴以后，转变成为"居住—工作—闲暇"融为一体的新型活动场所，成为城市中最具有活力和魅力的地区之一。

通过滨水地区功能重塑提升城市的国际竞争力。工业化时期形成的码头区通常位于城市比较中心的区位，尽管经历了衰败过程，往往具有重新开发的巨大价值。以占地 $22km^2$ 的伦敦码头区为例，在 1981~1997 年期间，以 18 亿英镑的公共投资吸引了 65 亿英镑的民间投资，成为欧洲最大规模的城市复兴计划，形成居住、工作、休闲有机融合的滨水发展地区。建设以地铁和轻轨为主体的快速公共交通网络，并配有小型机场，建成规模巨大的商务—商业建筑和相应配套住宅（图 7-3）。如今，伦敦码头区已经成为全球闻名的金融商务中心，创造了大量的金融和商务产业的就业岗位。伦敦码头区的全面复兴，特别是 Canary Wharf 金融和商务中心，增强了伦敦作为全球城市的主导地位。

通过滨水地区功能重塑塑造新的城市形象。毕尔巴鄂（Bilbao）是西班牙的第五大城市，曾经是 19 世纪欧洲最重要的钢铁和造船业中心，在产业结构调整过程中一度陷入衰颓。原先位于城市中心的港口已经外迁，为滨水地区的复兴提供了机会。1990 年代毕尔巴鄂提出成为具有国际影响的"艺术和会议中心"，滨水地区成为推进城市发展目标的战略地区，形成博物馆、音乐厅、

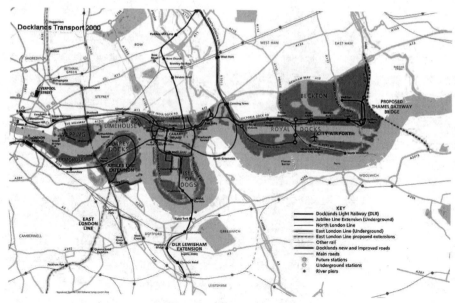

图 7-3　伦敦码头区改造

图 7-4　毕尔巴鄂古根海姆博物馆

会议中心、文化中心和大学的集聚区。其中，由美国著名建筑师盖里（F.Ghery）设计的古根海姆博物馆在全球范围内引起广泛关注，对于滨水地区复兴具有非常重大的意义（图7-4），使毕尔巴鄂（Bilbao）在国际现代艺术中占有一席之地，并且成功地塑造了新的城市形象。自从1997年古根海姆博物馆开业以来，吸引了数以百万计的参观者和旅游者，为城市带来数亿美元的经济收入。以此为契机，毕尔巴鄂推出一系列旧区改造计划，赋予旧城区新的内涵，成功地推动了从工业型经济向创造型经济的转型。

通过滨水地区功能重塑，形成多元活动、充满活力的地区。纽约的炮台山公园地区（Battery Park City）位于曼哈顿下区，紧邻已经被毁掉的世界贸易中心，曾经是码头仓库区。1980年开始进行重新开发，采用了混合用途的发展模式，包括商务办公（如世界金融中心）、购物中心（如冬季花园）、酒店和公寓等，还建设了各类博物馆（如高层建筑博物馆、犹太遗产博物馆和纽约牺牲警察纪念碑，还将建设女性博物馆）和公园（公园中陈列知名艺术家的作品），成为纽约最具活力的商务、居住、休闲和旅游综合地区。

2003年以后，上海提出了黄浦江两岸改造计划，大量的工业土地置换不仅为上海城市功能提升释放了空间，也使黄浦江逐步回归城市母亲河形象。目

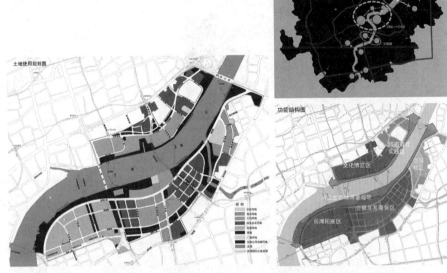

图7-5　世博园后续利用将是上海全面推进黄浦江两岸开发的战略契机

前南外滩、北外滩改造工程已基本完成。未来的黄浦江将是上海一条纵贯南北的现代服务业集聚发展轴。2010年上海世博会对加快推进两岸综合开发发挥了积极作用（图7-5）。随着1990年代浦东的崛起，城市功能高度集中在陆家嘴地区，利用黄浦江沿线综合开发形成新的承载空间成为一项非常重要的战略性任务。世博会场址规划之初即对世博后两岸开发做了统筹策划，提出空间整合、功能整合、形象整合、两岸缝合的理念。确立了通过上海世博会的举办，激发、促进上海世界贸易、文化交流中心功能的成长，保留40万㎡的文化展览场馆，既为完善新外滩的国际化景观形象，同时为实现场馆后续利用的最大化，为上海迈向全球化功能的提升创造空间。

2.2　挖掘自然和文化要素的特质

保护城市特质地区是城市发展的重要依据。文化资源往往是地域性的，与独特的自然环境有着密切的联系，从区域角度保护独特的自然和文化资源，通过建成环境优化保持城市独特的个性，已上升为城市战略层面的重要内容。

西湖作为杭州国际旅游名城形象的核心资源，在城市形象塑造中得到了强化。杭州提出将保护水环境和发展城市休闲旅游功能结合起来，不仅提出"旅游西进"的发展战略，同时将"五水共导"作为治水理念，即围绕江、湖、河、海、溪，实施西湖综合保护、西溪湿地综合保护、运河综合保护、河道有机更

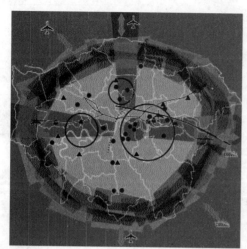
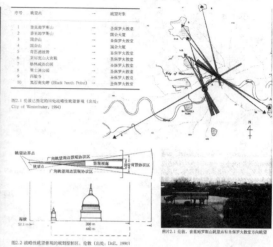

图7-6　伦敦的绿环战略和视廊保护

新、钱塘江水系生态保护五大系统工程。开展水源保护、截污纳管、河道清淤、引配水、生物防治等，疏通城市脉络，改善城市水质，保护优化城市的自然生态和人文生态系统，有效地解决了现代城市不断扩张与自然生态日益萎缩的城市发展矛盾。通过引水入湖、引水入溪、引水入河，疏通城市水脉，保护城市水系，改善城市水质。活化自然要素，实现城市与人、自然、文化的完美结合，提升城市的生活品质。经过多年来持之以恒的努力，杭州西湖成功申报世界文化景观遗产。

保护绿环、控制历史地区视廊和构筑蓝带网络（Blue Ribbon Network）是伦敦战略规划中提出的三项城市特质要素保护策略（图7-6）。伦敦战略规划围绕城市结构性开放空间制定了总体策略，提出保护绿环是制定城市战略的前提；从保护历史建筑角度，提出只能在视廊控制范围之外发展高层建筑，充分体现了历史特质对于伦敦未来发展的重要意义；伦敦的水网系统丰富而具有特色，规划将其称作城市的"蓝带网络"，包括泰晤士河、运河以及城市中的其他河流和溪流，也包括开放的滨水空间，如码头、水库和湖泊等。"蓝带"作为城市交通、休闲和旅游资源以及公共领域的关键性组成要素，具有战略性的意义，同时对于保护伦敦地区的生物多样性、提升景观价值、增强活力和特色具有重要的作用，是伦敦发展的最重要资源，开发和利用必须有利于保护和品质的提升。

2.3　保护和活化历史地区的价值

在经济全球化的进程中，本土历史文化特色成为地方竞争力的重要资源。

国内外的发展经验表明，具有历史文化特色和底蕴的建成环境不但是旅游观光资源，也是吸引其他社会和经济活动的时尚场所，越来越受到商务办公、文化创意和休闲娱乐活动的青睐。新生代的中产阶层也越来越喜欢居住在历史文化街区。历史文化遗产的不可复制特性使之成为稀缺的发展资源，越来越多地发挥地域营销的品牌效应，吸引外来投资和促进地区经济发展。无论是历史街区还是江南水乡古镇的成功都印证了这类建成环境的市场需求趋势。利用传统建筑为现代服务业、都市型工业等产业提供空间，也成为当前城市功能更新的重要趋势。利用老厂房改造建设创意产业园区已经成为典型模式。

2010 年上海世博园规划提出保留城市发展过程中不同年代历史意向的片段，利用世博会的契机，留给上海异彩纷呈的城市经典意象，并且创造性地提出建设城市最佳实践区。实践区的多个案例，聚焦旧城保护，分享现代化新区与历史古城共生共荣的经验。巴塞罗那案例馆讲述了新旧城区和谐交融的"双城故事"。巴塞罗那市中心有许多哥特式建筑，曾经被认为失去城区发展价值的旧城，现在发展成人民居住、休闲、寻找灵感的场所。到老城去生活，是巴塞罗那人的新时尚。既是一个体现国际潮流和体验经济的成功范例，也为中国许多城市面临的旧街区大片消失、城市逐渐失去个性、呈现千城一面的趋势，提供了有益的启示。

专栏 7-4　上海创意产业发展与老工业厂房再利用

由老厂房改造建设创意产业园区已经成为上海旧厂房保护的典型模式（图7-7、图7-8）。其中有房地产开发的因素，也有政策推动的因素。创意产业的发展除了需要特定的空间之外，更需要进行一整套的产业发展的规划和组织，这将是政府需要长期重视的一项工作，真正实现以创意产业园区的发展带动老工业区的复兴。

图 7-7　上海 M50 创意街区

图 7-8 上海石库门弄堂里的"新天地"

每个城市都有其特质地区，这些地区经过了长期的历史积淀，为大众所共同认知和认同，不仅蕴含着文化和环境价值，也蕴含着巨大的经济价值和战略意义。真正"一百年不落后"的东西，恰恰是这些具有长久生命力的特质地区。保护和发展这些特质地区是塑造城市特色的重点，也体现了一个城市对人文理念的追求和内涵，即对历史的尊重、对自然的尊重和对人文环境的追求。

3 重塑城市公共空间的魅力

城市公共空间包括公园、绿地等自然开敞空间，也包括广场、街道空间等人工建成环境塑造的开放空间。公共空间是城市与生俱来的，一直作为城市交往场所和特定意义的空间而存在，今天的公共空间价值更加多元，对城市的发展也具有更加重要的作用。

公共空间构成了城市特有的本质和精华，可持续发展理念赋予城市公共空间新的内容和认识。除了在满足公众游憩、休闲的需要或者某些城市功能（灾害疏散）外，通过创造高品质的公共空间环境，有助于提高地区活力，增加城市竞争资本。人们在公共空间活动的权利、活动的方式、活动的意识各不相同，形成了一个城市多样的公共文化。在满足人与自然交流及多层次社会交往的过程中，其文化、经济、生态等多元复合的价值构成了城市发展新的动力。

3.1 修复城市空间的多样性

多样性是增强城市活力的基本条件和重要手段。简·雅各布斯在 1961 年出版的《美国大城市的死与生》中对 20 世纪美国城市进行了批判，提出了"多样性是城市的天性"，认为城市应是错综复杂的，而使用是多样化的。但在传统的城市开发和更新中，单一功能的大规模建设、大尺度街坊和开放空间的混杂使用破坏了城市的多样性。她凭着敏锐的观察力和对城市生活的热爱，呼唤人们对城市多样性的关注。

雅各布斯指出，现代城市规划理论将田园城市运动与柯布西耶学说杂糅在一起，在推行区划管理（zoning）的同时，降低了高密度、小尺度街坊和开放空间的混合使用，从而破坏了城市的多样性。她提出多样性的 4 个必要条件：①混合的基本功能。每个城市分区必须担任一种以上、最好多于两种的基本功能。这些功能一定要保持人们能在不同时间出行，以不同原因聚在一处，但能使用许多共同的设施。②小的街区。街区尺度要小，创造更多的街道和转角。③老建筑必不可少。街区中必须混有不同年代和不同状态的建筑，包括一定比例好的旧建筑。④一定的人口密度。城市一定要有足够密集的人口，无论这些人口以何种原因来到这里。

雅各布斯的观点非常简单，明确而发人深思，虽然她讨论的是对 1960 年代的美国城市问题的认识，但也可以与中国现今城市建设问题对照起来。表面看，建成环境问题似乎只是一个物质问题，但物质问题的背后是非物质矛盾的本质，建成空间不仅反映了人们对城市本身价值的理解，也反映了对城市发展动力的认识。

3.2　创造更加积极的开放空间体系

城市公共空间是多样的，也是多尺度和多层次的，在城市空间组织中起着重要的作用，作为城市公共活动的核心，影响着城市发展的形态和城市形象。创造积极的开放空间，不仅可以提高建成环境的质量，也可以创造更多的市民交往机会，激发城市公共活动的活力。

将开放空间作为城市发展战略的一项重要内容，体现在城市开放空间体系与城市布局的有机结合中。新加坡以"花园城市"享誉世界，绝不都是来自大自然的恩赐，而是精心规划的结果。新加坡经过几十年的努力，在形成一套完善的城市规划体系的同时，建立了完善的公园绿地规划系统。新加坡的公园绿地规划系统中有两个重要内容，一是公园绿地的面积指标，二是公园的分级分类体系。城市规划体系、土地利用规划与公园绿地规划之间的紧密衔接，公园绿地规划在各层次城市规划中的贯彻落实，有效平衡了日益扩大的城市化景观与自然界的冲突，也塑造了花园城市的形象。

以居民生活半径建立多层次的开放空间体系，是许多城市在营造城市公共空间方面共同的经验。在伦敦战略规划中将公共开放空间划分为 5 个层次，用地规模不同，对应不同的服务范围（表 7-1）。

伦敦的公共开放空间体系及其服务范围　　　　　　　　表 7-1

开放空间等级	用地规模	服务范围
区域公园	400hm^2	3.2~8.0km
都会公园	60hm^2	3.2km
地区公园	20hm^2	1.2km
地方公园	2hm^2	400m
小型开放空间	<2hm^2	<400m

资料来源：伦敦战略规划 [Z]. 2001.

在开放空间开发中引入活力元素创造城市新的价值。澳门中心城区历史环境整治和再利用过程中，不仅仅局限在历史建筑单体，也包括由建筑群所围合成的广场、街道等历史公共空间的独特风格。通过改建增加激发活力的元素，开辟步行广场，增加景观元素，综合整治交通和停车场，唤起人们对城市与场所的历史回忆。形成集艺术、文化、社会活动为一体的旅游文化中心，也成为澳门城市意象的主要组成部分。2005 年澳门历史中心城区被联合国教科文组织正式批准为世界文化遗产。

积极的开放空间需要积极的保护和控制对策。合肥西北部"一山两湖"地区，既是合肥重要的生态开放空间也是城市的水源地，长期以来一直作为保护地区受到严格控制。但实际上由于内部分布着大量的居民点，耕种、养殖等农业污染和生活污染一直影响着水源地的水质。"一山两湖"保护规划提出对这一地区不能采取消极保护的态度，需要以水源保护为前提合理划分保护和控制分区，将严格保护与合理开发相结合，利用社会资金和公共政策导向，形成生态空间保护、公共环境营造、基础设施改善、城郊旅游休闲功能开发和居民生活质量的提高等多方面的良性营运机制。

3.3 还原街道空间的生活功能

街道空间是人们使用最多，也是最重要的公共空间。但与其他的公共空间不同，街道空间既是城市生活空间，也是城市交通空间的重要组成部分。随着城市机动化的不断发展，城市街道满足机动车通行的功能被大大强化，许多传统的商业街被大型的购物中心所替代，街道的生活功能弱化。

还原街道空间的生活功能意味着恢复城市的活力。只有具有良好的步行环境，人们在街道上的速度才可能慢下来，享受街道上丰富多彩的生活内容，才更愿意利用街道，才有更多的交流机会，城市才有可能创造出更多的、更加积极的生活场所。

还原街道空间的生活功能意味着城市的品质。新加坡曾提出"城市林荫计划"，提出要用行道树覆盖每一条街道、每一条人行道。这其中既包含了打造花园城市的目标，但更重要的是营造更好的步行环境，在热带环境下为人们创造舒适的步行空间，体现了城市的人文关怀。城市街道是否有良好的步行环境，人行道是否铺砌得很整洁，盲道设置得是否清晰等，这些方面虽然只是城市空间的细节，但却是评价一个城市现代化水平的重要标准。

中国城市正在面临快速机动化的趋势，许多城市的道路改造往往出于解决车行拥堵的问题，增加车道数量，压缩非机动车道和人行道空间。过于关注满足车行的需要，弱化了为人们提供良好的生活功能和生活空间的功能。而国外许多城市正在积极倡导发展慢行交通、回归街道生活，这既成为一种潮流，也代表了一种理念，是值得深入思考的命题。

4 营造和谐、宜居的城市生活

4.1 宜居：良好建成环境的本质

宜居是当今城市的共同追求。增强城市的宜居性，需要营造良好的建成环境，体现以人为本的内涵。包容、平等、交流是宜居城市的本质，也是激发城市创新的动力。

作为世界级城市的特质，最具全球统治力的城市无不是具有文化包容性和创造性的城市。美国《财富》周刊曾评选出 20 世纪世界 10 座最佳城市，分别是伦敦、纽约、巴黎、东京、法兰克福、新加坡、旧金山、香港、亚特兰大、多伦多。这些城市都是最具包容性的城市。

道格拉斯（M.Douglass,2000）总结了宜居城市（livable city）的内涵，他认为宜居城市至少应当包括四个方面的基本内容：①通过对自己才能和福利的直接投资，所有城市居民应该享有广泛的生活机遇。这种投资包括在健康和教育上的投资，也可能包括在家庭和社区的教育能力上的投资，以及在通过与他人的交往而获得的社会学习能力上的投资。②所有家庭和劳动力必须拥有有意义的工作和谋生机会。这不单是为了收入，也是为了自立和个人自我实现。目前的政策倾向于把这一目标与获得稀缺的外来投资相连，这里的就业概念要宽泛得多，其中包括能赚到收入的自我就业和家庭企业，专门从事家政服务的劳动也包括在内。③安全而清洁的环境。环境退化已经成为任何城市不适合居住的主要标志。亚太地区快速的城市—工业转型使之经历了与环境恶化有关的所有环境问题，这至少包括：世界上最高的空气污染水平、不安全的饮用水、对人类健康有短期和长期影响的土地和水污染、主要城市因地下水开采所致的地面下沉，以及许多其他可怕的情况，受这些环境问题影响最深的是城市穷人。④要有良好的管治。使城市更适于居住是一种突出的政治和公共努力，不仅涉及各级政府，而且受社区和私营部门利益的约束。包容、参与、伙伴和透明均是良好管治的内容。

国内关于宜居城市的研究也越来越受到关注。2005 年《北京城市总体规划（2004—2020 年）》中提出北京未来城市发展的目标：国家首都、世界城市、文化名城、宜居城市。突出地把"宜居"作为一种重要的价值放到了城市规划和建设的目标中。2007 年中国城市科学研究会公布了《宜居城市科学评价标准》。评价标准主要包括社会文明度、经济富裕度、环境优美度、资源承载度、生活便宜度、公共安全度等六大方面。并提出"宜居城市"的建设目标具有层次性，较低层次的建设目标应该是满足居民对城市的最基本要求，如安全性、健康性、生活方便性和出行便利性等，较高层次的建设目标则是满足居民对城市的更高要求，如人文和自然环境的舒适性、个人的发展机会等。

《中国城市竞争力报告》由中国社科院发布，自 2003 年起每年对全国 294个地级以上城市竞争力进行分析比较。2013 年的评估报告采用宜居、宜商、和谐、生态、知识、城乡一体化、信息和文化等 8 个方面的 68 个客观指标组成的评价体系。把宜居作为城市的基本和首要功能，推动城市协调、和谐、可持续发展，才能真正提升城市竞争力。

4.2　弥合割裂的社会空间

城市社会空间的碎化和分异，越来越被人们认为是影响城市健康、宜居环境的因素，也引发了对传统空间规划理论的反思。

现代功能主义的规划认为合理规划的城市应当由邻里和环境分区等单元有序组成。这种理想城市的秩序性在按照乡村社会构思起来的邻里概念中得到体现。按照佩里的理论，城市被细分为邻里，每个邻里配置服务本地的社区设施，由便利店、社区公园、教堂、小学构成的邻里中心位于步行范围内，作为邻里居民的社会活动中心。邻里单位的概念在战后新城规划中得到突出体现。邻里单位的思想被认为是一种自我平衡，更像一个传统的乡村型的社会组织模式。

克里斯多弗·亚历山大将这种围绕邻里单元的城市组织方式比喻为树形结构。这种组织方式是 20 世纪前半叶几乎每个规划都具有的特征。这种思想关注的焦点是小尺度的组成部分及地方性，而不是大尺度的整体和大都市的功能性。亚历山大认为现代城市远远超越了单纯的乡村，代之以社区。他在《模式语言》一书中，区分了"天然城市"（nature city）和"人造城市"（artificial city）的两大类型，认为天然城市有着半网格（semi-lattice）结构，而人造城市则具有树形（tree）结构，"人造城市"具有天生的缺陷。

中国城市正面临新城市空间不断生成和社会空间大规模重组的过程，传统的功能结构规划理论具有明显的不足，而新的空间规划与设计理论尚处在探索中，这对中国的规划设计工作将是一个长期的挑战。

4.3　激发城市创新的活力

社会资本形成的开放网络，是激发城市创造力的基础，也是知识经济环境下城市功能提升的重要条件。以人力资源为基础的后工业社会，需要更加广泛的社会融合，为新经济的增长提供源源不断的动力。美国的硅谷之所以成为高科技产业的创新引擎，不仅在于积累了丰富的人力资本和创新的要素资源，更重要的是发达的社会资本为技术创新提供了肥沃的土壤。

杨浦区作为上海最重要的老工业区，集中了 16 所高校和众多的科研机构，具有人力资源密集的优势。但长期以来单位社会的体制，割裂了大学与社会的联系，大学优势无法转化为地区优势。2003 年以后上海市提出建设杨浦知识创新型城区的目标，杨浦区提出"三区"联动发展的战略，即"大学校区、科技园区、公共社区"联动发展，为高校和地方融合发展创造条件。加快形成以科教为特色、以服务经济为核心的产业结构。优先发展知识型生产性现代服务业，优先发展高新技术产业，调整提升都市型产业，稳定提升基础性服务业。

重点发展知识型生产性现代服务业，包括创意设计、教育服务、研发与技术服务和科教商务等知识型生产性现代服务业。目前，杨浦区打造知识创新区已取得初步成效，五角场作为上海副中心基本建成，整体改善了生产、生活服务水平滞后的局面，为大学走出校园创造了有利条件。环同济设计产业圈规模已超过 200 亿元，集聚了近千家各类创意设计及相关机构。但"三区联动"蕴含的知识创新潜力还远未发挥，更深层次的"三区"融合需要体制和机制方面的进一步突破。

5 体现城市开发的人文导向

5.1 城市更新目标与模式的转变

城市更新并不是一个新问题，但不同的时代、不同的发展背景赋予城市更新不同的内容。从西方国家城市更新的经验来看，从以物质环境改造为主，转变为当前的更加强调整合性与综合性的更新途径（表 7-2）。

1960 年代之前，以推倒重建为主，城市更新被认为是重建城市（revitalization），是复兴二战后受到毁坏的欧洲城市的重要手段。

1970 年代以后，逐步抛弃了大规模改造的方式，城市重建转变为城市更新（renewal）和城市再开发（redevelopment）的理念，认为大规模改造缺少弹性，破坏了邻里生活，导致城市宜人环境丧失，排斥城市生活的多样性，邻里修复受到普遍关注。

英国城市再发展历程　　　　　　　　　　　　　　　表 7-2

政策类型	1950 年代城市重建 Revitalization	1960 年代城市复苏 Reconstruction	1970 年代城市更新 Renewal	1980 年代城市再开发 Redevelopment	1990 年代迄今城市复兴 Regeneration
主要政策导向	城市旧区重建、城市向郊区蔓延	沿公路发展，郊区和边缘地区增长迅速；开始了一些恢复式更新的实验	集中就地更新和街区更新项目；继续延续边缘地区的开发	大量大规模开发和再开发项目；示范项目；城镇之外的项目	政策和实践趋向于采用比较综合的形式，强调全方位处理城市问题
主要参与角色	国家、地方政府；私人部门开发商和合同承包人	向公共和私人部门之协调方向发展	私人部门功能增加，地方政府分权	强调私人部门和专门政府机构的作用，合作开发	合作伙伴模式占主导地位
空间层面	重点在地方和地段层次	出现区域层次的活动	区域和地方并举，后期强调地方	早期注重地段，后期强调地方发展	重新引入战略规划，区域活动增加
经济方面	公共部门投资以及一定程度的私人参与	私人投资影响继续增长	公共部门资源约束，私人投资增加	私人部门支配了一些公共基金	公共、私人和自愿部门相对平衡

续表

政策类型	1950 年代 城市重建 Revitalization	1960 年代 城市复苏 Reconstruction	1970 年代 城市更新 Renewal	1980 年代 城市再开发 Redevelopment	1990 年代迄今 城市复兴 Regeneration
社会方面	改善住宅和生活标准	改善社会福利	社区行动和提高社区能力	社区自助，国家支持相当有限	强调社区的作用
物质方面	内城地区拆除重建和开发边缘地区	继续 20 世纪 50 年代的做法，同时开始现存地区的恢复建设	老城区的大规模翻新	大规模拆除重建，新开发示范项目	与 20 世纪 80 年代相比规模适度开发，历史遗产保护
环境方面	景观和公园	有选择地改善	改善环境和一定程度的更新	增长关注大范围环境	引入可持续发展的环境观念

资料来源：Lichfield. Centenary History[J].Methodist Church，1992.

1990 年代以来，更加注重可持续的发展，从战略层面注重城市的转型和应对竞争，而在操作层面更加注重社区的作用、公众参与和多方伙伴模式。

中国城市更新经历了更短时间的转变，几乎是与大规模的新开发同时进行的。大致经历了三个时期：改革开放初，以改善生活功能为主的旧区改造，重点解决计划经济时期遗留下来的城市生活居住功能滞后的矛盾；1990 年代，旧区改造与城市空间结构调整相结合，功能调整开始多样化，但仍然未摆脱改善居住环境的要求，也仍主要以政府主导的方式进行；进入 21 世纪以来，大规模的商业开发成为主导，开发方式多样化，开发目标也更加多元，由于住房的商品化和城市规模、社会性需求的快速膨胀，以改善民生为核心的大规模改造越来越受到重视。

总体上看，中国城市更新仍未摆脱大规模推倒重来的模式，大城市中心区密度越来越高，普遍存在丧失多样性，对文化价值认识不足的矛盾，大规模的居住开发也带来社会网络的剧烈重构。旧城更新目标的多元化和城市社会的可持续发展将是中国城市更新面对的长期的、动态的挑战，在规划理念、设计方法以及实际管理等各个层面都将会有新的要求和变化。

5.2 以文化创新引领城市转型

以文化创新引领城市更新和转型已成为当今城市开发的重要趋势。1980 年代后，以文化导向的城市更新策略契合了全球化时代社会经济结构的改变，和后工业化时代生产生活方式的转变两大趋势。一方面，现代服务业发展导致中产阶层人数迅速扩大，其居住选择更偏好于具有悠久历史的中心城区，历史意义的建筑和景观地段成为旧城更新的重点，通过改变内城土地用途，从而吸引新兴阶层来内城居住，完成内城的绅士化过程。另一方面，工作的时间弹性和旅游、休闲消费需求带来城市中心区功能的复合化，需要通过提高环境质量和挖掘城市文化价值提升城市整体形象，从而增强城市中心区的吸引力。英国提出的以文化为导向的城市复兴策略，在具体实施方面主要通过文化地标（culture land mark）、文化区（cultural quarter）和文化节庆（cultural festival）等重塑城市的魅力。

在城市功能转型方面，文化成为激活城市转型和功能复兴的重要触媒。"欧洲文化之都"成为许多欧洲城市追求的目标，除了前面提到的西班牙的毕尔巴鄂，德国鲁尔区也是这方面的代表。在美国也有许多这样的案例，昔日靠钢铁、金属和玻璃制造产业称霸全球的匹兹堡，以科技、医疗和教育业取代传统支柱产业重获新生。而那些重工业留下的印记，则被巧妙地沿用在了文化和娱乐行业中，形成了匹兹堡与众不同的城市个性。创建文化信托基金的非营利机构，启动旧城改造，将市中心改造成为文化艺术中心，第一个改造项目就是如今享誉全球的匹兹堡交响乐团所在地——亨氏音乐厅。匹兹堡市中心的艺术圈已经容纳了 14 家剧院、画廊、公园以及艺术院校，每年上演 1500 多场演出。2009年，匹兹堡被选为 G20 峰会的主办城市，匹兹堡的转型能够带给经济危机中遭受重创的城市一些借鉴意义。

5.3　倡导慢行交通和 TND、TOD 模式

新城市主义倡导体现人文导向的城市开发思想产生了广泛的国际影响。在实践中强调城市规划和建设应该重视人文和社会空间，提出"公共交通主导的发展单元"模式，有效达成复合功能的目的。以更多的内涵来营造人们所钟爱的，具有地方特色和人文气息的紧凑的邻里社区，其核心特征是建设可步行社区。

鼓励慢行交通实际上是一种综合的开发模式。1990 年代，传统的邻里开发（TND）和以公交为导向的开发（TOD）模式得到倡导。前者注重居住与工作的平衡配置，在一定步行距离范围内组织完善的生活服务设施，并提供不同类型的住宅以满足社会多元化的需求，后者则强调将公共交通与综合性的土地利用融为一体。

完全的人车分离并不是发展慢行交通的一种最佳模式。1930 年代美国雷德朋（Radburn）社区规划中，依据邻里单位的构想，创造性地设计了独立的机动车和慢行交通网络，形成了平面分离的模式。但人们逐渐发现，完全的人车分离会产生诸如安全性等方面的缺陷，反而在促进社区交流、增强社区活力等方面产生消极影响，机动车和人行的适度混合可以更好地发挥慢行交通的积极作用。

TOD 模式强调结构紧凑、混合使用的土地利用模式，协调土地利用与公共交通的关系，围绕公交站点形成公共活动中心，为拥有良好的自行车和步行交通环境创造条件，同时也强调相应的公共政策与之配套。TOD 模式提出的背景是西方国家针对低密度蔓延的郊区形态，希望通过加强公共交通的导向作用，扭转低密度发展的趋势，围绕公共交通沿线增加开发强度并形成各种公共活动功能的集聚，从而改善并修复郊区化带来的邻里生活的缺失。

专栏 7-5　TOD（公交导向的开发）模式（图 7-9）

TOD 模式的主要设计原则，包括：

1）组织紧凑的有公共交通支持的开发。

2）将商业、住宅、办公楼、公园和公共建筑设置在步行可达的公交站点的范围内。

3）建造适宜步行的街道网络，将居民区各建筑连接起来。

4）混合多种类型、密度和价格的住房。

5）保护生态环境和河岸带，留出高质量的公共空间。

6）使公共空间成为建筑导向和邻里生活的焦点。

7）鼓励沿着现有邻里交通走廊沿线实施填充式开发或者再开发。

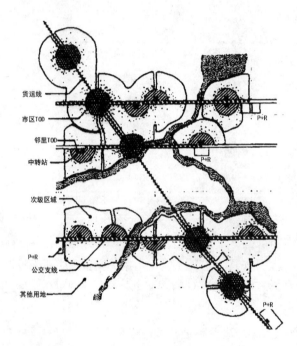

图 7-9　TOD（公交导向的开发）模式

　　尽管中国城市的发展环境不同，但以公共交通为导向的地区发展模式对高密度人居环境背景下，加强公共交通与城市开发的结合，对增强城市结构的效率具有非常重要的意义。尤其是当前许多大城市正在建设大运量轨道交通，围绕轨道交通形成城市公共开发的集聚，发挥轨道交通对城市开发的导向作用。

专栏 7-6　哥本哈根的慢行交通

　　丹麦首都哥本哈根市（Copenhagen）是世界闻名的慢行城市，拥有完善的自行车交通系统，在步行交通规划、管理等方面成绩斐然，其自行车系统具有以下特点：

　　将发展自行车交通作为城市交通政策的重要目标。在哥本哈根，自行车交通与机动车交通、步行交通被看作同样重要的交通系统。自行车道网遍布市中心地区，路网总长超过 300km。提高自行车通勤比例、改善骑车人交通安全、提高骑行速度和舒适性是交通的重要目标。

提供高质量的公共空间，完善发达的自行车交通网络。哥本哈根历来重视自行车交通，1960~1970 年代就形成了局部交通网络，后来将全市自行车道连成网络。全市自行车路网较有特色之处在于其类似 Parkway 功能的自行车绿色环形网络（Green Cycle Route），不仅提供较宽的自行车道，而且往往还附有步道并在选线上注意利用绿化隔离以增强休闲性，并尽量减少与其他机动车道的交叉，该网络已基本上覆盖到全市范围。

改善自行车行驶条件，鼓励自行车出行。为了提高自行车出行比例，实行自行车优先，哥本哈根市采取了一系列措施来保障自行车出行的通畅、安全、舒适，主要措施包括：①增加自行车道和自行车线；②建设自行车绿色路线；③改善市中心自行车使用条件；④无缝衔接自行车与公共交通；⑤改善自行车停车设施；⑥改进灯控路口；⑦维护、清洁自行车道；⑧加强宣传与信息传播。

第3节 生态化与城市形态的探索

1 应对城市生态危机

1.1 增长的极限

1972 年罗马俱乐部在发表的《增长的极限》这一著名报告中，严峻地指出人类社会面临的生态环境危机，可以概括为三条主要结论：其一，如果保持目前的增长方式，"世界人口、工业化、环境污染、食品生产以及对自然资源的开采"，"将会在下一个百年中达到全球增长的绝对极限"；其二，在确保全球人口"物质生活基础"的同时，需要改变"增长趋势"，才能实现生态与经济的平衡；其三，必须尽早行动，才能提高达成生态和经济平衡的可能性。

几十年来全球生态环境与人类发展的矛盾愈发突出。2011 年全球人口已达到 70 亿，城市人口已超过 35 亿左右。在相关国际组织列举的一系列数字中，无不指出当前全球城市化面对的严酷现实。

按照世界银行报告，从全球范围来看，1900~2000 年的 100 年间，人类消耗了 2650 亿 t 石油、1420 亿 t 煤炭、380 亿 t 钢铁、7.6 亿 t 铝和 4.8 亿 t 铜。城市消耗了全世界 3/4 的能源，产生了 3/4 的全球污染。按照联合国的资料，目前人类的"生态足迹"已经超过了全球承载能力的 20%。预测至 21 世纪末，全球人口将达到 100 亿人，城市人口还将增长 30~40 亿人。按照目前的资源、能源消费模式，到 2100 年将需要 4 个地球才能支撑人类的发展。美国世界观察研究所在研究人类居住环境的调查报告《为人类和地球彻底改造城市》（1999年）中指出，尽管城市面积只占地球表面积的 2%，但目前城市所排放的碳约占全球总排放量的 78%、工业中木材消耗量占 76%、自来水消耗量占 60%。同时指出，无论是工业化国家还是发展中国家，必须将规划本国城市放在长期发展战略的地位，其发展方向只能选择走生态化的道路。

怀特（White.R.R.）认为对城市生态危机的认识"为城市提供了两方面的动力——其一是顺应我们正在承受的环境变化，其二是尽快地减缓城市发展与自然系统的进一步失衡"。因此，修复城市生态系统，有节制地发展，保护城市的多样性成为生态化发展的重要原则。

从未来趋势看，发展中国家今后的城市化将面临更大的增长压力，也将面临更加严峻的全球性资源、能源的约束和挑战。

1.2 第二大经济体的代价

我国是一个人口大国，人均自然资源短缺，各类主要自然资源的人均占有量远低于世界平均水平。人口众多、资源相对不足、分布不均匀，总体环境承载能力较弱，既是基本国情，也是制约经济社会长远发展的主要因素。

经济高速增长付出了资源和环境的巨大代价，不但成为发展的最大约束，也是世界难以承受的。按照国际能源署（IEA，2009）发布的数据，2007 年中国 CO_2 排放量已占世界总量的 21.0%，尽管中国人均 CO_2 排放量与世界平均水平基本持平，只相当于 OECD 国家的 41.8%，但单位 GDP 的 CO_2 排放强度却是世界平均水平的 3.16 倍，是 OECD 国家的 5.37 倍。美国生态学家莱斯特·布朗在他的《谁来养活中国》一书中说："如果中国像美国那样每个家庭拥有汽车的水平，中国就需要每天进口 8000 万桶原油，可是目前世界每天原油产量仅仅为 7600 万桶，而且产量也不大可能会大幅度提高。"布朗的预言并非耸人听闻。

转变增长方式、实现可持续发展已成为时代的主题。"十七大"报告中提出"建设生态文明，基本形成节约能源资源和保护生态环境的产业结构、增长方式、消费模式。循环经济形成较大规模，可再生能源比重显著上升。主要污染物排放得到有效控制，生态环境质量明显改善，生态文明观念在全社会牢固树立"的发展目标。在 2009 年 12 月的哥本哈根气候变化峰会上，中国承诺到 2020 年，温室气体排放量在 2005 年的基础上减少 40%~45%，体现了中国应对气候变化、推进增长方式转变的决心。

走向低碳生态发展是中国城市转型的重要内容。我国在现阶段提出"建设生态文明"标志着从我国初期的以生产要素和投资驱动为特征的外延式、资源过度消耗型模式逐步转变为以创新驱动为特征的，经济、社会、环境协调发展的内涵式、技术提升型模式，将是一场涉及生产方式、生活方式和价值观念的全方位变革。《中国城市规划发展报告（2009—2010）》认为，低碳生态城市是践行生态文明的重要载体和基本内容，应天时（积极减排温室气体和应对气候变化）、顺地利（在中国推行低碳生态城恰逢城市化机遇和传承中华文明的生态观）、促人和（促进"生态文明"，解决城市发展与能源、资源消耗、生态失衡、交通拥堵、住房分配不公等诸多社会矛盾）。

2　探索生态化城市空间组织模式

2.1　生态城市的设计理念

生态城市的设计理念体现在两个方面，其一，以生态友好作为城市发展的前提，其二，以生态学的基本原理作为城市发展的基本原则。

麦克哈格的《设计结合自然》（Design With Nature）一书中强调人类对大自然的责任，认为"如果要创造一个亲和（humane）的城市，而不是一个窒息人类灵性的城市，需同时选择城市和自然，不能缺一。两者虽然不同，但互相依赖；两者同时能提高人类生存的条件和意义。"他是第一个把生态学用在城市设计上的人。他的生态分析有两个原则：①生态系统可以承受人类活动所带来的压力，但这承受力是有限度的。因此，人类应与大自然合作，不应以大自然为敌。②某些生态环境对人类活动特别敏感，因而会影响整个生态系统的安危。

麦克哈格认为设计在于两个目的：生存与成功，也就是健康的城市环境。这需要每个生态系统去找寻最适合自己的环境，然后改变自己和改变环境去增加适合程度。适合的意思是："花最少的气力去适应"。这也是他的设计手段。他把自然价值观带到城市设计上，特别强调什么时候大自然提供了城市发展的机会（例如自然风景区为城市创造旅游业）？什么时候自然环境限制城市发展？他设计了一套指标去衡量每一个自然环境因素的价值和它对城市发展的动力和阻力。这些价值包括以物理、生物、人类、社会和经济指标来评估，现在很多大型项目（公路、公园、开发区等）都是用这种办法来选址的。

国际生态城市运动的创始者瑞吉斯特在《生态城市》一书中提出建立生态城市的 10 条原则：①优先开发紧凑的、多种多样的、绿色的、安全的、令人愉快的和有活力的混合土地利用社区；②修改交通建设的优先权；③修复被损坏的城市自然环境；④建设低价、安全、方便、适于多种民族的混合居住区；⑤培育社会公正性，改善妇女、有色民族和残疾人的生活和社会状况；⑥支持城市绿化项目；⑦采用新型优良技术和资源保护技术；⑧共同支持具有良好生态效益的经济活动；⑨提倡自觉的简单化生活方式；⑩提高公众的局部环境和生物区域意识等。提出建设生态城市的 4 个步骤：生态区划（土地利用和结构）、产业布局（利于经济发展的技术、商业和工作种类）、政策激励措施（通过法律、政策、法规、标准、税收、罚款、补助、合约、贷款、租约等促进生态城市建设）和公众参与（倡导绿色生活方式）。

2.2　城市新陈代谢系统的革命

（1）从耗散系统走向循环系统

城市是新陈代谢的系统，需要不断地与自然界及外部进行能量和物质的交换。一方面是进入城市的物质流（主要是水、食物和燃料）通过生产和消费进行的转化，另一方面是废弃物（废水、固体废弃物和空气污染物）的排放。

传统的城市新陈代谢系统是一种耗散结构，具有外部依赖性和开放性，是以高消耗和高排放为基本运行模式，需要采取远程能源生产和传输系统支撑城市的运行。城市扩张越快物质交换的规模就越大，而一旦外部系统不能满足城市代谢的需要，城市就会出现发展的瓶颈。这种运行模式使城市成为一种不可持续的系统，城市增长造成的生态、资源、能源危机难以避免。

城市的生态化发展将是一场城市新陈代谢系统的革命，要求从耗散系统走向循环系统（图 7-10、图 7-11）。城市与外界的交换需要变成一种相对封闭的闭合系统，增强城市在能源供应、消费、生产等领域的"自给性"，强调能源生产当地化和废弃物循环。传统工业城市是一种负生态，而生态城市应当走向"正生态"系统，体现在"采能、增绿、降温"等方面，城市生态环境可以自我修复和改善（吴志强）。

（2）循环经济与低碳模式

在城市新陈代谢系统中，经济发展模式是实现生态化的重点。循环经济与低碳模式都是实现生态化发展的经济模式，但两者的实现路径不同。

线性新陈代谢的城市以高的速率消耗和污染

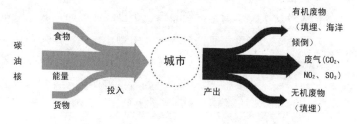

循环新陈代谢的城市减少新的消耗并加大再循环

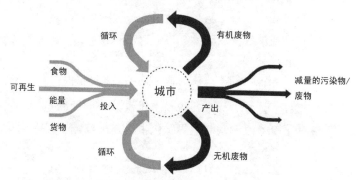

图 7-10　线性新陈代谢系统向循环新陈代谢系统的转变

资料来源：（英）理查德·罗杰斯，菲利普·古姆齐德简著．小小地球上的城市 [M]．仲德崑译．北京：中国建筑工业出版社，2004.

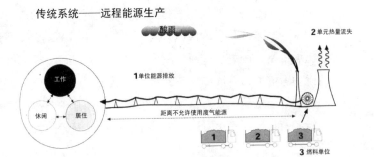

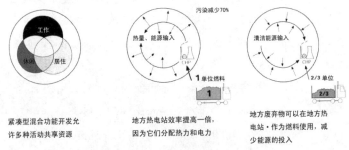

图 7-11　能源与资源利用系统的转变

资料来源：(英) 理查德·罗杰斯，菲利普·古姆齐德简著．小小地球上的城市 [M]．仲德崑译．北京：中国建筑工业出版社，2004.

循环经济（cyclic economy）是以资源的高效利用和循环利用为目标，以"减量化、再利用、资源化"为原则，以物质闭路循环和能量梯次使用为特征的经济运行模式。在资源投入、企业生产、产品消费及其废弃的全过程中，把传统的依赖资源消耗的线形增长的经济，转变为依靠资源循环利用来发展的经济。

低碳发展模式是以降低碳排放为目标，以无碳或低碳能源利用为基础的经济发展模式，以低能源消耗水平、含碳燃料二氧化碳的排放显著降低为主要特征，其实质是能源清洁利用、高效利用和低碳排放。低碳发展模式被认为是解决能源与生态环境问题、实现可持续发展的重要途径。全球性的气候变化是促使低碳经济日益受到重视的直接原因，传统经济增长依赖于大量地消耗能源，化石能源使用过程中带来了大量的二氧化碳排放，其引发的温室效应和气候变化给全球生态环境带来严重影响。为此，1990 年代以来国际社会已着手采取可操作性的控制措施以共同应对气候变暖的威胁。尽管碳排放是否引起了全球气候变暖还存在争论，也被认为具有国际政治背景，不过面对人类掠夺性开发利用化石能源，过度消耗不可再生资源的现实，改变能源结构，降低能源消耗，寻求清洁能源是可持续发展的必然趋势和首要矛盾。发展低碳经济有四个侧重点（仇保兴，2010）：一是开发可再生能源，改变能源结构；二是促进低碳技术创新，提高效能；三是优化产业结构，降低高碳产业的比例；四是建立城市居民绿色消费模式。

循环经济与低碳模式作为两种发展生态经济的趋势,不仅涉及经济生产领域,同时涉及社会领域、技术领域、消费领域、空间领域等综合性的变革。生态城市是一个更加宽泛的概念,考虑的问题远不止于碳排放和资源的循环利用,比如考虑城市发展的生态承载力,城市发展对水资源、土地和生态环境的综合影响等。低碳模式是在可持续发展理念指导下,尽可能减少煤炭、石油的高碳能源消耗,因此也发展出低碳生态城市的概念。

专栏 7-7　世界自然基金会倡导的低碳城市的原则

2008 年初,世界自然基金会(WWF)与当时的建设部以河北省保定市和上海市为试点,推出"低碳城市"发展示范项目,低碳城市建设在我国正式起步。根据世界自然基金会的定义,低碳城市是指城市在经济高速发展的前提下,保持能源消耗和二氧化碳排放处于较低的水平(表 7-3、表 7-4、图 7-13)。

世界自然基金会倡导的低碳城市的六项原则,包括:

①紧凑型城市(Compact city):遏制城市膨胀;②个人行为:倡导负责任的消费(Individual behavior : responsible consumption);③资源消耗的减量化(Reduce resources consumption);④减少能源消耗的碳足迹(Carbon footprint reduction of energy);⑤保持土地的生态和碳汇功能(land function of ecology and carbon sink);⑥提高能效和发展循环经济(Efficiency and recycling)。

资料来源:李迅 .2010 年城市规划学科论坛 [Z].

世界各国在低碳城市方面的实践　　　　　　　　　　　　表 7-3

城市标识	组织机构	城市	核心理念与可持续发展经验
Eco2 城市项目	世界银行	库里蒂巴	库里蒂巴通过创新的城市规划、城市管理和运输规划,以可持续的方法吸纳了从 36.1 万(1960 年)增长到 179.7 万(2007 年)的人口。具有巴西最大的公共交通运载率(45%)、最低的与拥塞有关的经济损失、最低的城市大气污染率。在保持城市密度和活力的同时,对大型公园进行了投资,将其作为防洪和娱乐的生态财产。其垃圾收集和再利用方案使贫困人口可以用收集的垃圾交换交通券和食品
		斯德哥尔摩	通过统一和协调的规划和管理将一个破旧的市内工业区转变为一个有吸引力的和生态可持续的市区。核心的环境和基础设施计划是由负责水务、能源和垃圾的三个市政机构共同制定的。其目标是建立一个可以优化资源利用和最大限度减少浪费的循环系统。例如,废水处理厂通过分解有机垃圾和淤泥生产沼气,并为生态友好的小轿车和公共汽车提供燃料。已经取得的初步成果包括,不可再生能源的使用减少了 30%,用水减少了 41%,全球变暖潜力减少了 29%
		横滨	在人口实际增长 17 万的现状下,通过统一的垃圾管理以及利益相关者(尤其是市民)的合作,使城市固体垃圾减少了 38.7%。并进行了环境教育和提高公众意识的活动,呼吁采取合作行动。垃圾的减少使横滨得以关闭两个焚化炉,从而为城市节约了 11 亿美元以及每年 600 万的运行和维修成本

续表

城市标识	组织机构	城市	核心理念与可持续发展经验
C40 城市	大城市气候领导联盟	纽约	纽约从三个方面聚焦应对气候变化的城市行动：第一，加强城市关键基础设施的应对气候变化的适应战略，包括供水设施、排水设施以及废水处理设施；第二，建立社区适应气候变化的规划程序和工具包，以发展社区具体气候适应计划；第三，推动城市整体气候适应计划，更新洪区地图，修改洪水安全管理策略，更新建筑法规。城市确立的减排目标是，至 2030 年减少 30% 碳排量（基准线，2007 年）
		多伦多	多伦多的 CO_2 减排目标是：至 2012 年比 1990 年基准线减少 9%，2020 年减少 30%，2050 年减少 80%。行动计划包括一个绿色多伦多计划，以鼓励多伦多市民采用更环保的生活方式，减少家庭、工作和路途中的能源使用；一个更新改造多伦多的混凝土高层住宅楼宇的框架；住宅太阳能热水试点项目；建立国家到地方能源相关政策统一窗口；一个促进当地的粮食生产，增加社区花园的计划；建立社区能源规划；计划增加一倍的城市绿化覆盖；适应气候变化发展战略；计划降低的士和轿车的排量或使用混合动力
		香港	香港的 CO_2 减排目标为：至 2012 年比 2005 年基准线减少 25%。作为一个以服务业为主导的经济体系，建筑物占香港用电量的 89%。因此，香港环境保护署及机电工程署编制了《香港建筑物（商业，住宅或公共用途）的温室气体排放及减除的审计和报告指引》。该指引提供一套有系统及科学化的方法，让使用者为其建筑物的温室气体排放及减除作出核算及报告，找出可以改善的地方
低碳政策项目	气候组织	大珠江三角洲区域	大珠江三角洲区域作为中国相对发达的地区面临非常严重的环境问题。通过对区域地方特色的研究以及结合地方的工业化和城市化进程，实现区域的低碳转型。该项目由气候组织和国家发展与改革委员会能源研究所共同承担，得到洛克菲勒兄弟基金会和汇丰与气候伙伴同行项目的支持。一期的研究工作中，项目团队采用情景研究和模型分析，对区域的温室气体减排进行了政策和技术的评估，同时还针对关键的政府部门、工商企业和科研机构，广泛地开展了一系列联络和推动工作。项目二期工作将主要关注制定区域发展低碳经济的路线图、开展低碳试点以及推动决策层面更为广泛和有力的支持
一个地球生活	世界自然基金会	马斯达	位于阿联酋阿布扎比炎热的沙漠环境中，马斯达城设置了零碳、零排放的高端目标，致力于打造全世界第一座完全依靠太阳能、风能实现能源自给自足，污水、汽车尾气和二氧化碳零排放的"环保城"。建筑物覆盖太阳能薄膜电池，广泛使用无人驾驶电动车与太阳能空调。依据规划，$6km^2$ 的小城容纳 5 万居民，30% 的区域为住宅区，24% 为商业及研究区，13% 为商用轻工业区，6% 为马斯达城理工院，19% 为服务及运输区，8% 为文娱用途
欧洲绿色之都	欧盟	哥本哈根	在全球首次提出要在 2025 年之前成为碳中和城市。长期致力于解决气候问题，目前已拥有高效节能的区域供热系统、世界领先的公共交通体系和自行车道路体系。哥本哈根陆续出台（或准备出台）50 项政策措施，旨在通过政策制度创新来实现以上目标。同时，为确保政策的实施效果，市政府还将通过碳核算（Carbon Accounting）以及 2012 年中期评估等方式加以跟进

资料来源：陈蔚镇，卢源编著.低碳城市发展的框架、路径与愿景——以上海为例 [M]. 北京：科学出版社，2011.

可持续社会特征：为地方政府拟定的（行动）清单	表 7-4

	可持续社会追求的目标
保护和提高环境质量	审慎地、高效率地使用能源、水和其他资源； 将污染限制在不损害自然系统的范围内； 减少垃圾数量，通过再循环、堆制肥料或能源回收重新利用垃圾，最终以可持续的方式处理遗留物； 尊重和保护自然的多样性
满足社会需求	创造并提高广场、空间和建筑的品质，使之正常运行、经久耐用和景观丰富； 使人们的居住地具有人的尺度和形态； 尊重和保护多样性，尊重和保护地方的独特性，巩固地方社区及其文化特性； 通过安全、清洁和宜人的环境保证人类的健康和舒适； 强调公共医疗卫生服务系统的预防和保健作用； 保证以合理的价格提供优良的食物、水、住房和燃料； 尽可能以地方的资源满足地方需求； 使每个人的技能和知识最大限度地为社会服务； 使社区所有成员都能参与决策，并考虑决策对社会和社区的影响
促进经济发展	在不损害地方、国家和全球环境的前提下，创造充满活力的、令人满意和有价值的地方经济； 尊重不计报酬的工作； 鼓励为设备、服务、货物和行人提供必要的通道，减少汽车的使用，减少汽车对环境的负面影响； 使所有人能容易地享受文化、休闲和娱乐设施

资料来源：摘自英国地方政府管理委员会（Local Government Management Board，UK），（加）怀特（White，R.R.）著.生态城市的规划与建设 [M].1994.沈清基，吴斐琼译.上海：同济大学出版社，2009.

2.3　城市结构与空间组织模式的转型

（1）空间结构系统的重组

城市新陈代谢系统向生态化的转变，同样需要城市结构与空间组织模式发生相应的转变，需要从外增型的发展逐步转向内敛型的生长模式。这不仅是对城市传统发展的目标、理念的挑战，也是对已有城市土地使用、空间结构的挑战。

传统的城市发展建立在"大就是好"的经济理性基础之上，造就了以需求为导向、无限制扩张的发展模式。城市要实现生态化发展，发展理念的转变是前提。需要树立生态理性和人文理性的发展原则。强调有节制地、多样化地发展，以自然资源的承载力作为发展的边界。

在区域化过程中，倡导形成多中心的城市结构，优化区域与城市空间系统的组织模式，以城乡共生、自然与环境的共生，形成有机的集中与分散的关系，合理控制单一城市的超大尺度，区域中构筑一种更加具有弹性、容纳能力和可生长网络形态。

以公共化交通重组区域与城市的空间结构，建立区域尺度公共交通系统，而不是单一地提高道路交通的可达性，有效地控制并防止蔓延式的发展。避免单一化、巨型化的城市功能区，最大限度地减少就业、居住、出行，避免单向交通的不平衡和通勤距离的增加。增强自然的修复能力，通过森林、湿地等的

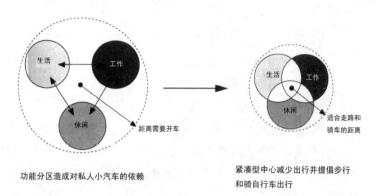

紧凑型的多功能的中心减少所需要的出行并且创造活跃的可持续发展的邻里

功能分区造成对私人小汽车的依赖

紧凑型中心减少出行并提倡步行
和骑自行车出行

由大规模交通体系联系的紧凑型中心可以根据地方条件进行布局

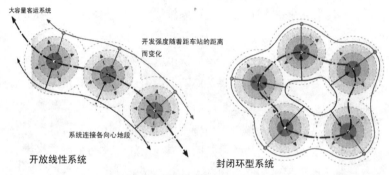

开放线性系统

封闭环型系统

图 7-12　紧凑型的空间布局模式

资料来源：（英）理查德·罗杰斯，菲利普·古姆齐德简著.小小地球上的城市 [M]. 仲德崑译. 北京：中国建筑工业出版社，2004.

保护利用，构筑生态网络。

增强城市在能源供应、消费、生产等领域的"自给性"，即从耗散系统走向循环系统。传统城市是一种线形新陈代谢系统，以高消耗和高污染为基本运行模式。循环新陈代谢的城市以减少消耗并加大再循环的方式运行。传统城市采取远程能源生产和传输系统支撑城市的运行，循环新陈代谢的城市则倡导紧凑型的模式，强调能源生产当地化和废弃物循环。

（2）混合的城市土地使用模式

现代功能主义城市主导了传统的劳动分工和城市土地使用模式，以生产效率为前提的功能分区，将工作、居住、游憩和交通功能分开组织，这也是产生越来越多的机动车长距离出行的原因。生态化的空间发展模式倡导土地混合使用，创造有利于步行环境、邻里导向的发展模式，将多样化的功能组织在人们步行或自行车出行的范围内，形成有机复合的城市功能体系，减少对于机动车的依赖，减少对于石油燃料的消耗，减少对于土地资源的浪费。

（3）以绿色交通主导城市空间关系

城市交通体系是城市空间结构重组的关键，与现有的传统城市空间体系是互为因果的关系。城市空间体系的优化，不仅需要土地使用结构关系的调整，更需要通过积极发展以绿色交通重组生产与生活的关系。以小汽车为主的城市是趋向于扩张和难以驾驭的模式，最终陷入难以自拔的恶性循环。

发展绿色交通是城市低碳发展模式的重要组成。在推行节能减排、建设低碳生态城市的背景下，步行与自行车交通具有绿色节能与零排放的特性，充分发展公共交通体系和慢行交通体系，以减少不必要的机动车出行产生的能源消耗。发展绿色交通需要与复合社区培育、产业布局的调整形成协同的治理手段，平衡就业与居住的关系，改善城市机动交通排放并缓解城市交通出行困难。

（4）集约化的城市综合开发模式

集约化的城市综合开发强调形成一种城市交通体系与土地开发密切结合的紧凑型发展的空间模式。

推进城市公共交通系统建设，在大城市及大城市地区建立多层次大运量轨道交通系统，通过 TOD 的开发模式，积极有效地组织地铁站周边土地功能，提高土地利用效率。发展城市综合体，将其地块开发强度与公共交通的可达性建立对应关系。城市功能的混合不仅体现在水平方向，而且也体现在垂直的方向上，使得功能更具灵活性和可变性，最大程度减少不必要的长距离出行。

综合开发和利用地下空间对于中国的城市开发具有重要意义。我国城市普遍面临空间资源紧张的矛盾，空间开发的强度越来越高，合理开发利用地下空间，可以提高土地利用效率，缓解城市尤其是中心区用地紧张的矛盾。

专栏 7-8　2010 年上海世博会在地下空间综合开发方面的探索

作为世博园区十大建设系统工程之一的地下空间开发建设，总规模超过 40.0 万 m²，主要功能包括：地铁、地下道路和车库、展馆、商店及餐饮街、文化娱乐以及地下防灾、能源中心、变配电站、市政综合管沟、建筑设备用房等，几乎涵盖了地下空间开发利用的所有功能类型。在最佳实践区南侧的中心绿化带下建设了一座全地下式能源中心，是世博会浦西园区的供电、供热、冷却的"心脏"。

世博园区通过地下空间的综合开发利用，释放更多地面空间营造绿地、广场，提高了土地空间利用效率。同时，大型交通设施、商业文化娱乐与展示设施、变电设施和能源供给中心地下化，雨水收集回收利用的地下化，以及垃圾运输的管道化和地下化，提供了一种全新的地下空间综合利用模式。

3　城市走向生态化的路径与挑战

在全球性生态与环境危机日益严峻的背景下，生态城市和低碳模式作为城市未来发展方向已形成共识，但在实现途径和手段上存在争论。特别值得关注两方面的内容，即实现生态化发展的地域性问题探索和面对的长期性、综合性、艰巨性的挑战。

3.1　生态化道路的地域性

全球能源消费消耗结构主要集中在两大领域，一是生产领域，主要集中在制造业，二是消费领域，主要集中在建筑和交通消耗。从能源消耗格局来看，美国、欧洲、日本、澳洲等发达国家的能源消耗约占 1/2，这些国家人口约为 10 亿人，其他发展中国家近 60 亿人口消耗占 1/2。在发达国家，制造业占总能耗的 35%，而消费领域占到 65%。发展中国家与之相反，制造业能耗占 65%，消费领域占 35%。一个国家经济越发达，消费领域的能耗越高。发达国家的能耗约为发展中国家的 6 倍。如果按人均计算，发达国家人均消费领域的能源消耗是发展中国家的 10 倍。

中国不可能复制西方模式，需要探索适合中国城市发展的生态化道路。我国各类主要自然资源的人均占有量远低于世界平均水平，且处在快速发展阶段需要建立一套不同于西方的技术路线、理念和政策，更加重视技术的集成、规划的集成，寻求一条相对低成本的道路，才能真正实现低碳模式和生态化发展。

我国各地区资源分布不均衡，自然地理和气候差异性大，不同地区的生态化道路也必然需要体现各自资源禀赋条件和地域性的特点。尤其是对于沿海发展地区，高密度人居环境的生态与节能是一项更加紧迫的课题。

专栏7-9　2010年上海世博会场址规划中的生态设计

2010 年上海世博会场址规划中对生态城市设计进行了多方面的探索，包括交通系统、能源系统、土地使用、建筑节能、地下空间开发、污染水净化、垃圾收集、既有建筑保护等（图7-13）。特别是针对世博会举办期间上海地区的湿热气候环境，采用了基于舒适度的微气候模拟、多层次立体绿化、控温降温技术等。

3.2　一场整体性、全方位的变革

强调"生态"理念是基于对人或者生物与其环境存在着相互联系和制约的复杂关系的认识，人类社会继农业文明、工业文明之后走向生态文明，既涉及价值观的革命也涉及方法论的改变，是又一次重大进步。

城市的生态化发展，不仅是空间层面的变革，包括宏观（区域与城乡）、中观（街区与建筑群落）、微观（单体建筑环境）尺度，更涉及社会领域、技术领域、经济领域等方方面面，是从发展理念到发展目标，从发展方式到发展结果，从外部调节到自我良性循环，从个体行为到群体行为等全方位、整体性变革和挑战。

（1）对实施路径的争论

尽管国内外许多城市相继提出发展低碳生态城市的目标并进行了实践性

图 7-13　2010 年上海世博会场址规划中的生态设计理念

资料来源：同济大学 .2010 年上海世博会场址规划 [Z].2003.

探索，但尚未形成完整的理论体系和实践框架。对于生态城市和低碳发展模式概念和内涵的认识以及在空间模式、技术应用、建设标准、实现路径等许多方面，既有共识也有分歧。如生态化技术的适用性，生态化分析与判断的标准，生态化究竟看结果还是过程等。

生态化发展面对的问题是综合的、长期的，实施路径包括经济、社会、技术和空间各个方面，不可能简单地以运动的方式推行。近年来，我国各地兴起了生态城市建设的热潮，但有许多专家指出，国家如不及时对此加以规范，这场"生态城市运动"有可能发展成为一次"绿色大跃进"，后果不堪设想，对其进行引导、规范、监测和管理成为亟待解决的重大课题。

（2）对传统价值理念的挑战

从城市规划的角度探讨生态化空间组织模式，涉及技术、理念的变革和社会价值理念的转变，包括城市更新方式、生活消费方式等。尤其是在消费和生活方式领域，如住房消费、交通消费等方面，限制无节制的消费，是实现生态化发展首要的前提和基础。

在满足发展的前提下，实现生态化发展，本身就是一个十分矛盾和难解的命题，是对传统发展目标、发展模式、发展路径的挑战。在技术发展水平不断提高的过程中，通过生产手段满足日益膨胀的消费需求，成为推动经济发展的基本动力，也构成了传统的价值理念。观念不转变，就不可能做出正确的选择。

怀特对生态城市的定义为："一种不耗竭人类所依赖的生态系统和不破坏生物地球化学循环，为人类居住者提供可接受的生活标准的城市"。在其所定义的生态城市生活标准方面，反映了生态城市应该具有的一个重要特征——自律性。城市市民是城市的主体，城市向生态城市的转型，必须发挥城市市民的作用。他认为："生态城市如果一定要建设，将主要由人们在地方层面上操作，而不是单纯仰仗规划师或政府。"

（3）对城市发展政策的挑战

城市生态化发展不能仅靠技术或城市的规划设计，更需要依赖制度设计，通过合理的城市和区域政策加以综合引导和控制，包括限制蔓延、促进城乡统筹以及产业、交通、能源、环境、消费等领域相应政策的保障和支撑。

城市的使命，一是让人们生活得更幸福，二是让城市实现可持续发展。城市的文化最终也要体现在这两个方面。在实现城市使命的过程中，多元文化的融合与包容、社会发展与自然的和谐将是现代化城市永恒的主题。

第 3 篇

城市的增长与控制
Urban Growth and Control

引言

城市增长与控制论题侧重于从转变增长方式与培育城市可持续发展能力的视角探讨城市空间管理和控制的策略。

■ 健康城市化的核心是追求发展的和谐。城市化的健康发展取决于城市与自然的和谐、经济与社会的和谐、区域与城乡的和谐，这是核心价值取向。面对当前失衡的增长结构和难以为继的增长模式，转变经济增长方式对当前城市发展转型提出了迫切要求，如何在大规模、持续的城市化进程中，寻找适度、动态的平衡关系，将是对中国进入城市社会的巨大考验。

■ 城市的和谐发展有赖于对增长的有效管理。城市化作为一种生产手段的功能正在变得越来越强大，然而城市空间作为一种公共产品的属性不可忽视，城市化作为一系列公共政策的集合的意义也显得越来越重要。合理配置城市的发展资源，合理分配城市发展的成果，不断提高资源使用效率，合理界定市场经济与公共经济的边界以及发展与保护的边界等方面，是当前引导城市健康发展的关键性问题。在空间领域需要积极探索适合中国国情特点和阶段发展特点的规划引导和管理手段。

■ 寻求理性发展是城市规划的渊源。新的时代背景必然要求城市规划对危机和挑战作出积极回应。规划作用的发挥需要完善社会治理架构和学科内部知识、技术、方法等诸多方面的转变，需要从社会环境和技术创新两个层面寻求学科完善的路径，努力适应社会转型和引导城市健康发展的要求。

第8章

城市增长与发展转型
Urban Growth and Development Transformation

第1节　粗放的城市增长模式难以持续

1　高增长低质量的发展模式

高速增长是改革开放以来中国经济发展的基本特征。1978年以来中国GDP年平均增长率接近10%，被誉为世界经济增长奇迹，因为自工业革命以来，尚没有任何一个大国可以在如此长的时间里保持如此高的增长率，战后日本经济的高速增长也只持续了20年。

高增长使中国迅速提高了综合国力，缩小了与世界发达国家的差距。1980年美国的综合国力为中国的4.7倍，到2006年缩小为1.6倍（胡鞍钢，2010）。2010年中国GDP总量达到人民币39万亿元，约合5.9万亿美元，相当于全球 GDP 总量的8.5%，超过日本成为世界第二大经济体（表8-1）。

中国主要指标居世界位次（1978~2015年）　　　　　　表8-1

	1978	1990	2000	2005	2010	2015
国内生产总值（汇率法）	10（0.9）	11（1.9）	6（3.8）	4（5.0）	3（8.0）	2（10）
国内生产总值（PPP）	4（4.9）	3（7.8）	2（11.8）	2（5）	2（18）	1（20）
货物出口总额	29（0.7）	15（1.7）	8（3.7）	3（7.3）	2（10）	2（12）
外汇储备	40	7	2	2	1	1
科技实力		5	5	3	3	2
综合国力	5（4.5）a	3（5.6）	2（8.8）	2（10.0）	2	2

注：a为1980年。括号内数据系中国占世界总量比重，单位：%。

资料来源：胡鞍钢.中国走向2015[M].杭州：浙江人民出版社，2010.

城市化的快速推进是实现这种高速增长态势的主要支撑，但是长期以来基本上是以外延扩张为主、粗放型的发展，具有高消耗、高排放、低效率的特征，是一种高增长、低质量的发展模式。

这种高增长建立在资源高消耗基础上。按照中国科学院的《中国可持续发展报告2009》，中国单位GDP能耗强度远高于发达国家的水平，是世界平均水平的2.82倍（表8-2）。目前，中国是世界第二大能源消耗国、第一大煤炭消耗国、第二大电力消耗国。由于大部分资源国内供给不足，部分重要资源对外依存度已经超过50%，煤炭、石油、钢等能源和原材料进口在世界均占第一位。

资源高消耗带来了高排放。中国目前是世界第一大二氧化碳、甲烷、氯化氮排放国（胡鞍钢，2010）。经济超高速增长的资源和环境代价，不但成为对国内经济发展的最大约束，同时也对世界资源、能源、环境格局产生越来越大的影响。

2006年国际能源强度比较　　　　　　　表8-2

国家	GDP（万亿美元）	一次能源消费量（百万t）	单位GDP能耗（t/万美元）	单位GDP能耗比（中国/外国）
中国	2.67	1697.8	6.36	1.00
印度	0.91	423.2	4.67	1.36
韩国	0.89	225.8	2.54	2.50
日本	4.34	502.3	1.20	5.31
美国	13.20	2326.4	1.76	3.61
德国	2.91	328.5	1.13	5.63
英国	2.35	226.6	0.97	6.59
意大利	1.84	182.2	0.99	6.44
世界	48.24	10878.5	2.25	2.82

资料来源：引自中国科学院可持续发展战略研究组．中国可持续发展报告2009[R].2009.

高排放加剧了高污染。江河水系70%受到污染，40%严重污染。环境基础设施建设滞后，城市垃圾无害化处理不足20%，工业危险废物化学物质处理率不足30%，垃圾围城情况屡见不鲜，爆发性的环境危机在各地时有发生。

与高增长、高消耗、高排放相对应的是低效率的增长模式。制造业对中国经济增长的贡献功不可没，但主要以低附加值的加工业为主，许多产业处在世界产业价值链的最底端。在全球产业分工体系中中国本土企业基本上扮演的是委托生产生产商的角色，出口利润的"大头"被拥有核心技术专利的跨国公司掌握，中国企业只能得到微薄的加工费（表8-3）。

苹果公司iPad产品的全球价值链分解　　　　　　　表8-3

价值环节	获取价值/美元	比例%	国家
苹果公司的品牌	80	26.8	美国
美国的运营商和零售商	75	25.1	美国
显示屏	20	6.7	美国
视屏处理芯片	8	2.7	美国
控制芯片	5	1.7	美国
美国的零部件出口	8	2.7	美国
美国企业和工人所得的价值小计	196	65.6	—
硬盘成本	73	24.4	日本
硬盘附加值	26	8.7	日本
日本企业和工人所得价值小计	99	33.1	—
加工、组装	4	1.3	中国
中国企业和工人所得价值小计	4	1.3	—
最终在美国市场上的零售价	299	100	美国和全球

资料来源：王缉慈著．超越集群，中国产业集群的理论探索[M].北京：科学出版社，2010.

面对环境资源约束和国际竞争以及高增长，低质量发展模式带来的结构性失衡，使中国逐步步入了各种矛盾凸显的时期，未来可持续发展的挑战更加严峻。

2 失衡的增长结构难以持续

2.1 面对资源短缺的瓶颈，粗放的城市增长模式不根本变革，发展将难以持续

资源约束和环境压力已经构成中国经济增长和城市化进一步发展的瓶颈，粗放、低效率利用方式无法支撑未来的发展。

对大多数城市而言，水资源短缺和土地资源快速消耗的矛盾尤为突出。我国 655 个城市中，有 400 多个城市缺水，其中 100 多个城市严重缺水。北方大部分地区属于资源型缺水和工程型缺水地区，许多城市用水规模已经达到甚至超过了水资源承载的极限，区域调水工程越来越普遍。而在沿海地区，由于水污染的频繁爆发和水生态的恶化，导致许多地区水质性缺水。全国各地因地下水超采引发的地面沉降现象，分布越来越广泛。

土地资源的快速消耗造成许多地区濒临土地资源枯竭。长三角、珠三角以及东南沿海许多城市的土地利用强度已超过 40%。据相关研究统计，我国城市化水平每增加一个百分点，耕地减少 47.785 万 hm^2。土地资源的快速消耗有刚性需求的原因，更有盲目追求 GDP 指标的推波助澜。由于地方发展过度依赖土地财政，出现土地供应总量、土地结构、土地价格和开发强度等方面的失控现象，表现为各地的房地产热、开发区热、新城热、新区热等，违规、违法使用土地现象不断出现。许多地方城市盲目"拉大骨架"，土地浪费现象严重，也造成城市用地结构不合理，工业用地比例偏高，城市用地产出效率低的矛盾。

2.2 面对日益激烈的全球化竞争和不断深化的国际分工，低层次产业结构不转变，发展将难以持续

创新能力不足制约制造业地位的提升。我国已经具有了庞大的工业生产能力，主要工业产品产量居世界前列，但制造业技术对外依存度较高，在国际产业分工体系上基本处于价值链低端，创新能力不足、竞争力不强，制约了我国成为制造业强国。

过度依赖出口导向的模式难以持续。中国出口占 GDP 比重高，但主要是低附加值的加工贸易。由于国际金融危机的影响，外部需求大幅下降，加之生产成本上升和人民币升值等因素，依靠大量消耗资源、出口低附加值产品的粗放型发展模式难以持续。

低就业率的增长模式难以持续。工业所创造的就业比重远远小于其占 GDP

的比重。2006~2008 年，就业平均年增长率只有 0.43%，就业增长弹性系数几乎为零（为 0.04），是改革以来最低的（胡鞍钢，2010）（表 8-4）。对就业拉动较高的服务业，"十一五"期间增加值和就业比重均没有完成规划目标。

不同时期的经济增长率与就业增长率（1980~2008 年）　　　　　表 8-4

时期	GDP 年均增长率（%）	就业年均增长率（%）	就业增长弹性系数
1980~1985	10.7	3.32	0.31
1986~1989	7.9	2.63	0.33
1990~1995	12.3	1.10	0.08
1996~2000	8.6	1.15	0.13
2001~2005	9.6	1.02	0.11
2006~2008	10.9	0.43	0.04

资料来源：胡鞍钢，2010.

劳动力资源优势下降。廉价的劳动力资源曾是我国经济增长的比较优势，但随着劳动力成本上升，低成本劳动密集型产业不断受到冲击，东部一些地区近年来出现持续的"民工荒"。由劳动力大量过剩向劳动力逐步趋向短缺，廉价的、劳动力密集型的发展方式已经难以为继，长期支撑经济增长的工业经济已经面临传统比较优势渐失的挑战。

2.3　面对日益广泛的区域化进程，区域发展不协调的格局不根本转变，发展将难以持续

以地方利益、部门利益为主导的外部性日益突出。以经济增长为主要目标的地方经济发展模式和条块分割的管理模式造成地区之间、部门之间各自为政。"诸侯经济"、"行政区经济"现象加剧了产业布局混乱、重复建设，区域性污染难以治理，区域性基础设施建设缺乏协调，削弱了区域整体竞争力。

地区发展不平衡也正成为区域协调发展的突出矛盾。主要表现在三个方面：一是地区之间不平衡。虽然中西部地区发展提速明显，但东部与中西部地区绝对差距仍呈扩大趋势；二是地区内部发展不平衡。以广东省为例，近年来珠三角与省内其他地区发展差距仍在扩大，在珠三角内部区域发展也存在明显不平衡，表现在东西岸的发展差异，发展重心明显偏向东岸，内外圈层发展差异，经济活动及城镇发展高度集中于内圈层（袁奇峰，2008）；三是个不同行政等级单元间发展不平衡。由于资源垄断和行政配置的特点，加上市场趋利原则的导向，各种要素和资源向大城市与行政中心城市高度集聚，导致大城市过度膨胀，而中小城市和小城镇发育不足、公共服务能力低下、人均占有资源有限、基础设施落后，有的甚至呈现萎缩状态。

2.4 面对城市化质量提升的要求，见物不见人的城市化形态不根本转变，发展将难以持续

民生改善滞后于经济建设。长期以来政府、企业和居民三者之间分配关系呈现较为失衡状况，劳动报酬增长速度长期低于 GDP 增长速度，城乡之间、地区之间、行业之间的收入差距都有扩大的趋势（表 8-5）。盲目追求经济增长，热衷于形象工程，大拆大建，浪费严重，城市政府负债压力越来越大，甚至远远超过财政支付能力。同时，城市房价居高不下，房价与居民收入比远远超出一般国家的水平，在一些经济发达的特大城市尤其突出。

城镇居民家庭按收入等级分组平均每人可支配收入差距的变化 　　　表 8-5

年份	中等偏上户/中等偏下户	高收入户/低收入户	最高收入户/最低收入户	困难户/全国平均%	最高收入/困难户	高收入户/困难户
2003	1.82	3.31	8.43	24.8	10.40	6.25
2004	1.83	3.38	8.87	24.5	10.97	6.47
2005	1.88	3.52	9.18	23.8	11.53	6.89
2006	1.86	3.44	8.96	24.1	11.26	6.72
2007	1.84	3.42	8.74	24.4	10.95	6.62
2008	1.89	3.57	9.17	23.7	11.68	7.03

注：在全部调查户数中，最低收入户占 10%，其中困难户占 5%，低收入户占 10%；中等偏下户、中等收入户、中等偏上户各占 20%；高收入户、最高收入户各占 10%。

资料来源：根据《中国统计年鉴（2004-2009）》计算。引自：魏后凯. 论中国城市转型战略 [J]. 城市与区域规划研究，2010.

基本公共服务滞后于社会需求。按照国际经验，随着经济发展水平的提高，居民消费逐步由耐用品消费向服务消费升级，特别是人均 GDP 在 3000~10000 美元阶段，公共服务在政府支出中的比重将显著提升。虽然我国政府近年来在公共服务方面持续加大投入，总量达到了较高水平，但总体支出仍然不足，并存在资源分布不均衡等问题（表 8-6）。

政府公共服支出比重与人均 GDP 的关系（单位：%） 　　　表 8-6

人均 GDP（美元）分组	医疗卫生占政府支出比重	教育占政府支出比重	社会保障支出比重	三项之和
0~3000	8.7	13.2	20.8	42.7
3000~6000	12.2	12.6	29.2	54.0
6000~10000	12.7	11.4	31.5	55.7
10000~20000	13.8	12.9	27.7	54.4
2000 以上	13.4	12.7	32.7	58.9
中国（2008）	4.4	14.4	18.9	37.7

资料来源：IMF 和中国财政年鉴，社会保障支出包含各种基金支出。引自：迈向全面小康：新的 10 年。

公共服务具有明显的收入再分配作用，政府公共服务支出不足成为我国收入分配不合理和居民消费率下降的重要原因之一。由于政府公共服务支出总体不足，居民在教育、医疗、社会保障等方面的支出迅速增加，大大超过中低收入家庭可支配收入的增长速度，挤压了居民其他消费增长。

2.5　面对日益深入的人口城市化的挑战，城乡分割的关系不根本转变，发展将难以持续

城乡发展差距扩大。城市经济对农村经济拉动弱，农业经济始终处于弱势地位。虽然2002年以后，国家调整了"三农"问题的政策取向，确立了"多予、少取、放活"的政策，不仅取消了延续了几千年的农业税，还加大了对农业的保护和对农产品的补贴力度。近年来中央财政对三农的投入每年以千亿元以上的规模递增，但城乡居民收入相对差距和绝对差距都尚未缩小（图8-1）。

人口城市化滞后。农村劳动力在向非农产业不断转移的过程中，由于城乡缺乏融合发展的机制，造就了庞大的农民工群体。

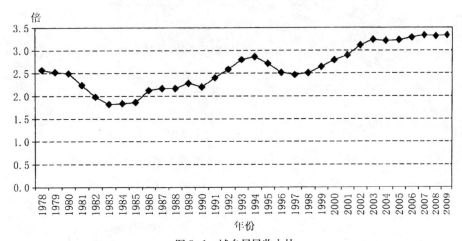

图8-1　城乡居民收入比

资料来源：巴里·诺顿著.中国经济：转型与增长 [M].安佳译.上海：上海人民出版社，2010.

2.6　面对大建设时代增长的压力，城市发展"重规模、轻结构"的局面不转变，发展将难以为继

经历了30年的大建设，城市规模和空间形态已发生了巨大变化，城市格局已今非昔比，大规模的新开发和再开发正面对后建设时代越来越复杂的发展环境，空间规模持续增长的需求和压力与城市空间固化的矛盾正越来越突出。

一方面，城市地区仍然普遍处在继续扩张阶段。1996~2008 年，中国平均每个城市建成区面积由 30.4km² 扩大到 55.4km²，平均每个城市的建设用地面积由 28.5km² 扩大到 59.8km²，分别增长了 82.2% 和 109.8%。在"十一五"期间，

城市建设用地规模保持 7.23% 的平均增速,远高于城镇人口年均 2.57% 的增速。城市经济的高速增长尚未摆脱对土地大规模消耗的依赖,城市空间具有外延扩张的特点。

另一方面,城市空间结构调整和人居环境和谐发展的要求越来越迫切。由于城区人口和建设用地规模的急剧膨胀,甚至"摊大饼"式外向蔓延,造成城市交通堵塞、住房拥挤、房价过高、资源短缺、生态空间减少、环境质量恶化、通勤成本增加、城市贫困加剧、公共安全危机等矛盾凸显。与此同时,基础设施结构性失衡也将加剧城市地区空间扩张中的矛盾,表现为生产性基础设施与环境基础设施建设不平衡,地区间基础设施建设不协调,地区综合交通运输结构不合理、效率低下等矛盾突出。

此外,城市机动化的挑战越来越严峻。中国已成为全球最大的汽车生产国和汽车市场,尽管目前中国城市家用汽车每百户拥有量相比发达国家还不高,但交通堵塞已经成为各大城市面临的严重问题。机动化的挑战才刚刚开始,若不能及时转变城市空间规划和管理的思路,仍然沿用重规模、轻结构的做法,城市将失去最重要的一次结构优化的机会。

第 2 节 发展的内涵与城市转型

1 经济增长与经济发展内涵的差异

经济增长与经济发展是发展经济学中的两个基本概念,也是发展观演进中两个重要的认识阶段,两者有着不同的涵义。

经济增长(Economic Growth)是指一个国家或地区在一定时期内由于投入劳动力增加、投资规模扩大和技术进步等原因,导致经济规模的扩大。不仅包括由于扩大投资而获得的增产,也包括由于提高生产率而获得的增产。经济发展(Economic Development)则是强调一个国家或地区经济在量的增长过程中,经济结构的优化,包括国民生产总值或国民收入的一定速度的增长和经济结构的升级换代在内的国民经济整体质量与综合国力的提高。二者在外延、内涵和本质等三方面存在差异:

外延不同。经济增长仅仅是指社会财富的增长,衡量经济增长只是对社会再生产过程中的一个环节即生产环节的考察,追求经济增长强调以最少的资源投入生产出更多的社会产品。经济发展则是对整个社会再生产过程的考察,包括生产、分配、流通、消费等各个环节,追求经济发展涉及整个国民经济、社会、文化、政治等领域,其外延远大于经济增长,具有经济结构的优化及社会进步的含义,并涉及经济增长成果的分配问题。

内涵不同。经济增长的内涵只涉及生产力的发展,注重生产总量的增长目标。经济发展的内涵不仅涉及生产力的发展,而且涉及生产关系的发展,不但

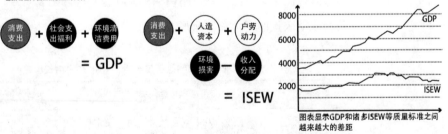

图 8-2 国内生产总值与可持续发展经济富裕指数

资料来源：(英) 理查德·罗杰斯，菲利普·古姆齐德简著. 小小地球上的城市 [M]. 仲德崑译. 北京：中国建筑工业出版社，2004.

包括经济数量的增长，还包括经济效益的提高，经济结构的优化，社会财富分配的合理化，社会效益和生态效益的提高。

本质不同。经济增长的本质是以物为本，重 GDP 的增长。经济发展的本质则是以人为本，统筹社会、经济、政治、文化的发展，注重全体人民生活水平的改善、生活质量的提高和人的全面发展。斯蒂格利茨（J. Stiglis）认为"发展带来的变化能够使个人和社会更好地掌握自己的命运"。

经济增长是经济发展的前提、基础和手段，经济发展才是经济增长的目的。将发展等同于 GDP 的增长、个人收入的提高、工业化等，是一种狭隘的发展观。城市经济是区域经济，也是开放的经济。区域竞争是必然的，中国当前的城市经济具有明显的行政区经济特征，对 GDP 增长过于关注，城市竞争成为吸引投资的竞争，削弱了对区域"发展"内涵的关注（图 8-2）。

2 经济增长方式与增长动力

经济增长方式是指推动经济增长的各种生产要素投入、组合和使用的方式，包括增长所依赖的基本源泉、机制与路径以及由此表现出来的总体特征，往往决定着一个国家的经济发展轨迹（马凯，2004）。

粗放型经济增长是在生产要素质量、结构、使用效率和技术水平不变的情况下，依靠生产要素的大量投入和扩张实现的经济增长，具有高投入、高消耗、低产出的特点。集约型经济增长主要依靠科技进步和提高劳动者的素质来增加产品的数量和提高产品的质量，以适度投入、技术进步、节约资源、科学管理、改善环境和提高劳动生产率为特征。集约型经济增长不仅包括单纯的经济增长，而且包括产业结构的优化和升级、经济运行质量和效益的提高，以及经济社会发展的协调与和谐等各方面，其实质在于全面地追求和实现国民经济更好的发展。

吴敬琏（2008）总结了先行工业化国家的经济增长阶段和相关的增长理论，分析了 200 年来先行工业化国家在起飞前阶段、早期经济增长、现代经济增长、信息时代四个不同经济增长阶段的产业特点和驱动因素，总结了经济发展不同阶段驱动因素的变化和产业形态的变迁（表 8-7）。

先行工业化国家的经济增长阶段和相关的增长理论　　　表 8-7

时间	增长阶段	主要内容	驱动因素	主导产业	增长理论
1770 年以前	起飞前阶段	对自然资源的开发	更多自然资源投入	农业	马尔萨斯陷阱
约 1770~1870 年	早期经济增长	大机器工业代替手工劳动	资本积累	重化工业	哈罗德—多马增长模型
约 1870~1970 年	现代经济增长	效率提高	技术进步	与服务业一体的制造业及农业	洛索的新古典外生增长模型
1970 年以后	信息时代	用信息通信技术改造国民经济	信息化	信息通信产业	新增长理论的内生增长模型

资料来源：吴敬琏．中国增长模式的抉择 [M]．上海：上海远东出版社，2008.

美国学者迈克尔·波特（Michael Porter）从经济增长动力角度将经济增长划分为四个不同的阶段。

第一阶段为"要素推动"（factor-driven）的发展阶段。这时的经济增长主要依赖于劳动力、土地、资源等初级生产要素的投入数量增加而推动，带有明显的粗放型增长特征。

第二阶段为"投资推动"（investment-driven）的发展阶段。其基本特征是依靠大规模的投资推动经济增长。通过规模经济使产品价格能得到大幅度的降低，从而具有竞争优势。以高资本投入带来较高的人均产出，具有资本的粗放型和劳动力的集约型双重特征，因此有人称这一阶段的增长形式为准集约化增长。

第三阶段为"创新推动"（innovation-driven）阶段。在这一阶段，生产要素的稀缺性进一步发展，如何有效地提高资源生产效率的知识和方法变得更重要，于是通过技术创新使人均产量水平提高成为推动经济增长的主导方式。这种方式是一种典型的集约化增长方式。

第四阶段为"财富推动"（wealth-driven）阶段。这一阶段尚待经验实证。

总体上看，我国的经济增长尚处于要素推动和投资推动阶段。城市经济过于偏重资金、土地等投入为主的外延型积累来推动经济增长，技术进步和人力资本积累为主的内涵型贡献不大。不论从宏观还是微观环境，经济增长方式还存在许多粗放型的特点，尤其是高科技创新能力跟不上，具有产值型、速度型、规模型增长的烙印（表 8-8）。

中国经济增长的因素分解 表8-8

时期		1978~1990	1991~2000	2001~2008	1978~2008
GDP 增长率		9.02	10.56	10.46	9.80
各要素的贡献	资本	4.29	5.25	6.02	5.27
	劳动	2.13	0.54	0.36	1.02
	TFP	2.60	4.77	4.08	3.51
	其中：劳动力转移的贡献	0.474	0.696	0.701	0.566

注：① GDP 的数据来自《中国统计年鉴》1978 年价格的 GDP 数据。②资本存量的估计采用永续盘存法，本年的资本存量等于上一年的资本存量减去折旧加上上一年的固定资本形成（用固定资产投资价格指数平减）。③劳动力的数据来自《中国统计年鉴》的就业人数。④根据索洛的增长核算的公式，TFP = GDP 的增长率 $-aX$ 资本的增长率 $-(1-a)x$ 劳动力的增长率，仅为资本产出弹性。

资料来源：胡鞍钢，鄢一龙著.中国：走向 2015[M].杭州：浙江人民出版社，2010.

    粗放型增长方式在城市经济发展的初级阶段是不可避免的，但其内在的缺陷随着城市经济发展水平的提高而日益显现。表现在：①总量制约。由于资源利用效率低下，随着城市经济规模的扩大，资源消耗总量也同步增加，经济增长将受到可用资源的总量制约。②结构制约。在粗放型增长方式下，即使城市基础产业部门的产值和投资所占比重并不低，但由于过高的物质消耗仍将使资源供应十分紧张，成为城市经济发展的瓶颈制约，可能导致或加剧城市产业结构失衡，阻碍产业结构高度化。受这两方面制约，被迫进行强制性调整会使经济滑坡和波动，因此，粗放型增长方式也不可能长期保持稳定、持续。

    从粗放型增长方式转向集约型增长方式的基本标志包括以下方面：①从增长源泉构成来讲，是以高投入为主的增长转向以使用效率提高为主的增长，总和要素生产率增长速度要快于投入物增长速度，且前者对经济增长的贡献率逐步提高，并居主导地位。②从增长形态来讲，是从速度效益型转向效益速度型，经济波动的幅度趋小，经济增长处于相对稳定状态。③从增长依赖路径来讲，是由非均衡增长转向均衡增长（"均衡"是指消费、人力资本和人均收入均以同一速率增长）。意味着结构性扭曲与瓶颈的逐步消除，所有部门的要素收益都趋向等于要素边际生产率。④从增长潜力的角度来讲，是由趋于衰竭的经济增长转向可持续性的经济增长。这意味着使人口增长与社会生产力的发展相适应，使经济建设与资源、环境相协调，实行经济良性循环，保持福利效用递增及有发展后劲（丁健，2001）。

3 科学发展观的提出与"十二五"之变

3.1 科学发展观的提出

发展观随着人类社会的不断演进而不断演化。一般认为人类对发展的认识大体都经过了发展就是经济增长、在经济增长的同时注重社会的发展、注重发展的可持续性、到发展必须以人为本的几个阶段。发展观的这种历史演变，是人类对现代化实践在认识层面不断深化的结果。

二战以后世界主要国家发展观的演变经历了四个时期。[①]

（1）二战以后以经济增长为核心的增长观。认为经济增长是一个国家发展的核心，国内生产总值 GDP 的增长被认为是衡量发展的主要标志。

（2）1970 年代形成的综合增长观，关注经济发展的同时，越来越关注社会、环境方面的问题。认为发展是包括经济增长、政治民主、文化教育、社会转型在内的综合发展。

（3）1980 年代提出的可持续发展观，认为时间是衡量是否可持续发展的重要纬度。可持续发展战略是改善和保护人类美好生活及其生态系统的计划和行动的过程，是涉及诸多领域的发展战略的总称。它要使各方面的发展目标，尤其是社会、经济及生态、环境的目标相协调。可持续发展观考虑到了人类代际关系、人与自然协调发展的关系。

（4）围绕选择、权利与福利的发展观。这种发展观强调以人为主体、以制度为载体，强调每个经济主体不只是经济福利的接受者，而且是能动地获取机会、争取权利进而享有充分经济自由的经济单位。

我国发展观的演化也始终围绕对经济和社会发展问题的认识。发展方针经历了计划经济年代"多快好省"（1958 年）、改革开放时期"加快发展"（1992 年）、"更快更好"（2003 年）、"又好又快"（2007 年）等阶段，这是一个不断学习、不断总结、不断调整的过程。

近年来我国政府将加快转变经济发展方式作为一项核心战略。转变经济增长方式与转变经济发展方式是相互联系的两个概念。转变经济增长方式强调经济结构内部的调整，而转变经济发展方式强调结构调整的外部影响；转变经济增长方式是当前转变经济发展方式的核心问题。转变经济发展方式强调经济增长方式转变要服务社会的发展。转变经济增长方式强调怎么把"做蛋糕"做得更好，而转变经济发展方式则是"做蛋糕"做好的同时怎么把"分蛋糕"分好。因此，转变经济发展方式更具有促进社会发展的意义。

3.2 "十二五"规划之变

"十二五"规划包含对城市发展具有极其重大影响的内容和要求。基本思路或核心词就是"转型"——社会、经济两个领域的转型。

调整经济增长结构，促进发展转型，是"十二五"规划提出的主要任务，可以概括为四个方面的转变：[②]一是生产的目标要转变，衡量经济发展从一味

---

① 全国城市规划执业制度管理委员会编. 科学发展观与城市规划 [M]. 北京：中国计划出版社，2007.

② 国民经济和社会发展"十二五"规划大参考 [M]. 北京：红旗出版社，2010.

地以经济增长为主转向民生改善；二是在发展动力和产业支撑方面，从过度依赖投资和出口拉动的方式，向消费、投资、出口协调发展的方式转变。从一味地依靠投资为主，转向依靠需求。在产业支撑方面，从过度依赖房地产和制造业支撑增长的方式，向培育新的经济增长点、促进经济结构均衡和多元化转变；三是在增长源泉方面，从过度依赖廉价劳动力要素驱动的方式，向创新驱动内生增长的方式转变；四是在生产方式和资源环境方面，从过度依靠资源消耗和环境代价的粗放型增长方式，向低碳、绿色、集约的增长方式转变。

"十二五"规划将经济增长预期指标从年均增长 7.50% 下调为 7%，居民收入预期指标从年均实际增长 5% 提高为 7% 以上。这一上一下的指标调整，标志着在经济社会发展导向上出现重大变化。同时强调了需要积极稳妥地推进城镇化，明确提出了服务业增加值占 GDP 比重提高 4 个百分点、城镇化率提高 4 个百分点、单位 GDP 建设用地减少 30%，以及一系列节能减排和循环经济指标。

上海"十二五"规划同样淡化了经济规模总量指标，强化结构调整、创新驱动、功能提升、民生改善、绿色发展等导向指标和发展思路。

4　城市转型及其多重性

4.1　城市转型的迫切性

城市发展转型是指城市发展模式和道路发生重大的转变。中国城市化和城市发展已进入一个重要的转折时期，城市发展的主要矛盾、社会需求、消费方式都在发生重大转变。深圳意识到城市发展正面临刚性约束和结构性矛盾，提出"四个难以为继"和"效率深圳"向"效益深圳"转变的迫切性，是资源约束下城市寻求新的发展动力和发展方式的体现，对许多资源约束型城市具有普遍的启示意义。

专栏 8-1　"速度深圳"向"效益深圳"的转变

1980 年以来，深圳采取了极具鲜明时代特色的"速度深圳"的发展模式，从一个荒芜的边陲小镇建设成了繁华的现代化都市。但是，深圳市的发展已明显受到"四个难以为继"的制约：一是土地和空间有限，剩余可供开发用地仅 200km²，按照传统的速度模式发展下去，土地和空间难以为继；二是能源、水资源难以为继，抽干东江水也无法满足速度模式下的增长需要；三是按照速度模式，实现万亿元 GDP 需要更多的劳动力投入，而城市已经不堪人口重负，难以为继；四是环境容量已经严重透支，环境承载力难以为继。

《深圳 2030 发展策略》指出，深圳未来将遵循"从高速成长期，逐步进入高效成熟期，进而走向精明增长"的渐进式转型三部曲。近期以高速发展模式为主导。维持经济发展的惯性，以实现经济发展模式的平稳过渡，同时，启动重点地区的空间优化，培育新的增长点，开始经济发展模式的渐进式转型。中期以高效成长模式为主导。全面推进空间优化，完成经济发展模式的全方位转型，从规模竞争走向效益竞争。实现城市适度密集发展、资源集约利用与环境质量的提升。远期以精明增长模式为主导。逐步进入成熟期，满足人的多方面发展需求，寻求经济、社会和环境的全面和谐发展，走向"精明增长"。

城市转型涉及经济、社会和生态等各个领域，是一种多领域、多方面、多层次的转变，不仅仅是在目标层面，还涉及转变的路径、动力及诸多的影响因素。

4.2　城市转型的系统性

城市转型是一个综合、系统的过程，不同领域的内容相互影响、相互作用。从城市转型发生的领域看，可以分为经济转型、社会转型、空间转型和制度创新四个方面。

经济转型是城市转型的主导和基础，反映在城市功能和产业结构的转换，其中产业升级和结构调整带来的转型是经济转型的关键。产业转型的重要标志是产业整体效率和质量大幅度提高，并带来城市功能的转变和全面提升。

社会转型的基本内涵是人的生存发展状况的改善和社会结构关系的调整，涉及城乡关系、人口结构、社会结构及城市治理模式的转型等。实现社会和谐发展是城市转型的目标，关注社会公平，实现包容性发展是城市发展的核心价值理念和重点内容。

空间转型主要涉及物质建设层面的转换，既有自身需要规律、不同阶段需要协调的矛盾和重点存在差异，也与社会和经济转型关系密切。当前空间转型的重点在于促进城市走向区域，在城市空间增长过程中协调好规模增长与空间运行质量和效率的关系，保证城市各项要素的合理分布和各项系统的协调发展，适应城市生长的弹性及应对各种矛盾的灵活性，促进城市空间的人文化和生态化，保证城市空间健康成长。

制度创新是城市转型的保障。制度创新的重点在于向市场经济转轨过程中，保证城市发展方向、目标和过程体现发展的效率和公平。核心在于理念的创新，协调好政府职能与市场经济的合理关系，通过制度转型，保证经济和社会转型在合理的、健康的轨道上展开。

从经济转型、社会转型、空间转型和制度创新四个领域的关系来看，城市经济转型为"实"，社会转型是"基"，空间转型为"形"，而制度创新则为"手"。形神兼修，才能实现城市成功的转型（表8-9）。

城市转型的领域及内容　　　　　　　　　　表 8-9

转型领域	转型的重点	类型及主要内容
经济转型	提升城市群的国际竞争力，提高产业发展的效率，创造更多就业机会	升级转型、竞争转型、危机转型
社会转型	社会公平，实现包容性发展	城乡转型、社会结构转型、城市治理模式的转型
空间转型	促进城市走向区域 城市规模增长中保证空间运行的效率 城市空间的人文化和生态化	城市—区域转型 规模—结构转型 城市空间的人文化和生态化转型
制度创新	保证经济、社会、环境的协调发展 政府与市场在资源配置中的合理关系	发展理念和治理模式的创新，保证城市发展目标、方向和过程的合理性，体现发展的效率和公平

　　城市转型是不断调整内外部结构关系的过程，因此是城市发展永恒的主题。中国的城市转型处在经济、社会、空间、制度四重转型相叠加的发展时期，处在产业结构提升、经济体制转轨、社会结构转型、城市功能转换的关键时期，转型的环境也更加复杂。转型是当前背景下城市发展的主线，但不同的城市处在不同的发展阶段，面临不同的发展矛盾和环境，具体转型的内容各不相同，需要准确把握城市阶段特点与发展战略的重点，在发挥比较优势的基础上确立新的竞争优势。

第3节　产业结构调整与城市布局优化

1　中国产业结构转型的宏观背景与趋势

1.1　应对后危机时代的影响

　　后危机时代世界经济格局正在发生重大变革，表现在全球化带来的世界经济的复杂性和不确定性增大，难以预见的外部风险也在不断加大。发达经济体进入低速增长时期，国际市场需求大幅度收缩。发达经济体发展模式产生的结果，为中国思考未来长久发展提供了借鉴。作为新兴市场出口导向型的经济结构面对外部需求正在下降的挑战。

　　一些新兴经济体正在快速崛起，逐步成为影响世界经济和政治格局的重要力量，相互之间的竞争也将加剧。中国低成本劳动力的传统竞争优势减弱的同时，投资驱动经济增长的能力将减弱，如果技术进步推力不足，将对中国新一轮的发展产生制约。

　　资源消耗型经济增长模式难以持续，节能减排成为共同趋势。"金砖五国"及其他新兴工业化国家在新一轮现代化浪潮中涉及的人口占世界人口总数的一半以上。我国现代化面临的资源环境压力之大可想而知，走一条绿色的现代化道路是中国的必然选择。

　　与此同时，一场新的产业革命、科技革命正在加速酝酿之中。近年来为应对气候变化和金融危机，发达国家都大幅度增加了科技投入，抢占未来竞争的战略制高点。信息技术（比如传感网、物联网、智慧城市、云计算等）、生物技术、生态技术、新能源、新材料等领域的技术突破正在到来，新技术革命再次对人类社会经济生活产生长远、重大的影响。对于新兴经济体而言，把握新技术成长的机遇，是缩小与发达国家差距的重要途径。

1.2 新的工业化与城市化发展环境

从国内发展环境来看，我国仍然处在工业化、城市化快速推进阶段，但面临新的工业化和城市化发展环境的要求，简单的路径依赖将难以持续。

首先是新技术环境的要求。中国的工业化要走一条新型的工业化道路。新型工业化与传统工业化相比，强调依靠科技进步提高效率驱动经济增长，体现在以信息化带动实现跨越式发展，增强可持续发展能力，充分发挥我国人力资源优势。

其次，传统的发展优势减弱。劳动力数量增长减缓，并逐步趋于下降，劳动力成本上升，意味着低成本制造不再具有可持续的竞争力。必须通过促进人力资本提升，提高劳动生产率，以获得新的竞争优势。

第三，淡水、土地、生态环境、矿产资源等要素约束日益突出。不考虑环境成本和资源承载力的经济结构和产业形态最终将危及一个地区的生存环境。

第四，城镇人口已经过半，城市发展的社会性要求日益显现，解决各类社会问题的要求越来越迫切和艰巨，经济发展与社会和谐是城市发展不可回避的焦点。

第五，新的发展环境带来结构调整的要求。虽然中国已经成为世界第二大经济体，但仍然是世界上最大的发展中国家。保增长是长期的发展任务，但调结构的矛盾更加突出，其根本在于调整增长的动力，表现在投资结构、消费结构、产业结构、区域结构等结构性矛盾的改善。

2 重塑现代城市产业体系

2.1 产业结构调整的基本思路

产业结构不断调整、升级是产业发展的基本规律。产业结构升级不仅反映在第一、二、三产业之间，也反映在产业内部结构的变化上，低效率产业比重不断减少，高效率产业比重不断增长。

产业结构升级是经济转型的基本特点。国际经验表明，发达国家大城市经济的发展基本上都经历了三个阶段："以制造业为中心"的工业化时代、"以制造业为中心，加上服务业的多元化经济"的工业化后期时代、"以服务业为中心，又有某些制造业的多元化经济"的后工业化时代（张庭伟，2011）。从当前国家转变经济发展方式的环境来看，产业结构调整面临多重任务：

（1）提高产业附加值

产业结构调整的目的之一在于提高产业的附加值。中国已经成为制造大国，但大都是附加价值很低的简单加工制造。提高产业附加值在于两个方面：一是提高科技创新能力。我国制造业的平均 R&D 支出强度普遍低于欧美日韩等国的水平，而高技术产业的平均 R&D 支出强度差距更大，只有这些国家的15%~50%（表 8-10）。二是促进产业集群的发育，通过延长产业链，提高传统产业的附加值。

制造业和高技术产业 R&D 强度国际比较 　　　　　　　　表 8-10

	中国 2007	美国 2006	日本 2006	德国 2006	法国 2006	英国 2006	意大利 2006	韩国 2006
制造业	3.5	10.2	11	7.6	9.9	7.0	2.4	9.3
高技术产业	6.0	39.8	28.9	21.5	31.9	26.6	11.1	21.3

资料来源：IMF（国际货币基金组织）和中国财政年鉴，社会保障支出包含各种基金支出。引自：迈向全面小康：新的 10 年。

从主要靠投资和出口驱动的粗放增长模式，转向主要靠技术进步和效率提高驱动的集约增长模式，提高知识和技术含量。中国已经具备了在某些领域中发展战略性新兴产业的可能性，比如，信息通信产业、新能源、电动汽车等。

（2）平衡工业化的结构

调整产业结构，既要适应产业高度化的趋势和需求，通过产业升级实现产业附加值的提高，也要通过平衡工业化的结构，扩大就业，化解社会经济发展中出现的新矛盾。

过度追求工业化和重工业化会加剧发展结构的失衡，与之相伴随的是高投入，低就业，资源消耗大和污染物排放问题加剧。

制造业升级离不开生产性服务业的发展，而生产性服务业的发展也离不开传统服务业的支撑。现代大城市应力求建立服务业和制造业并行的格局，现代服务业、传统服务业、现代制造业、传统制造业共同发展。不同地区根据城市功能转型的目标，选择各自的侧重点。

（3）协调工业化和城市化的关系

中国经济保持了快速增长，但城市就业压力越来越大。协调好工业化与城市化的关系，有助于保持就业的同步增长，增强城市承载力。

农村积压的过量的剩余劳动力和潜在的失业，是社会经济发展的难题，但中国经济的比较优势也在于此，借助以劳动密集型的制造业为重要任务的工业化，城市化发展战略才有可能将劣势转为优势。城市经济繁荣的同时，不能有效扩大城市就业，不仅城市化进程会出现瓶颈，而且城乡差距、地区差距等一系列矛盾都会加剧。

中国不能逾越以制造业为中心的工业化阶段（表 8-11），但并不排斥知识密集型产业，而是强调在当前面临巨大的农业人口和农村人口转移的压力下，不能只以资本技术（知识）密集型产业作为主导的发展战略。相反,资本技术（知识）密集型产业应与地方传统制造业结合起来，为劳动密集型产业服务，提高劳动密集型产业的附加值。

城市产业结构调整容易陷入产业结构的高度化的误区，不宜片面强调"提升产业结构"，应该是一种"扩充产业结构"战略（樊纲，2009）。许多地方把调整产业结构简单等同于产业结构的高度化，把目光转向高科技产业，这其实是一种误解。不是每个地方都适合发展高新技术，在目前的发展阶段即使发展高新技术，也不能放弃传统制造业。

2.2 产业结构调整的多重任务

（1）加快服务业发展：从"231"到"321"的产业转换

经济服务化是全球经济发展越来越明显的趋势。相比世界产业演化特征，中国的服务业比重滞后约 10~15 个百分点。根据 Global Insight(2007)的资料，2006 年中国的服务业增加值占世界总量比重仅 3.4%，而美国高达 33.1%，相当于中国的近 10 倍，这是中国与美国 GDP 总量差距较大的主要原因。根据预测，到 2015 年中国这一比重也仅有 6.5%，而美国高达 28.7%，相当于中国的 4.4 倍（胡鞍钢，2010）。因此，转变服务业发展滞后的局面是当前产业结构调整的重要任务，需要大力发展的并不是能耗过高、污染过多的重化工业，而是劳动密集、知识密集的现代服务业，同时加快由传统以重工业为主导的工业化向新型工业化转变（表 8-12、表 8-13）。

（2）传统工业体系改造与培育战略性新兴产业

传统工业体系改造与培育战略性新兴产业并重，是实现平衡工业化结构、提高产业的附加值、扩大就业的重要途径。

调整产业布局，改造传统产业，脱离低水平发展。我国已经形成了庞大的加工制造能力，许多加工制造能力都呈现过剩和过度竞争的态势。政府和市场本身对产业结构和布局具有一定的调节作用，而在不完善的市场经济环境下，政府对产业的过度干预会造成产业的畸形发展。典型的例子就是许多产业面临的产能落后问题，根据中国造纸协会的统计，我国 3600 多家中小造纸企业所有产能不及前 100 家造纸企业的总产量，但主要污染物 COD 排放量占到总 COD 排放量的约 90%。这些落后产能是地方片面强调扩大经济规模的结果。缺乏对产业门槛的设定和对企业的监管，造成产业布局的混乱，加剧了资源能源的不合理消耗和环境污染。

积极培育发展战略性新兴产业。培养发展新兴产业，为经济发展提供持续的动力，同时通过战略性新兴产业的发展提高自主创新能力，为传统产业的提升提供技术支撑。《国务院关于加快培育和发展战略性新兴产业的决定》提出

工业化不同阶段产业结构的特点　　　　　　　表 8-11

基本指标	前业化阶段（1）	工业化实现阶段			后工业化阶段（5）
		工业化初期（2）	工业化中期（3）	工业化后期（4）	
人均 GDP （1）1964 年美元 （2）1970 年美元 （3）1982 年美元 （4）1995 年美元 （5）2000 年美元 （6）2005 年美元	100-200 140-280 322-728 610-1220 660-1320 745-1490	200-400 280-560 728-1456 1220-2430 1320-2640 1490-2980	400-800 560-1120 1456-2912 2430-4870 2640-5280 2980-5960	800-1500 1120-2100 2912-5460 4870-9120 5280-9910 5960-11170	1500 以上 2100 以上 5460 以上 9120 以上 9910 以上 11170 以上
三次产业产值结构 （产业结构）	A>I	A>20% 且 A<I	A<20% I>S	A<10% I>S	A<10% I<S
制造业增加值占总商品增加值比重 （工业结构）	20% 以下	20%~40%	40%~50%	50%~60%	60% 以上
第一产业就业人员占比（就业结构）	60 以上	45%~60%	35%~45%	10%~30%	10% 以下
人口城市化率 （空间结构）	30% 以下	30%~50%	50%~60%	60%~75%	75% 以上

注：A 代表第一产业；I 代表第二产业；S 代表第三产业。

资料来源：陈佳贵，黄群慧，钟宏武，王延中等．中国工业化进程报告 [M]．北京：中国社会科学出版社，2007．引自：中国城镇化：前景、战略与政策 [M]．

中国工业化主要指标（1952~2008 年）　　　　　表 8-12

	非农业就业比重 a	非农业产业比重 b	第三产业增加值比重 c	工业化指数 d
1952	16.5	49.5	28.6	33.0
1960	34.3	76.6	32.1	47.0
1970	19.2	64.8	24.3	35.6
1980	31.3	69.9	21.3	39.7
1990	39.9	72.9	31.6	48.7
2000	50.0	84.9	39.0	59.1
2008	59.2	88.7	40.0	63.8

注：工业化指数计算公式为：$d=(1/3) \times (a \times 100/95) + (1/4) \times b + (5/12) \times (c \times 100/80)$。资料来源：于国家统计局编．中国统计摘要（2009）[M]．北京：中国统计出版社 2009 年版；国家统计局编．新中国五十年（1949-1999）[M]．北京：中国统计出版社，1999：86．引自胡鞍钢，走向2015[M]．杭州：浙江出版联合集团，浙江人民出版社，2010．

世界产业结构演变趋势与国际差距（1960~2006 年）　　表 8-13

经济类型	各产业占 GDP（%）								
	1960*			1995**			2006***		
	I	II	III	I	II	III	I	II	III
低收入经济体	50	17	33	25	38	35	20	28	52
中等收入经济体	22	32	46	11	35	52	9	36	54
高收入经济体	6	40	54	2	32	66	2	26	72#

注：(1) * The World Bank. World Development Report 1979[R], 1980. ** The World Bank.World Development Report 1997[R],1998. * * * The World Bank. World Development Indicator 2007[R],2008. (2) 高收入经济体 2005 年数据。

资料来源：李善同，高传胜等．中国生产者服务业与制造业升级 [M]．上海：上海三联书店，2008．

要在 2020 年使节能环保、新一代信息技术、生物、高端装备制造产业成为国民经济的"支柱产业",同时使新能源、新材料、新能源汽车产业成为国民经济的"先导产业"。

高新技术产业化是传统工业体系改造与发展战略性新兴产业的关键一环。上海将高新技术产业化作为制造业领域转变经济发展方式的主攻方向,2010 年确定新能源、民用航空制造业等九大行业作为推进高新技术产业化的重点领域。包括大飞机总装制造中心、物联网中心、新能源汽车等一系列产业布局正在启动。

在传统工业体系改造与培育战略性新兴产业过程中,民营中小型企业的创新发展能力不容忽视。中小型企业在我国经济发展中发挥了巨大作用,在高生产成本时代中小企业面临生存危机,要保持健康发展,离不开依靠科技进步、劳动者素质提高和管理创新等转变,以及政策和资金的支持。

2.3 促进合理的区域产业分工体系发育

（1）地区间产业分工和联动

重塑现代产业体系,需要考虑产业转移和结构调整在更大的时空范畴统筹发展。产业结构调整与区域性产业布局调整、整合相适应,通过产业转移促进区域间产业分工体系的合理发育。

其一,适应现代产业成长的区位特征,整合地区间产业发展。以钢铁工业布局为例,集聚程度远低于国际上一些钢铁生产大国,整合重组趋势日趋突出（图 8-3）。我国钢铁企业主要集聚于华北和华东两个地区的核心区域,呈现出沿海和沿江的空间布局模式,如长三角宝钢集团、沙钢集团,京津冀的唐钢集团、首钢集团,辽中南的鞍本集团,山东半岛的济钢集团等。钢铁工业重组整合,淘汰落后产能的同时,促进钢铁工业在国土空间上合理配置和优化布局。2008 年,国家批准武钢集团与柳钢集团合作在广西防城港建设千万吨级的钢铁基地,武钢集团由此展开了向沿海发展的战略。宝钢与广东的钢铁企业联合在湛江建设千万吨级的钢铁基地已获批复。企业区位由原料地指向型向市场和交通指向型转变,生产重心向沿海地区和长江中下游沿岸转移。

其二,通过多种手段加强地区间产业分工和联动,促进沿海地区与内陆地区产业发展的联动。现在许多沿海地区面临成本上升和产业升级的双重压力,政府和企业都在积极寻求与内陆地区的合作。

虽然真正意义上区域分工体系的建立是由市场因素决定的,

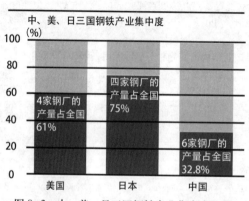

图 8-3 中、美、日三国钢铁产业集中度比较

注：2009 年数字

资料来源：兰格钢铁.

不是由行政因素决定的，但当前行政分割造成地区间发展关系断裂。国家层面出台了许多加快促进产业转移的政策和相关规划，希望地方政府积极响应、推动，加快转移进程。在新一轮的产业转移热潮中，需要政府干预与市场规律相结合，避免演化成新一轮竞争和开发区热；产业转移与地方资源禀赋和产业基础相结合，转化并增强内生的动力；合理调控，避免片面追求经济规模扩张演化成污染转移和落后产能的转移。

（2）中心城市产业的服务化

中心城市一般具有的较大的经济规模和生产能力，是其发展的 一般基础，而中心职能取决于是否对周边地区具有更强的服务能力和支配区域经济格局的主导地位。根据发达国家经验，随着城市化水平的提高，城市产业结构转变的一般规律是逐步从直接生产领域向基础设施和金融、贸易、通信、信息等服务领域转变。

根据国家统计局产业分类，第三产业包括生产性服务业、分配性服务业、消费性服务业和社会性服务业。生产性服务业体现金融、信息服务功能和创新功能；分配性服务业体现流通集散功能；消费性服务业体现规模聚集功能、社会服务等功能；社会性服务业体现社会文化功能。

产业类型与职能之间存在对应关系，第三产业的发达程度反映了中心城市在一定地域空间范围内的中心服务能力，能够在一定程度上成为城市之间评价和比较的度量指标，也是处在不同的发展环境和自身条件下进行发展定位的主要依据。服务功能偏弱是许多地方中心城市面临的主要矛盾，往往将发展重点放在工业"做大做强"上，提出"工业立市"、"工业强市"。中心城市的核心要素在于服务经济的能力，工业大市支撑不了中心城市的全部地位，片面追求规模不注重结构，只能做大而不可能做强。北京、上海等中心城市与世界级城市的差距也正是在于服务经济的能级（表8-14）。

北京、上海与一些世界级城市的对比　　　　表8-14

	GDP总量（亿美元）	人均GDP	三次产业结构	城市总人口（万人）	城市从业人口（万人）	就业结构	跨国公司总部数量
东京（2005）	11910	35873	0.1：14.1：85.8	1265.90	820.53	0：19：81	843
纽约（2007）	9530	115000	1.0：10：89	827.45	371.00	1：10：89	530
巴黎（2005）	4800	47693	0.2：16.9：82.9	1184.00	580.00	0：20：80	290
伦敦（2005）	4460	44401	1.2：20.8：80	751.20	331.91	0：10：90	389
香港（2006）	1900	27700	0.1：8.7：91.2	685.70	341.02	0：14：86	169
新加坡（2007）	1240	30228	6.0：29.1：64.9	448.39	275.05	1.2：22.6：76.2	127
上海（2007）	1630	8949	1.0：47：52	1858.00	909.08	6：38：56	107
北京（2007）	1180	7850	1.1：27.5：71.4	1633.00	919.70	6.6：24.5：68.9	173
8个城市平均	4800	35746					

资料来源：田莉等.世界著名大都市规划建设与发展比较研究 [M]. 北京：中国建筑工业出版社，2010.

从上海的经验来看，在经历了高投资、高出口、高增长的发展轨道之后，正面临着转型期增长动力接续和转换的命题。因此，上海提出未来发展将从依靠投资驱动转向创新驱动、从工业经济转向服务经济、从国内经济中心到全球城市、从外向增长转向枢纽型国际化。未来经济增长和社会发展将趋向于高科技导向、消费导向、服务业导向、民生导向和低碳导向。

（3）中小城市产业的专业化和特色化

中小城市是区域城镇空间网络和经济网络的重要组成部分，在中心城市加强产业服务化的同时，需要积极引导中小城市产业的专业化和特色化，构筑区域整体发展、促进城市间合理分工。

以广东、浙江为代表的"块状经济"为中小城市产业的专业化和特色化积累了宝贵经验。一批新兴的中小城市由于发展了强大的产业集群，对地区发展同样形成功能辐射，带动了地区城市化进程，这些专业城镇也成就了广东、浙江作为经济发达地区和经济大省的地位。如珠三角地区的东莞、顺德、中山、南海四市的十几个城镇，均成为专业镇。顺德区容桂镇的家电制造业，东莞市黄江镇的电脑生产能力，长安镇的电子信息、机械五金模具产业，中山市古镇的灯饰业，中山市小榄镇以五金制造为主导的产业群等。这些地区存在的工业布局分散的矛盾，制约了工业化与城市化的进一步发展和产业结构的优化，对此围绕产业布局调整为重点的空间整合正在展开。

专栏 8-2 东莞的产业布局调整

东莞地区工业布局较为分散、以中小企业为主的生产格局，造成了企业规模过小、技术力量单薄和资金不足等突出矛盾，不仅如此，由于市场信息不对称，出现大量重复投资和盲目建厂现象，其结果造成了产业结构趋同与低水平的恶性竞争，使得资源配置效率低下，严重制约企业经济效益的提高。专业镇的发展建设缺乏区内的城镇体系布局规划的指导，城乡建设缺少协调，特色模糊，工业区与生活区、新城区与老城区彼此交错，妨碍了城镇聚集效应和城镇作为经济增长极作用的发挥，影响了城市化的空间聚集过程。

近年来，东莞提出的城市化转型的要求，将产业升级和农村地区城市化的转型作为重中之重。力图改变离散型城市化和均质城市化的形态，改变城镇发展沿路蔓延的趋势，提出以专业化为主导的复合中心模式。将中心城区、同沙生态区和松山湖科技产业园区进行统一规划，打造三位一体的主城区设想。四个具有区域意义的专业中心——城区、松山湖、虎门—厚街、常平—樟木头形成复合中心，共同承担区域与市域的服务职能，四大专业中心同时承担相应片区内部的综合服务功能，建设大众捷运系统，在交通网上培养增长节点，将这些节点培育成全市性的专业化服务设施，共同构成"多中心、网络式"的城市结构。

（4）城乡产业的协同化

促进城乡产业协调发展，以工哺农、以城带乡，是当前城市产业结构调整的基本要求，而不是将农业、农村地区的发展独立在工业化、城市化进程之外。

经济发达地区要将中心城市功能向服务化转型的过程与外围郊区的发展结合起来。推进中心与外围产业之间融合、互动，通过产业发展的协调，整体提升产业分工的层级。上海的经济发展已经跨越简单的"退二进三"的阶段，提出中心城区以现代服务业为主，郊区以先进制造业为主，加强郊区的产业集聚，促进制造业的高新技术产业化，通过中心与外围的联动，实现产业的多元化和城乡产业发展的协调。

不同地区城乡产业的协同化发展，既要同本地区发展阶段、发展区位、资源条件结合起来，寻求适合本地区的发展道路，又要关注农业内部结构的调整，关注一二三次产业的发展关系，加快推动农村产业化。

传统农业是附加值低、生产效率低的弱势产业，农业产业化是改造提升传统农业的重要途径。农业产业化通过农业产品的特色化、农业科技、农业生产方式、生产组织以及加工、流通等环节的整体化，使农业产品的附加值得到较大提升。在广大的中西部地区，农业比重大，农民数量多，农业产业化是增加农民收入、繁荣农村经济、缩小城乡差距、促进城乡经济联系的重要途径。

3　城市产业转型的类型与经验

城市产业转型是优化城市经济发展结构过程中需要面对的长期课题。产业转型或快或慢，或主动或被动，或是由外部环境引发，或是由内部矛盾引起，相互交织，不断引起城市功能的变化和城市地位的转换，最终造成新的城市与区域发展格局的形成。在城市经济日益走向区域化的过程中，及时把握城市产业转型整体环境、主要矛盾和方向，加以积极引导和应对，是城市确立新的竞争优势的关键。城市产业转型可划分为适应升级的转型、面对竞争的转型和摆脱危机的转型这样三种类型。

3.1　适应结构升级的转型

适应结构升级的转型来自内部产业调整的需求，每个城市在发展的不同阶段都会经历和遇到产业结构的调整与产业升级的要求。一般来看，区域或城市的主导产业结构沿着传统农业、轻工业、重工业以及先进制造和现代服务业的轨迹不断攀升。其中，重工业化又包括以采掘业和原材料工业为主向深加工工业和组装工业转化两个阶段。

随着经济全球化和信息化的发展，每个地区产业升级和转型的路径变得更加复杂和多样化。城市的产业升级转型既离不开宏观发展趋势，也离不开自身发展的基础和条件。

当前，所有全球城市（包括全球层面和大区域层面的国际城市）都已经进入了以服务业为中心的后工业化时代。霍尔（1996）指出未来决定城市发展的主要影响力：第三产业化；信息化；新的劳动分工；全球化，其核心趋势是经济向第三产业转型，信息化和现代通信技术支撑的现代服务业的重要性大大上升。

城市经济转型是靠政府和市场共同协作来推进的。芝加哥是一个从传统工业基地实现向国际化大都市成功转型的案例，在长达四十多年的转型过程中，政府在制定长期规划、加强和企业合作方面发挥了积极作用。芝加哥作为美国的老工业城市，在 1950 年代达到其作为制造业城市的顶峰，钢铁工业、金属加工和机械制造业，以及食品加工和印刷业是城市支柱产业。但自 1960 年代制造业开始衰落，引发了城市衰退、人口流失、经济困难。1990 年代逐步完成了经济多元化调整，重新走向复兴，成为国际城市。芝加哥转型成功的主要经验在于自然条件加上人为努力；善于发现并利用机遇；从"肌肉型"产业变成"头脑型"产业；民主集中，发挥各民族特长（张庭伟，2007）。

3.2 面对区域竞争的转型

相比升级转型作为一般城市发展过程中都会经历的、自然发生的产业升级过程，竞争转型则是一种更为剧烈的转型形态，是某一时期因内外部发展压力造成的城市发展动力转换的要求，往往是城市发展的重要转折点。

上海逐步认识到产业转型将是一个更加综合、全面的调整过程，如不能完成功能的升级，与长三角其他城市低水平竞争就不可避免。同时城市转型环境与发达国家经历相比发生了很大变化。需要积极发展服务经济，改善服务业的结构，提升生产服务业的能级；克服发展中出现的不平衡，诸如增长和就业不平衡、二、三产业增长不平衡、软硬环境建设不平衡、城乡发展不平衡、要素的需求和供给不平衡等带来的矛盾；需要注重多元化的结构，以高新技术产业化推动制造业的升级；产业升级转型，也将是城市空间布局结构调整的过程，需要通过更加有效的空间规划和管理为产业升级提供空间支撑。

专栏 8-3　应对竞争转型

1996 年代纽约以"一个处在危险中的地区"（A Region at Risk）为题发表了第三次区域规划。认识到纽约作为国际中心城市，受到来自世界其他大城市的竞争与挑战，面临就业岗位下降和经济衰退带来的经济危机，大量移民带来的社会危机，以及因城市蔓延带来的环境危机。过去 30 年里，人口上升 13%，而城市用地上升了 60%。认为长期规划与相对适度的投资将使纽约大都市区保持集中全球资本的能力。从长远看来，应该加强对基础设施、社会、环境与劳动力的投资，使该地区获得可持续的经济增长。

规划目标以提升生活质量作为区域竞争力的核心，寻求更加平衡的发展，以创造、容纳和刺激整个区域的经济发展。指出生活质量正日益成为评判区域在国内外竞争力的标准，经济（Economy）、环境（Environment）与公平（Equity）这3E是生活质量的基本保证。规划的基本目标就是凭借投资与政策来重建3E，而不是孤立地追求其中一个方面。基于以上的分析，规划提出了5项策略：即植被（Greensward）、中心（Centers）、机动性（Mobility）、劳动力（Workforce）、管理（Governance），通过它们来整合3E，并提高地区的生活质量。其中"植被"保证地区森林、分水岭、河口、农田等绿色基础设施，确立未来增长的绿色容量；"中心"致力于区域中现有的市中心就业及居住的增长；"机动性"提供一个全新的交通网络，把重新得到强化的中心联结起来；"劳动力"为那些居住于中心的团体和个人提供必需的技能与联系，使他们能够融合到经济主流之中；为此，需要通过新的途径来组织政治机构与民众机构，即"管理"。

2007年纽约又提出新一轮综合规划——"更加绿色、美好的纽约"。目标是到2030年将纽约建成"21世纪第一个可持续发展的城市"，为全球作出表率。

3.3 摆脱危机的转型

资源型城市面临的转型矛盾更加突出，往往表现为对资源的依赖，产业结构单一，大规模的资源开发造成环境污染严重等矛盾。

资源型城市具有明显的发展周期和成长阶段性。按照城市的资源储量和开发利用情况，一般把这些城市的发展划为三个阶段：初始成长阶段，这一时期产业集中在矿产开采及初级加工，而且城市矿储量大，可供开采时间长，城市人口规模不大，城市发展潜力很大；发育成熟阶段，主导产业带动其他产业发展，运输业迅速发展，贸易、服务业增加，因此，城市人口剧增，主导产业占的比重大；枯竭衰退阶段，由于矿产资源是不可再生资源，随着采掘业的发展，将不断减少，逐步枯竭。城市或自然消亡，或整体迁移，或转型再生，未雨绸缪是资源型城市转型的重要经验。

专栏8-4 石油之城玉门的衰落

玉门油田，始建于20世纪30年代，是我国最早开发的油田之一。1939至1949十年间，玉门老君庙油矿共生产原油50万t，占同期全国石油总产量的90%。1957年12月，新中国宣布第一个石油工业基地在玉门建成，当年原油产量达75.54万t，占当时全国石油总产量的87.78%；自此，玉门先后向全国50多个石油石化单位输送人才10万余名，各类设备4000多套。自2003年起，2.5万名油田职工和6万名家属因石油资源日渐枯竭迁回1955年建市之前的老玉门镇。2009年3月，玉门市被国务院列入第二批资源枯竭城市名单。昔日12万人口的中国石油摇篮之城，如今只剩下2万多人。

资料来源：城殇 [J]. 南方周末，2010.10.23

德国鲁尔区煤矿城镇的经济振兴是资源型城市经济结构转型的成功案例。高科技的发展是鲁尔区成功转型的保证，从 1961 年开始，鲁尔区的城市如多特蒙德、埃森等陆续建起大学，成为欧洲境内大学密度最高的地区之一，几乎所有城市都有技术开发中心，培养和吸引大量受高等教育的人才。

日本在振兴地域经济中针对资源型城市也采取了相应的政策和措施。这些政策措施主要围绕着经济合理性的原则，为保障能源的安全供给和避免煤炭产业突然崩溃给社会带来的严峻冲击而制定的。如在解决煤炭资源枯竭地区振兴的过程中采取了非常缓慢、循序渐进的闭井关矿政策；通过征收石油进口税来抬高发电部门、钢铁部门的能源使用成本，通过价格转换的原理使产煤地区的治理和恢复的费用由整个社会来承担；通过其他产业的发展，保障大量资金的投入，并花费了近 40 年的时间来实现软着陆式的煤炭产业政策。

国内资源型城市转型已有很多探索和实践，甘肃白银、辽宁中部以及黑龙江东部地区等。通过延伸现有优势、区域性的优势组合和互补，以及培育再创新优势等创造转型机遇。

第4节　城市社会转型与二次城市化

1　城市化模式与社会结构的转型

1.1　二次城市化：城市化模式的转型

中国城市化从规模上已经过半，但存在不稳定性、过渡性的缺陷，面临二次城市化转型的迫切要求。

目前有超过 1 亿多农民工徘徊在城市和乡村之间，并没有形成城市化应有的、从农村向城市定居的人口迁移模式，成为中国城市化特有的现象。在城乡二元格局下，城市外来农村人口虽然实现了职业转变和地域转移，但并未从根本上改变农民身份。目前，大多数农民工选择"候鸟式"的生活和就业方式的主要原因是农民工收入偏低，不足以支撑其家庭在城市定居生活；现行的城乡分割二元户籍制度，使农民工难以在城市长久居留；农民工在农村都有承包地，我国现行的农村土地制度造成亦工亦农、亦城亦乡现象，大量农民工以流动就业为主。

邹德慈认为近年来我国城镇化的主要路径是"农民工进入大中城市—提供低价劳动力—低价土地—创造 GDP—增加城市人口—提高城镇化率"，这种路径不利于长远可持续发展。

"十二五"规划中明确强调要"积极稳妥推进城镇化"，强调农民工的市民化是推进城市化政策导向的重点。提出"稳步推进农业转移人口转为城镇居民。把符合落户条件的农业转移人口逐步转为城镇居民作为推进城镇化的重要任务"。

1.2　社会结构转型的压力

城市化模式的转型不仅在于城市化发展路径的转变，未来的人口结构、经济发展阶段及其社会治理模式的变化构成城市化转型发展新的环境和压力。

（1）人口结构的转型

关于人口结构的变化趋势和影响已经引起广泛关注。第六次人口普查公布的数据显示，城乡人口结构变动的速度明显加快，将对未来发展方向产生重大影响。

一是关于"人口红利"的讨论。"人口红利"指的是具有生产能力的人口占总人口的比例高，抚养率比较低，为经济发展创造了有利的人口条件。"人口红利"是过渡性的人口结构形态，随着生育率下降、老年人口增长、劳动力供给优势萎缩，"红利"将会被耗尽。近年来中国适龄劳动人口已呈加速下降趋势，劳力充沛的优势正在下降，由于劳动力减少和劳动力成本提高，制造业成本上升，经济廉价增长的模式将难以持续。大量外资企业将会转移到周边如印度、越南、印尼等年轻劳动力更丰富的国家。

二是老龄化、少子化将对中国未来的社会经济发展产生重大影响。出现"年轻劳动力短缺"和"被抚养人口过剩"长期并存的局面。一般认为总抚养比在50%~60%并保持性别比的平衡最有利于经济发展和社会稳定，2010年我国总抚养比只有34%。

此外，家庭规模缩小，出生性别比失衡，大量独生子女及家庭的养老风险等，将对中国城市社会的可持续性带来严峻挑战。按照第六次人口普查数据，出生性别比高达118，平均每个家庭户的人口为3.10人，比2000年人口普查的3.44人减少0.34人。

如果在生产中劳动力投入有限，不断增加资本的投入量，最终会导致资本报酬递减，所以需要不断提高全要素生产率才能维持资本报酬。一般而言劳动年龄人口增量减少伴随高速经济增长，会共同导致普通劳动力的短缺从而工资上涨，也即"刘易斯拐点"。劳动力成本提高，原先的劳动密集型产业上的比较优势就必然会相对弱化，对产业结构向资本和技术密集型升级提出需求。

（2）避免"中等收入陷阱"

"中等收入陷阱"是2006年世界银行在其《东亚经济发展报告》中提出的，是指当一个国家的人均收入达到世界中等水平后，由于不能顺利实现经济发展方式的转变，导致新的增长动力不足，最终出现经济停滞徘徊的一种状态。[①]落入"中等收入陷阱"国家的特征是：经济增长回落或停滞、贫富分化、腐败多发、过度城市化造成畸形发展、社会公共服务短缺、就业困难、社会动荡、金融体系脆弱等。一些拉美国家虽然在1970年代进入中等收入国家行列，却

---

① 国民经济和社会发展"十二五"规划大参考。

因为没有处理好发展战略、收入分配差距和对外经济关系等问题，有的直到现在还处于徘徊、停滞不前阶段。中国开始进入中等收入发展阶段，如何在发展中越过"中等收入陷阱"，将是必须面对的挑战。

胡鞍钢（2010）认为这一现象反映了经济发展阶段与社会矛盾、社会问题的关系。可能陷入中等收入陷阱的诱因是多方面的，包括经济原因、社会原因、政治原因、国际原因。随着经济的增长，政府与社会之间、劳资之间、贫富之间以及人与自然之间的矛盾不断积累，这些矛盾如果处理不好，反过来会对经济增长造成巨大的阻碍。

（3）城市治理模式转型

城市治理模式转型包括行政管理职能转变、突破城乡分割机制、促进区域一体化及推动公众参与等多方面的变革。

"大城市区域化"和"区域一体化"带来城市治理的挑战。在传统计划体制下，我国的社会管理不但城乡二元分离，而且以行政区划分割，严格围绕户籍展开就业、教育、卫生、社会保障等社会管理，经过多年改革，城乡分隔有所突破、行政壁垒有所消减，但基于户籍的社会管理方式依然没有根本改变。伴随着城市间交通的便捷化和时空距离的不断缩短，各城市间的人流、物流、信息流突破传统的行政区划界限，人口的跨城市就业和居住日益常态化，使区域城市越来越象一个"流动空间"，这对传统城市的社会管理方式提出了严重挑战，不但要加快弥合城乡、区域社会事业发展的现实差距，还要积极探索城乡统筹、城市对接的社会管理方式，推进形成城乡、区域社会发展一体化的新局面。

新的管理模式应该是政府、企业、社会共同参与的"治理"（governance），既有从上而下的政府管理，也有从下而上的广泛的公众参与，提倡从体制上、组织上创造条件，政府在城市管理上逐步向社会让权和授权。

推进社会建设，让全体市民改善和提升生活质量，共享经济发展之成果。普遍存在的出行难、就医难、入学难、养老难、就业难、房价高等一系列突出的社会焦虑，都属社会建设需要率先关注的内容。需要集中投入由于历史形成的民生欠账，补齐城乡公共服务短板。

探索"协商求同机制"的社会治理模式，以"求同"而实现"求和"，虽然比公共财政投入环节的社会建设更加困难，但却是推进社会建设绕不过去的时代命题。城市治理模式转型是以政府职能转变为核心，以构筑政府、企业、社会力量互动机制的城市治理结构为主体，以社会全面和谐为目标，以工业化与城市化对接为主要途径的全面城市转型。

2 回归城市化的价值理性

2.1 城市化的价值核心是人的城市化

城市化是人类生产和生活活动在区域空间上的聚集，是现代化过程的主要内容和重要表现形式。由于聚集效应和规模效应的作用，大多数产业在空间上的集中使之具有更高的经济效率。城市也是创新和技术进步的主要来源，因此，城市化首先是劳动力、资金、资源等生产要素从农业部门向非农部门转移，从而获得较高生产率和较高收益的过程。另一方面，城市化有利于基础设施和公共服务的发展，是改善人们生存环境、提高生活质量的主要途径，因此也是从农村分散居住向城市集中居住转变，从而获得更好的生活条件和生活质量的过程。

工业化与城市化相互促进，既共同构成国家现代化的主要内容，也共同构成主要驱动力量。城市化是经济增长带来的，但工业化只是经济的城市化，不是城市化内涵的全部，人的城市化、社会的城市化才是城市化更加重要的内涵。

2.2　城市化是一系列公共政策的集合

城市化是一系列公共政策的集合（樊纲，2009）。其核心不是物的城市化，而是人的城市化。城市化进程涉及经济、社会、环境、文化等方方面面，这些方面的政策相互协调，才能成为和谐而统一的公共政策体系，来保证城市化进程平稳进行。

在产业政策方面，发展适合国情、适合地区和城市具体条件的产业结构，创造更多的就业。只有促进一个地区的就业增长，人口才能聚集起来。而收入提高，税收增长，用于基础设施建设和城市发展的资金才会较为充裕并有保障。

在公共服务领域，社会收入差距拉大和公共服务不均等问题突出。使城市发展包容更多的低收入阶层，提供所需的各项公共服务，是当前政府改革和公共政策改革的重要内容之一。

在城乡统筹领域，需要破解城乡二元化的体制障碍，促进城乡间的双向流动，缩小城乡之间公共服务的差距，缩小大中小城市间公共服务的差距。

在城市建设领域，近年围绕城市化的一系列土地政策问题，成为公共政策讨论的一个焦点。如何对土地的所有权和使用权改革，对城市周边土地被占用的农民补偿，农民宅基地流转，农民进城的住房和就业问题，以及对待"城中村"现象等，都成为急需深入研究的公共政策议题。

3　调整城市化认识的偏差

我国的城市化已快速推进了30多年，但对城市化问题的理解仍然存在许多偏差，这一方面有认识本身片面的原因，也有受到特定的城市化制度环境影响形成的认识误区。城镇化发展有其客观规律，要与经济增长、资源、环境保持协调、可持续关系，且区域差异巨大，城镇化模式也是多样化的。

（1）城市化水平不是越高越好

一些地方把推进城市化片面地理解为增加城镇数量、扩大城镇空间和提高城镇人口比重，相互攀比城市化率的高低。

高城市化率并不代表高现代化水平。在国际上，拉美等一些发展中国家曾出现过度城市化现象，城市中出现大量的贫民窟和失业，是高城市化率低发展质量的发展。

城市化以有效解决城市化人口的社会保障为前提。我国当前的人口城市化率统计中包含了约 1.3 亿~1.5 亿进城农民工，若不能享受与当地城镇居民同等的社会保障和公共服务待遇，则不能成为真正的城镇人口，即所谓"半城市化"现象。

城市化以充分解决城市化人口的就业保障为基础。城市化应与工业化进程相协调，关键在于工业化的结构是否能够保证充分、稳定的就业，工业化带来的增长是否能够保证居民收入的增加与城市经济发展水平相匹配。

城市化与城市的综合功能相协调。重视城市的经济生产功能而忽视城市的生态、生活功能，注重城市的规模盲目扩张而不注重城市的可持续发展，势必造成功能与结构的失衡。

（2）城市化速度不是越快越好

实现城市化是一个长期的过程，在一定时期内，一个国家或地区城市化推进的速度，必须与其工业化的进程相适应，与其发展水平和经济实力相匹配，超出了这个能力很可能会出现就业不足、贫困人口增多、两极分化严重等问题，对经济发展、社会稳定、人民生活都会带来严重影响。

城市化的速度要与城市的综合承载力，尤其是与就业的增长速度相匹配。近年来我国实际每年新增的城镇就业岗位仅在 800 万~1000 万个之间，若我国人口城市化率年均增高 1 个百分点，就业问题将难以解决。因此许多学者建议将今后全国人口城镇化率的年均增幅控制在 0.6~0.7 个百分点内。

（3）避免农村地区边缘化

城市化不能让农村地区边缘化。人口转移、就业转移、土地转移是城市化的一个方面，而另一方面要通过城市化为农村经济和农村地区发展注入新的活力。

在城乡发展二元化的体制背景下，城市化是走向城乡统筹发展的过程，其进程涉及许多重大制度改革。许多地方对城市化的理解出现偏差，通过"拆村并居"、"农转非"等形式加速推进城市化，甚至简单理解为城市化就是大征地、大拆迁、造新城，强迫并村，引发了一系列问题。

农地转为城市建设用地的巨大收益也是促成这些问题出现的原因，"土地财政"带来的城市面积的快速扩张，导致土地城市化明显快于人口城市化，这也是对"城市化"概念的误解。

（4）需要长期整体的思维

城市化是区域与城乡结构转型和调整的过程，在城市化快速发展时期，不同地区、不同层级的城市都会增长，但是当城市化进入相对缓慢阶段，城市的增长就必然会出现分化，矛盾也会更多，推进城市化需要长期的、可持续发展的思维。

规划手段、行政手段可以加快推进城市化，但更要关注城市化的实质和支撑条件。许多地方竞相通过修编总体规划、设置开发区、调整行政区划，如"市改区"、"县改市（区）"、"乡改镇"等，片面追求城区和规划区的扩张，但这并不代表真正意义上的城市化。城市化非一时一域的问题，不能以行政手段来推进。

第5节　城市转型与制度创新

1　追求高增长与转型滞缓

1.1　为了竞争而增长

从国家层面提出转变经济增长方式并不是一个新课题。早在1981年全国人大通过的"六五"计划正式提出要实现经济体制和经济增长方式的"两个根本性转变"。"十一五"提出，转变经济增长方式是"主线"；到"十二五"规划的时候，再次提出转变经济发展方式"刻不容缓"。单纯追求经济增长目标的政绩观，忽视了综合平衡。体制性障碍是造成转型滞缓的主要原因。

1.2　难以摆脱的路径依赖

"分权以促竞争，竞争以促发展"的经济发展治理之道和"以土地换资金，以空间换发展"的城市财政框架（袁奇峰，2009），高竞争、低成本地发展地方经济，始终难以摆脱对发展速度、发展规模、投资和土地的路径依赖。

其一，追求高速度。虽然在国家层面趋向低调发展目标，全国GDP增长指标从"十一五"的7.5%下调至"十二五"的7%，但地方的发展目标很多仍在10%以上，最高的达到13.5%。

其二，依赖土地财政，加剧了地方融资平台风险。财力的制约导致地方为了增加财政收入更加"重经济增速、轻经济增长质量"等。"土地财政"已成为地方政府平衡地方财政支出的重要途径。近十几年来，各地土地出让金收入迅速增长，在地方财政收入中比重不断提升。2009年全国土地出让金达到1.5万亿元，同比增长63.4%。"土地财政"对缓解地方财力不足、公共品供给融资难、创造就业机会和提升城市化水平等都有很大的促进作用，但也推动了城市空间规模的高速扩张趋势，造成城市中存在大量的已批未建用地。

此外，加剧了过度工业化趋势。各地为了保障地方经济目标和财政收入增长，纷纷实行"工业强县"、"工业强市"、"工业强省"战略，强化了"过度工业化"模式。

这些现象加剧了城市用地的扩张速度和扩张结构的失衡。在许多城市的建设用地扩张结构中，工业用地远远大于生活性用地，一些城市工业用地占到当年土地出让规模的比例甚至高达 70% 以上，这与地方政府看重高投资指标和片面追求工业化是分不开的。为了吸引外来工业投资项目，以低地价，甚至零地价出让土地，同时还要负担基础设施配套，进一步加大了对预算外资金的需求和对生活用地高地价、大规模批租以扩大的土地财政的依赖。造成以工业用地为主的土地城市化、低利用率的土地城市化和低效率工业化的粗放、无序发展局面。

2 制度创新

制度创新是实现经济发展方式转变的动力，也是决定不同发展领域成功、顺利转型的基础和条件。制度创新决定包括劳动力在内的各种生产要素在多大程度上能够自由地向城市集聚，并赢得良好的发展环境。消除城市化制度障碍，实现制度创新，将为城市化未来创造并提供巨大的空间。

2.1 通过制度建设和创新促进结构调整

推进城市的产业升级，离不开制度建设和创新。中国近年快速增长主要依靠的是制造业和房地产业，这种产业结构对制度创新的依赖度较低。虽然这些产业的发展也促进了服务业的繁荣，但并没有充分发挥工业增长提供的发展潜力，严重依赖"重型"工业、"有形"工业，其增长需要消耗大量的资源和能源。

改善区域间不平衡的发展结构同样离不开制度建设和创新，既是推动经济发展的内在要求，也是实现经济发展的重要支撑。沿海发达地区产业向西部转移，离不开制度建设与创新的有力保障，减少产业转移中的成本，促进保护与发展的平衡。

2.2 发展理念的转变和顶层设计

制度创新的前提是理念的转变。理念转变是行动的前提，但体制性障碍造成的路径依赖也会束缚理念的转变。顶层设计是突破体制性障碍的关键，否则难以持续的发展模式与国家实现现代化的社会发展目标之间的裂隙会越来越明显，"为增长而竞争"造成的发展目标偏离也会越来越危险。

我国的城市发展正面临艰巨的转型任务，特别是一些关键领域需要改进完善，但没有现成的蓝图可以参照。需要发挥体制的优势和人的智慧，在实践中不断总结经验，化解发展中的瓶颈和难题，实现国强民富、社会和谐的愿景。

第9章

增长控制与城市布局引导
Growth Control and Urban Structure Guide

第1节 认识未来城市化的时空路径

1 极化与均衡的关系

在国土开发中，地区间发展关系的协调是城市化可持续发展的焦点之一，表现为沿海与内陆的关系，也即东、中、西部三大地带的发展关系。

极化与均衡始终是区域发展中一对难以回避的矛盾，极化是为提高发展效率，均衡是为减少地区间发展差距。从市场化规律来看，城市化和工业化都是非均衡发展的空间现象，是人口和经济活动向更有效率的运行形态演化的过程，因此空间不断极化有其客观性和普遍性。非均衡增长也是利用市场经济规律，提高经济增长效率的重要手段，极化效应对于扩大经济规模具有积极的作用。但过度极化会产生负面影响，地区间过度的不均衡，不仅会造成极化地区环境与生态压力，也会导致整体运行质量的下降，并产生严重的社会矛盾。

我国地区间发展条件的差异性大，发展中的矛盾也更复杂。随着国家区域发展政策进一步关注中西部地区发展及扩大内需战略的推动，东部地区的产业向中西部转移的趋势也在逐步加强，沿海与内陆地区的格局将会发生持续的变化。

（1）发展沿海城市是提升国家竞争力的战略核心

全球范围内已形成以沿海地区为主导的发展格局。在全球产业分工不断加深和国际贸易不断扩大的环境下，生产要素向沿海地区集聚、经济发展重心向沿海地区转移是经济全球化环境中的重要规律和趋势。沿海地区作为与世界进行大物流的基础，具有国际贸易和参与国际产业分工的区位优势。发展沿海将是中国经济保持持续增长的重要战略，构成了国土开发的前提。

与发达国家相比，我国沿海地区经济集聚强度和相应的人口集聚能力仍存在一定的差距。虽然经济布局呈现向沿海地区集聚的态势，但经济集中的区域并没有集聚相应规模的人口。2010 年，京津冀、长三角和珠三角三大城市群集中了全国 GDP 的 47.6%，而人口只占 27.8%，人均 GDP 是全国平均水平的 1.71 倍。经济布局与人口分布不均衡、地区间差距过大。

从未来发展趋势看，东部沿海地区经济集聚强度不会明显下降，而人口集聚规模将会进一步提高。2010 年与 2000 年人口普查相比，东部地区的人口比重上升 2.41 个百分点，中部、西部、东北地区的比重都在下降，其中西部地区下降幅度最大，下降 1.11 个百分点；其次是中部地区，下降 1.08 个百分点；东北地区下降 0.22 个百分点。增强沿海地区城市的综合承载力，都将具有战略性意义。

提高沿海地区的运行效率，需要整合发展资源，特别是需要处理好城市群系统、港口群系统、临港产业系统、集疏运系统等的协调（图9-1）。

（2）梯度发展和点轴模式

发展现代沿海经济是一种外向型经济模式，是有效获取外部动力的重要途径，但也是一把双刃剑。1997年、2008年两次金融危机，暴露出一个国家对全球经济过度依赖具有脆弱性。特别是2008年的全球金融危机，中国传统的出口市场受到了严重影响。作为一个人口大国向内需驱动转型是中国外向型战略受阻时采取的积极的应对措施。

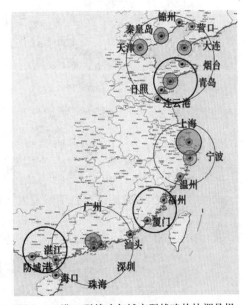

图9-1 港口群战略与城市群战略的协调是提高沿海地区发展效率的关键

平衡沿海与内陆的发展关系，建立起沿海与腹地的紧密联系，既是缩小地区间发展差距的需要，也是应对外部竞争、抵御外部风险、发挥大国优势的需要。体现梯度发展和突出点轴发展是一种最为有利的国土开发结构。

"十二五"规划中进一步明确了"西部开发、东北振兴、中部崛起和东部率先发展"的总体战略，明确了西部、东北、中部、东部及边疆和扶贫地区五类地区发展的重点，提出"充分发挥不同地区比较优势，促进生产要素合理流动，深化区域合作，推进区域良性互动发展，逐步缩小区域发展差距"的整体方针。

强化点轴发展是国家区域开发的重要思路，将构建以欧亚大陆桥通道、沿长江通道为两条横轴，以沿海、京哈京广、包昆通道为三条纵轴，以轴线上若干城市群为依托、其他城市化地区和城市为重要组成部分的城市化战略格局，促进经济增长和市场空间由东向西、由南向北拓展。"两横三纵"格局也需要突出发展的重点，即突出以沿海、沿江为轴心的整体发展格局。

（3）国土开发政策的合理设计

极化是市场追求经济发展效率的结果，不断扩大的地区间发展差距依赖市场调节是难以弥合的，促进区域平衡发展必须发挥政府的积极作用，通过有效的国土开发政策设计协调沿海和内陆的发展关系。

平衡区域发展关系是一个动态的过程。早在改革开放之初，邓小平即提出要"顾全两个大局"的重要发展思想，即内地先要顾全发展全国沿海的大局，等沿海发达了，沿海要顾全支援内地建设这个大局。1988年我国正式实施沿海对外开放加速发展战略，东部沿海地区迅速进入经济起飞阶段。1999年，提出实施西部大开发战略的设想，2003年，提出实施东北地区等老工业基地振兴战略，2006年，提出实施促进中部地区崛起战略。这些战略的提出正是出于协调国土开发平衡关系的需要。

发达国家在经历了战后经济高速增长后，始终将促进地区间均衡发展作为国土开发的重要目标。从国际经验来看，促进国土范围内均衡发展是各国政府的主要任务，区域政策和空间规划的重点都放在促进地区间协调发展、缩小地区间发展差距方面。德国城市化的独特之处在于其"多中心"格局，11个大都市圈均衡分布在德国各地，全国1/3的人口居住在82个大中城市（10万人以上），余下的绝大多数人则居住在0.2~10万人规模的小城镇，区域平衡发展和共同富裕被明确写入德国的宪法中。

日本三大都市圈集中了全国73.6%的GDP总量，但也集中了全国68.7%的人口，人均GDP仅为全国平均水平的1.08倍（王凯，2010）。这种趋同是市场机制和政府共同作用的结果。日本政府在地区间进行大规模财政转移支付。在财政转移支付前，1989年日本最富和最穷的地区财政能力之比为6.8：1，财政转移支付后，这一比例降为1.56：1。这也是日本在全国范围内实现公共服务均等化的重要原因。

统筹协调地区发展、缩小地区发展差距，既是一个十分紧迫的发展任务，又是一个长期的历史过程。必须遵循经济发展规律，既要发挥市场机制对资源配置的基础性作用，又要充分利用政府宏观调控（财政转移支付等）协调地区发展；既要发挥各地方的比较优势创建特色经济，又要鼓励各地方分工合作，促进区域经济一体化；既要促进优质要素向经济集中区聚集，实现经济效益，又要实施人口基本公共服务均等化、基础设施网络化，促进社会公平；既要鼓励人口在不同的地区之间流动，促进人均收入水平趋同，更要强化人力资本投资，促进人类发展水平趋同（胡鞍钢，2010）。

2 集中与分散的关系

集中与分散反映了城市化空间分布的结构形态，既包含了大中小城市的关系，也包含了城与乡的关系。从城市化与经济增长的关系而言，城市化体现的是一种聚集经济，是一种更具效率的发展形态。同样地，城市失去了集聚能力，城市经济也就失去了发展的动力，城市化过程中大城市化和都市区化都是市场经济作用下的自然趋势。

在我国城市化进程中，一直存在集中还是分散发展的争论，是以大城市为主、走集中的城市化，还是以中小城市为主、相对分散的城市化。寻求一种更加具有效率和综合承载力的发展形态才能有效化解集聚的压力和发展的需求。

（1）增强大城市和城市群的竞争力和综合承载力

极化与均衡体现的是一种国土开发的结构关系，集中与分散则体现的是城市化增长的结构关系。城市群和巨型城市区域的崛起已经成为全球化时代的城市化趋势。不同于传统的城市化战略，是现代经济要素集聚和参与国际竞争的重要单元和空间载体。

以城市群为主体形态是当今世界城市化发展的重要潮流和趋势。对中国城市化而言，只有这种群体化的集聚方式、网络化的组织形态才能使城市化集聚起更大的能量，承载起更大规模的城市化需求。

虽然大城市和城市群发展在国家经济中的主导性地位越来越突出，但与发达国家相比仍然在集约化程度、能级方面存在差距，发育也并不充分。依据世界银行2003年的计算，美国三大城市群的GDP占全美国的65%，日本三大城市群的GDP占全日本的69%。

大城市高度集聚了各类发展资源，人口过度集中、交通拥挤、房价居高不下、环境污染严重、社会矛盾加剧等城市问题愈益凸显。表面上看城市规模越大越容易产生"城市病"，但事实上"城市病"，与大城市并无必然联系，究其根本主要是由于城市发展无序、失控，缺乏城市管理及有效的城市规划对策和技术等方面原因造成的。目前，许多中小城市也同样出现了交通拥堵问题。大量数据表明，大城市在产出效率等各个方面均高于中小城市。我国现有近2万个建制镇，规模小而不够经济，以小城镇为主的分散式城市化模式，不仅不利于实现真正意义上的城市化，甚至可能导致对我国环境生态系统造成更大的压力。但这并不是否认小城镇的作用，其作用体现在推动城乡统筹的功能，而不是体现在规模和承载力，更不能独立地看待小城镇发展问题，把小城镇的发展与大城市、城市群的发展对立起来。

1990年代中期以前全国建制镇以数目增长为主，但镇均人口下降。1990年代中期以后数量增长趋缓，但聚集效益仍不理想。从2007年各级城市和农村地区建设用地使用情况比较来看，建制镇每万人用地约为县级城市的3倍、地级以上城市的4倍，显示农村地区分散化、低密度化的趋势在加剧（图9-2）。

因此，从城市化承载的规模而言，一方面不能以小城镇发展为主体，应选择以大城市为依托、以城市群为主体形态的大中小城市和小城镇协调发展的集中式城市化模式。大城市和城市群的发展有利于带来更高的规模收益、更强的科技进步动力、更大的经济扩散效应及更高的就业吸纳能力，更符合人口密度较高的国家推进城市化的要求。

另一方面也不能盲目发展大城市，发展大城市需要合理、有效的支撑条件、规划和管理手段，即以增强城市综合承载力为保障，包括物质环境承载力，如提高基础设施、道路交通、住宅建设、公共服务设施等的支撑能力；生态环境的承载能力，集约化利用资源，走资源节约、环境友好的城市发展道路；社会承载力，包括城市吸纳人口就业、居住安置能力、社会保障能力，形成公平的社会发展环境。增强城市综合承载力需要积极发挥城市规划和城市发展政策的调控作用。

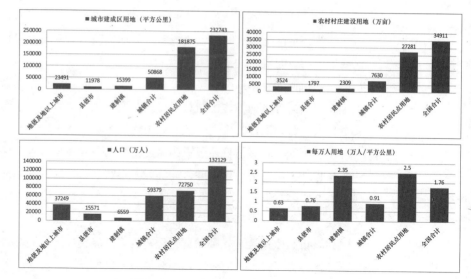

图 9-2　2007 年城市建成区和农村村庄用地

资料来源：《中国统计年鉴》（2008），全国建制镇 19249 个，平均占地估计为 80hm²，2007 年据国土资源部公布《2008 年国土资源公报》，居民点及独立工矿点全部用地为 4 亿亩。转引自：城市观察，2009.01.

（2）关注国土开发格局中的"3+3"地区

国土开发格局中的"3+3"地区，第一个"3"，即沿海发展带、沿江发展带、沿路（京九、京广）三条城市群集中分布带；第二个"3"，即长三角、珠三角、京津冀三大核心城市群地区。

在国土开发格局中，"3+3"地区是强化沿海优化内陆，有重点地推进区域城市化，增强沿海沿江地区的综合承载力的关键地区。通过发展沿海沿江经济有利于在参与国际分工中，利用国际市场带动国内经济增长，发挥劳动力丰富的比较优势，有利于创造出更多的就业机会。相比内陆而言具有更大的生态容量，更丰富的水资源，东部沿海和沿江地区的集约化发展更适宜于人口的大规模集聚，有利于提高资源的整体承载力。

国内学者对国土开发常提及所谓的"弓箭模式"，中国东部海岸线宛如一张"弓"，长江经济带就像一支"箭"。沿江地区是连接国内国际两个市场的关键地区，能够把内外两个市场连接起来，在国家发展中具有越来越重要的战略地位，也是以东部为前沿，带动中、西部梯度发展的关键。进一步引申"弓箭模式"的比喻，需要"硬弓、强弦、固箭"。长三角地区、珠三角地区、环渤海湾地区是弓、箭、弦的锚固点。长江经济带上的中心城市可以成为扣弦的连接点，重庆、武汉、南京及周边大都市地区，将是长江经济带上的着力点，是中部崛起、西部开发的战略支点。京广、京九线则是弦，弦的张力则要看沿线的城市群，而开弓的张力和箭与弦支点要看长江经济带上的城市群。

（3）以群体化、网络化化解"城镇化"与"城市化"之争

世界各国城市群的发展形态中存在不同的类型，集聚的程度也各有差异。

这不仅与资源禀赋条件相关，也与其工业化经历的时间、发展过程、不同时期的城市化政策等诸多因素相关。

我国城市化进程中长期重视有关城市的发展规模问题，曾一度将城市规模问题作为制定城市建设方针的依据。在计划经济时期，一直强调要控制大城市规模。在改革开放之初，曾提出要积极发展小城镇，但逐步发现小城镇的发展往往只是数量贡献，而难以真正提升城市化质量，因而提出需要合理发展中小城市。事实上，国际经验表明在市场经济环境下，大城市发展规模是难以有效控制的，而关键在于对其发展进行合理引导。

尽管大城市的发展已是不争的事实，但在城市化与城镇化概念上仍然存在不同理解。其实，城镇化与城市化并不应该有本质上的区别，区分城镇化与城市化是我国特定城乡分割和行政建制标准下形成的两个概念，也造成了对城市化与城镇化的不同理解，以及对城市化政策的争论。因为存在两种建制标准，因而出现了"县级市"与"县"，"建制镇"与"乡"的不同建制，不同的级别行政的单元具有不同的资源支配权力。即使同级，因为建制的不同，也造成了资源配置的标准和能力的不同。

城市和城镇从来就不应该看成两个分离的系统。在国际上也从来没有城镇化和城市化的区分。不应区分城市与城镇的区别，而要打破城市与城镇的界限，把城、镇、乡、村看成是连续的人居环境系统，只有在一个统一的居民点网络体系下推进城市化进程，才能保证城市化的健康发展。但这并不是不加区别地采取均质化的城市化发展政策，而是应在一个整体化、系统化的国家城市化政策体系下，看待地区性间的发展差异，突破二元化制度的羁绊，而不是同一地区内区分"城"与"镇"的差异。

无论是城镇还是城市，必须统一在整体的城市化战略之下，城市化既不能看成是654个城市的城市化，更不是4万个小城镇能够承载的城市化。谈城市化并不限于"654"个"城市"的城市化，不谈城镇化，并不表示小城镇的发展会被忽视，而真正在于需要破除体制约束的障碍。

群体化、网络化发展是协调大中小城市关系的重要内容和发展趋势。城镇和城市只是功能、规模、作用的差异，大城市具有综合性功能，中小城市则具有专业化特征，整体协调发挥各自在城镇体系中的不同作用。同时，要积极促进基础设施和公共服务网络化的建设，为城乡协调发展创造条件（表9-1）。

2005 年中国千强镇中常住人口超 20 万的镇（单位：万人）　　　　表 9-1

常住人口数	镇名	建制镇数
50 万人以上	东莞虎门镇（64.0）、东莞长安镇（50.4）	2
30~50 万人	佛山顺德容桂镇（45.0）、东莞厚街镇（43.8）、东莞常平镇（37.6）、广州花都新华镇（33.6）、东莞塘厦镇（32.5）、东莞清溪镇（32.0）、江阴澄江镇（30.8）、东莞凤岗镇（30.2）、顺德大良镇（30.2）	9

续表

常住人口数	镇名	建制镇数
20~30万人	江苏武进区湖塘镇（29.8）、中山小榄镇（29.1）、浦东新区川沙镇（28.6）、东莞大岭山镇（26.4）、江苏吴中木渎镇（26.2）、番禺石基镇（25.7）、东莞大朗镇（25.0）、东莞石碣镇（25.0）、南海里水镇（25.0）、南海大沥镇（24.4）、江苏靖江靖城镇（24.2）、顺德乐从镇（23.0）、宝安石岩镇（23.0）、番禺大石镇（22.7）、浦东新区三林镇（22.4）、北京昌平回龙观镇（22.0）、东莞寮步镇（21.9）、浙江乐清柳市镇（21.3）、南海西樵镇（21.0）、顺德北窖镇（20.0）	20
合计（20万人口以上）		31

资料来源：各地统计年鉴或政府网站，括号内为常住人口数。引自：中国新兴城区发展指数报告（2009）[M].

专栏9-1　1978年以来的城市发展方针和政策的转变

1978年3月，国务院在北京召开了第三次全国城市工作会议。文件明确提出了"控制大城市规模，多搞小城镇"的方针。

1980年10月，国家建委在北京召开全国城市规划工作会议。关于城市发展方针，纪要指出："控制大城市规模，合理发展中等城市，积极发展小城市，是我国城市发展的基本方针。"

1984年1月，国务院发布的《城市规划条例》确认了这一方针。学术界开始关注世界城镇化的趋势和我国的城镇化问题。

1989年12月26日，第七届全国人大常委会第十一次会议通过了《中华人民共和国城市规划法》，第四条明确规定："国家实行严格控制大城市规模、合理发展中等城市和小城市的方针，促进生产力和人口的合理布局。"实际上，已经难以像计划经济年代靠行政手段控制城市规模了。大城市特别是特大城市的数量明显上升，中小城市的数量不断减少。

第十个五年计划纲要明确提出："推进城镇化要遵循客观规律，与经济发展水平和市场发育程度相适应，循序渐进，走符合我国国情、大中小城市和小城镇协调发展的多样化城镇化道路，逐步形成合理的城镇体系。有重点地发展小城镇，积极发展中小城市，完善区域性中心城市功能，发挥大城市的辐射带动作用，引导城镇密集区有序发展。"

2007年10月15日，党的十七大报告中指出：积极稳妥地推进城镇化，城镇化水平有较大提高，循序渐进、节约土地、集约发展、合理布局的原则，已经成为共识。强调走出一条符合我国国情、大中小城市和小城镇协调发展的城镇化道路。

2010年，"十二五"规划提出完善城市化布局和形态。按照统筹规划、合理布局、完善功能、以大带小的原则，遵循城市发展客观规律，以大城市为依托，以中小城市为重点，逐步形成辐射作用大的城市群，促进大中小城市和小城镇协调发展。

3 资源保护与发展的关系

资源保护与发展的关系即城市化格局与不同地区自然资源禀赋的关系。资源环境承载力作为城市化合理布局的基本纬度，是不同地区城市化可持续发展的基础。资源环境承载力是指在一定的社会和科学技术发展阶段，在生态系统保持可持续发展的前提下，一定空间内的国土资源环境维持自身平衡所能承载的最大可调节能力。区域协调发展不仅要统筹区域间经济和社会发展的关系，还要更加重视人口、经济、资源环境之间在空间上的协调，这是科学发展观统筹人与自然和谐发展的根本要求。优化空间结构要求各地区发展经济、推进城市化的同时，必须以资源环境承载力为基础，以不破坏生态环境为前提。

3.1 适应不同地区资源环境承载力是城市化可持续发展的前提

中国的自然地理结构与特征：65%的国土面积是山地或丘陵；33%的土地面积是干旱地区或荒漠地区；70%的国土面积每年受到季风气候的影响；15%的国土面积不适宜人类的生活和生产；35%的国土面积常年受到土壤侵蚀和沙漠化威胁；30%的耕地面积属于pH值小于5的酸性土壤；20%的耕地面积存在不同程度的盐渍化或次生盐渍化；17%的国土面积构成了全球的世界屋脊。由于自然条件和地理特点先天脆弱的影响，关注生态资源承载力也成为中国城市发展更加重要的前提。

1935年，地理学家胡焕庸根据中国人口分布密度，在地图上从爱辉（今黑龙江省黑河）到腾冲（云南省）划了一条直线，将中国分为东南、西北两半壁，即地理学界著名的"胡焕庸线"（图9-3）。东南集中了全国96%的人口，西北仅4%。认为人口分布与地形和雨量分布三者之间存在密切关系。西北半壁为高原和气候干燥地区，决不能开发使之与东南半壁同其繁盛。即使东南半壁介于500~1500m的丘陵地区，也足以使人口密度降至极低限度。200m以下的平原地区，虽为最适宜人居之处，但面积过于缺少，已为人口密集之区，除此之外，欲求再有容纳大量移民之所，殊属不可多见也。在胡焕庸提出"爱辉—腾冲"线时，当时全国人口约4.6亿人，平均人口密度仅为48人/km²，至1980年，已经突破100人/km²，1982年达到107人/km²，到2010年为140人/km²，平均人口密度已经提高3倍。

形成与自然生态资源相匹配的人口分布的格局，将是未来城市化合理布局的前提和基础。直到今天，东密西疏分布格局虽然依旧，但人口分布与自然承载力之间的平衡发生了变化，由于60多年来人口的爆炸性增长和长期缺乏流

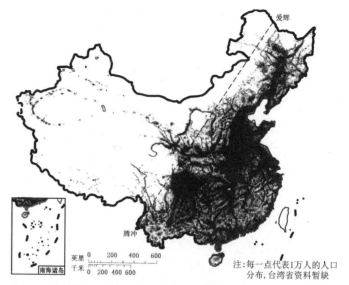

注：每一点代表1万人的人口
分布，台湾省资料暂缺

图 9-3　中国人口分布的"爱辉—腾冲"线

资料来源：巴里·诺顿著. 中国经济：转型与增长 [M]. 安佳译. 上海：上海人民出版社，2001.

动性，人地矛盾正变得更加突出。资源条件是不可跨越的刚性门槛，人口则是弹性变量，也是促进地区间均衡发展的关键因素。是让自然环境适应发展需要，还是发展适应自然环境条件，缩小地区差距的关键在于人口的合理化流动和政策的作用。

中国正处在工业化、城市化、现代化的加速时期，有限的自然资源和脆弱的生态环境承受了空前、持久、巨大的人口压力和发展压力，这是中国从传统农业社会向现代工业社会转变过程中难以避免的重大挑战，必须寻求一条既有利于提高发展效率，又能够减少生态环境压力的城市化道路。

3.2 均衡而非均质的城市化道路

平衡沿海与内陆关系，在于缩小地区间的发展差距，体现差异化发展的路径。生态承载力是协调沿海与内陆关系的重要平衡点。中国的国土开发条件决定了未来的区域发展关系，不均衡是绝对的，均衡是相对的。需要有重点地、差异化地推进城市化。

沿海与内陆的发展关系是动态的。促进要素资源的合理流动，既有利于沿海的发展，也有利于中西部地区的发展，但这种动态关系的一个重要平衡点是当地生态资源的承载力。即人口布局、产业布局最终与生态资源的承载力的容量相协调。

以自然资源和环境容量决定人口分布，建立与之相适应的城市化空间格局是今后城市化政策的重要导向。未来中国东部、中部、西部三大经济发展地带的基础和发展环境仍然将会存在比较大的发展差异。

在当前国家政策向中西部倾斜的环境下，中西部地区需要充分考虑当地的资源禀赋和人力资源的条件，遵循产业转移规律，充分发挥自身优势，同时与人力资源开发及交流等领域密切合作，增强自我发展能力。避免盲目发展，防止不顾自身条件的盲目引资和高污染、高消耗的产业向中西部地区转移，不顾当地的环境容量，偏离国家主体功能区战略的要求。

3.3 引导人口和要素资源合理流动

实现区域平衡需要通过人口和要素资源合理流动促进城市化与资源环境的协调，是缩小地区发展差距的重要手段。人地矛盾、人水矛盾，只有通过合理的流动才能缓解，否则不仅发展的质量难以提高，地区差距难以缩小，而且将陷入低质量发展与生态环境恶化造成的恶性循环。

一方面，需要通过城市化减少农村人口，释放农村地区人地矛盾的压力；另一方面，需要更大范围内的人口流动，缓解生态环境脆弱地区人口的压力。这些生态脆弱地区若不减少人口，就不可能缩小城乡差距，缩小地区间差距，缩小东西部差距。人口的迁移既促进了人口流入地区的经济发展，满足了对劳动力的需求，也提高了人口流出地区的收入水平，改善了人口流出地区的发展条件。

2011年《全国主体功能区规划》强调要根据不同区域的资源环境承载能力、现有开发密度和发展潜力，统筹谋划未来人口分布、经济布局、国土利用和城镇化格局，将国土空间按开发方式划分为优化开发、重点开发、限制开发和禁止开发四类，目的即为根据各地区的发展条件差异，引导人口、经济形成与资源环境协调的发展。

缩小地区差距和城乡差距，必须建立在合理的人口分布、资源禀赋、经济发展能力相匹配的格局基础上。不能片面认识缩小地区差距，而是要通过人口合理流动和生产要素的合理布局以及公共政策的有效调控，缩小人口与资源、经济发展能力不匹配造成的差距。

4 集约化、生态化、人文化的城市化道路

中国城市长期面临的资源短缺状况决定了需要选择一种非传统的现代化发展模式，从理念到手段探索城市化可持续发展的时空路径，选择集约化、生态化、人文化的城市发展道路。

所谓集约化，即在资源节约利用的前提下提高运行的效率，包括资源的节约化利用、土地使用的高效益、城市结构运行的高效率，这是稀缺的资源环境所决定的，否则就将难以保持经济增长与人口和环境之间的动态平衡，突出的人地矛盾就不可能得到有效缓解。

高效发展是指在相同约束条件下实现更多产出的发展，有助于加快发展，有助于增强发展的持续性，这是我国人均自然资源禀赋水平偏低、工业化城市

化尚未完成这一基本国情所决定的，也是当前和今后相当长的时期内围绕全球资源而展开的国际竞争将日趋激烈这一基本趋势所决定的。提高自然资源的利用效率，提高资本和人力资源等的利用效率，有利于优化资源和要素在部门、区域、城乡之间的配置，提高资源配置效率。

所谓生态化，即在生态承载力前提下，实现资源节约型、环境友好型的发展。我国资源供给在许多方面存在刚性约束，客观上要求城市化与资源供给之间应保持一个适度、动态的平衡关系，以生态环境为前提，体现差异化的城市化政策。

所谓人文化，即体现以人为本的城市发展理念，实现宜居化、公平化发展。一方面，面对社会经济转型的背景，促进城市化关注社会公平；另一方面，城市人文环境的塑造和城市环境品质的提升是城市发展的核心价值理念，是城市获得长期竞争优势的根本所在。

资源节约、环境友好、经济高效、社会和谐是实现城市科学发展的要求，也是走向可持续发展的必由之路。

第2节　从规模增长走向结构控制

1　城市无序增长的代价

1.1　城市蔓延的教训

城市蔓延是发达国家在经历了集中的城市化之后，进入持续郊区化过程中出现的空间现象，其负面影响日益受到重视，并成为城市空间政策调整和西方城市精明增长理论产生的重要基础。

蔓延发展是过度郊区化的结果，作为一种传统空间增长模式，是推崇过度消费而缺乏控制的增长模式。典型的城市蔓延一般是指城市土地增长超出人口增长的扩展过程，从扩张形式和后果上常被描述为如下几点特征：城市低密度发展，人口广泛分布在低密度发展区域；土地利用分散化，分布范围越来越远离市中心，在城市边缘跳跃式发展；形成广泛依赖小汽车交通的发展模式，零售业沿高速公路带状延伸；就业、居住分散化，社会空间破碎；乡村农业与生态开放空间的丧失等（表9-2）。

若干美国大城市城市化地区及居住在城市化地区居民增长速度比较　　表9-2

城市	年份	城市人口增长	城市化地区增长
纽约	1960~1985	8%	65%
芝加哥	1970~1990	4%	45%
克利夫兰	1970~1990	−11%	33%

资料来源：林肯土地政策学院 . Alternatiwes to Sprawl[Z], 1995. 引自：张庭伟，2007.

城市蔓延在美国尤其突出，对社会经济发展带来了深远的影响，持续的郊区化造成人口密度降低，城市与郊区、乡村之间的差异逐步缩小，但也为过度郊区化付出了代价（图9-4）。造成土地资源浪费，城市人口密度从1920年到1990年下降了约二分之一，农田流失严重；造成经济成本不断提高，郊区化造成通勤成本高，出行时间长，过低的人口密度还大大增加了公共交通等社会服务和基础设施的人均开支；造成对生态环境的破坏。郊区一度使人们逃离了城市的污浊空气，现在却制造出越来越严重的汽车废气污染；城市蔓延造成资源能源消耗量大，加剧了贫富差距、居住分异等一系列社会矛盾。城郊间贫富分布的不均衡加剧了不同种族、阶层之间的文化冲突，形成了相互割裂的社会圈层，带来一系列的社会问题（图9-4）。

1.2　避免危险的无序扩张

中国城市的快速扩张形态与西方的城市蔓延虽有相似之处，但从城市发展阶段、城市密度、国家的保护耕地政策以及对建设用地扩张规模控制和开发强度的限制等多方面来看，又有本质不同。最显著的不同是中国城市并不完全是低密度扩张，中国城市平均人口密度约为美国城市的3倍，扩张压力来自于容纳更多增长的需求，扩张的结构更加多样，并不是以居住为主导的郊区化蔓延。但长期以来，以经济增长为主要目标和高投入为主要手段的粗放发展模式，面临着高密度、大规模增长需求下扩张失控的危险。

从建设空间的形成方式来看，由于强调以各级行政单元为主导的地方经济发展模式，城市建设空间小规模复制，相互之间缺乏整体协调，呈现均质化发展，在城市外部加剧了圈层发展的矛盾，形成广为诟病的"摊大饼"现象。城市结构更新滞后，原有结构已难以承受空间规模和密度成倍增长的压力，交通、住房、环境问题日趋严重。旧城改造的矛盾更为突出，采取见缝插针、填充发展的模式，开发密度越来越高，有的历史名城借发展、复兴之名，不惜拆毁"真古董"，大开发"假古董"。

从空间增长过程来看，尤其是在城市化快速增长地区，从早期的小规模、

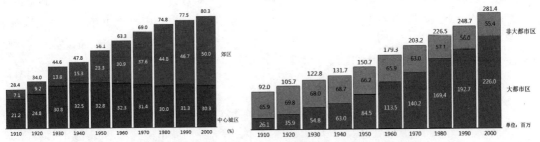

图9-4　1910~2000美国大都市地区人口增长与分布情况

资料来源：Hobbs F. Stoops N. Census 2000 Special Reports: Demographic Trends in the
20th Century[R]. U.S. Census Bureau，2002.

点状发展，逐步过渡到大规模、连绵发展的态势，外围和中心同步增长，高强度的房地产项目与粗放的开发区并存，土地资源浪费严重与人地空间日益紧张的矛盾十分突出，负面影响愈来愈显现，带来发展效率的下降和发展成本的提高。

从控制和引导手段来看，一方面，由于规划管理体制的滞后，条块分割，缺少区域协调和城乡统筹的有效措施。另一方面，盲目追求建设速度，以局部项目建设主导城市发展，缺乏整体、长远的建设目标，甚至违背基本的城市规划原理，只顾局部忽视整体，只顾眼前忽视长远，只重地上忽视地下，系统性失衡的危机日显严重。

避免城市走向蔓延，寻求城市可持续发展是建构中国城市空间发展导向的基本出发点。我国人均耕地面积不足世界平均水平的一半，未来的空间增长若不加以有效控制和引导，出现类似于美国过度郊区化和城市蔓延的情况，后果则更为严重。

2 精明增长与紧凑城市的启示

精明增长（Smart Growth）与紧凑城市（Compact City）成为1990年代以来西方国家城市空间管理和规划理论的重要内容。其提出的背景既有对城市化地区空间扩张后果的关注，也包含了增强城市经济活力和应对环境危机的认识。

1990年欧洲社区委员会（CEC）发布《城市环境绿皮书》，首次提出回归紧凑城市的理念，倡导通过紧凑城市政策，使低密度城市从社会、经济和环境保护角度走向更加可持续发展，将恢复大城市活力、复苏整个国家经济、实现持续发展等目标联系在一起。认为无限度的分散和低密度扩张将加剧城市可持续发展的矛盾，造成了土地资源的大量浪费、通勤距离的扩大并引起交通拥挤、能耗增加和污染加剧。同时，过度分散也淡化了社区和邻里关系，不利于提高公共设施的利用率。

紧凑城市认为只有保证一定的城市密度和混合的土地使用功能，才能使城市基础设施得到更充分的利用，降低非再生资源的消耗，减少对小汽车的依赖，增加社会交往的机会，创造更适宜步行和具有包容性的公共领域和城市环境。实现紧凑城市的策略主要有：提高城市密度，限制城市边缘低密度开发；"公交导向发展"（TOD），靠近公共交通节点形成集中开发，并通过发展公共交通工具来有效控制私人小汽车的增长；将新的城市开发限制在现有的城市区域内，通过再开发提高土地使用效率等。

在美国，防止社会过度分化、保护生态环境是控制城市蔓延的两大动因，提出通过精明增长和成长管理应对这种失控的城市化现象，促进城市的可持续、"更好"的发展。强调科学理性的发展模式，保护农地、复兴社区、保持住房的可支付性、提供多种交通选择，综合考虑环境影响（短期和长期）、土地利用的影响（负面冲突与正面综合）、经济影响（就业与收入）、财政影响（设施与服务的成本）、社会影响（合理分配和公平享有）等（张庭伟），并相应地提出具体的措施。

这些发展理念的提出，代表了对城市发展理念、方式和模式的转变，重新界定并认识了城市空间增长形式的意义和影响，再次寻求从物质规划改善社会发展规划，对城市空间增长的形式、结构和方式进行调整，达到实现社会、经济、环境的整体协调，其中空间政策的设计发挥了重要作用（张庭伟，2007）。

尽管中国目前的城市发展阶段、空间扩张形式与西方的城市蔓延有着本质的区别，但积极吸取发达国家在城市化过程中郊区蔓延的教训，借鉴精明增长和紧凑城市的理念对中国的城市发展具有非常重要的价值和启示意义（表9-3）。

紧凑城市的发展问题首先是空间结构问题。紧凑城市并非简单的高密度发展。紧凑发展的核心理念在于重视城市增长的生态性与社会性，综合体现城市运行的高效率，土地资源的集约化，保持城市空间增长中对社会性问题的关注及对生长过程的关注。

蔓延模式和精明增长模式的比较　　　　　　　　　　　　　　表 9-3

	蔓延发展模式	精明增长模式
密度	密度较低，活动中心分散	密度更高，活动中心比较集聚
增长模式	城市边缘化，占据绿色空间的发展模式	填充式或内聚式发展模式
土地使用	同一性的土地	混合使用
尺度	大尺度的建筑、街区和宽阔的道路；缺少细部，因为人们在空间上分散，需要机动车交通	适合人的尺度：建筑、街区和道路的尺度都较小；注重细部，因为人们聚集在适合步行的范围内
公共设施（商业、学校、公园等）	区域性的，综合性的，需要机动车交通	地方性的、分散布置的、适合步行
交通	小汽车导向的交通和土地利用模式，缺乏步行、骑自行车及使用公共交通的环境和设施	多模式的交通和土地利用模式，鼓励步行、骑自行车和使用公共交通
连通性	分级道路系统，具有许多环线和尽端路，步行道路连续性差，对于非机动交通有很多障碍	高度连通的街道、人行道和步行道路，能够提供短捷的路线
街道设计	街道设计的目的是提高机动交通的容量和速度	采用交通安宁措施将街道设计为多种活动的场所
规划过程	政府部门和相关利用团体之间很少就规划进行沟通和协商	由政府部门和相关利益团体共同协商和规划

资料来源：马强. 走向精明增长——从小汽车城市到公共交通城市 [M]. 北京：中国建工出版社，2007.

关于紧凑城市的发展策略对中国城市发展同样十分重要，面对增长压力和粗放的建设模式，需要强调在有限的增长范围内容纳更多、更有效的增长，设定发展的底线，采取更加精明、精密、精细的管理手段。

3 增长控制与结构调整的基本思路

3.1 应对规模增长与结构转型两方面的挑战

中国城市特别是大城市仍然处于空间规模迅速扩张的阶段。不仅有城市化人口进一步增长的因素，需要通过发展经济才能解决收入、就业等问题，也有经济增长因素带来的巨大的空间发展需求，通过大规模的物质建设满足发展的空间需求，应对规模增长压力仍然是一定时期内城市发展的重要内容之一。同时，城市也正面临经济发展的动力、结构、体制调整和社会发展转型的阶段，带来相应的城市功能和土地利用结构调整的要求。需要将功能调整和空间优化结合在一起，形成与城市功能目标相适应的，更具竞争力和魅力的城市空间形态。

以转变经济发展方式、推动科学发展为主线，以创新为动力，围绕"保增长，调结构，促民生"三个方面的工作内容是当前城市发展和规划建设的基本思路，在区域关系、城乡融合、城镇体系、城市布局、环境基础设施等各方面提高可持续发展的支撑能力。①调结构——合理调整城市发展功能定位、城市产业结构和城市空间结构，转变重速度轻质量的城市增长模式，以结构的合理化促进城市的均衡、协调发展；②保增长——积极应对城市增长的压力，既要确保城市平稳较快发展的土地和其他资源，同时要合理调整增长的目标和结构，在增长中促进结构优化，化解发展中积累的矛盾。为经济社会的继续发展，为人口与用地的增长，为产业结构升级与调整，做好用地、空间和基础设施的准备；③促民生——强化公共服务，改善生态环境，建设宜居、宜业城市。强调把区域生态保育、环境保护、资源节约、社会和谐、城乡协同、文化建设作为区域经济协调发展的基础，构筑引导区域全面、持续、健康发展的空间体系和支撑体系。

专栏 9-2　晋江——破解品牌之都的发展瓶颈

晋江曾经是一座闽南小城，探索形成了以民营经济为特色的"晋江模式"，地方经济位列全国百强，特别是在近年来全球性经济危机环境中，展现出了强大的内生发展的活力。

但其局限性也越来越明显，表现在：产品市场占有率越来越高，但品牌的附加值不高，生产规模的扩张面临市场容量和劳动力成本不断提高的瓶颈；城市服务功能滞后，对人才的吸引力低，产业结构升级要求面临新经济要素集聚能力不足的瓶颈；土地资源极度短缺，造成中心城市功能提升要求与产业布局调整滞缓的瓶颈。

随着城镇规模的不断扩大，自下而上的发展模式造成中心城区、周边小城镇、各类工业园区和大量的农村居民点连绵发展的态势。长期分散发展的格局，

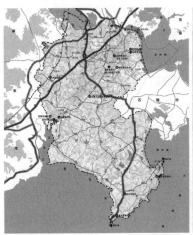 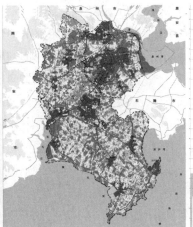 

区域交通难以空间支撑一体化需求　　现状城乡建设空间连绵发展态势　　2020年土地利用趋势

图9-5　福建晋江地区呈现的城乡空间连绵化发展态势
资料来源：晋江市规划局，上海同济城市规划设计研究院．晋江市总体规划 [Z]．

造成区域交通、基础设施、生态环境保护等矛盾越来越突出，难以支撑空间一体化的需求。目前，一千多 km² 范围内，人口已超过200万人，有限空间资源应对城市化空间区域化的挑战越来越严峻（图9-5）。

晋江发展正面临城市功能转型、产业结构转型、地区空间结构转型的要求。新的总体规划方案提出：全域一城，强化主体功能区战略，优化城乡空间发展关系，统筹城乡空间，集约化发展，以有限的空间增量容纳发展和结构转型的需求；产城融合，强化工业化与城市化协调战略，通过产业发展分类指导和布局调整，整体提升基本公共服务水平，提高中心城市服务能力，提高城镇功能、人居环境、政策环境对产业发展升级的支撑；强化城市规划作为一项政府职能，以规划引领城市转型。

3.2　多维度引导城市结构的转型发展

我国的地区经济正处于高速发展和转型过程中，城市发展一方面需要解决历史遗留的问题，缓解已经出现的矛盾，另一方面需要通过建构新的功能体系适应发展的需要，而这两个方面都离不开对空间发展的规划控制和引导。

从发展目标看，应确立科学的发展方向，处理好"好"与"快"的关系。城市的成功转型涉及城市社会、经济、文化等方方面面，是系统性、综合性、长期性的过程，在确立正确的发展方向的前提下，寻求合理的发展模式和路径，协调好发展质量的提升与发展规模、发展速度之间的关系。

从发展手段看，应综合引导空间增长方式转型，处理好"质"与"量"的关系。城市转型目标是多元的，结构控制的手段也是多维度的，整体看待区域与城乡发展关系，促进城乡地域空间协调的发展。在现有基础上因势利导，控制与引导相结合，发挥系统协同和自组织作用，综合引导城市空间增长方式转型。从经济纬度，突出城市空间集约化导向，保障城市空间增长的结构效率；从社会纬度，突出城乡基本公共社会服务的均等化。从生态纬度，突出生态资源可承载能力与刚性控制的要求；从空间纬度，突出地域空间的层次性和不同地域之间的差异性。促进城乡不同地域空间层次的协调，适应空间生长的弹性，引导个体走向群体化发展，体现不同地区城市化空间模式的多样化。

从发展过程看，应动态应对发展中的矛盾，处理好"近"与"远"的关系。城市发展转型具有艰巨性和复杂性，是一个动态、渐进优化和综合协调的过程，既需要发展目标的引导，也更需要对发展过程的控制、发展策略的支撑和精密设计，建立时间维度，充分考虑分阶段的发展对策和近远期的有机衔接。城市整体发展过程既要与市场化改革的进程和特点结合起来，也要将现实的过程与长远的目标统一起来。近期发展要立足于现实可能性，远期发展要着眼于科学性。特别是在快速城市化地区，土地和环境的容量问题已在整个地区范围内凸现出来，节约、高效利用土地，保护、优化生态环境，需要始终作为强调的重点。

第3节 探索城市增长控制与布局优化的对策

1 以资源节约和环境友好作为城市发展的前提

面对工业化、城市化、现代化的加速时期，必须以生态与资源环境的保护作为发展的前提，加强城市空间管治，规范空间开发秩序。

（1）节约利用土地资源，转变单一依赖外延式增长模式

一个地区的资源环境承载能力是有限的，即使是发展条件好的地区，聚集人口、经济规模也要和资源环境承载能力相适应。土地资源的急剧消耗，使得许多城市逐渐面临土地和空间资源枯竭的危险，成为城市发展与规划必须面对的刚性约束。

长三角、珠三角和环京津冀地区部分的水土资源条件难以支持既有的外延式城市增长模式。2009 年，上海全市建设用地接近 2800km²，10 年间年均新增建设用地约 60km²，扣除基本农田和水域面积，可用土地资源已逐渐趋近极限（张玉鑫，2011）。深圳总体规划确定的 2020 年建设用地规模为 790km²，目前使用的土地已接近这一目标值。如果不转变空间开发模式，不转变经济发展方式，提高创新驱动能力，就难以实现转型发展，更难以真正提高国际竞争力。

国家出台了一系列关于城市节约、集约利用土地的重大决策，2008 年和 2011 年先后发布了《国务院关于促进节约集约用地的通知》，提出将"节约集约用地"作为国家社会经济发展长期坚持的根本方针，要求"城市规划要按照循序渐进、节约土地、集约发展、合理布局的原则，科学确定城市定位、功能目标和发展规模，增强城市综合承载能力。要按照节约用地的要求，加快城市

规划相关技术标准的制定和修订。并提出这是关系民族生存根基和国家长远利益的大计，是必须长期坚持的根本方针"。

面对土地粗放增长和土地资源总量的约束压力，许多城市外延扩张的空间已经十分有限，以有限增量寻求理性发展将是必然的选择。深圳总体规划积极探索土地无增量的发展规划模式，以存量的空间资源（旧城、旧厂、旧村）的盘活作为主要的发展空间，以旧城更新作为城市规划建设的重点，以此作为应对空间增长和蔓延的有效方式。

（2）提高资源利用效率，体现土地使用高效益的要求

在有限的增长空间里，容纳更大的发展需求，提高土地产出效率，体现土地使用高效益的要求，这是实现增长方式转变的重要内容。

调整产业结构和产业布局是提高土地使用效益的关键内容。在珠三角，农村地区分散工业化和技术含量较低的外来资本—外来低成本的劳动力—村集体低廉的土地的要素组合形成的低层次的产业结构难以为继，导致农村地区建设空间急速蔓延，经济贡献小、土地消耗多，出现明显的外部负效应。目前，珠三角各地已开展实施地区经济由农村型经济形态向都市型转变，这是又一次历史性变革，从城乡混合体向真正高效益的城市化模式转型（表9-4）。

国内外城市及地区居住与工业用地构成关系比较　　　　表9-4

	居住用地（km^2）	工业用地（km^2）	居住用地与工业用地比
全国	11290	8035	1.4：1
北京	383	291	1.3：1
天津	185	149	1.2：1
苏州	76	118	0.6：1
无锡	61	157	0.4：1
广州	200	159	1.3：1
深圳	211	290	0.7：1
日本三大都市圈	3700	600	6：1
巴黎大区	1100	205	5：1

资料来源：袁喜禄.中国城市规划学科论坛，2011.

（3）构建安全的生态体系，提升城镇环境品质

静态的、脆弱的自然要素难以抵御剧烈的开发活动，预防和治理环境污染、加强生态恢复已经刻不容缓，既需要构建安全的生态体系，也需要体现与自然的融合，提升城镇环境品质。

珠三角规划提出加强各类自然保护区和自然景观资源保护，保育森林生态系统，提高森林覆盖率。保护和发展本土植物、野生动物，保证城乡生物有良好充足的生态环境，促进物种多样性的发展；大气环境、水环境达到清洁标准，

噪声得到有效控制，垃圾、废弃物的处理率和回收利用率高，排除任何超标的环境污染，环境卫生、空气新鲜、物理环境良好，实施合理的环境容量控制。同时，提出以珠江水系为骨架，以山、林、江、田、海等自然要素为基础，构筑与城镇群空间体系相平衡的区域生态体系。合理高效地利用资源，实施发展容量控制；加强对土地、水体、森林、海洋自然资源的保护，确保耕地总量动态平衡。城镇建设人工环境与自然环境相融合，实现节能、节地、节材和最大限度的循环使用。

专栏 9-3　天水：探索资源约束背景下的城市发展特色

天水地处西北黄土丘陵地区，是甘肃省第二大城市和东部门户、国家级历史文化名城，在国家提出西部开发和建设关中—天水经济区背景下，承载着建设陇东南中心城市的任务。

天水地区人口基数大，地区经济基础薄弱；水资源短缺，水土流失严重；土地资源紧张，人地矛盾突出，土地利用率高，后备资源严重不足。同时，面临人口转移压力大，城市吸纳农村劳动力能力不足；城乡发展差距持续扩大。新的城镇化环境必须面对生态环境脆弱、空间资源紧缺和人口压力巨大等诸多方面的挑战。

在新的区域发展背景和条件下，天水市城市总体规划提出未来城市发展必须关注"质"与"量"的关系，以生态承载为前提，集约化理性发展。提出以城市带动的区域的发展战略、内调外引的经济发展战略、城乡和谐社会发展战略、地方文化复兴战略、生态优先的可持续发展战略，城市功能定位突出国家级历史文化名城、陇海经济带上重要的区域性旅游服务基地、陇东南地区综合交通枢纽、陇东南地区产业与服务中心、西北地区适宜居住的理想家园。

对天水城市的生态承载力、发展战略与定位、城市空间的整合与发展时序、产业结构调整、重要基础设施布局等促进实现城市与区域整体健康发展、建构和谐社会的重点问题进行着重研究。其中对水资源约束、城市规模、机场搬迁、三阳川新区开发等重大问题开展科学论证。

突出历史文化和生态环境保护要求，从区域发展环境中明确城市发展定位和思路，突出地域性和城市发展阶段特点，突出重大基础设施与社会设施。构筑"一带多心，轴向强化，组团发展，山水连城"富有特色的城市空间布局结构（图9-6）。

（4）控制城市增长边界，确保城市空间发展不突破刚性底线

针对城市发展需求与土地资源容量的矛盾，传统法定规划的内容和手段始终难以实现对于城市生态用地的有效保护。设定城市增长边界，其目的是要通过设定空间增长的刚性"底线"，加强对城市空间增长范围的管治，约束开发行为，规范开发秩序，提高城市土地利用效率，防止无序蔓延。

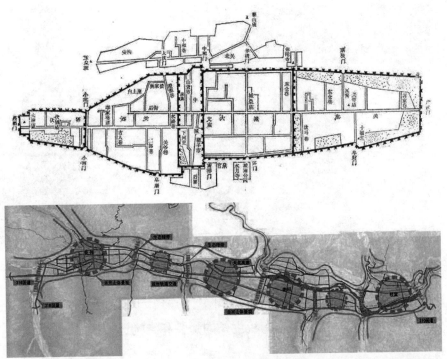

图 9-6 天水市历史上"五城相连"古城格局与总体规划中构筑"新连城"的布局设想

深圳市在总体规划编制和实施过程中，积极探索应对规划失效的对策。开展了划定城市基本生态控制线的专项工作，使深圳成为全国第一个划定基本生态控制线的城市。通过划定城市基本生态控制线，体现规划思维从"建设规划"向"建设控制管理"的转变，提出城市必须在不突破和符合生态控制线的前提下发展，使城市建设用地无序蔓延的态势得到了有效控制。

专栏 9-4　深圳的生态控制线

2005 年深圳市制定了《深圳市基本生态控制线管理规定》，以"深圳市基本生态控制线范围图"的形式明确了市域内需要保护的生态区域，为非城市建设用地的控制与保护提供了法律依据。

根据该项规定，深圳市基本生态控制线的划定应包括下列范围：一级水源保护区、风景名胜区、自然保护区、集中成片的基本农田保护区、森林及郊野公园；坡度大于 25% 的山地、林地以及特区内海拔超过 50m、特区外海拔超过 80m 的高地；主干河流、水库及湿地；维护生态系统完整性的生态廊道和绿地；岛屿和具有生态保护价值的海滨陆域；其他需要进行基本生态控制的区域。在此控制图中，深圳全市陆地总面积的 50% 被列入其中非城市建设用地的保护范围之中。在非建设用地保护区内，除了市政公用设施、道路交通设施、旅游设施和公园绿地以外，其他建设项目禁止建设，对可以进行的建设项目，应依法进行可行性研究、环境影响评价和选址论证，在正式批准前应予以公示。

图 9-7　深圳市基本生态控制线规划
资料来源：深圳市规划局.

2　确保城市有机生长的弹性和结构运行的效率

可持续发展战略倡导持续增长的经济、充满活力的社会和良好的生存环境，这也是每个地区发展的重要价值取向。改变传统的资源和环境利用方式，建立集约高效的城镇空间系统将成为每个地区发展的基本准则。

（1）改变城市重规模、轻结构的惯性思维

长期以来，我国城市发展始终以规模作为空间增长控制的重要目标，但城市规划往往难以走出规模"测不准"的怪圈，造成规划始终面临朝令夕改的尴尬境地（表 9-5）。究其原因，一方面是由于城市规划面对复杂的城市增长问题，难以寻找到合理、科学分析、预测城市发展速度的方法。另一方面，也是更加重要的原因在于总体规划的技术审批以时间期限对应的人口和用地规模控制为前提，结果往往造成城市总体规划只能在刚性规模约束的前提下，寻求静态方案的相对合理性，难以适应城市生长的不确定性，缺少空间结构有机生长的弹性，最终削弱了总体规划在实施方面的控制能力，也削弱了应有的前瞻性、战略性指导作用。

对此，一方面需要规划思维的转变。以有限的空间应对大规模迅速开发的矛盾，远景的框架和近期的部署需要有机衔接，打破规划时间对应发展规模的机械思维，建立起时间与空间的动态、弹性关系，即注重规模阶段而非时间阶段的弹性结构，通过对城市结构的控制，引导城市空间的合理生长。

另一方面，需要方法的突破，需要在规划研究、预测及论证和编制方法的科学性上的创新突破。平衡好近远期的发展关系，需要对城市空间增长趋势作出前瞻性的判断，需要有足够强的应变能力。特别是东部地区许多特大城市，短期内人口增长不可能立即刹车，预期空间规模必须保证一定的弹性。而对于

若干城市总体规划对人口规模预测失效现象 表9-5

城市	编制或批准时间	预测城市规模	2010年城市人口（六普数据）	实施时间	偏差情况（万人）
北京	2004	2020年1600万人	1961.2万人	9年	+361.2
上海	2001	2020年1680万人	2302万人	12年	+622
广州	2001	2010年965万人	1270.08万人	12年	+305.08
深圳	2010	2020年1100万人	1035.79万人	3年	−64.21
杭州	2001	2020年930万人	870.04万人	12年	−59.96
宁波	2004	2020年810万人	760.57万人	9年	−49.43
苏州	2006	2020年1100万人	1046.6万人	7年	−53.4

资料来源：相关城市总体规划.

许多中西部地区的城市，尤其是生态环境脆弱、经济发展落后的地区，不能简单照搬发达地区的发展模式和规划方法。

（2）建立相对稳定、适应长远发展、可生长的空间布局结构

建立长期、相对稳固的结构规划，是合理引导和管理城市增长的基础。新加坡在1970年代的概念规划中提出未来"X"年的空间结构，40多年的时间里清晰地引导着新加坡的发展，这一结构在每一轮的概念规划中始终得到严格地贯彻和执行。尽管新加坡作为一个城市国家，独特的地理环境决定了城市结构选择的特殊性。但其在快速发展时期，通过制定城市长期的、稳定的发展框架指导城市发展的经验值得思考和借鉴。

专栏9-5 新加坡的概念规划

新加坡是一个特殊的城市国家，全岛面积约600km^2，人口460万人。1970年代正是新加坡经济快速发展时期，新加坡1971年概念规划的（Concept Plan of 1971）提出环状发展结构，强调规划的长期性和指导性。这次概念规划提出的城市发展结构在交通系统与城市布局的整体关系方面非常清晰，奠定了城市发展的战略性框架。环岛发展，南部为主要港口和城市中心，中部为水源地和国家公园，是永久性保留地区。

这次概念规划提出的主要策略包括：建立大容量快速交通系统；沿着交通走廊发展高密度住宅，并与就业地区保持便捷的交通联系；通过疏解人口和工业，将城市中心建设成为国际金融、商贸和旅游中心。

尽管新加坡"环形"结构的确立，有其特定发展条件等方面的原因，但新加坡长期坚持了这一发展结构，通过一系列精细化的空间策略和管理措施，在非常有限的空间范围内，增强了城市结构的承载力和发展弹性，并成为世界上著名的"花园城市"（图9-8）。

适应城市结构的生长性。霍尔通过对欧洲城市的分析，认为欧洲的城市发

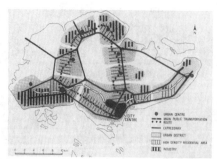

图 9-8　新加坡 1971 和 2001 年概念规划

展模式可以归纳为两种典型的形态：即大伦敦的环状绿带模式和哥本哈根的指状模式，并指出指状发展模式更具有弹性，是一种更成功的模式。实践证明，在特大都市地区快速发展阶段，希望采用绿带限制中心城市发展，在绿带外围地区建设新城，形成新的吸引人口就业中心的想法难以奏效。伦敦在 1940 年代提出环状绿带以后，在内城复兴和新区开发的政策变动中，一直遇到很大的发展压力。日本东京在 1950 年代也曾提出类似的想法，最终由于城市的快速发展，反而加剧了中心城市的进一步过度集中，最终在后来的规划中放弃了这种模式，代之以更符合实际的空间布局方案。

　　不同类型、阶段的城市结构控制的重点不同，具有动态性。对于城市各建设阶段用地的选择，先后秩序的安排和联系等，都要建立在城市总体布局的基础上。城市近期建设具有很突出的现实性和针对性，深入实际解决问题，即使有些问题一时无法妥善解决，也要尽量考虑不要成为下一阶段发展的障碍。1970 年代在深圳机场筹建时，一度曾决定选址在深圳湾畔、紧靠深圳大学，后因城市规划专家的据理力争，改回规划中的选址，即现今城市西部，珠江出海口一侧。这一选址考虑了城市长远发展以及尽量减少对周围环境的干扰。

　　（3）确保城市空间增长过程中结构运行的效率

　　城市结构要素组合和拓展方式的合理化，是保证城市空间增长过程中结构运行效率的关键。

　　避免空间均质扩张，突出重点发展。在区域、城市、地区各层面，土地使用与交通战略的整合是城市空间重组的核心因素。道路交通建设不仅关注可达性的变化及投资的强度、密度、快速化等方面，更应考虑一种非均质的、具有战略引导作用的交通发展形态，考虑交通网络的形态、交通的结构和组织方式带来的影响，建立与城市空间形态相匹配、与土地利用紧密结合的交通组织形态。

　　发挥公共交通的导向作用。城市结构与交通结构和交通需求是相互影响的，交通结构将是影响中国城市结构优化的关键性要素。大规模机动化已经开始到来，前瞻性、战略性地发展公共交通，并使公共交通设施超前发展已经十分迫切。

　　建立高效综合的城市交通体系。通过各种综合交通方式之间的有效衔接，构筑区域一体化发展的交通运输体系，整合区域间联系，满足不断增长的交通需求，支持区域空间统筹、协调发展。通过构筑高效率、低能耗的区域交通运输体系，优化区域交通运输结构，支持区域空间向集约化的可持续发展模式转变。形成以综合交通为导向，组织功能布局，强化以区域性交通资源与城市产业布局的结合，强化公共交通系统，合理组织城市生活功能。

以交通体系为支撑建立多中心结构是发达国家大都市地区发展的共同特征，培育和建立城市多中心体系成为许多大都市地区空间战略规划的重点。1990年代以来东京的都市圈规划提出建立多中心的城市结构，实现城市单中心构造的转换。大都市地区中心体系的框架将决定城市功能的发挥，也是空间组织的核心内容。新的中心体系需要尊重城市空间发展的特征，不是简单的主、副中心的关系，而是一个相辅相成、有机联系的中心体系。

（4）以政策性分区管制作为空间管理的基本手段

为了有效地指导城市空间的整体发展，在城市布局中需要采取差异化的空间开发策略，制定相应的政策性分区，在不同的发展阶段明确相应的空间发展重点，避免均质发展对整体结构造成损害。

政策性分区包括两类。一类是基于城市功能开发导向提出的政策分区，如伦敦战略规划中将城市内部划分为优先增长区、机遇区等。珠三角规划中划分了九类政策区，包括区域绿地、经济振兴扶持地区、城镇发展提升地区、一般性政策地区、区域性基础产业与重型装备制造业集聚地区、区域性重大交通枢纽地区、区域性重大交通通道地区、城际规划建设协调地区、粤港澳跨界合作发展地区等（表9-6）。

珠三角地区政策区划与空间管治　　　　　　　　表9-6

级别		范围	空间管治措施
一级管治（监管型管治）	区域绿地	重点是构成珠三角区域整体生态结构的各项空间要素，这些地区范围一经划定，要按相关法规严格保护	省、市各级政府共同划定区域绿地"绿线"和重要交通通道"红线"，各层次规划和各相关部门不得擅自更改和挪动。遵照"绿线"、"红线"管治要求，由省人民政府通过立法和行政手段进行强制性监督控制，市政府实施日常管理和建设
	区域性交通通道	主要指规划中的高速铁路、铁路、城际轨道和高速公路等交通通道地区；此类地区一经划定，要严格控制	
二级管治（调控型管治）	区域基础产业与重型装备制造业聚集地区	主要包括惠州惠阳—大亚湾及深圳东北部分地区、广州南沙万顷沙、龙穴岛地区、广州花都—白云地区、珠海西部和江门市沿海地区；该类地区土地资源有限且重型产业发展的生态环境问题敏感，需要谨慎管理	由省人民政府对地区发展类型、建设规模、环境要求和建设标准提供强针对性调控要求，城市人民政府负责具体的开发建设。严格防止与区域发展目标不相一致、与主要发展职能相矛盾的粗放式开发建设行为
	区域性重大交通枢纽地区	主要包括大亚湾、盐田、南沙、高栏港区及周边用地，广州、深圳、珠海机场周边地区，广州、深圳铁路客货枢纽地区；此类地区必须处理好核心交通功能、辅助交通运输与物流功能和其他发展的矛盾，合理利用土地资源	

续表

级别		范围	空间管治措施
三级管治（协调型管治）	城际规划建设协调地区	主要指城镇连绵地区和重要发展走廊上的相邻城市边界地区；区内规划建设，应广泛听取各方意见，协调发展中面临的各类冲突和矛盾，达成解决方案，保障区域整体利益和相邻城市的共同利益，减少内耗，力争实现"双赢"和"多赢"；同时要对为区域整体利益作出牺牲的有关主体给予适当的政策倾斜和利益补偿	相关城市共同参与制定地区发展规划，确保功能布局、交通设施、市政公用设施、公共绿地等方面协调，在充分协商、合作的前提下，自主开展日常建设管理。城际规划建设协调地区中违反规划、损害相邻城市利益的行为，由省人民政府责令改正；粤港澳跨界合作发展地区，通过粤港澳"联席会议"机制协调
	粤港澳跨界合作发展地区	主要指深圳的深圳河两岸地区、沙头角—大鹏湾地区、深圳湾地区，珠海的拱北、湾仔、横琴地区和珠海所属的珠江口岛群。这些地区是未来珠三角与港澳深化合作的潜在地区，对于推进"大珠三角"一体化发展具有深远意义，应当十分重视这些地区的土地资源保护	
四级管治（指引型管治）	经济振兴扶持地区	主要包括区域中经济发展相对落后的地区，为实现区域均衡发展，省政府对这些地区经济社会发展提供政策倾斜和基础设施扶持，使其在项目、投资和基础设施建设方面享有一定区域优先权，较快提高社会经济和产业发展水平	省人民政府根据《城镇群协调发展规划》的要求，指导各地市编制下层次规划。各地方政府要严格执行各项城市规划、建设和管理标准，全面提升该类地区的社会经济发展水平和人居环境建设质量
	城镇发展提升地区	主要指区域发展轴上，发展基础较好的城镇和产业聚集区，增强产业极化与城市综合服务功能，提高区域影响力，尽快成为区域内经济发展的重要极核与节点，增强区域整体竞争力	
	一般性政策地区	主要指经济振兴扶持地区和城镇发展提升地区之外的城镇型地区，对于外圈层地区主要通过放宽管治政策，加强区域基础设施建设，促进经济社会发展；对于内圈层地区要求按照城市型地区的要求，执行较高的城市规划、建设和管理标准，迅速提升为人居环境品质较高的城市型地区	

资料来源：珠三角城镇群协调规划 2004—2020[Z].

另一类是结合城市资源与生态保护要求提出保护性的政策分区，以保护生态空间作为提高城市空间质量的重要条件和保障。《北京城市总体规划（2004—2020）》，人口规模预测考虑水资源、土地使用考虑存量土地的挖潜和周边村庄的改造，首次在国内将禁建区、限建区引入规划范围。2006 年《城市规划编制办法》中提出总体规划编制中划定禁建区、限建区、适建区和已建区四类空间管制类型的要求，以及在城市规划区范围划定城市绿线、黄线、紫线、蓝线的要求（表 9-7）。

（5）加强建设用地与非建设用地的管理协调

上海在探索"两规合一"的过程中提出"以规划引导土地，以土地保障规划"的思路，重点解决原来城市总体规划和土地利用规划的相互冲突点，以"双保一引"为原则，即保障发展、保护资源、引领布局，强化城市增长边界的管理，制止城市的蔓延。主要集中在三条控制线：一是城市建设用地范围控制线；二是基本农田保护线；三是产业区块控制线。强化基本农田布局对维护上海城市

"四区"划分参考 表9-7

类型	要素	禁止建设区	限制建设区	适宜建设区中的低密度控制区
自然与文化遗产	自然保护区	核心区	非核心区	—
	风景名胜区	核心区	一、二级区	三级区
	历史文化保护区	文保单位保护范围	文保单位建设控制地带、历史文化街区、地下文物富集区	环境协调区
绿线控制	基本农田	基本农田保护区	—	—
	河湖湿地	河湖湿地绝对生态控制区	河湖湿地建设控制区	—
	绿地	城区绿线控制范围、铁路及城市干道绿化带	绿化隔离地区、生态保护林带、经济林、森林公园、退耕还林区	城市生态绿地
水源保护	地表饮用水源保护区	一级保护区	二级保护区	三级保护区
	地下水源保护区	核心区	防护区	补给区
	地下水超采区	—	建成区以外地下水超采区	—
生态安全	蓄滞洪区		蓄滞洪区	—
	地质环境	—	不适宜和较不适宜区	—
	山区泥石流	高易发区	中易发区	—
	山体	坡度大于25%或相对高度超过250m	坡度介于15%~25%的山体及其他山体保护区	—
其他	大型市政通道	大型市政通道控制带	机场噪声控制区	—
	矿产资源区	禁止开采区	限制开采区、允许开采区	—

资料来源：全国城市规划执业制度管理委员会.科学发展观与城市规划 [M].北京：中国计划出版社，2007.

多中心开敞格局的锚固效果，将基本农田与市域生态系统有机结合，实行城市生态安全基本底线的刚性控制。

3 引导区域与城乡走向组合发展

城市从个体角度出发确定未来发展规模和目标的现实可能性将被削弱，而在更大程度上与区域发展背景相关。处于区域化、网络化中的城市，其环境质量与运行效率的提高不能完全从自身范围得到解决，而更多地依赖于整体的环境质量与效率。

3.1 打破局限于行政单元的封闭发展模式

城市化过程是区域、城市与乡村地域范围内的整体转型过程，促进区域与城乡共同繁荣是现有社会经济体系下的必然选择。虽然我国在经济快速增长过程中避免了许多发展中国家出现的过度城市化现象，但也出现了地区之间、城乡之间发展差距扩大的矛盾。政府在主导地方经济快速发展过程中发挥了重要作用，但以行政区经济为主导的发展模式，也造成协调难度增大的矛盾。

区域一体化和城乡整体发展是实现现代化和社会繁荣稳定的必由之路。城市与城市、城市和农村应该看成是相互联系的整体。无论是协调近远期矛盾，还是引导个体发展向群体化发展转变，空间关系都成为协调的重点。尤其是大都市地区的空间形态面对更广阔地域范围的开放和包容，打破局限于行政单元的封闭发展模式，促进城市与区域整体关系的形成，是空间规划变革和体制机制创新努力的方向。

3.2 以城乡组合发展创新城镇体系思维

（1）以城乡组合发展创新城乡空间组织方式

农村地区边缘化也一直是我国长期以来城市化进程中没有得到很好解决的矛盾。无论是"城镇体系"还是"镇村体系"都是城乡居民点体系的一部分，忽视了农村地区发展的城市化不可能是真正意义上的健康城市化，虽然城镇和农村居民点在规模和功能上存在着差异，但人为分割成两个部分会带来一系列的发展阻碍。

农村发展问题不可能在农村内部解决，规模小、分布分散是农村居民点的特点，也构成了农村地区现代化的最大阻碍，只有通过城乡的组合发展，在更大范围内实现功能与结构的组合才能处理好城市化与农村地区的发展关系。

（2）以城乡组合发展创新大都市地区的组织形态

我国的大都市地区，特别是城镇密集地区正处于快速成长的阶段。在经历了 1990 年代末主要中心城市乃至区域范围的空间扩张之后，大都市地区城镇发展已经超越了单个城市发展的意义，无论是产业特征，还是空间特征，都表现出区域化的特征，城市发展越来越多地与区域背景相关联，在发达地区一种新型的城市地区（urban region）正在出现和形成（图 9-9）。

大都市地区中心与外围结构关系已经发生结构性的改变，城区与外围地区关联日益密切，城市的各项问题已经转化为城市和郊区整体的问题。需要打破

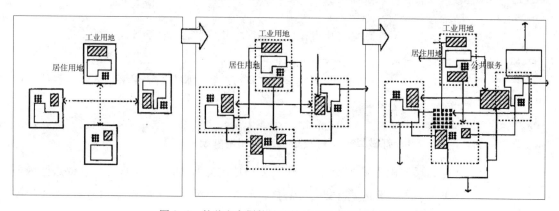

图 9-9　从独立发展的地域单元走向城乡组合发展

传统意义上的等级关系、中心外围的独立关系和城乡二元的分隔关系。

　　大都市地区城市化模式正在经历由数量型向质量型的转变，中心城市功能的培育和城镇群的整体建设是城市化发展的必然趋势。城市空间形态发展由传统形式走向开放和区域化，网络化城市的概念正在形成，新的城市功能区建设和城市新区的开发成为城市空间形态转型的重点。产业和空间的重构是未来可持续发展的关键。

专栏9.6　上海城市增长与大都市地区空间结构分析

　　20世纪的上海城市空间发展主要体现为中心城区的集聚发展，面临着巨大结构调整和扩张压力。根据1990年第五次人口普查数据，距市中心15km范围内集聚了全市50%的人口，30km范围内聚集了全市80%的人口。最近10年来上海地区的城市的扩张和郊区的发展两种作用相互交织，城市郊区化和郊区城市化同时推进，已呈现区域连绵发展的态势。面对大都市地区进一步增长和结构调整的需求，若延续在原有基础上简单扩张的惯性，将激化空间组织的矛盾，城市空间发展需要应对成长性、整体性和结构协调性不足的矛盾，更加有效地实施增长的控制。

　　城乡规划发挥在6300km²的战略引导作用显得更加迫切和重要。未来的上海是一个整体的都市地区，一个整体的城市化地区，在这样的范围内，空间的差异将从以城乡差异、中心与外围的差异为主，转化为以城市建设空间与自然

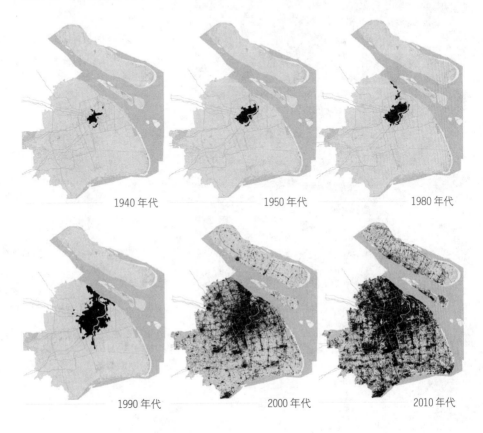

1940年代　　　　　1950年代　　　　　1980年代

1990年代　　　　　2000年代　　　　　2010年代

生态空间的差异为主。郊区将成为推动经济增长的主要力量，是提高上海地区经济运行质量的关键地区。中心城边缘地区成为空间变化的焦点地区。无论中心城区还是郊区城镇发展质量与运行效率的提高已不能完全从自身范围得到解决，而更依赖于整体的结构效率。

从上海城市空间的扩张过程分析，郊区发展无疑是未来发展的焦点和必须非常关注的问题。图 9-10（a）为在上海地区土地使用现状（1997 年）基础上对空间蔓延可能的趋势的分析，打线部分表示现在或今后会快速发展的地区，这种状态无论从资源角度、环境角度还是基础设施配置能力的角度，都是上海无法承受的。"城市"规划如何引导郊区发展是摆在当前十分迫切的课题。

图 9-10（b）为上海市城市总体规划，松江新城位于城市的西南方向，左图为松江新城及周边地区发展态势。新城及周边松江工业区、新的产业区、佘山旅游度假区、住宅开发区及周边城镇的成片发展，松江"新城"常住人口规模已超过 200 万，成为上海郊区先进制造业和出口创汇的重要基地、外资企业重要的集聚地。无论在功能上、规模上，还是空间范围上，都不再是一个独立的概念，这是"大都市地区"对"新市镇"规划观念、内容和技术手段提出的新的挑战。

中心体系是上海大都市地区功能和空间建构的基础，具有多层次、网络化和开放的特征。包括 CBD（部分 CBD 功能是由陆家嘴地区以外的综合中心和专业中心承担的）、综合中心（如各分区中心）、专业中心（如交通枢纽、产业基地、游憩地等）三个部分，如 9-10c 所示。

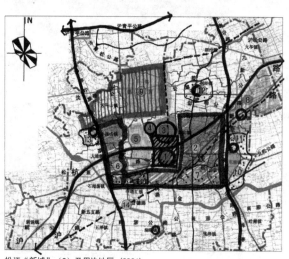

图 9-10（a）上海大都市地区的空间扩张及蔓延趋势分析

图 例
1 松江新城
2 松江工业区
3 松江大学城
4 特色风貌区
5 居住发展区
6 工业区
7 工业发展区
8 新桥镇
9 佘山风景区
10 影视基地
11 车墩镇
12 洞泾镇
13 小昆山镇
14 沪杭高铁

松江"新城"（？）及周边地区（2001）

图 9-10（b）"新城"已经不是一个独立的概念

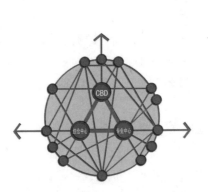
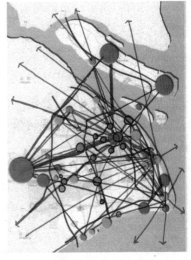

图 9-10 (c) 上海大都市地区中心体系的构成和组织关系

（1）保护生态空间　　（2）强化公共交通为主导　　（3）强化轴向发展的主　　（4）形成多层次组团发
　　　　　　　　　　　　　　的城镇空间组织模式　　　　要通道　　　　　　　　　展的格局

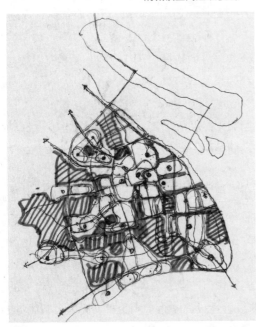
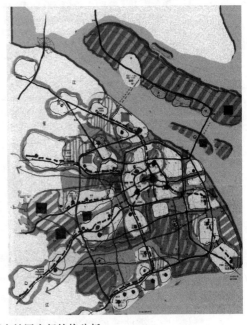

图 9-10 (d) 上海大都市地区空间结构分析

3.3 以基本公共服务的均等化缩小城乡社会差距

突出民生先导是促进中国城市社会可持续发展的重要方向。在城市的发展过程中不断改善民生，推进和谐社会建设，满足社会发展在住房供应、医疗服务、教育服务、市民就业、社会保障等民生方面的基本公共服务需求，实现基本公共服务的均等化，并与经济建设同步发展，这是促进经济和社会全面进步的重要保证，也是缩小城乡和社会发展差距的基本手段。

实现基本公共服务的均等化，一方面需要物质层面的保障，通过基本公共服务设施和资源的合理配置，建立社会稳定发展的物质基础。另一方面需要社会发展价值理念保障，以提高公共服务水平、保障居民就业和社会共同富裕、缩小城乡和社会差距作为城市发展的目标，促进社会文明建设。

合理界定政府与市场的边界，是实现基本服务均等化的关键。在我国从计划经济向市场经济转轨过程中，政府在推动社会经济发展方面发挥了主导作用，但完善的市场经济体制并没有完整地建立起来，造成政府管理职能与市场调控的边界不清晰，政府调控功能和市场配置功能的混淆，出现了一部分准公共产品，包括教育、医疗、低收入者的住房等，过多地推给市场的现象，于是出现了过度市场化以及市场化不足并存的复杂局面。

基本公共服务的均等化作为公共服务设施网络完善的重要目标，是要使不同社会阶层、不同地域之间的居民都能享受到公平的公共服务，因此基本公共服务的均等化不能理解为空间配置上的均质化、配置标准的无差异化，需要考虑城乡之间、地域之间差异性，寻求空间配置的合理性，以差异化发展化解差距上的矛盾，但不是无视城乡之间、地域之间的差异盲目追求所谓一体化。

我国首部基本公共服务领域专项规划《国家基本公共服务体系规划（2011-2015）》于2012年初获国务院审批通过。"十二五"基本公共服务体系建立的目标是促进城乡和区域间基本公共服务的均等化，让全体公民享有大致均等的基本公共服务，其核心是机会和效果的均等。

国家《城市用地分类与规划建设用地标准》也于2012年1月1日起正式施行，对1990年施行的《城市用地分类与规划建设用地标准》进行了修改和调整，原用地分类标准按照功能分类，新用地分类标准则按照政府与市场需求分类，其中一个重要方面即城市公共服务内容进行了重新界定和区分（表9-9）。在居住用地中增加了保障性住宅用地，区分一般的商品住宅与城市政府提供的社会住宅。并将原有的公共服务设施用地区分为公共管理和公共服务用地和商业服务业设施用地，前一种为公益性设施，后一种为经营性设施。区分经营性设施和公益性服务设施的目的，正是为了合理界定政府和市场在公共资源配置方面的界限。商业服务业设施是城市产业发展的空间，这些经营性质的服务设施主要通过市场机制调节，非经营性设施是为了满足社会基本公共服务的需求，需要政府担负起配置主体的作用。

新旧国标《城市用地分类与规划建设用地标准》中
"公共服务设施"用地分类的差异 　　　　　表9-8

原国标中公共服务设施用地分类	新国标中公共服务设施用地分类	
	公共管理与公共服务用地	商业服务设施用地
C1 行政办公用地	党政团体、社会团图、群众自治组织设施用地	商务办公用地
C2 商业金融业用地	—	商业金融业用地
C3 文化娱乐用地	图书展览设施用地、文化宫、青少年宫、老年活动中心等用地	新闻出版用地、文化艺术团体用地、广播电视用地、影剧院用地

资料来源：国标《城市用地分类与规划建设用地标准》，2012.

4　从粗放建设走向精细化的综合治理

（1）走出城市经营的误区

城市经营在我国城市化高速发展和市场化转型过程中，是借助市场的力量推动城市发展，有效解决基础设施短缺、城市建设投入不足、资源浪费严重等弊端的手段。但城市经营不同于企业经营，企业经营追求的是企业内部利润的最大化，而城市经营的目的则是为了公共利益最大化。城市经营是对公共产品的经营，它的关键是为了提高公共经济的效率（李津逵，2008）。

城市经营是市场化环境中提高发展效率的手段，而非城市发展的目的。偏离甚至迷失了城市经营的目标，损害的将是长远利益和公共利益。仇保兴（2003）提出城市经营要防止五个误区，"涸泽而渔式经营、脱离规划式经营、被动滞后式经营、封闭捆绑式经营、急功近利式经营"。

（2）打破"重建设轻管理"、"重项目轻整体"的发展模式

城市宏观目标和空间政策的成功离不开有效的微观管理和运行的基础。长期以来许多城市发展始终存在"重建设、轻管理"、"重项目、轻整体"的问题，这种粗放管理的建设模式不仅会造成极大的浪费，也会造成发展效率的损失，建设成效难以得到充分发挥。重局部项目而忽略了整体发展关系，造成项目之间缺乏联动效应。

城市在道路建设中暴露出许多矛盾，如只重视交通供给，忽略了交通需求管理和道路交通管理；只重视道路建设项目，忽略了道路网的整体结构。道路建设项目集中在主干道建设、局部拓宽道路和修建高架道路方面，最终造成道路网合理级配密度的不合理（仇保兴，2010）。

随着城市规模的不断扩大，城市运行管理变得越来越复杂，对精细化建设和管理的要求越来越高，不能以管理小城市的方法管理大城市。现代化城市不只体现在规划水平、建设水平，更主要的是体现在现代化的实施水平、管理水平。需要创新城市建设管理模式，在城市开发经营、提升城市文化资本，创造

道路网密度的级配关系 （km/km²）　　　　　　　表 9-9

城市规模	快速路	主干道	次干道	支路
大城市	0.58~0.83	1.12~1.67	1.7~2.5	3.4~5
中等城市		1.7~2.5	2.04~3	5.1~7.5
小城市		3~6		3~8

多样化城市空间、追求人文城市和生态城市方面不断探索新的管理方式和实现途径。

（3）打破条块分割、单项治理的发展模式

城市建设是需要综合协调的大系统，需要由内而外与由外而内、自上而下与自下而上多层面、多部门之间的综合协调。部门之间条块分割、缺乏协调是当前城市建设中的突出矛盾。例如交通规划由专业部门编制，与城市规划往往形成"两层皮"，交通规划仍处于支撑需求状态，难以对城市空间起到积极的、必要的引导和调控作用，使交通对空间发展的指向效用没有得到有效发挥。交通发展模式与土地利用的集约化要求发生脱节，成为城镇用地布局"碎化"、片区功能不完整的重要因素之一，反过来进一步诱导了机动化的快速发展。

（4）以科学发展态度走向理性、精细化的管控

以精细化的综合治理体现以人为本的理念。以人为本是现代城市发展的核心价值，综合考虑环境成本、资源成本和社会成本，控制、降低发展的代价，谋求社会价值发展目标和利益的最大化。

以精细化的综合治理体现综合管控的理念。不仅要打破条块分割、单项治理的模式，还要多管齐下，抓住核心问题。例如住宅供应和房地产调控问题，着眼点应是市场与政府的边界，改善住房供应结构，改变以扩大"土地财政"为目标的土地供应机制和供应模式。同时在控制流动性的总量、规范房地产市场交易秩序等方面发挥政府的宏观调控作用。从大城市解决交通问题的实践经验与规律来看，需要综合运用空间优化策略、交通供给策略和交通需求管理策略（表 9-10）。

以精细化的综合治理体现城市管理的效率。以交通管理为例，在有限的道路容量下，精细化、信息化的道路交通管理是提高交通运行效率的重要手段，也是有效解决交通拥堵问题的重要手段。

专栏 9-7　上海在交通管理精细化方面的经验

道路通行管理。根据道路单向通行情况，在局部路段变换车道。主干道绿波交通。中心区高密度地段，组织单向交通。限制外地牌照车辆在高峰时段进入中心城区高架道路。

交叉口管理。高峰时段采取信号灯和人工管理相结合；严密而完善的地面标线，最大程度地实现交叉口渠化交通管理。根据交叉口实际情况灵活调整管

一些世界大城市综合解决交通问题的策略　　　　　　　表 9–10

城市	交通供给策略	交通需求管理策略		空间优化策略
		倡导公共交通	控制个体交通	
伦敦	道路网系统建设；消除道路堵塞瓶颈；现代化交通信号控制系统	462km 的地铁系统；公交专用道和公交信号优先；改善公共汽车设施；公交票价平稳费率；一体化智能卡票制	交通拥挤收费	新城
巴黎	环城干道和放射路网的道路格局	地铁和区域快速铁路；公交一票制；特定群体公交补助；公交设施"无障碍"改良		新城
纽约	汽车专用路；智能交通信号系统	地铁和通勤铁路；地铁系统统一票制；830 条公共汽车运营线路；轨道交通与私人交通之间的"P+R"设施	中心区停车高收费	郊区新的城市中心
东京	道路建设与路网完善；智能化交通管理	2000km 的轨道交通网络；良好的驳运系统	提高燃油税、提高停车费；道路拥堵费	副中心、新城
新加坡	立体陆路交通网络；自适性交通控制信号系统	以地铁为主体的轨道交通系统	财税政策和车辆配给措施条件保有量；电子道路收费系统调节使用量	新市镇
中国香港	道路系统建设	重轨、轻轨、公共汽车、小型公共汽车、电车、出租车、轮渡相结合的公交系统	首次登记税及每年牌照费；汽油税、道路通行费及拥挤收费；停车位控制	新市镇、新城

资料来源：孙斌栋等 . 我国大城市交通发展的空间战略研究——以上海为例 [M]. 南京：南京大学出版社，2009.

理方案。闸北区道路指示系统。主干道设置道路拥堵提示系统。道路指向系统，每条道路在交叉口前 50m 均有清晰的道路方向和下一个交叉口道路通行要求的指示。每一个路牌，不仅有道路方向的指示，还有门牌号的指示。

　　停车管理。严格的路边停车管理。市中心公共停车场地实施高收费政策，停时越短收费越高，随着停时延长收费逐渐降低。

　　从粗放建设走向精细化的综合治理是中国城市走向现代化的迫切要求，也是走向现代化的标志，需要从发展目标理念、规划方法、建设机制、管理方式等方面整体的改革和创新。

第**10**章

和谐城市化与城市规划的变革

Harmonious Urbanization and Urban Planning Transform

第1节 中国特色的城市化发展

城市和谐发展不仅关系着当下城市的稳定与繁荣，更关系着社会可持续发展的未来。联合国人居署 2008 年在《世界城市状况报告》中，专门归纳和阐述了和谐城市作为城市未来发展的方向，包括城市空间和谐、城市社会和谐和城市环境和谐三个基本方面，即空间的合理性、社会的公平和生态环境的平衡。2010 年上海世博会场址规划将"人与社会的和谐"、"人与自然的和谐"、"历史与未来的和谐"作为三大核心理念，演绎"城市让生活更美好"的主题。

和谐城市是对城市发展目标价值理性的界定，和谐城市化则面临合理的路径选择问题。我国城市化的环境，既面临难得的机遇，也面临重重困难。一方面工业化、全球化、信息化构成了中国城市化的基本动力，将持续推动中国从传统型经济社会向现代型城市社会的转型。另一方面，我国正进入工业化、城市化发展的关键时期，特别是在 21 世纪初的二三十年，中国社会经济的现代化将面临包括庞大人口基数下的"三农"问题以及资源的过度利用、生态环境恶化、区域不平衡加剧、社会贫富悬殊等诸多问题带来的严峻挑战。面对新的环境，既需要积极、稳妥地通过推进城市化，促进资源利用的合理化，保证发展效益的提高，同时更全面地认识城市化的社会影响，以积极而审慎的态度对待中国特色城市化道路的选择，并将其置于国家发展战略的首要地位。

1 实现包容性增长的艰巨性

1.1 倡导包容性增长

中国的人均收入已逐步进入中等发达国家行列，城市化水平在 2011 年已超过 50%，经济发展和城市化进程叠加所产生的社会影响越来越深入，将加速推动社会结构、社会需求的变革，也意味着社会矛盾和焦点的转移，使社会公平、和谐发展问题被提到前所未有的认识高度。

包容性增长是当今世界性的发展命题，最早由亚洲开发银行在 2007 年首次提出。包容性增长不仅针对国际间的发展关系，也是针对一个国家或地区的发展问题。包容性增长倡导平等的发展机会增长，公平合理地分享经济增长的成果。

对于城市发展而言，倡导包容性增长的核心理念在于重新认识城市发展的价值，城市发展的关键是人的发展。衡量一个城市的价值，不仅在于城市能否创造更大的经济实力，更重要的是能不能满足居住者多层次、多样化、个性化的物质和精神需求。城市生活质量高低是衡量城市价值高低的重要标志，也是衡量经济发展的重要标志。

中国的 GDP 始终保持高增长，但经济增长的结构不协调导致的矛盾也在增多：如城乡流动性不断增强，但城乡的二元结构的体制障碍尚未有效破解；经济增长主要是由投资、出口拉动，消费的比重偏低，在产业方面重工业比重高，服务业比重偏低；在城市建设中，过度追求经济发展速度，注重物质建设，而忽略了基本公共服务的供给；发展的结果得不到公平的分享，虽然经济增长了，但也面临收入分配结构不合理，地区间、城乡间差距拉大，基尼系数逼近甚至跨越了临界点；粗放型经济增长导致的环境和资源危机也日趋严重，资源、环境压力不断增大等。

未来的城市化道路必须反映全面发展的要求，让全体人民共享发展成果已成为全社会的共识，提升经济实力是发展的手段而非目标，认清城市发展"为了谁"、"依靠谁"、"发展的成果惠及谁"的几个基本问题，从生活质量出发让发展的成果惠及全体人民，这将成为城市规划、建设和管理的重要价值导向。

1.2　走向包容性增长的艰巨性

中国的快速城市化模式在三十多年来也制造了一个庞大的、特殊的"农民工"群体，甚至成为一种"固化"的模式。在这种模式下，人口城市化过程被割裂为劳动力的职业转换与身份转变两个阶段。目前，50%的城市化，可以认为仅是完成了农民向农民工的职业转变基础上的城市化，大量的农民工还没有真正实现向市民的身份转变，形成"就业在城市、户籍在农村，劳力在城市、家属在农村，赚钱在城市、保障在农村"的"不完全的城镇化"的特征。这种"不完全的城镇化"，不仅削弱了城市化对经济发展的拉动作用，还影响和谐社会的建设（图10-1）。

许多地区经济的快速发展受益于农村人口向城市的流动，但这种人口流动却没有融合的制度安排，造成大量的流动人口难以定居，大量农民工在医疗、子女教育、社会保障等方面难以享受到与市民相同的待遇。从年龄结构上

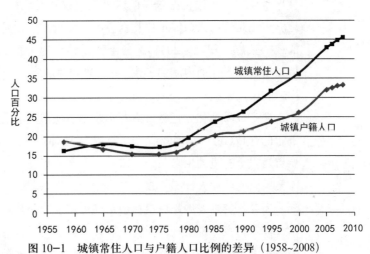

图10-1　城镇常住人口与户籍人口比例的差异（1958~2008）

资料来源：根据《中国统计年鉴》和《中国人口统计年鉴》相关数据整理。图中反映城镇常住人口和城镇户籍人口之差不断扩大的趋势．

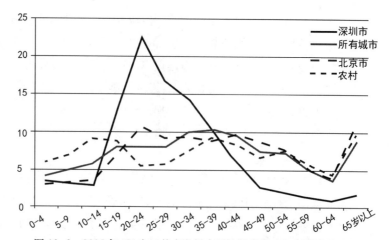

图 10-2　2005 年 1% 人口普查资料中反映的常住人口年龄结构比较

注：图中显示农村地区 0~19 岁和 20~39 岁年龄段的人口比重分别明显高于城市和低于城市，而深圳由于大量的外来人口流入，是更加典型的"年轻"城市。

资料来源：国家统计局 2005 年 1% 人口普查资料.

看，青壮年和劳动力进入城市，城市与农村所进行的是不平等人口"交换"（图 10-2）。

　　要完成城市化的任务，就要消除城市化参与者之间发展机会的不平等，创造稳定的、长期的非农就业岗位，要居有定所和完善的社会保障制度，使农民不仅能够进城，而且能够在城市定居，非农化只是实现城市化第一步，更重要和迫切的是使越来越多进城就业的暂住人口逐步转变为城镇居民的真正意义的人口城镇化（胡序威，2009）。

　　要完成城市化的任务，需要破除城乡之间不能平等发展的阻碍。中国二元化的制度安排引发了两种土地所有制的冲突，表面上冲突体现为农民集体土地纳入城市化建设所带来的土地级差地租收益的分配矛盾，更深层次的问题则是被城市化卷入市民化的农民的未来生存权和发展权问题（杨伟民，2011）。土地城市化是否与人口城市化和社会经济协调发展，是关乎未来我国可持续发展的核心议题（田莉，2011）。在维持公共土地批租制度的优势和活力的同时，调整土地城市化的内涵和步伐，并辅以相关的制度变革，使土地收益取之于民、用之于民。

　　要完成城市化的任务，需要不断创造城市发展的活力。城市的活力正是在于它的开放、多元和包容，城市失了这种活力，也必然失去了发展的动力。城市是一个有机的生态系统，需要各种产业相互共生，形成经济生态，同样也需要不同的就业人口相互共生，形成社会生态。

　　倡导包容性发展是城市社会走向可持续的必然路径，其核心仍然是以人为本。倡导包容性发展既需要发展理念的转变，更需要务实的行动和制度的创新。围绕农民工的市民化问题、土地问题，积极稳妥地推进城市化已成为当前社会转型的焦点，以包容性发展促进社会和谐正成为国家城市化政策的重要导向。

当农民不再是个身份，而是一种职业，城市化才是成熟和成功的。只有崇尚并追求公共利益，才能兼得经济增长和社会和谐。

中国未来的和谐城市化道路是一个复杂和艰巨的过程。需要进行科学的、系统化的改革，才能根本转变以土地城市化、工业化为中心的城市化模式，包括从城市发展理念、城市规划的科学性和决策的民主化，以及城市空间布局调整与结构优化、城市功能的有效集聚与提升、城市基础设施、城市住房和交通体系与结构、财政税收体制等全方位改革。这些系统化改革既需要中央统一的部署，更需要所有地方政府针对自身情况的具体决策，在加速城市化中构建和谐社会的使命，并落实到每一个城市的发展战略和行动计划中。

2 寻求内生发展的城市化

可持续发展的城市不仅是经济、环境和社会发展目标的协调，更是源于自己独特的力量和相对优势的发展过程，是一种以内生动力为基础的发展过程。正如弗里德曼所说"……城市的塑造不仅源于地方历史，还包括全球经济、文化和社会的力量。很多国家都关注城市之间的竞争和吸引外来投资，他们认为这些政策将最大程度促进经济增长。但从长期利益的角度而言，外来资本并不能实现地方经济的可持续发展，而必须依靠本土（地方性的）资源或资产发展"（弗里德曼，2005）。

寻求内生发展需要将外部机遇与内部动力相结合。针对不同地区发展面对的主要矛盾，积极借助外部动力放大内部需求，既要积极利用劳动力、土地资源等传统生产要素形成的比较优势，同时需要通过知识与技术要素的运用提高创新能力，加强对资源的良好管理构筑新的比较优势，寻求可持续的动态比较优势。积极采取差异化的城市化政策，推进不同地区健康发展（图 10-3）。

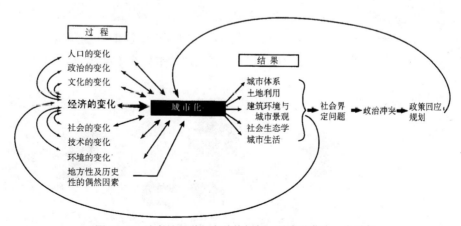

图 10-3 城市地理学研究总体框架：城市化作为一个过程

资料来源：保罗·诺克斯，琳达·迈克卡西著. 城市化 [M]. 顾朝林，汤培源等译. 北京：科学出版社，2009.

寻求内生的城市化模式需要对城市化的本质特征有更加清晰的认识。城市化与工业化的差异在于，工业化过程不断提升物质资本和人力资本，城市化则主要导致人力资本的提升（胡鞍钢，2010）。从未来城市化政策的导向分析，关注渐进的发展道路和适度的发展速度，采取控制与引导相结合的手段。

3　资源短缺和高密度人居环境的国情特点

资源短缺和高密度人居环境构成了我国城市化发展的基本特征和趋势。首先，人口密度高、人均耕地少、人地矛盾尖锐、资源能源短缺构成了城市发展的总体约束条件。资源环境分布的不均衡，人口分布与生态资源承载力不协调矛盾十分突出。因此，城市化的一项长期任务，就是逐步形成人口分布与生态资源承载力相匹配的空间关系，需要通过资源环境相对优越地区的集聚和相对高强度发展，减轻生态低承载力地区的环境压力。

其次，从城市化的空间影响来看，根据第六次人口普查数据，2010年全国城市化水平达到49.6%，2000~2010年年均增长超过1.3个百分点。城市化在空间上表现为两个集聚，人口不断向东部沿海地区集聚，不断向大城市和城镇密集地区集聚。这两方面的集聚不仅催生了城市群的崛起，也使大城市、特大城市发展面临空前的发展压力和需求，高密度发展与区域性扩张带来的压力越来越大，土地资源的瓶颈也愈来愈突出。与西方城市蔓延现象类似，中国城市发展也表现为城市土地的消耗速度远快于城市人口增长的速度，但平均密度是美国城市的7~8倍（表10-1）。

第三，长期执行的耕地保护政策也决定了高密度发展的趋势。特别是东部沿海地区和一些中部地区，既是城市群的主要成长区和城市化人口的主要集聚地区，也是最重要的粮食主产区，两者叠加的矛盾，必然要求城市发展采取一种更加集约化的形态，增强城市化的综合承载力，有效保护耕地和生态资源环境（图10-4）。

高密度人居环境构成了中国城市化问题认识和城市空间问题研究的基本要求，特别是高密度发展所引发的城市空间和环境问题也将越来越严峻。未来10~20年我国仍然处在持续快速城市化发展阶段，人口和产业向发达地区及向

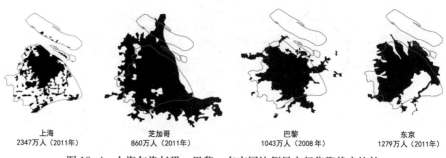

上海	芝加哥	巴黎	东京
2347万人（2011年）	860万人（2011年）	1043万人（2008年）	1279万人（2011年）

图10-4　上海与洛杉矶、巴黎、东京同比例尺空间集聚状态比较

表 10-1 若干美国城市与中国城市人口密度比较

美国城市（城市化地区）	人口密度（人/km²）		变化量（%）	中国城市（市区）	人口密度（人/km²）		变化量（%）
	1970 年	1990 年			1988 年	2008 年	
纽约	2580.30	2088.26	-19.07	上海	29265.59	13456.43	-54.02
洛杉矶	2051.30	2239.76	9.19	北京	14241.18	7039.21	-50.57
迈阿密	1820.31	2095.99	15.14	哈尔滨	15203.85	10099.71	-33.57
旧金山	1694.00	1603.20	-5.36	西安	13962.22	12278.02	-12.06
芝加哥	2029.84	1655.06	18.46	大连	14719.47	10270.54	-30.22
丹佛	1381.04	1277.45	-7.5	成都	20168.29	9454.44	-53.12
底特律	1758.09	1275.35	-27.46	昆明	11303.13	6576.364	-41.82
华盛顿	1937.53	1374.63	-29.05	杭州	16014.93	7768.67	-51.49
费城	2065.10	1400.28	-32.19	长沙	12804.82	7712.35	-39.77
达拉斯	726.92	855.76	17.72	无锡	15588.00	10760.10	-30.97
休斯敦	1202.80	951.68	-20.88	西宁	10523.53	14769.70	40.35
波士顿	1541.49	1202.40	-22.00	宁波	9517.86	5457.44	-42.66
亚特兰大	1040.95	732.94	-29.59	海口	10743.48	10343.96	-3.72
平均人口密度	1679.21	1442.52	-14.10	平均人口密度	14377.76	9706.36	-32.49

资料来源：帅慧敏.基于"蔓延测度方法"对中美大城市扩张状态差异的研究[D].同济大学研究硕士学位论文，2011.3.

大城市地区集聚趋势仍将继续，特别是发达地区城市群正面临巨型化、连绵发展的态势，高密度人居环境与提升城市群整体功能、提高运行效率、寻求生态化发展的矛盾将更加突出。从适应我国资源环境的特点出发，提高高密度人居环境的综合承载力，将是我国城市化健康发展的基本前提和保障。

4 多样化的城市化模式

城市化模式既受资源、地理环境的制约，受历史、人文环境的约束，也受到生产力水平的影响和制约。

中国城市化过程，有一般城市化模式的共同趋势和规律，产业和人口不断向城市集聚，工业化持续推动城市化，农村劳动力不断向非农产业转移。但面临更大的人口和资源环境约束的压力、城乡的二元化制度、政府在城市化过程中的主导作用、计划经济向市场化转型过程，以及所处的全球化与信息化的外部环境等。地区差异突出表现为城乡之间的制度差异、地区之间的不均衡发展，中国是世界上地区发展差异最大的国家，即使在一个省内，经济发展阶段和水平差距也十分巨大。

由于资源短缺和分布的不均衡，非均衡与差异化将是中国城市化发展的重要趋势和特征，从而会形成多样化的城市化模式。

我国的城市化水平、城市规模结构和城市的区域分布要与人口众多、资源匮乏、各地禀赋条件差异较大的国情相适应，且有利于促进经济发展、缩小城乡差距、缩小区域发展差距，最终使经济产出和社会财富的地域分布同人口的地域分布大体一致。在思考不同地区的发展模式时，一些地区的发展经验值得借鉴，但由于发展条件不同，许多经验是不可复制的，不同地区必须寻求一条更加适合自身特点的发展道路。需要实施主体功能区战略和差异化的城市化政策。寻求一条既有利于提高发展效率，又能够减少生态环境和资源压力的城市化道路。

第 2 节　城市规划面临的挑战

新中国的城市规划事业已经走过了 60 多年，期间既经历了计划经济年代的诸多风雨和坎坷，也经历了改革开放带来的恢复与蓬勃发展。2011 年城市规划学科正式调整为国家一级学科，正式更名为"城乡规划学"，反映了国家新时期发展对学科发展的需求带来的地位提升，需要在引导未来的城市化和谐发展和城乡统筹方面发挥更大的作用。

1　计划经济时期的城市规划

新中国成立时几乎完全是一个农业国家，城市发展基础薄弱，经济社会建设百废待兴。在经历了短暂的恢复调整之后，从 1953 年起，中国进入第一个五年计划时期，大规模工业化和城市建设也随之展开。

"一五"期间（1953~1957），国家提出 156 项工业建设重点项目，要求贯彻与城市建设结合的方针。借鉴苏联和东欧的经验，初步确立了了"计划经济模式"下城市规划在新中国的城市建设中的地位。城市规划的任务主要是围绕工业城市建设和重大项目选址，按计划安排各项设施布局。工业建设项目集中的城市迅速组织力量，开展并加强城市规划工作，全国十几个大中城市首先开展了新中国成立后第一轮大规模的城市规划编制工作。随后，全国约有 150 多个城市编制了城市建设总体规划。

1955 年国务院颁布城乡划分标准，1956 年国家建委颁发《城市规划编制暂行办法》。1957 年，国家先后批准兰州、洛阳、太原、西安、包头、成都、大同、湛江、石家庄、郑州、哈尔滨、吉林、沈阳、抚顺、邯郸等 15 个城市的总体规划和部分详细规划。

大规模的城市建设对城市规划学科和人才培养带来了巨大需求。金经昌教授与冯纪忠教授在同济大学创办了中国最早的城市规划专业，并从 1956 年开始正式招生。《城乡规划》和《城市规划原理》等教科书相继出版，为我国城市规划学科的建立和发展奠定了基础。

1958年后，由于许多城市在"大跃进"期间盲目追求扩大工业建设和城市规模，导致了城市数量和人口的骤增、土地资源的浪费、服务设施的短缺乃至城市环境的恶化。1960年以后国家开始大规模压缩基建项目，并在1961年第九次全国计划会议上宣布"三年不搞城市规划"。1966年"文化大革命"开始，城市规划工作一度处于停滞和混乱的境地。

计划经济时期的城市规划带有强烈的受计划支配的色彩，以计划作为规划的依据，基本是对国民经济发展"计划"的延伸、落实和具体安排。城市的生产功能被认为是城市的主导功能，城市规划工作呈现了蓝图式的规划理念。

2 改革开放后城市规划的发展

2.1 1980年代

在经历了一段较长时期的停滞之后，随着1970年代末经济建设步入正轨，开始摆脱计划经济约束和逐步走向市场经济，城市规划作用和地位重新得到认识，城市规划实践得到加强。

1979年国家建委和国家城建总局在认真总结历史经验教训的基础上，开始组织起草《城市规划法》（草案）。1980年召开的全国城市规划工作会议正式恢复了城市规划的地位，城市规划在国家层面再次受到了重视。1983年11月，国务院常务会讨论了《城市规划法》（草案），1984年1月以《城市规划条例》的形式颁布，成为新中国城市规划建设管理方面的第一部行政法规，标志着中国城市规划制度的初步建立。

面对经济恢复、城市人口快速增长，这一时期城市规划的主要任务是改善长期积累的城市基础设施和生活设施短缺的矛盾。尽管仍然强调城市的生产性功能，但城市作为生活中心的功能在发展理念上得到加强。总体规划实践在全国范围内大规模迅速开展，形成了新中国成立后第二轮总体规划编制的热潮。到1986年年底，国务院相继审查批准了兰州、呼和浩特等38个重要城市的总体规划，全国86%的设市城市完成了城市总体规划的编制工作。城市规划的内容也扩大到市域范围，包括了城镇体系布局规划的内容。

历史文化名城保护规划开始受到重视。1982年国务院批准公布第一批24个国家历史文化名城，我国历史文化遗产保护工作开始展开。

1980年代后期土地出让方式等一系列的改革对城市规划编制体系的发展产生了重大影响。1986年国家颁布实施《土地管理法》，明确了土地所有权和使用权的分离。1987年，上海、深圳进行了国内首次土地使用权拍卖，标志着土地作为商品要素开始进入生产领域，为中国的经济发展提供了新的热点，也引发了城市化建设的高潮。随着土地商品化，住房的商品化也渐次展开。

1988 年国务院决定全国城镇分期分批推进住房制度改革，随之控制性详细规划的编制开始了有益的探索。

城市规划学术研究在这一时期也开始兴盛。1980 年代初期，研究热点集中在与城市规划密切相关的工程技术问题，如城市各类用地的布局原则、详细规划设计方法、道路交通组织和规划等，城市规划建设历史研究在这一时期也受到重视，此外，在总结历史经验的基础上，开始探讨城市化发展方针、趋势与方向等热点问题。1980 年代中期以后学科研究的热点逐步向社会经济领域拓展，在城市经济领域，如城市经济体制、城市产业结构、土地有偿使用制度等，在城市社会领域，如城市迁居、居住分异现象，在环境领域，如环境污染与保护，在规划方法和技术领域，控制性详细规划、分区规划方法等。

这一时期的规划环境与计划经济时期相比发生了较大变化，社会价值取向转向以经济建设为中心，经济体制从计划经济开始向有计划的商品经济过渡，地方经济开始得到加强。强调通过规划的编制加强对城市土地使用和城市建设的管理，城市规划对区域和城市经济社会发展的指导作用得到重视，城市规划逐步开始跳出完全受计划项目支配的被动局面。

2.2 1990 年代

1990 年代以后随着市场化改革的深入，尤其是国有土地使用权出让转让制度的实施，城市规划开始面对更加广泛的市场经济的挑战。1994 年国家正式确立可持续发展战略作为一项基本战略。在市场经济条件下探索、促进和解决城市大发展问题，加快实现城市现代化，成为城市规划的重要目标，城市规划的宏观调控和建设引导控制作用显现。

1990 年《城市规划法》正式颁布实施，之后又制定了《城市规划编制办法》，标志着城市规划体系的建立，城市规划的编制、实施和管理在法律上得到了保障和加强，逐步走向规范化。

随着土地制度和财税制度变革，激发了各级政府的积极性，城市进入快速发展时期，许多城市开始编制第三轮总体规划，1994 年分税制实行后，各地政府热衷于通过加快土地出让增加政府财政，带来城市快速扩张和开发区热。1996 年国务院下发《关于加强城市规划工作的通知》，提出切实发挥城市规划对城市土地及空间资源的调控作用，严格了规划审批工作及对控制性详细规划的编制要求。

这一时期城镇体系规划的地位得到加强。1994 年和 1999 年全国两次启动城镇体系规划，提出了重视城镇密集区的发展，强化大城市功能的空间结构。《浙江省城镇体系规划（1996-2010）》于 1999 年经国务院批准实施，是第一个批准实施的省域城镇体系规划。

1990 年代学科的研究热点更加广泛。在区域层面，探讨和比较不同地区的城市化发展模式、大城市的空间疏解和区域整体化发展、城市群和城镇密集地区现象、城乡关系以及城镇体系规划编制内容和方法等。开始关注外资对我国城市空间发展的影响以及流动人口问题。在城市内部层面关注中心城市产业结构调整、中心城市功能及 CBD 开发问题、开发区研究、公共交通、城市特色研究、房地产开发和控制性详细规划编制方法等。同时，新技术在城市规划领域内的应用也在这一时期成为热点，如计算机信息技术、遥感技术等。

随着经济体制改革对城市发展影响的深入，城市规划作为一项政府职能，在适应地方发展需求方面发挥了重要作用，但这一时期城市发展的不确定性越来越多，面对利益主体的多元化，城市规划编制中的矛盾也日益显现。

2.3 2000 年以来

随着社会主义市场经济体制的基本建立和正式加入 WTO，中国全面进入对外开放时期，加速推动了经济增长和市场化进程。城市建设空前活跃，市场经济和经济全球化已构成社会经济发展的基本特征。城市规划进一步与城市发展相适应的要求更加迫切。

城市规划面对更加多元、复杂和不确定性的城市发展问题，规划的战略性和实效性问题得到极大关注，规划内容和方法亟待调整。2000 年以后，在全国范围内掀起了一轮战略规划编制的热潮，广州、南京、杭州等城市先后编制了战略规划或概念规划。2002 年开始的一系列关于近期建设规划编制要求的颁布，使得规划的实效性和实施性问题得到重视和加强。

区域研究和区域性规划受到重视，出现大量的都市圈规划、城市群规划，以及城市限建区规划和城乡统筹规划等一些新的规划类型。

城市规划的公共政策属性不断得到强化和重视。2006 年建设部颁布了新的《城市规划编制办法》，明确提出"城市规划是政府调控城市空间资源、指导城乡发展与建设、维护社会公平、保障公共安全和公共利益的重要政策之一"。强调城市规划作为公共政策的属性，不仅要指导城市建设，更要注重对历史文化和生态资源的保护，促进城乡经济、社会、环境的协调发展，在适应市场经济环境中要发挥刚性控制和弹性指导两方面的作用。

2008 年《城乡规划法》的实施取代了 1990 年版的《城市规划法》，在规划编制方面将城乡规划范畴界定为城镇体系规划、城市规划、镇规划、乡规划和村庄规划 5 个部分，保留了总体规划、各类专项规划、近期建设规划、控制性详细规划、修建性详细规划等内容，并将城乡统筹、合理布局、节约土地、集约发展和生态、环保、节能、历史文化遗产和特色保护、安全、科学性等方面作为规划必须坚持的原则。

城市规划教育也进入蓬勃发展期，并逐步推行城市规划职业考试，建立了"城市规划原理"、"城市规划管理与法规"、"城市规划相关知识"、"城市规划实务"等科目。

城市规划学科的研究热点领域更加全面而深入，不仅探讨规划的科学性和合理性问题，而且趋向于多学科综合化研究，与社会经济的发展联系更为密切，涵盖了城市发展和规划涉及的方方面面。

在区域与城乡研究方面，包括区域空间整体协调发展规划；城乡统筹与社会主义新农村建设；高铁、空港、海港等对外交通运输的影响；城市化及城市化政策研究；全球化、信息化发展对城市发展和城市规划的影响；国际化城市研究；城市产业结构调整等。

在社会转型与社区研究方面，包括社会阶层和社会空间分异研究；人口迁移与大城市人户分离现象；人口结构变动与人口老龄化研究；社区建设；住房政策；公众参与与社会治理结构；城乡公共服务与公共服务设施研究等。

在城市开发与城市空间领域，包括城市经营；大事件对城市发展的影响；历史文化遗产及地方特色保护研究；城市旧区再开发；土地整理；城市边缘区；新城与新区研究；城市空间转型等。

在人居环境可持续发展领域，包括生态城市研究；低碳城市研究等。

在城市交通和基础设施领域，包括城市交通政策；城市公共交通；慢行交通；城市防灾等。

在城市规划技术与方法领域，包括城市规划编制体系；城市规划的法制建设；近期建设规划等。

回顾60多年的历史，周干峙总结了新中国成立以来城市规划经历的三次机遇期，并称之为中国城市规划的三个春天。第一次是1950年代，第二次是1980年代，第三次是2000年以来。每一次规划的繁荣都离不开经济建设带来的社会需求，每一次繁荣的背后，都蕴含着新的要求、新的机遇和新的挑战。中国城市规划面对当前大规模城市化、经济建设和社会转型发展的环境，正面临更加深刻的发展变革。

世界各国不同的城市发展环境，形成了规划学科的差异和不同的规划文化。城市所处的发展阶段不同、发展面对的问题不同，带来了规划学科发展的动态性和创新性。

第3节　转型期中国城市规划的变革

1　探索大规模城市化进程的空间路径——中国特色空间规划理论与实践的创新

随着中国城市的不断增长，不断出现许多新的空间现象，也产生了许多新的发展问题。大规模新开发、再开发问题越来越复杂，也越来越充满矛盾，诸如旧城改造大拆大建、盲目发展新区、城市不断摊大饼等。

城市规划代表的是城市的长远发展利益，是引导和控制城市发展的依据。

中国的城市化正在经历产业和经济活动的集聚与扩散,伴随着人口大规模移动,其空间影响规模之大、范围之广、速度之快是世界城市史上未曾经历过的巨变,在相当长的时期内城市规划指导城市空间建设的需求会非常突出。同时,独特的发展阶段背景、资源短缺的国情背景决定了中国的城市规划必须在引导城市化空间健康发展方面发挥积极的作用。

增强规划调控的有效性。空间规划理论滞后已成为规划实践工作面临的瓶颈,随着城市大规模发展,城市空间现象不断生成和变化,传统空间规划内容和方法难以适应;许多空间现象和实际问题也是西方国家发展中未曾经历的,西方的空间规划理论不足以支撑中国的城市规划去应对现实的空间问题。面对大规模的物质建设和实践需求,城市规划工作始终处在高负荷的状态中,对中国城市规划适应社会发展需求带来了巨大的挑战。

经历了30多年的大建设,中国城市的空间格局正在逐步定型,是城市空间转型的机遇,需要积极探索大规模城市化进程的空间路径,推动中国特色空间规划理论与实践的创新。

1.1 大都市地区高密度人居环境的空间组织模式

大规模、快速城市化进程中,大都市地区高密度人居环境可持续发展将是首先面对的重要课题。

大都市地区高密度人居环境可持续发展的核心问题是城镇空间的集约化、生态化与人文化。城市空间正面对日益迫切的增长压力和转型发展要求,整体效能优化技术亟待突破,只有走集约化、生态化发展道路,即在资源节约利用的前提下提高运行的效率,在环境友好的前提下实现低能耗、宜居化、紧凑型发展,才能提高城镇群的综合承载力,培育持续发展动力,在国际竞争环境中提高整体的综合竞争能力。

大都市地区高密度环境在空间运行特点、城乡空间系统、生态化路径等方面,需要面对城市空间的合理性、城市公共环境、生态环境保护、城市安全等许多方面的挑战,空间规划的基本原理需要与之适应。

在空间布局方面,大都市地区高密度空间的运行效率与结构的合理性将会受到极大的挑战,需要研究高密度人居环境的合理形态和结构控制的重点;在交通组织模式方面,需要建立合理的城市交通结构与绿色交通出行模式,研究城市交通技术和政策的合理性、道路网络密度、形态与系统结构的合理性;在土地综合利用方面,需要研究地上地下城市空间的一体化使用、混合土地利用模式、开发密度的合理性;在城市安全方面,需要提高高密度城市综合防灾能力与城市公共安全的保障;在城市环境方面,需要研究高密度地区生态化的模式、建成环境的生态化、宜人化,以及高强度开发地区节能与生态设计方法、绿色空间的生态效应等(图10-5)。

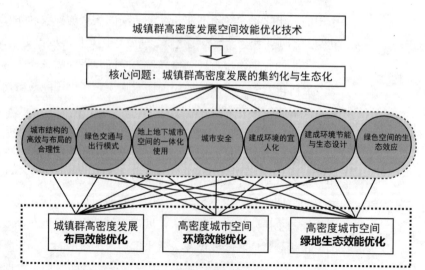

图10-5 "十二五"科技支撑计划课题 "城镇群高密度发展空间效能优化技术" 研究框架设计
资料来源：同济大学主持的 "十二五" 科技支撑计划课题 "城镇群高密度发展空间效能优化技术".

1.2 高速增长的动态性与多样化

空间规划要适应高速增长的动态性和多样化的地区发展条件。在宏观层面，开展对未来城市化宏观趋势和格局的整体的、系统的认识。例如中国快速的城市化还会持续多久；持续的城市化将对农村地区带来怎样的影响；未来的城市化引起怎样的人口分布变化和影响等。

在中观层面，不同地区资源与环境的差异，沿海、内陆、西部地区城市建设的环境不同，城市发展的阶段存在显著差异，不同城市面临的转型背景和条件不同，空间规划如何适应；空间体系发育和成长过程中，如何前瞻性地判断、预测未来增长需求，并加以合理引导；由于正处在快速增长阶段，每个城市都习惯性地将增长作为制定规划的前提，增长的合理性和支撑条件的可靠性需要深入研究。

在微观层面，许多建设和规划实践尚待历史的检验，层出不穷的新空间现象和社会需求，又使空间规划必须不断去面对、总结和完善。例如，大规模新区开发、大规模社会住宅建设等带来的影响将是长期的；高速铁路的大规模建设，其空间影响及效应将逐步显现；城市公共服务设施配置需要应对人口的流动性差异；老龄化社会的到来需要在公共服务和保障体系方面与之适应等。

1.3 区域化与城乡转型过程中的空间系统建构

随着区域化与城市化进程加深，区域与城乡空间组织系统正在发生巨大变化，尤其是在一些城镇密集地区，传统的城镇体系规划内容和方法已经难以指导区域与城乡的整体发展，需要理念、方法、内容及保障体系的创新。在一些促进地区整体发展的关键领域，如规划协调的机制体制创新、交通基础设施规划与城乡建设空间的协调、城乡基本公共服务的均等化、区域产业布局与空间协调、城乡环境保护与资源的高效利用等方面的研究亟待加强。

1.4　空间规划更加多元

城市规划是一项以土地使用为核心的综合性工作。促进经济、社会、环境协调发展，确保城市建成环境能够满足经济和社会发展的空间需求，同时保障社会各方的合法权益，克服城市建成环境开发中市场机制存在的缺陷，这些方面构成了城市规划的主要任务。重视发挥空间规划的作用，并不能单纯体现在对物质空间发展的支撑方面，而要向综合引导经济、社会和环境可持续协调发展转变。

城市空间的经济合理性、社会公平性和生态环境平衡性构成多重目标导向的基本任务。随着市场化的发展，要素的流动性增加，每个城市既要面对区域竞争环境，同时需要以多重目标的平衡为原则，合理、有效配置空间资源，避免城市增长过程中城市功能与结构的失衡。

从西方现代城市规划发展的历史来看，从物质性规划逐步走向综合性规划成为普遍的趋势。西方现代城市规划实践经历了从注重美学文化标准的物质性规划，演化到注重生产效率的经济性规划，到注重公众参与、科学管理、社会公平的社会性的规划，再到目前注重多维度、差异性、可持续的多元性与生态性规划。相比西方的规划发展，中国城市规划的发展具有多重发展阶段叠加的特点。

实现多重目标的平衡，以空间资源配置和调控为重点的城市规划机制的作用也必然凸现。在快速城市化进程中，大规模的物质建设与社会经济转型并重的发展阶段特点，赋予了空间规划更为重要的战略意义和任务，应以多重目标为导向，走向更加多元的空间规划，将经济社会发展战略与空间布局规划融为一体。

1.5　更加综合的空间规划

全球化与信息化影响了新的地理空间格局，带来区域与城市空间理论新的发展，也带来对空间规划作用的重新认识。从提升城市竞争力角度，以及从可持续发展角度，以空间规划为基础的综合规划重新受到关注，并被提到新的战略高度。

在中国大规模城市化环境中，突出空间结构规划的核心地位具有更加重要的意义。不仅在于城市持续增长过程中不可回避的空间问题，更重要的是城市功能与结构的调整和提升需要以空间规划作为整合发展的前提与基础。城市经济与产业结构转型需要空间上的支持和保障，生态保护与环境控制需要空间上的限定和约束，城市之间的整合协调需要空间上的优化和引导。

虽然城市规划得到空前发展，但规划适应社会发展、发挥应有的综合性、战略性作用方面还存在种种阻碍和矛盾，国土规划、社会经济发展规划、城市规划、村镇规划分别由不同部门管理，缺乏必要的协调手段和实施机制，保障各类规划的整体性和连贯性。

规划的综合性始终受到体制的阻碍而被分割。石楠（2005）从城市规划的作用角度，将我国城市规划的发展阶段分为几个时期。统一规划时期，主要是"一五"期间。随着计划经济体制的确立，规划与计划走向分离。"文革"期间城市规划处于被干扰时期。改革开放以来，规划则处于职能分置时期。城市规划不得不面对着既不能有效地掌控城市建设的投资，又不能独立地掌握城市土地资源的尴尬局面，城市规划的政策职能几乎被抽离得所剩无几，留下更多的只是一些技术内容。在这种制度安排下，城市规划的社会功能受到极大的制约，真正发挥应有的宏观调控作用的难度很大。

从国土规划到地方规划的整体空间规划体系尚未建立，规划局限于部门规划而难以走向真正意义上的政府综合规划。空间规划从编制到实施始终未摆脱作为建设管理部门单一部门行为的约束，城市规划的综合协调作用被削弱。表现在编制空间规划相关的部门之间尚缺乏明确的职责分工，从而引发了对规划空间的争夺（胡序威，2006）。尤其是在区域规划方面，住房和城乡建设部、国土部和发改委三大系统现都在同时开展类似性的规划。尽管各有侧重，但内容多大同小异，不仅导致大量工作重复，还严重影响各规划的科学性、实用性和权威性。

城市规划制度创新的突破点是从实施可持续发展的角度出发，建立和完善国土—区域—城市多层次的地域空间规划体系，以综合性空间规划为基础和核心，加强对不同层次空间发展的综合协调功能，加强国家对区域与城市在地域空间规划方面的调控和管理，协调不同部门和各级政府的职责，确保国民经济和社会发展规划在空间地域上得到协调和落实。

2 市场化转型中城市规划作用机制的建立——内部技术体系与外部运行环境的双向创新

中国的城市规划虽然走过了 60 年，但尚未完全摆脱"计划"的痕迹，现行规划技术方法体系在许多方面仍然受到计划经济模式的影响。

在规划思想和内容上，始终没有摆脱规划作为城市发展终极蓝图的作用。总是试图尽可能多地为未来发展提供详细计划，例如，大量罗列土地利用的指标和比例，因此其编制往往耗时过长。但未来总是不确定的，规划内容越详细，规划本身越容易过时。偏向于提供静态发展图景，一方面忽视了发展过程中不断出现的变化，以及人们对处于不同发展阶段的城市的可经营性的要求；另一方面，很少提供行动指南，缺乏对下一步行动的指导。

在规划方法上，突出发展目标，但是缺乏对发展目标与物质环境设计相互关联的描述，同时也很少对急需解决的问题作出必要而深入的分析，对地方条件和地方居民的意愿考虑不足，并且很少对不同方案选择的基础设施成本进行比较分析。编制常常遵循标准化格式，倾向对土地利用进行空间分隔，使城市的复杂性特点趋于简单化。

规划编制体系层次不清，混淆了战略性和实施性规划的关系。各国的政治、经济和社会背景不同，其规划体制也各有不同。但从对开发的控制作用角度来看，各国的城市规划技术方法体系一般都可分为两个层次，即战略性规划和实施性规划。战略性规划是城市发展的总纲，其作用是确定城市发展的宏观导向，同时通过规划的推进机制和各层次规划延续性，确保宏观导向能够贯彻到具体的建设行为之中。

在整个规划技术体系中，如果战略性规划缺失，必然会导致城市发展目标和方向的混乱。在我国现行的规划技术体系中，总体规划本应担负起战略性规划的任务，但由于规划思想、方法、技术标准的局限，加上规划决策机制的影响，所暴露的矛盾也最为突出，也是当前规划体制改革的焦点问题。

2.1　运行环境与内部技术体系的创新

（1）规划体系的演进

城市规划体系一般包括四部分内容，即规划法规体系、规划行政体系、规划技术体系和规划运作体系。[①] 规划法规是现代城市规划体系的核心，为规划行政和规划运作提供法定依据和法定程序。规划行政体系是行政管理的组织体制，它决定了规划决策和管理的基本方式。规划技术体系是建立一个国家完整的空间规划系统的基本框架，包括各个层面的规划编制和技术规范。

上述内容既包含了城市规划外部运行环境，也包含了内部组织和技术体系。社会发展的目标与价值为城市规划实践的活动空间设置了若干界面，城市规划实践是在特定的制度框架中进行的（张兵，1997）。因此，规划的运行环境决定了规划的外部职能，决定了规划可以发挥什么样的作用。规划职能和定位是外部赋予的，城市规划作为一项政府调控社会发展的手段，不可能超越政府的定位、目标和决策运行的机制。

西方现代意义上的城市规划产生于市场经济环境，中国现代城市规划源于计划经济模式，发展路径有着重要的区别。

在计划经济背景下，城市规划长期作为计划经济的实施手段，城市规划无需、也不容有自身的价值准则和判断选择，规划作为计划实施的具体手段，是一种更加纯粹的物质性规划（赵民，2004）。但在新的建设背景下，必须考虑面对市场化过程中城市发展的不确定性及规划实施的综合性问题。规划编制已经不是仅仅完成具体工程性、技术性领域的"物质性"设计，在体制转轨和渐进式改革的推进过程中，原有的以行政手段为主的调控模式已逐渐失去效力，

---

① 吴志强，李德华编．城市规划原理 [M]．（第四版）．北京：中国建筑工业出版社，2008.

而新的与市场经济体制相适应的调控模式尚未建立和完善，其作用机制始终面临着由计划经济向市场经济转轨的挑战。

总体规划作为战略性规划，在我国城市规划编制体系中具有极为重要的作用，但理论而言的重要性与现实中的窘境已成为一大悖论（赵民，2012）。具体表现在不少城市的总体规划在完成编制及评审后多年未能获批，而城市空间拓展和开发建设持续在进行；一些城市已经获批的总体规划远未到规划期限其规模就已大大突破，但有关城市既不修编总体规划，也不停止建设和拓展；既有总体规划已经到期，但新的规划由于种种原因迟迟不能公布，而城市建设在没有法定总体规划的情况下依然推进；已经获批的总体规划往往刚实施几年即已被突破等（表10-2）。

城市总体规划制度的演进历程回顾　　　　　　　　　　　　　表10-2

	发展背景	总规面对的利益主体	编制和审批机制	总规制度的适应性
计划经济时期 1950~1970年代末	高度集权的计划经济体制，以国家重点项目为主	以国家为单一主体	蓝图式规划理念和较严格的国家审批制度	适应
市场化改革初期 1970年代末~1990年代初	开始实行改革开放政策，实行有计划的市场经济	利益主体开始多元化，但国家仍占据主导地位	沿用计划经济时期的方式	较为适应
市场化改革不断深入时期 1990年代中至今	市场改革逐步深入，市场化因素开始占据主导地位，城市发展加快	利益主体日益复杂，呈现多元化诉求和博弈	编制和审批更加严格，但理念和方法没有本质改变	逐渐不适应到很不适应

资料来源：赵民，郝晋伟. 城市总体规划实践中的悖论及其对策研究 [J]. 城市规划学刊，2012，3.

（2）规划体系的适应性

适应城市规划向城乡规划的转变，打破城乡二元化的思维和规划模式。传统城市规划一直偏重于以"城市"为对象，始终对农村地区的发展"视而不见"，没有将"非城市地区"纳入规划建设用地范围内加以统筹布局，影响了城市规划的统筹作用和权威性。再加上行政区之间存在竞争关系，即使是最小的行政区也是一个相对独立的发展单元，在缺少有力的规划和管理的情况下难以形成整体关系。

适应市场化转型，最大的挑战在于不确定性和利益主体的多元化。一方面，市场化发展过程中的不确定性要求规划过程是动态的，即需要长远目标导向的控制，建立规划结构应对生长过程的适应性。另一方面，面对利益主体的多元化，必须以保障公共利益为前提，因此要求规划以长远动态的目标合理性和公共利益的价值判断为标准，设定城市发展的刚性条件和弹性条件，在控制和引导两个方面发挥调控作用（表10-3）。

计划经济和市场经济下城市开发运行环境比较　　　　　　　　　表 10-3

	计划经济环境	市场经济环境
区域关系	封闭的区域发展环境，要素非流动性	开放的区域发展环境，要素流动性增强，城市竞争
运行机制	所有制结构单一、中央动员，资源、要素按照计划的渠道流动	所有制的多元化、治理结构改变，市场化原则
发展目标	单一利益主体、国家利益的最大化	多方利益分化，平衡不同利益主体对利益最大化的追求
资源配置方式和调控手段	经济发展计划，供给导向的计划指标	综合发展规划及公共政策，市场供需关系驱动
规划的内容	作为计划的延伸和落实	适应市场化需求，应对不确定性和动态性
规划的作用	作为实现计划的工具，只是计划实施中的一个环节	建立相对完整的运行体系，包括从预测、判断、决策、实施、反馈、调整的过程

适应社会转型，回归人文价值理念，以社会公平和和谐发展为导向，以公共产品价值的保障为前提，协调效率与公平的关系。

适应经济发展和产业结构转型，通过提升空间的竞争力为城市发展动力的转型创造条件，通过提高城市环境质量为吸引新经济要素提供机遇，动态地适应经济增长转型的要求，为产业结构调整提供充分的空间准备。

（3）规划体系的创新

增强城市规划的战略性。关注大规模发展带来的新的需求，不仅要按照市场规律和效率原则满足空间资源配置的功能性要求，更要突出资源配置的战略性要求，对城市空间的发展发挥积极的引导作用。城市发展需要长期的、战略性的结构规划的指引和实施性规划的控制。而缺乏结构控制的思想是中国城市规划编制内容和方法的缺陷。

增强城市规划的政策性。市场经济下投资主体和利益主体多元，必然导致目标导向的变化和需求导向的变化，以国家为本位的"计划伦理"已逐步被多元主体的"市场伦理"所取代。当市场规律成为平衡供需矛盾的重要手段时，利益主体的多元化与组织方式的多样化，凸显城市规划公共价值导向的意义和作为公共政策的作用（赵民，2004）。

增强城市规划的操作性。面对市场和计划关系的转变，规划的作用机制和运行环境更加复杂。一方面市场本身具有外部性、信息不对称性、个人的非理性、分配不公平等；另一方面，传统的计划模式的许多缺陷也暴露出来，如信息问题、激励问题等，规划面临缺乏充分的统计数据、外部不可预知冲击的影响、社会价值目标取向及决策、管理体制等方方面面的制约。形成合理性与体制性障碍之间的矛盾影响和阻碍了规划的操作性。城市规划必须面对市场经济环境下城市问题的不断变化。关注规划研究和规划实践工作在新的市场供求关系和不断变化的城市建设制度背景下，更好地发挥对空间资源配置的作用（表 10-4）。

中国五年计划转型之路（1953~2009）　　　　　　　　表 10-4

时期	五年计划	计划类型	计划产品属性	计划与市场的关系
1953~1957	一五计划	大推动型计划	绝大部分为私人物品	计划取代原本发育程度就很低的市场，并成为国家动员资源、强制发动工业化的工具
1958~1978	二五计划~五五计划	统制计划	绝大部分为私人物品	计划成为资源配置主要手段，市场调节作用很小，计划失灵问题日益突出
1979~1995	六五计划~八五计划	混合型计划	私人产品不断减少，混合产品与公共产品不断增加	计划作用逐步弱化与转型，逐步向市场经济转型，市场失灵问题出现
1996~2005	九五计划~十五计划	指导型规划	混合产品与公共产品	计划作用进一步弱化与转型，市场成为资源配置基础手段，市场失灵问题更为突出
2006~2009	十一五规划	发展战略规划	公共产品与混合产品	计划基本完成从微观领域退出，但在宏观领域和公共服务领域作用得到强化，计划和市场从相互排斥到相互补充，相互促进

资料来源：胡鞍钢，鄢一龙著.中国走向.2015[M].杭州：浙江人民出版社，2010.

　　城市规划体系的完善离不开政府定位、目标及决策运行机制的转变和完善，但未来的城市转型需要规划的引导，规划作为一项制度安排，同样需要自身的创新和完善，在多方面发挥积极的职能。

2.2　规划外部运行环境的创新

（1）社会发展与政府决策理念的转变

　　城市规划作为一项社会实践和应用性学科，不可能脱离特定背景和认识水平基础上形成的社会价值取向。这种影响贯穿于规划立法、规划编制、开发控制和规划实施管理的所有环节和阶段。

　　规划改革的真正意义是决策理念的变革（张庭伟）。随着经济增长方式的转型，规划决策也将从强调增长的"效率考量"，转向强调再分配即共同分享增长成果的"公平考量"。而规划编制的分类、审批的过程等具体问题，都会随着理念变化而变化。这种理念转变看似可能影响经济增长速度，深层上对于国家的长治久安有着十分重要的意义。如果城市建设政策不能体现社会公平，如果城市规划部门无法证明自己的最终工作目标是实现社会公平，而不是帮助某些利益集团，那么对规划工作的批评、对规划部门的抱怨就永远不会减少。

（2）政府职能的转变

　　城市规划是政府行为，规划工作的主要功能是制定并实施以空间资源配置为核心的公共政策，因此无法和政府的定位分开。转型期政府职责的定位（政府和市场及社会的分工）、政府干预市场的力度和方式、政府在效率或公平之间的倾向，都会影响和决定着规划工作的内容、方法和效果。作为一种制度创新，规划要在政府、社会、市场三者之间的制度安排中寻求发挥合理的作用。

规划作为实现经济、社会、环境、平衡发展的调控手段，同时体现为两个方面的作用，即促进经济增长的手段，和作为社会财富分配的手段。在不同发展阶段，规划的重心可能在效率和公平两者中偏移。当前政府职能转变的焦点在于如何在促进经济增长中体现政府的作用。以城市基础设施和公共服务投资为重点而不是以产业项目投资为重点，是改革国家投资体制、拓展投资领域、推动公共财政转型的主要切入点（王凯，2009）。随着政府由"经济建设型"向"公共服务型"转变，城乡规划的本质回归提供公共政策与公共服务也将成为必然趋势。

（3）社会治理模式与决策机制的转变

城市规划的引导作用，主要是通过对社会资源的分配而得到实现的。既要体现政府的宏观调控要求，还要适应政府中观与微观管理的要求；既要有规划主管部门的单一管理，还要有政府多部门的协同管理；既要有单独政府管理，也要有市民、企业广泛深度参与的城市综合管治（表10-5）。

创造性的城市管治模式的特征　　　　　　表10-5

层次	维度
具体环节	不同参与者 开放、多样的领域 刺激性的、受欢迎的、受尊重的并且具有知识性的氛围；富有生命力，具有变革潜力
管治过程	多样化的和互动式的网络及其组合关系，松散的组织方式，富于流动性 开放、透明、具有流动性的利益相关人选择过程 开放、具有包容性、信息充足、富有创造性的研究讨论 易于实行的、具有实验性的实践，支持自我调节的程序 法律、胜任的能力和资源流动原则，重视地方创新和鼓励实验
管治文化	推崇多样性，聚焦于日常生活所关心的各类实际问题，强调执行而不强求一致 关于价值观和伦理的特性及公开协商，超越实用主义和消费主义，鼓励开明的包容以及增强敏感性 自我管理和对外影响的能力，支持和制约

资料来源：帕齐·希利著. 提升管治能力促进创新 [J]. 国际城市规划，2008，23（3）.

在公共领域采取集体行动维护公共利益者，并非城市规划单一方面就可以实现。就城市规划自身而言，城市规划的有效作用至少需具备如下四个条件（张兵，1997）：发展合理的专业理论与技术，重点面向对规划理论和实践问题的解决；采取灵活的政治运作，在多变的政治环境中通过规划权力的有效应用和管理技巧的发挥来实现规划的意图；营造广泛的社会基础，通过多种方式的交往，充分地采集和听取各种利益主体的意见，寻找价值标准的契合点；必须保持独立的职业道德标准，是城市规划师这个道德共同体形成、存在和壮大的重要支点，同时也是在物质环境建设中维护城市整体利益和公共利益的行动基础。

吸收市民和社会组织积极参与城市公共管理。政府管理、社会管理和市民自我管理相结合是现代化城市管理的新方向，也是城市综合竞争力的标志。强调市民和社会组织参与城市公共管理，不仅在于体现社会民主的理念，更为了削弱城市政府集权管理所造成的效率不佳问题，使公共管理、社会决策更为民主化、合理化，政府管理更为透明、公平、公正，从而提高政府作用和公共管理绩效。

专栏 10-1 深圳总体规划编制特点

新一轮深圳总规修编具有四个特点：

（1）突出转型发展的规划技术路线探索规划编制技术与内容的创新，努力实现深圳总体规划从侧重空间布局转向公共政策、从侧重传统物质规划转向综合性规划。

（2）提出城市规模新概念建立与深圳资源环境特征相适应，服务于社会经济转型，实现城市可持续发展需要，具有深圳城市特色的人口与用地管理目标和管理模式。

（3）构建符合深圳特点的规划分目标体系设立涉及区域协作、经济转型、社会和谐、生态保护的指标体系 48 项。规划分目标的设立体现了本次总规从传统的物质空间规划转向注重社会经济、资源环境综合性规划的理念。分目标不强调经济发展增长的具体指标。而是突出人口、社会、人文、生态资源和环境等民生综合长远发展方向。

（4）确定规划实施政策保障体系，提出深圳转型期总体规划实施所需要的十二大类创新性保障政策。

资料来源：中国城市规划发展报告.

3 社会转型中城市规划学科体系的建构与扩展——社会发展价值目标的转变与经济发展方式转型的要求

3.1 城市规划走向城乡规划

城市化环境是城市规划学科发展的背景，面对社会发展价值目标不断转变的要求和当前经济发展方式转型的挑战，学科地位与研究领域也正在发生深刻的转变。

计划经济时期城市规划是国民经济计划的延续和具体化，是国民经济计划在空间上的落实。1950 年代计划经济体制的建立确立了政府作为城市建设的主体地位，在国家高度控制的计划安排下，由国家、省、市各级政府作为组织主体，利用国家计划拨款的资金发展工业、建设城市，形成所谓一元化的"自上而下型城市化"模式。当时的城市规划被认为是国民经济发展计划在城市物质空间上的继续和具体化，处于一种较为被动和封闭的状态。主要是为实现工业发展计划的建设项目服务。在方法上则依据苏联的标准规范和准则，再通过技术专家的理性分析来影响政府的规划决策。

1980年代开始，城市规划的地位逐步发生了变化。城市规划不仅仅是对计划项目的具体化安排，提出"城市规划是为实现一定时期内城市的经济社会发展目标，确定城市性质、规模和发展方向，合理利用城市土地和空间资源，协调城市空间布局和各项建设的综合部署和体安排"① 的新含义。1990年代进一步提出"城市规划是一项战略性、综合性很强的工作，是国家指导城市合理发展和建设、管理城市的重要手段"（国发 [1992]3号）。确立了城市规划在城市发展建设和管理"龙头"地位和引导性作用。

进入新世纪以来，城市规划面临更加复杂的发展环境和社会需求。"城市规划是城市建设和发展的蓝图，是建设和管理城市的基本依据，是一项全局性、综合性、战略性的工作，涉及政治、经济、文化和社会生活等各个领域"。②

2011年城市规划由建筑学一级学科下设的"城市规划与设计二级学科"，正式更名为"城乡规划学"，并确立为国家一级学科，不仅为中国城市规划的教育研究奠定了新的发展平台，也更反映了新时期城市发展环境对学科发展的新要求。吴志强（2011）认为"城市"改变为"城乡"，并增加了一个"学"字对学科发展的意义重大。从学科视角不仅需要加强对"乡村"问题的理解，全面认识乡村发展的特殊性和复杂性，同时需要架构更加系统化、体系化的学科知识体系。学科发展核心应聚焦国家背景、城镇、乡村、区域环境下的空间问题。学科发展的重点必须应对乡村发展问题的挑战，注重与城乡发展实践结合，研究、实践、教学结合，扩展学科的国际化合作，并链接宏观背景，从理论、方法、实践评价、规划技术等方面构筑新的学科体系，从而实现中国规划学科的升级。

3.2 物质规划向公共政策的转型

现代城市规划作为一项政府管理职能，其存在的意义是通过公共政策，运用公共权力和社会各界协作，来应对、解决当今的城市问题，并防止、减少可以预见的未来的城市问题，最终目的是保护长期的公共利益。经济发展模式的选择实际上就是为要素的合理配置提供方向的指导和制度上的保障，是政府和市场配置共同作用的结果。城市规划是以城市建成环境为对象的公共干预，是政府调控空间资源配置、优化城市结构的重要手段。2006年起施行的《城市规划编制办法》第三条阐明了"城市规划是政府调控城市空间资源、指导城乡发展与建设、维护社会公平、保障公共安全和公众利益的重要公共政策之一。"

城市规划的引导作用，是通过对社会资源的分配而得到实现的。在市场经济条件下，总的利润是由市场效率产生的，而公共利益是社会公平的反映，现

---

① 城市规划基本术语标准 [S].
② 温家宝. 全国城乡规划工作会议，2001.7.

代市场经济的目标就是"效率"与"公平"。而城市土地利用的基本原则是：通过市场机制提高城市土地利用的效率；利用政府干预实现城市空间组织的社会公平。效率原则要求城市土地利用能够发挥其最大的潜在效能，使个体边际效益和社会总利益最大化；公平原则要求市场活动按照同一规则进行，每一个活动个体和利益集团都能够分享其应得的利益和权利。

城市规划从来就不只是一门技术科学，政策性传统始终占据重要的地位。正是它的政策属性才决定了它有别于一般的工程科学，才决定了城市规划不是一般的产品设计或生产，而是政府对城市发展进行宏观调控的重要手段。城市规划是否能够体现国家整体发展利益，是否能够服务于城市的整体利益和公共利益，是衡量城市规划有效性的重要标准。

3.3 城市规划教育体系的完善

综合性、应用性、实践性是城市规划工作的基本特征，大规模的城乡建设不仅对规划专业技术人才有着巨大的需求，对规划教育体系的完善也不断提出新的要求。

Friedmann 和 Kuester（1994）在论述战后规划教育的基本特征时，归纳了影响规划教育模式的四个核心规划观念：第一，规划作为公共的和政治的决策，是确定未来发展实施方案的理性过程；第二，综合性空间规划是经济、社会、环境和形态的协调发展；第三，规划既是科学又是艺术，但在理论上和方法上更为注重科学；第四，规划受到价值观念的影响。1960 年代后期以来，规划代表公共利益的价值观受到社会多元的质疑，社会公正和环境可持续发展成为主流的规划价值观。

在英国，皇家城市规划协会（RTPI）提出，规划职业教育的指导标准包括三个方面的培养要求（1991）：第一是知识（Knowledge）方面的培养要求，包括规划的性质、目的和方法，自然环境和建成环境的形成、使用、交换和管理过程，规划过程的政治，法律和体制环境；第二是技能（Skills）方面的培养要求，包括界定问题和形成对策，研究设计和数据收集，计量分析，美学素养和形态设计，文字、语言和图形的表达，计算机和信息技术等；第三是价值取向（Values and Attitudes）方面的培养要求，如对于弱势群体的关注，民主社会中的公众参与，文化和观念的多元化，职业品行等（表 10-6）。

中国的城市规划发展既需要有国际的视野，也必须建立在对中国城市问题的深入认识、规划实践和创新发展的基础上。规划教育既不能脱离一般教育的规律，更不能脱离学科发展自身的规律。面向实践将是规划教育发展的重要内容。深入了解城市空间增长的机理，探究空间现象背后的社会经济根源，不仅是规划理论和实践不断发展并与时俱进的基础，也是规划教育的方向。培养具备扎实的理论知识、了解国情、树立服务社会的价值观和具有创新能力的专业人才。

英国皇家城市规划协会对规划师应掌握的各项技能排序　　　　表 10-6

技能	分值（20分）
发现和界定问题的能力	18.2
合作解决问题的能力	16.4
综合运用知识到实践中的能力	15.9
写、说、绘图等交流和表达能力	15.8
进行数量和质量分析的能力	15.1
研究和搜集数据的能力	13.1
信息技术掌握程度和能力	13.1
美学认识水平	12.4
一般的管理技能	11.9

资料来源：周岚. 关于市场经济下规划师的职责 [J]. 国外城市规划，2001.5.

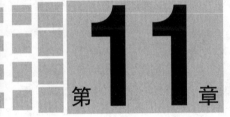

结语：城市发展动力与城市布局优化

Epilogue: Impetus of Urban Development and Urban
Arrangement Optimization

1 城市动力之源

面对纷繁复杂的世界经济前景和日益加深的全球化与信息化影响，城市发展越来越取决于在外部环境中把握机会的能力和不断应对挑战的能力。这种能力不可能是简单的移植，内生性、文化性必定是城市获得长久发展、持续繁荣的动力所在。取决于外部动力与自身差异性要素合理组合的内生驱动力，以及以包容、创新为发展内涵的文化驱动力。

21世纪之初，全球化和信息化对世界的影响正在不断加深，城市社会也正面临诸多不确定的前景和挑战。

霍尔（2011）从全球视角归纳了三个方面，技术经济角度，通过知识经济创造更强的经济竞争力；实现一种更加可持续的生产和消费模式；适应人口结构的转型，必须面对越来越少的可用劳动力，并需要支持越来越多的老龄人口。弗里德曼（2005）同样认为城市的未来发展取决于多方面的因素：外界政治环境的变化、全球性经济重组以及城市对此的应变能力、城市间的理性竞争以及可持续的公共政策等。

应对各种各样的挑战，各国和各地区面临不同的发展环境，都在积极寻求可持续的发展动力。从"欧洲2020战略"可以窥见欧洲国家关注的焦点。欧盟未来发展的三个重点，即实现以知识和创新为基础的"智能增长"，以发展绿色经济、强化竞争力为内容的"可持续增长"，以及以扩大就业和促进社会融合为基础的"包容性增长"。2004年在巴塞罗那发表的《知识城市宣言》中，也从应对发展挑战的角度指出了知识城市的特征：必须具备良好的信息知识基础、合理的经济结构、高品质的生活环境、便捷的国际国内交通、多样性的文化、适度的规模及和谐公平的社会。

中国城市在经历了快速增长后，受全球化加深与信息技术创新速度加快带来的外部影响越来越大，以参与国际分工为基础、以外部需求为动力、以廉价要素为优势、以牺牲环境为代价的增长模式面临转型发展的要求，寻求可持续的发展动力是下一步发展的关键，也是挑战。

一个国家或地区在劳动力、土地、自然资源等有形要素上的优势不可能是永远的优势。内生性、文化性必定才是城市获得长久发展、持续繁荣的动力所在。即取决于外部动力与自身差异性要素合理组合的内生驱动力，以及以包容、创新为发展内涵的文化驱动力。内生性在于将外部的动力与自身的差异性要素和禀赋结合，通过良好的资源管理和知识创新不断提高发展的潜力，从而获得动态的比较优势。这种内生性表现在城市作为一种有机的生态系统，应当具备生长性和包容性。需要城市与自然共生，形成良好的环境生态，各种产业相互共生，形成良好的经济生态，同样也需要不同的就业人口相互共生，形成良好的社会生态。广义的文化是增强城市内生发展能力的核心要素，增强富有生命力的城市隐形功能，改善软环境、提升软实力是城市的重要目标。文化软实力是推动中国成为世界强国的重要支撑和战略着眼点，是实现创新驱动、转型发展的关键。

随着全球化与技术变动速度的加快，比较优势通过竞争优势体现出来。传统生产要素在知识经济时代的重要性发生了逆转：天赋的自然资源由于新材料、新能源的开发利用而不再成为强有力的竞争要素、资本富有和贫乏的界限由于资本市场的开放也变得模糊、劳动力因为人力资本投资的提高而克服了数量上的不足。这些新变化使传统比较优势受到挑战，而真正构成比较优势来源的要素是知识与技术，所以，基于劳动力、土地等生产要素的比较优势在逐渐削弱的同时，寻求可持续的动态比较优势是中国推进工业化、城市化和现代化的关键。

2　城市活力之道

在城市化不断推进的过程中，城市的持久发展必须适应城市功能与结构不断调整的要求。城市的活力取决于城市功能完善和提升，需要在区域化进程中不断深入和城乡关系转型发展带来的新城市发展格局中，将产业结构调整与城市布局优化相结合，在区域中谋求新的发展结构，在人文化和生态化趋势中，不断追求城市形象的提升。

城市是生产要素、生活要素和各种资源要素高度集聚的地区，在城市化不断推进的过程中，这些要素不断流动、组合，从而引发了城市功能与结构调整。全球化及知识经济时代信息化和网络化的发展为大都市的发展带来了新的活力，也带来了这种流动、组合关系的新的变化。

城市的活力取决于城市功能的完善和提升，也同样取决于这些发展要素在区域中的合理组织和联系的增强。

中国的城市发展已步入了区域化时代，这既是全球化与知识经济时代世界城市化的普遍趋势，也是长期以来城乡转型与区域城市化进程的结果。

面对区域化带来的新城市格局，区域不仅是城市获取新的发展机会和动力的基本单元，也是谋划城市功能和结构调整的基础（连玉明，2004）。健康、有序的城市化进程必然需要通过以城带乡、以工促农、城乡联动来实现。

在区域化环境中，城市功能与结构的调整，需要将产业结构调整与城市布局优化相结合，在区域中谋求新的发展结构。经济与产业结构提升与转型需要空间支持，生态保护与环境控制需要空间限定、约束，城市之间的整合协调需要空间政策的引导。

同时，中国的城市发展已步入了知识经济不断深入的时代，要了解知识经济对城市功能与结构的影响，需要了解知识经济的本质（周牧之，2010），即以人作为信息载体是知识经济的根本。知识经济是一种文化经济，只有有利于集聚人力资源和有利于信息交流的城市才能够适应并促进知识经济的发展。

人居环境质量直接影响人才竞争的能力，需要在人文化和生态化趋势中，营造具有地方特征与时代精神的城乡物质环境，通过高品质空间、设施和服务网络的建设，人文资源的保护和创造，文化传承与创新，不断提升城市形象。

3 城市魅力之本

城市为什么发展？城市为谁而建？这是一个看似简单，却是一个非常本质的问题。中国城市化正步入从量的增长转向质的提升阶段，单纯追求经济增长的发展方式不仅带来城市无序扩张方向的迷失，也必将遭遇发展的瓶颈。只有转变经济增长方式，才能保证城市化的和谐、可持续地发展，需要从发展理念到调控手段的转变。寻求理性发展，回归以人的发展为核心的城市化发展道路，必将是重塑城市真正魅力的关键所在。城市是追求美好生活理想的地方，也是城市魅力所在。

早在 2000 多年前，亚里士多德即道出了城市存在的本质，"人们为了更好地生活来到城市，也是为了更好地生活而留在了城市"。

工业化浪潮及其引发的全球城市化进程，使追求利润和效率的经济理性彻底改变了自然和社会的关系，快速的发展和膨胀打破了人类文明进程的平衡，使"城市"存在的意义发生了根本性的变化。以追求经济利益为目标的发展模式，使经济空间主导了生活空间，抹杀了城市发展的文化理性，也使城市迷失了发展的目标。

21 世纪人类已站在城市社会的门槛上，面对全球化和技术发展的繁荣，也面对更大的、潜在的危机，回归城市化发展的文化理性，审慎地选择和引导科学的发展道路，弥合人与人的社会裂痕、人与自然的裂痕、历史与发展的裂痕，将是人类必需作出的选择和行动。

中国在经历了城市化的高速增长之后，也站在了城市社会的门槛上。但长期以来以经济增长为主导增长方式，造成了城市化的本质与现实的偏差。

从城市发展的历史来看，城市一直是人类文明的基石。从城市今天的作用来看，城市的成功已成为国家成功的关键。"城市让生活更美好"，是城市规划诞生的原因，也是城市规划不变的追求目标。面对现实与理想的矛盾，中国城市规划如何应对，需要放眼未来、始于足下，慎思而行、创新而为。

专栏 11-1 《上海宣言》的倡议

2010 年 10 月 31 日上海世博会闭幕之际，参展方共同签署了《上海宣言》，建议将这一天定为世界城市日，并且倡议：

——创造面向未来的生态文明：城市应尊重自然，优化生态环境，加强综合治理，促进发展方式转变；推广可再生能源利用，建设低碳的生态城市；大力倡导资源节约、环境友好的生产和生活方式，共同创造人与环境和谐相处的生态文明。

——追求包容协调的增长方式：城市应统筹经济和社会的均衡发展，注重公平与效率的良性互动，创造权利共享、机会均等和公平竞争的制度环境，努力缩小收入差距，使每个居民都能分享城市经济发展成果，充分实现个体成长。

——坚持科技创新的发展道路：城市应加强科学研究和技术创新，建立和完善科技创新和应用体系；加快科技成果转化，提高民众生活质量，创造新的产业和就业岗位；通过科学研究和技术创新，增强城市的防灾减灾能力；加强科技交流与合作，实行开放与互利共赢的原则，促进全球城市的共同发展。

——建设智能便捷的信息社会：城市应进一步加大对信息基础设施的投入，通过信息化来加强诸多领域的服务，促进信息与知识的有效传播；构建以信息网络为基础的城市神经系统，自我完善和调整城市的运行效能；加强信息化教育，缩小数字鸿沟，让居民接触与获取更多的信息。

——培育开放共享的多元文化：城市应积极保护物质和非物质文化遗产，鼓励多元文化繁荣发展；倡导海纳百川的开放精神，积极开展文化间交流与互动，在尊重文化传统和保护文化多样性的基础上进行文化创新，为城市和人类发展提供持久动力。

——构筑亲睦友善的宜居社区：城市应构建和谐友好的社会环境，通过合理规划，营造文明、安全、宜居的城市社区，在就业、医疗、教育、住房、社会保障等方面提供平等和高质量的公共服务；鼓励公众参与城市规划与管理，关注城市移民的物质需求与精神需求，消除社会隔阂与冲突。

——促进均衡协调的城乡关系：城市应兼顾与乡村的协调发展，推动区域结构的调整和优化；特别注重推动欠发达地区的发展，加强城市功能向农村的辐射，努力缩小城乡差距，关注弱势群体利益；积极引导城乡对话，实现城乡和谐互动。

资料来源：《创新驱动 转型发展：2010/2011年上海发展报告》.

R参考文献
EFERENACE

[1] （德）赖因博恩著．19世纪与20世纪的城市规划 [M]．虞龙发等译．北京：中国建筑工业出版社，2009．

[2] （法）让－保罗·拉卡兹著．城市规划方法 [M]．高煜译．北京：商务印书馆，1996．

[3] （美）Yeates M. The North American City[M]. 4th Edition, Harper Collins Publisher, 1990.

[4] （美）伊利尔·沙里宁著．城市：它的发展、衰败与未来 [M]．北京：中国建筑工业出版社，1986．

[5] （美）安东尼·奥罗姆，陈向明著．城市的世界——对地点的比较分析和历史分析 [M]．曾茂娟，任远译．上海：上海人民出版社，2005．

[6] （美）巴里·诺顿著．中国经济:转型与增长 [M]．安佳译．上海：上海人民出版社，2010．

[7] （美）保罗·诺克斯，琳达·迈克卡西著．城市化 [M]．汤培源等译．北京：科学出版社，2009．

[8] （美）彼得·卡尔索普，威廉·富尔顿著．区域城市——终结蔓延的规划 [M]．叶齐茂，倪晓晖译．北京：中国建筑工业出版社，2007．

[9] （美）彼得·卡尔索普著．未来美国大都市：生态·社区·美国梦 [M]．郭亮译．北京：中国建筑工业出版社，2009．

[10] （美）布赖恩·贝利著．比较城市化——20世纪的不同道路 [M]．顾朝林等译．北京：商务印书馆，2008．

[11] （美）达文波特·贝克著．注意力经济 [M]．谢波峰译．北京：中信出版社，2004．

[12] （美）戴维·韦尔著．经济增长 [M]．王劲峰等译．第二版．北京：中国人民大学出版社，2011．

[13] （美）丹尼尔·贝尔著．后工业社会的来临——对社会预测的一项探索 [M]．高铦等译．北京：新华出版社，1997．

[14] （美）简·雅各布斯著．美国大城市的死与生:纪念版 [M]．金衡山译．第二版．南京：译林出版社，2006．

[15] （美）杰里米·里夫金著．第三次工业革命:新经济模式如何改变世界 [M]．张体伟，孙豫宁译．北京：中信出版社，2012．

[16] （美）凯文·林奇著．城市形态 [M]．林庆怡，陈朝晖，邓华译．北京：华夏出版社，

2001.

[17] (美) 莱斯特·R·布朗著. 生态经济——有利于地球的经济构想 [M]. 北京： 东方出版社，2002.

[18] (美) 理查德·瑞吉斯特著. 生态城市——重建与自然平衡的城市 [M]. 王如松，于占杰译. 北京： 社会科学文献出版社，2010.

[19] (美) 刘易斯·芒福德著. 城市发展史——起源、演变和前景 [M]. 倪文彦，宋俊岭译. 北京： 中国建筑工业出版社，1989.

[20] (美) 迈克尔·波特著. 国家竞争优势 [M]. 李明轩，邱如美译. 北京： 华夏出版社，2002.

[21] (美) 曼纽尔·卡斯特著. 网络社会的崛起 [M]. 夏铸九，王志弘译. 北京： 社会科学文献出版社，2006.

[22] (美) 新都市主义协会编. 新都市主义宪章 [M]. 杨北帆，张萍，郭莹译. 天津： 天津科学技术出版社，2004.

[23] (美) 伊恩·伦诺克斯·麦克哈格著. 设计结合自然 [M]. 天津： 天津大学出版社，2006.

[24] (日) 岸根卓郎著. 迈向 21 世纪的国土规划——城乡融合系统设计 [M]. 高文琛译. 北京：科学出版社，1990.

[25] (日) 青山吉隆编. 图说城市区域规划 [M]. 王雷，蒋恩，罗敏译. 上海：同济大学出版社，2005.

[26] (意) L·贝纳沃罗著. 世界城市史 [M]. 薛钟灵等译. 北京：科学出版社，2000.

[27] (英) J·M·汤姆逊著. 城市布局与交通规划 [M]. 倪文彦，陶吴馨译. 北京：中国建筑工业出版社，1982.

[28] (英) 彼得·霍尔编. 2000 年的欧洲 [M]. 刘觉涛译. 北京：世界知识出版社，1982.

[29] (英) 彼得·霍尔著. 世界大城市 [M]. 中国科学院地理研究所译. 北京：中国建筑工业出版社，1982.

[30] (英) 彼得·霍尔著. 城市和区域规划 [M]. 邹德慈，金经元译. 北京：中国建筑工业出版社，1985.

[31] (英) 克莱拉·葛利德著. 规划引介 [M]. 王雅娟，张尚武译. 朱介鸣校. 北京：中国建筑工业出版社，2007.

[32] (英) 理查德·罗杰斯，菲利普·古姆齐德简著. 小小地球上的城市 [M]. 仲德崑译. 北京：中国建筑工业出版社，2004.

[33] (英) 尼格尔·泰勒著. 1945 年后西方规划理论的流变 [M]. 李白玉，陈贞译. 北京：中国建筑工业出版社，2006.

[34] Brahm Wiesman, 刘健. 如何推行城市和区域规划改革：一位西方规划师的认识 [J]. 国外城市规划，2003（3）:32-35.

[35] Brahm Wiesman. 加拿大城市基础设施建设的若干经验 [J]. 国外城市规划，1999

（3）:30-33.

[36] Hobbs F.，Stoops N.Census 2000 Special Reports:Demographic Trends in the 20th Century[R].U.S.Census Bureau，2002.

[37] Jean Gottmann.Megalopolis，or the Urbanization of the Northeastern Seaboard[J].Economic Geography，1957，33（7）.

[38] R·R·怀特著.生态城市的规划与建设[M].沈清基，吴斐琼译.上海：同济大学出版社，2009.

[39] Richard LeGates，张庭伟.为中国规划师的西方城市规划文献导读[J].城市规划学刊，2007（4）:17-38.

[40] Rondinelli DA.Applied Methods of Regional Analysis:The Spatial Dimensions of Development Policy[M].Boulder:Westview Press，1985.

[41] T·G·麦吉.21世纪东亚城乡转型管理[J].焦永利，李晓鹏译.史育龙校.城市与区域规划研究，2011，4（1）:115-133.

[42] The National Committee for America2050.America2050:A Prospectus[R]，2007.

[43] 北京市社会科学研究所城市研究室选编.国外城市科学文选[M].宋俊岭，陈占祥译.贵阳：贵州人民出版社，1984.

[44] 彼得·豪尔，王士兰等.长江范例[J].城市规划，2002，26（12）:6-17.

[45] 蔡来兴主编.国际经济中心城市的崛起[M].上海：上海人民出版社，1995.

[46] 陈秉钊著.当代城市规划导论[M].北京：中国建筑工业出版社，2003.

[47] 陈呈任.城市再发展的人文思想及其规划对策[D].上海：同济大学建筑与城市规划学院，2008.

[48] 陈锋著.转型时期的城市规划与城市规划的转型[J].城市规划，2004（8）:9-19.

[49] 陈金永.中国要走正常城镇化道路[EB/OL].财新网.

[50] 陈蔚镇，卢源编著.低碳城市发展的框架、路径与愿景——以上海为例[M].北京：科学出版社，2010.

[51] 陈有川.我国特大城市的发展动力与空间结构关联研究[D].上海：同济大学建筑与城市规划学院，2005.

[52] 陶松龄，刘阳恒.城市发展动力与可持续发展[J].城市，1997（2）:3-8.

[53] 城殇[J].南方周末，2010（10）.

[54] 仇保兴.城市经营要防止走入五个误区[J].规划师，2003（5）:5-6.

[55] 仇保兴.实现我国有序城镇化的难点与对策选择[J].城市规划学刊，2007（5）:1-15.

[56] 仇保兴著.和谐与创新——快速城镇化进程中的问题、危机与对策[M].北京：中国建筑工业出版社，2006.

[57] 仇保兴著.中国城镇化：机遇与挑战[M].北京：中国建筑工业出版社，2004.

[58] 崔功豪，王兴平著.当代区域规划导论[M].南京：东南大学出版社，2006.

[59] 崔功豪，魏清泉，刘科伟著.区域分析与区域规划[M].北京：高等教育出版社，

2006.

[60] 丁成日，宋彦，Gerrit 等．城市规划与空间结构：城市可持续发展战略 [M]．北京：
中国建筑工业出版社，2005．

[61] 董鉴泓著．中国城市建设史 [M]．第2版．北京：中国建筑工业出版社，1992．

[62] 段进著．城市空间发展论 [M]．南京：江苏科学技术出版社，1999．

[63] 樊纲，武良成编著．城市化：一系列公共政策的集合着眼于城市化的质量 [M]．北
京：中国经济出版社，2010．

[64] 樊纲，余晖著．长江和珠江三角洲城市化质量研究 [M]．北京：中国经济出版社，
2010．

[65] 方创琳等著．中国城市化进程及资源环境保障报告 [M]．北京：科学出版社，
2009．

[66] 高中岗，张兵．对我国城市规划发展的若干思考和建议 [J]．城市发展研究，2010
（2）：16-22．

[67] 顾朝林，张勤．新时期城镇体系规划理论与方法 [J]．城市规划汇刊，1997
（2）：14-26．

[68] 国家统计局城市社会经济调查司编．中国城市统计年鉴2009[M]．北京：中国统计
出版社，2010．

[69] 国家自然科学基金委员会简报．面对21世纪我国城市化新形势，要重视区域整体
协调发展 [R]，1997．

[70] 国务院发展研究中心课题组著．中国城镇化：前景、战略与政策 [M]．北京：中国
发展出版社，2010．

[71] 国务院发展研究中心课题组著．转变经济发展方式的战略重点 [M]．北京：中国发
展出版社，2010．

[72] 何丹，朱小平，王梦珂．《更葱绿、更美好的纽约》——新一轮纽约规划评述与
启示 [J]．国际城市规划，2011（5）：71-77．

[73] 红旗大参考编写组编写．国民经济和社会发展"十二五"规划大参考 [M]．北京：
红旗出版社，2010．

[74] 胡鞍钢，鄢一龙著．中国：走向2015[M]．杭州：浙江人民出版社，2010．

[75] 胡鞍钢著．中国战略构想 [M]．杭州：浙江人民出版社，2002．

[76] 胡焕庸著．论中国人口之分布 [M]．上海：华东师范大学出版社，1983．

[77] 胡序威．中国区域规划的演变与展望 [J] 城市规划，2006（S1）：8-12，50，

[78] 黄德发著．后信息社会：你的未来不是梦 [M]．北京：中国统计出版社，1995．

[79] 黄鹭新等．中国城市规划三十年（1978—2008）纵览 [J]．国际城市规划，2009
（1）：1-8．

[80] 建设部．国外城镇化模式及其得失 [J]．工作调研与信息，2005（10）．（转引自：
任致远著．解析城市与城市科学 [M]．北京：中国电力出版社，2008）

[81] 建设部，广东省人民政府．珠江三角洲城镇群协调发展规划（2004—2020）[Z]，

2005.

[82] 敬东. 城市经济增长与土地利用控制的相关性研究 [J]. 城市规划,2004 (11):60-70.

[83] 李德华著. 城市规划原理 [M]. 北京:中国建筑工业出版社,2001.

[84] 李津逵著. 中国:加速城市化的考验 [M]. 北京:中国建筑工业出版社,2008.

[85] 李克欣. 防治"城市病"从单元城市入题 [N]. 人民日报,2012-03-28.

[86] 李善同,高传胜. 中国生产者服务业与制造业升级 [M]. 上海:上海三联书店,2008.

[87] 李晓江. 城镇密集地区与城镇群规划——实践与认知 [J]. 城市规划学刊,2008 (1):1-7.

[88] 连玉明著. 中国城市报告 2004[M]. 北京:中国时代经济出版社,2004.

[89] 联合国人居署编著. 和谐城市——世界城市状况报告 2008/2009[M]. 吴志强译制组译. 北京:中国建筑工业出版社,2008.

[90] 林炳耀. 知识经济与城市要素新特点 [J]. 城市规划汇刊,1999 (2):10-11.

[91] 刘昆轶. 经济全球化进程中城市产业结构重组及其区域城市体系中职能演化——上海城市案例 [D]. 上海:同济大学建筑与城市规划学院,同济大学城市规划与设计.

[92] 卢扬主编. 中国宜居城市建设报告 NO.1[M]. 北京:中国时代经济出版社,2009.

[93] 马强著. 走向"精明增长":从"小汽车城市"到"公共交通城市" [M]. 北京:中国建筑工业出版社,2007.

[94] 曼纽尔·卡斯特. 都市理论和中国的城市化 [J]. 许玫译. 国外城市规划,2006,21 (5):1-3.

[95] 苗建军著. 城市发展路径:区域性中心城市发展研究 [M]. 南京:东南大学出版社,2004.

[96] 牛凤瑞,潘家华,刘治彦主编. 中国城市发展 30 年 (1978—2008) [M]. 北京:社会科学文献出版社,2009.

[97] 牛文元著. 中国新型城市化发展报告 2009[M]. 北京:科学出版社,2009.

[98] 帕齐·希利. 创造力与城市管制 [J]. 国外城市规划,2008 (3):44-52.

[99] 彭震伟. 全球化时代大都市区新城发展的理性思考 [J]. 上海城市管理,2012 (1):25-28.

[100] 彭震伟,屈牛. 我国同城化发展与区域协调规划对策研究 [J]. 现代城市研究,2011 (6):20-24.

[101] 彭震伟,孙婕. 中国快速城市化背景下的城乡土地资源配置 [J]. 时代建筑,2011 (5):14-17.

[102] 彭震伟,张磊. 新世纪我国城市规划决策机制的思考 [J]. 规划师,2001 (4):27-30.

[103] 齐康. 城市的形态 [J]. 南京工学院学报,1982 (3):14-27.

[104] 浅野光行,余碧波,吴德刚. 特大城市区域发展计划编制的作用和极限——东京

大都市区的教训 [J]. 城市规划，2002（12）:25-29.

[105] 全国城市规划执业制度管理委员会. 科学发展观与城市规划 [M]. 北京：中国计划出版社，2007.

[106] 全国干部培训教材编审指导委员会组织编写. 城乡规划与管理 [M]. 北京：人民出版社，党建读物出版社，2011.

[107] 任致远. 解析城市与城市科学 [M]. 北京：中国电力出版社，2008.

[108] 阮仪三主编. 城市建筑与规划基础理论 [M]. 天津：天津科学技术出版社，1992.

[109] 上海财经大学财经研究所，城市经济规划研究中心. 2005 上海城市经济与管理发展报告 [M]. 上海：上海财经大学出版社，2006.

[110] 上海市《关于推进信息化与工业化融合促进产业能级提升的实施意见》[EB/OL]. http://www.shanghai.gov.cn/shanghai/node2314/node2319/node10800/node11407/node22592/u26ai19555.html.

[111] 上海市城市规划管理局. 上海城市规划管理实践：科学发展观统领下的城市规划管理探索 [M]. 北京：中国建筑工业出版社，2007.

[112] 上海证大研究所. 长江边的中国：大上海国际都市圈建设与国家发展战略 [M]. 上海：学林出版社，2003.

[113] 沈清基，刘波. 都市人类学与城市规划 [J]. 城市规划学刊，2007（5）:40-46.

[114] 沈玉麟著. 外国城市建设史 [M]. 北京：中国建筑工业出版社，2007.

[115] 石磊. 如何更好地实现中国城市化 [Z]，2010.

[116] 石楠. 精细 [J]. 城市规划，2011（4）:1.

[117] 石楠. 试论城市规划社会功能的影响因素——兼析城市规划的社会地位 [J]. 城市规划，2005（8）:9-18.

[118] 帅慧敏. 基于"蔓延测度方法"对中美大城市扩张状态差异的研究 [D]. 上海：同济大学建筑与城市规划学院，同济大学城市规划与设计，2011.

[119] 孙斌栋，赵新正，潘鑫等. 世界大城市交通发展策略的规律探讨与启示 [J]. 城市发展研究，2008（2）:75-80.

[120] 孙斌栋等. 我国特大城市交通发展的空间战略研究：以上海为例 [M]. 南京：南京大学出版社，2009.

[121] 孙施文著. 现代城市规划理论 [M]. 北京：中国建筑工业出版社，2007.

[122] 孙章，曹炳坤等. 4·18 中国迎来高铁时代 [N]. 文汇报，2007-04-08（05）.

[123] 陶松龄，陈有川. 陶松龄教授谈城市发展动力与总体布局结构 [M]. 上海：同济大学出版社，2004.

[124] 陶松龄，陈有川. 芒福德的功能观是城市发展的金钥匙 [J]. 城市发展研究，1995（6）:14-16.

[125] 陶松龄. 城市问题与城市结构 [J]. 同济大学学报，1990（2）:268.

[126] 陶松龄. 同济大学城市规划专业研究生课程"现代城市功能与结构"讲义 [Z].

[127] 陶希东. 21 世纪机会城市：规划框架与战略选择 [J]. 上海经济研究，2010

(6)：57-66.

[128] 唐子来，赵渺希. 经济全球化视角下长三角区域的城市体系演化：关联网络和价值区段的分析方法 [J]. 城市规划学刊，2010（1）：29-34.

[129] 唐子来，陈琳. 经济全球化时代的城市营销策略:观察和思考 [J]. 城市规划学刊，2006（6）：45-53.

[130] 唐子来，栾峰.1990 年代以来上海城市开发与城市结构重组 [J]. 城市规划汇刊，2000（4）：32-37.

[131] 田莉. 我国城镇化进程中喜忧参半的土地城市化 [J]. 城市规划,2011(2):11-12.

[132] 同济大学，上海城市规划设计研究院. 后世博上海城市战略规划研究——从世界经济中心城市发展看上海城市未来发展规划战略 [R].

[133] 同济大学. "十二五"科技支撑计划课题"城镇群高密度发展空间效能优化技术"[Z].

[134] 同济大学. 北川地震博物馆概念策划与整体方案设计 [Z]，2009.

[135] 同济大学建筑与城市规划学院编. 同济建筑规划设计思想库：城市与区域规划研究 [M]. 北京：中国建筑工业出版社 [Z]，2010.

[136] 同济大学课题组. 武汉空间发展战略研究 [Z].

[137] 外国记者眼中的中国速度——快来看看即将消失的上海 [N]. 参考消息，2006-04-07.（转引自：国际先驱论坛报，2006-04-06）

[138] 汪光焘. 依法推进城乡可持续发展——写在《城乡规划法》颁布实施一周年 [J]. 城市规划学刊，2009（1）:4-8.

[139] 汪怿. 集聚一流人才与国际大都市建设 [N]. 文汇报，2012-04-23.

[140] 王缉慈等著. 超越集群——中国产业集群的理论探索 [M]. 北京：科学出版社，2010.

[141] 王缉慈等著. 创新的空间：企业集群与区域发展 [M]. 北京：北京大学出版社，2001.

[142] 王军. 城记 [M]. 北京：生活·读书·新知三联书店，2003.

[143] 王凯. 国家空间规划体系的建立 [C]. 第二届城市规划学科论坛，2005.

[144] 王雅娟. 城市化进程中江南地区居住形态发展研究 [D]. 上海：同济大学建筑与城市规划学院，1999.

[145] 魏后凯. 论中国城市转型战略 [J]. 城市与区域规划研究，2011，4（1）:1-19.

[146] 吴敬琏. 中国增长模式抉择 [M]. 上海：上海远东出版社，2006.

[147] 吴良镛，吴唯佳. 中国特色城市化道路的探索与建议 [J]. 城市与区域规划研究，2008（2）:1-16.

[148] 吴良镛. 人居环境科学导论 [M]. 北京：中国建筑工业出版社，2001.

[149] 吴良镛. 吴良镛城市研究论文集（1986—1995）：迎接新世纪的来临　1946-1996[M]. 北京：中国建筑工业出版社，1996.

[150] 吴良镛等. 京津冀地区城乡空间发展规划研究 [M]. 北京：清华大学出版社，

2002.

[151] 吴志强，李德华著. 城市规划原理 [M]. 第四版. 北京：中国建筑工业出版社，
2010.

[152] 吴志强. 城乡规划学一级学科发展展望 [R]. 第 8 届中国城市规划学科发展论坛，
2011.

[153] 吴志强. 对规划原理的思考 [J]. 城市规划学刊，2007（6）：7-12.

[154] 吴志强著. 城市与区域规划研究，理想、浪漫、人本——李德华先生访谈 [M].
北京：中国建筑工业出版社，2010.

[155] 武进著. 中国城市形态 [M]. 南京：江苏科学技术出版社，1990.

[156] 熊国平著. 当代中国城市形态的演变 [M]. 北京：中国建筑工业出版社，2006.

[157] 徐巨洲. 探索城市发展与经济长波的关系 [J]. 城市规划，1997（5）：4-9.

[158] 徐民苏，詹永伟等. 苏州民居 [M]. 北京：中国建筑工业出版社，1991.

[159] 杨伟民. 中国特色城镇化道路的四个关键问题 [J]. 城市与区域规划研究，2008
（2）：17-25.

[160] 姚士谋，陈振光，朱英明等著. 中国城市群 [M]. 第三版. 合肥：中国科学技术
大学出版社，2006.

[161] 叶贵勋等著. 上海市空间发展战略研究 [M]. 北京：中国建筑工业出版社，2003.

[162] 叶静宇. 舟山机会 [N]. 经济观察报，2011-08-15（14）.

[163] 叶维钧，张秉忱，林家宁著. 中国城市化道路初探：兼论我国城市基础设施的建
设 [M]. 北京：中国展望出版社，1988.

[164] 尹继佐著. 城市综合竞争力：2001 年上海经济发展蓝皮书 [M]. 上海：上海社会
科学院出版社，2001.

[165] 于涛方著. 城市竞争与竞争力 [M]. 南京：东南大学出版社，2004.

[166] 袁奇峰著. 改革开放的空间响应：广东城市发展 30 年 [M]. 广州：广东人民出版
社，2008.

[167] 袁喜禄. 主体功能区战略的基本思路 [Z]，2011.

[168] 约翰·弗里德曼. 中国城市化研究中的四大论点 [J]. 城市与区域规划研究，
2008（2）：148-160.

[169] 约翰·弗里德曼著. 中国的城市变迁 [M]. 北京：中国城市规划设计研究院，2008.

[170] 张兵著. 城市规划实效论——城市规划实践的分析理论 [M]. 北京：中国人民大
学出版社，1998.

[171] 张军，周黎安编. 为增长而竞争：中国增长的政治经济学 [M]. 上海：上海人民
出版社，2008.

[172] 张善余. 东部发达地区应加速农村人口城市化——上海市郊区农村加速城市化问
题研究 [J]. 人口与经济，2000（4）：10-15.

[173] 张尚武. 长江三角洲城镇密集地区城镇空间形态发展的整体研究 [D]. 上海：同
济大学建筑与城市规划学院，1998.

[174] 张庭伟，王兰．从 CBD 到 CAZ：城市多元经济发展的空间需求与规划 [J]．上海城市规划，2011（6）：140．

[175] 张庭伟．20 世纪规划理论指导下的 21 世纪城市建设——关于"第三代规划理论"的讨论 [J]．城市规划学刊，2011（3）：1-7．

[176] 张庭伟著．中美城市建设和规划比较研究 [M]．北京：中国建筑工业出版社，2007．

[177] 张维迎编．中国改革 30 年——10 位经济学家的思考 [M]．上海：上海人民出版社，2008．

[178] 张晓明．长江三角洲巨型城市区特征分析 [J]．地理学报，2006，61（10）：1025-1036．

[179] 张玉台著．迈向全面小康：新的 10 年 [M]．北京：中国发展出版社，2010．

[180] 赵民，郝晋伟．城市总体规划实践中的悖论及其对策研究 [J]．城市规划学刊，2012（3）．

[181] 郑静，许学强．广州市社会空间的因子生态再分析 [J]．地理研究，1995，14（2）：15-26．

[182] 中国城市规划设计研究院，建设部体改法规司．城市规划基本术语标准（GB/T 50280—1998）[S]．国家质检总局，1998．

[183] 同济大学建筑与城市规划学院主编．城市规划资料集（第 1 分册　总论）[M]．北京：中国建筑工业出版社，2003．

[184] 中国城市科学研究会，中国城市规划协会，中国城市规划学会等．中国城市规划发展报告 2001—2002[M]．北京：中国建筑工业出版社，2002．

[185] 中国城市科学研究会，中国城市规划协会，中国城市规划学会等．中国城市规划发展报告 2007—2008[M]．北京：中国建筑工业出版社，2008．

[186] 中国城市科学研究会，中国城市规划协会，中国城市规划学会等．中国城市规划发展报告 2008—2009[M]．北京：中国建筑工业出版社，2009．

[187] 中国城市科学研究会，中国城市规划协会，中国城市规划学会等．中国城市规划发展报告 2009—2010[M]．北京：中国建筑工业出版社，2010．

[188] 中国城市科学研究会，中国城市规划协会，中国城市规划学会等．中国城市规划发展报告 2010—2011[M]．北京：中国建筑工业出版社，2011．

[189] 中国城市科学研究会等编．宜居城市科学评价标准 [S]．中华人民共和国建设部科学技术司，2007．

[190] 中国发展研究基金会．中国发展报告 2010：促进人的发展的中国新型城市化战略 [M]．北京：人民出版社，2010．

[191] 中国科学院可持续发展战略研究组．中国可持续发展报告 2009[M]．北京：科学出版社，2010．

[192] 中华人民共和国国民经济和社会发展第十二个五年规划纲要 [EB/OL]．http://www.gov.cn/2011lh/content_1825838.htm．

[193] 中华人民共和国住房和城乡建设部 . 城市用地分类与规划建设用地标准（GB 50137—2011）[S]. 北京 : 中国建筑工业出版社，2011.

[194] 周干峙 . 城市及其区域——一个开放的特殊复杂的巨系统 [J]. 城市规划，1997（2）:4-7.

[195] 周珂，王雅娟 . 全球知识背景下中国城市规划理论体系的本土化——John Friedmann 教授访谈 [J]. 城市规划学刊，2007（5）:16-24.

[196] 周岚 . 关于市场经济下规划师的职责 [J]. 国外城市规划，2001（5）:33.

[197] 周牧之 . 金融危机下的中国大城市群发展策略 [J]. 城市与区域规划研究，2010（1）:15-32.

[198] 周牧之著 . 大转折 : 解读城市化与中国经济发展模式 [M]. 北京 : 世界知识出版社，2005.

[199] 周一星著 . 城市地理求索 : 周一星自选集——关于中国城镇化速度的思考 [M]. 北京 : 商务印书馆，2010.

[200] 周振华，熊月之著 . 上海 : 城市嬗变及展望（上、下卷）[M]. 上海 : 格致出版社 .

[201] 周振华主编 . 创新驱动·转型发展 : 2010/2011 年上海发展报告 [M]. 上海 : 格致出版社，上海人民出版社，2012.

[202] 周振华著 . 城市转型发展的观察坐标及策略 [R]. 城市规划学科发展论坛，2011.

[203] 朱介鸣 . 市场经济下城市规划引导市场开发的经营 [J]. 城市规划汇刊，2004（6）:11-15.

[204] 住房和城乡建设部城乡规划司，中国城市规划设计研究院编 . 全国城镇体系规划（2006—2020 年）[M]. 北京 : 商务印书馆，2010.

[205] 邹德慈著 . 城市规划导论 [M]. 北京 : 中国建筑工业出版社，2002.

[206] 左学金著 . 长江三角洲城市群发展研究 [M]. 上海 : 学林出版社，2006.

[207] 左学金著 . 走向国际大都市 [M]. 上海 : 上海人民出版社，2008.

P后 记
OSTSCRIPT

在全书的编写过程中，陶松龄负责全书的基本框架，把握相关内容和主要方向，在编写过程中提供大量的书刊信息，并对编写内容进行修改。各部分内容由张尚武主笔，在对全书的核心思想、框架和观点进行系统梳理和整体设计的基础上，增加了大量的结合实际的研究内容。陈蔚镇曾参与了第一部分的编写。

感谢本书编写过程中，同济大学建筑与城市规划学院、城市规划系和上海同济城市规划设计研究院领导和同事的关心。感谢朱若霖、干国华、陈有川、甄富春等诸多同仁的帮助。感谢中国建筑工业出版社杨虹编辑在出版方面的支持。感谢帅慧敏、邹海燕、李欣、赵泰合、胡维娜、华晶晶、张振广、晏龙旭、王继成、陆艳妮、张莹、孙嘉、徐幸子等硕士研究生在案例整理方面的参与。

本书力图打破一般教材的编写方式，不是简单复述已有的东西，而是突出中国城市发展实际，突出一些新的内容和观点，更多地给读者以启发和思考。因此，从严格意义上讲，本书是一本针对城市规划专业硕士研究生的教学参考书。也正是因为这样的编写定位，造成出版时间一再延后，编写过程历时 4 年多。书中引用了许多专家、学者的观点和许多相关资料，除书中已注明之外，遗漏之处敬请谅解。书中内容文责自负，不当之处，敬请批评指正。

责任编辑：杨 虹

经销单位：各地新华书店、建筑书店
网络销售：本社网址 http://www.cabp.com.cn
中国建筑出版在线 http://www.cabplink.com
中国建筑书店 http://www.china-building.com.cn
本社淘宝天猫商城 http://zgjzgycbs.tmall.com
博库书城 http://www.bookuu.com
图书销售分类：高校教材（V）

建工出版社微信

ISBN 978-7-112-17113-2

9 787112 171132 >

（25896）定价：**49.00**元